土木工程专业研究生系列教材

弹性与塑性力学

ELASTICITY AND PLASTICITY

[美] 陈惠发 A.F. 萨里普 著
余天庆 王勋文 刘再华 编译

中国建筑工业出版社

图书在版编目（CIP）数据

弹性与塑性力学/［美］陈惠发等著，余天庆等编译.
—北京：中国建筑工业出版社，2003（2025.6重印）
土木工程专业研究生系列教材
ISBN 978-7-112-06074-0

Ⅰ．弹…　Ⅱ.①陈…②余…　Ⅲ.①弹性力学–教材–英、汉②塑性力学–教材–英、汉　Ⅳ.O34

中国版本图书馆 CIP 数据核字（2003）第 093239 号

土木工程专业研究生系列教材
弹性与塑性力学
ELASTICITY AND PLASTICITY
［美］陈惠发　A. F. 萨里普　著
余天庆　王勋文　刘再华　编译

*

中国建筑工业出版社出版、发行（北京西郊百万庄）
各地新华书店、建筑书店经销
廊坊市海涛印刷有限公司印刷

*

开本：787×1092 毫米　1/16　印张：21¾　字数：525 千字
2004 年 6 月第一版　2025 年 6 月第十五次印刷
定价：40.00 元
ISBN 978-7-112-06074-0
(12087)

版权所有　翻印必究
如有印装质量问题，可寄本社退换
（邮政编码　100037）

弹性力学和塑性力学是固体力学中的两个重要基础理论，本书第一篇讲述弹性力学理论，第二篇讲述塑性力学理论。

矢量和张量分析是弹性力学和塑性力学的重要数学工具，矢量和张量的指标记法及运算方法首先在第一章中阐述。第二至四章讲述弹性的基本概念和理论，第五至七章讲述塑性的基本概念和理论，第八章是关于金属的塑性理论，第九章简要地介绍求解弹性和弹塑性问题的有限元方法。

本书是土木工程专业研究生系列教材之一，也是为了适应大学进行"双语教学"的需要而编写的。《Elasticity and Plasticity》是本书的英文版，由中国建筑工业出版社出版。这两本书是另一套"双语教材"《混凝土与土的本构方程》和《Constitutive Equations for Concrete and Soil》的姐妹篇。本书适用于机械、土木、航空航天、交通、材料等专业的大学本科和研究生的教学用书，也可作为工程师的提高和研究参考书。

* * *

责任编辑：郭　栋
责任设计：崔兰萍
责任校对：王　莉

序　言

中国建筑工业出版社组织编写的《土木工程专业研究生系列教材》即将陆续出版，这套教材主要针对土木工程专业的硕士研究生，也可供同专业高年级本科生、博士生及有关领域科研人员、工程技术人员参考。首批推出12本：

（1）弹性与塑性力学
（2）混凝土和土的本构方程
（3）高等结构动力学
（4）高等基础工程学
（5）高等土力学
（6）岩土工程数值分析
（7）高等钢结构理论
（8）高等混凝土结构理论
（9）薄壁杆件结构力学
（10）现代预应力结构理论
（11）结构实验与检测技术
（12）建筑结构抗震理论与方法

这套教材集中我国土木工程专业的英才担纲，汇集各个名牌院校的整体优势，形成合力，共同打造出一套代表我国土木工程专业教学和科研水准的优秀教材。高品质，高水准，高质量是我们的主旨。反映土木工程专业国内外最新科技发展动态，代表国内研究生教学的客观水平，融指导性与实用性于一体；本着立足参编的10所院校，兼顾其他院校的受众原则，强强联手，各校优势互补，有分工，有合作；面向全国土木工程专业研究生；以二级学科划分，以各校研究生教学基础理论课程和专业课程为依据，首批率先推出平台课业的12本教材。为此我们专门成立了教材编委会，其成员不仅在学术界享有盛誉，而且在专业领域里有所建树。采取主编人统领下的联合编写制度，促进交流，促进合作；减少片面性和局限性。参加编写的主要院校有（以下院校排列以汉语拼音为序）：

重庆建筑大学
大连理工大学
东南大学
哈尔滨工业大学
华南理工大学
清华大学
上海交通大学
天津大学
同济大学

浙江大学

希望从事一线教学及科研工作的教师、学生、设计人员和科技同仁对我们的工作提出意见和批评，以改进完善教材的出版。

《土木工程专业研究生系列教材》编委会

前 言

弹性力学和塑性力学是固体力学中的两个重要基础理论，是描述材料的弹性性质和塑性性质的基础理论，即描述材料弹性和塑性本构关系的重要基础理论。本书第一篇讲述弹性力学理论，第二篇讲述塑性力学理论。

矢量和张量分析是弹性力学理论和塑性力学理论的重要数学工具，矢量和张量的指标记法及运算方法首先在第一章中阐述。第二至四章讲述弹性的基本概念和理论，第五至七章讲述塑性的基本概念和理论，第八章是关于金属的塑性理论，第九章简要地介绍求解弹性和弹塑性问题的有限元方法。

本书是土木工程专业研究生系列教材之一，也是为了适应大学进行"双语教学"的需要而编写的。《Elasticity and Plasticity》是本书的英文版。这两本书是另一套"双语教材"《混凝土与土的本构方程》和《Constitutive Equations for Concrete and Soil》的姊妹篇。

1996年，我在普渡大学（Purdue University）和美国工程院院士、著名教授W·F·Chen（陈惠发）博士相识，并成为很好的朋友。多年来，我们的合作为中国高等教育的发展，特别是促进土木工程高级技术人才培养方面起到了很好的作用。我和陈先生等编撰两套土木工程专业研究生系列教材（双语教材），目的是在提高学生的力学理论水平和专业水平的同时，进一步提高学生的英语水平，从而促进我国高等教育事业的发展。

衷心感谢陈先生的通力合作和支持，刘西拉教授、韩大建教授和刘再华教授给予了很多支持，王勋文博士校核了全书，在此表示诚挚的谢意，为编撰和出版此书工作过的朋友以及我的研究生一并致谢。

余 天 庆

目　录

符号表 ·· 1

第一篇　弹性力学理论

第 1 章　矢量和张量 ·· 6
1.1　引言 ··· 6
1.2　坐标系 ·· 6
1.3　矢量代数 ··· 6
1.4　标量积 ·· 8
1.5　矢量积 ·· 9
1.6　三重积 ··· 10
1.7　标量场和矢量场 ·· 10
1.8　指标记法与求和约定 ··· 12
1.9　δ_{ij} 符号（Kronecker 符号）·· 14
1.10　ε_{ijk} 符号（交错张量）·· 15
1.11　坐标的变换 ··· 19
1.12　笛卡尔张量的定义 ··· 21
1.13　张量性质 ·· 23
1.14　各向同性张量 ·· 25
1.15　商法则 ··· 26
1.16　例题—指标记法 ··· 27
1.17　面积分 - 体积分（散度定理）·· 28
1.18　习题 ·· 30

第 2 章　应力分析 ··· 32
2.1　引言 ··· 32
2.2　一点的应力状态 ··· 33
2.3　Cauchy 应力公式 ··· 38
2.4　应力主轴 ·· 40
2.5　正应力和剪应力的驻值 ·· 45
2.6　纯剪切状态 ··· 48
2.7　八面体应力 ··· 50
2.8　偏应力张量 ··· 53
2.9　例题—两种应力状态的比较 ·· 56

2.10　应力的 Mohr 图解表示 57
  2.11　应力的几何表示 64
  2.12　平衡方程 67
  2.13　习题 69

第 3 章　应变分析 73
  3.1　引言 73
  3.2　一点的应变状态 73
  3.3　Cauchy 应变公式 77
  3.4　主应变 80
  3.5　八面体应变 83
  3.6　偏应变张量 83
  3.7　应变的 Mohr 图解表示 86
  3.8　应变-位移关系 88
  3.9　应变协调方程 92
  3.10　习题 93

第 4 章　弹性应力-应变关系 95
  4.1　引言 95
  4.2　基本假设（假定） 97
  4.3　建立弹性材料模型的必要性 97
  4.4　定义 97
  4.5　各向同性材料的线弹性应力-应变关系（广义虎克定律） 99
  4.6　虚功原理 109
  4.7　弹性固体的应变能和余能密度 114
  4.8　各向异性、正交各向异性及横向各向同性线弹性（Green）应力-应变关系 117
  4.9　非线弹性应力-应变关系 121
  4.10　弹性固体的惟一性、稳定性、正交性和外凸性 135
  4.11　各向同性材料的增量应力-应变关系（亚弹性） 146
  4.12　基于割线模量的增量关系 149
  4.13　变模量增量应力-应变模型 154
  4.14　总结 161
  4.15　习题 163
  4.16　参考文献 167

第二篇　塑性力学理论

第 5 章　单轴状态下材料的特征和模型 170
  5.1　引言 170
  5.2　单轴应力-应变特性 170
  5.3　单轴状态下的全量应力-应变模型 172
  5.4　单轴状态下的增量应力-应变模型 179

5.5	稳定材料的稳定性假设	188
5.6	循环塑性和模型	190
5.7	习题	192
5.8	参考文献	197

第6章 屈服准则 · 198

6.1	引言	198
6.2	与静水压力无关的材料	199
6.3	与静水压力相关的材料	204
6.4	各向异性屈服准则	211
6.5	习题	212
6.6	参考文献	215

第7章 塑性应力-应变关系 · 216

7.1	引言	216
7.2	加载准则	216
7.3	流动法则	218
7.4	弹塑性分析的一些简单例题	221
7.5	理想塑性材料的增量应力-应变关系	225
7.6	关于理想塑性材料的几点评述	234
7.7	强化法则	236
7.8	有效应力和有效塑性应变	239
7.9	对于加工强化材料的增量应力-应变关系	244
7.10	关于塑性强化的几点评述	253
7.11	应力引发的各向异性	256
7.12	数值计算	256
7.13	习题	261
7.14	参考文献	268

第8章 金属的塑性理论 · 270

8.1	引言	270
8.2	单轴塑性	270
8.3	屈服准则	273
8.4	经典塑性理论	277
8.5	Prandtl-Reuss应力-应变增量关系	282
8.6	广义应力-应变增量关系	286
8.7	刚度公式	290
8.8	界面模型	296
8.9	习题	300
8.10	参考文献	305

第9章 塑性理论在金属中的应用 · 307

9.1	引言	307

9.2 弹性问题的有限元分析方法 …………………………………………… 307
9.3 弹塑性问题中的有限元分析方法 ………………………………………… 312
9.4 求解非线性方程的算法 …………………………………………………… 313
9.5 弹塑性增量本构关系的应用 ……………………………………………… 321
9.6 习题 …………………………………………………………………………… 328
9.7 参考文献 ……………………………………………………………………… 328

部分习题答案 ………………………………………………………………………… 330

符 号 表

下表给出的是本书用到的主要符号，所有的符号在第一次出现时都给出了定义。具有多种意义的符号，在使用时我们将会给出明确的定义，并根据上下文通常能看出其正确的意义，以免混淆。

应力和应变

$\sigma_1,\ \sigma_2,\ \sigma_3$	主应力
σ_{ij}	应力张量
s_{ij}	偏应力张量
σ	正应力
τ	剪应力
$\sigma_{\text{oct}} = \dfrac{1}{3}I_1$	八面体正应力
$\tau_{\text{oct}} = \sqrt{\dfrac{2}{3}J_2}$	八面体剪应力
$\sigma_{\text{m}} = \sigma_{\text{oct}}$	平均正应力（静水应力）
$\tau_{\text{m}} = \sqrt{\dfrac{2}{5}J_2}$	平均剪应力
$s_1,\ s_2,\ s_3$	主应力偏量
$\varepsilon_1,\ \varepsilon_2,\ \varepsilon_3$	主应变
ε_{ij}	应变张量
e_{ij}	偏应变张量
ε	正应变
γ	工程剪应变
$\varepsilon_v = I_1'$	体积应变
$\varepsilon_{\text{oct}} = \dfrac{1}{3}I_1'$	八面体正应变
$\gamma_{\text{oct}} = 2\sqrt{\dfrac{2}{3}J_2'}$	八面体工程剪应变
$e_1,\ e_2,\ e_3$	主偏应变张量

不变量

$I_1 = \sigma_1 + \sigma_2 + \sigma_3$	应力张量的第一不变量
$J_2 = \dfrac{1}{2}s_{ij}s_{ij}$	

$$= \frac{1}{6}[(\sigma_x - \sigma_y)^2 + (\sigma_y - \sigma_z)^2 + (\sigma_z - \sigma_x)^2] + \tau_{xy}^2 + \tau_{yz}^2 + \tau_{zx}^2$$

偏应力张量的第二不变量

$J_3 = \frac{1}{3} s_{ij} s_{jk} s_{ki}$ 偏应力张量的第三不变量

$\cos 3\theta = \frac{3\sqrt{3}}{2} \frac{J_3}{J_2^{3/2}}$ 式中的 θ 是相关定义的角度❶

$I'_1 = \varepsilon_1 + \varepsilon_2 + \varepsilon_3 = \varepsilon_v$ 偏应变张量的第一不变量

$\rho = \sqrt{2J_2}$ 相关定义的偏长度❶

$\xi = \frac{1}{\sqrt{3}} I_1$ 相关定义的静水长度❶

$J'_2 = \frac{1}{2} e_{ij} e_{ij}$

$$= \frac{1}{6}[(\varepsilon_x - \varepsilon_y)^2 + (\varepsilon_y - \varepsilon_z)^2 + (\varepsilon_z - \varepsilon_x)^2] + \varepsilon_{xy}^2 + \varepsilon_{yz}^2 + \varepsilon_{zx}^2$$

偏应变张量的第二不变量

材料参数

f'_c 单轴压缩圆柱体的强度（$f'_c > 0$）

f'_t 单轴拉伸强度

f'_{bc} 等双轴压缩强度（$f'_{bc} > 0$）

E 弹性模量（杨氏模量）

ν 泊松比

$K = \dfrac{E}{3(1-2\nu)}$ 体积模量

$G = \dfrac{E}{2(1+\nu)}$ 剪变模量

c, φ Mohr–Coulomb 准则中的内聚力和摩擦角

α, κ Drucker–Prager 准则中的系数

κ 纯剪切中的屈服（破坏）应力

其他

$\{\ \}$ 矢量

$[\ ]$ 矩阵

C_{ijkl} 材料刚度张量

D_{ijkl} 材料柔度张量

$f(\ )$ 破坏准则或屈服函数

x, y, z 或 x_1, x_2, x_3 笛卡尔坐标

---

❶ 陈惠发著，余天庆等编译. 混凝土和土的本构方程. 北京：中国建筑工业出版社，2004

δ_{ij} 克朗内克（Kronecker）符号
$W(\varepsilon_{ij})$ 应变能量密度
$\Omega(\sigma_{ij})$ 余能密度
$l_{ij} = \cos(x'_i, x_j)$ x'_i 和 x_j 轴之间夹角的余弦
ε_{ijk} 交错张量

第一篇
弹性力学理论

第 1 章 矢量和张量

1.1 引 言

在目前的文献中,当讨论应力、应变和本构方程时,通常采用矢量和张量符号。所以要对材料进行全面的评价,具备这些符号的基本知识是必要的。对物理量优先采用这些符号而不是用展开式,主要是其具有简洁的优点,可以将各种关系用数学形式表示出来。这样,就可以将大部分注意力集中在物理原理上而不是方程本身。

这里考察的矢量和张量的主要内容仅限于弹性和非弹性范围内有关应力、应变及其相互关系的应用。

1.2 坐 标 系

这里只讨论笛卡尔坐标系。在三维空间中,一个笛卡尔坐标系用图表示为三个相互垂直的轴,分别记为 x 轴、y 轴和 z 轴。为以后方便起见,坐标轴可更方便地表示成 x_1 轴、x_2 轴和 x_3 轴,而不是更熟悉的记法 x 轴、y 轴和 z 轴。图 1.1 所示的坐标系假定采用右手记法,x_2、x_3 轴位于图纸平面内,x_1 轴垂直指向读者。

在这种记法中,坐标轴分别平行于(右手)指向观察者的中指、指向右边的大拇指和垂直向上的食指。坐标的正向为手指的指向,如果我们想像一个右手方向旋转的螺杆,由 x_1 轴向 x_2 轴旋转会导致螺杆沿着 x_3 轴的正方向前进。同样可以轮流采用标记 1、2 和 3 来检验螺杆沿正方向前进的情况。正因为如此,图 1.1 所示的坐标系为右手坐标系。不是右手坐标系的叫左手坐标系。如用左手,则图 1.1 中 x_3 轴的正向朝下。注意任何两个具有相同原点的右手坐标系,都可以将一个坐标系转到另一个坐标系上,使之重合。这也适用于左手坐标系,但不适用一左一右的情况。本书中限于采用右手坐标系。

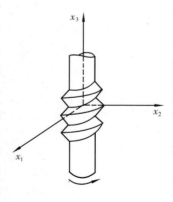

图 1.1 右手螺旋法则

1.3 矢量代数

矢量既有大小又有方向,这与标量不同,标量只有大小。例如,速度是矢量,温度是标量。在坐标系中矢量通常用箭头表示,箭头的方向为矢量的方向,箭头的长度与矢量的

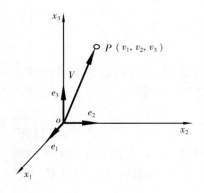

图1.2 右手笛卡尔坐标系中的位置矢量与单位矢量（x_1、x_2 和 x_3 是笛卡尔坐标轴；o 是原点）

大小成比例。

图1.2中表示沿三个相互垂直轴方向的单位矢量 e_1、e_2 和 e_3。例如，单位矢量 e_1 为单位长度（从原点量起）并沿 x_1 轴，因而必须垂直另外两个坐标轴 x_2 和 x_3。

对空间中任意一点 P，坐标是 v_1、v_2 和 v_3，可以表示为矢量 $\boldsymbol{OP}$ 或 $\boldsymbol{V}$。这个矢量 $\boldsymbol{V}$ 可以想象为矢量 $\boldsymbol{V}_1$、$\boldsymbol{V}_2$ 和 $\boldsymbol{V}_3$ 的组合，故有

$$\boldsymbol{V} = \boldsymbol{V}_1 + \boldsymbol{V}_2 + \boldsymbol{V}_3 \tag{1.1}$$

或根据单位矢量得

$$\boldsymbol{V} = v_1\boldsymbol{e}_1 + v_2\boldsymbol{e}_2 + v_3\boldsymbol{e}_3 \tag{1.2}$$

其中，v_1、v_2 和 v_3 为标量值。进一步简化，上式可简写为

$$\boldsymbol{V} = (v_1,\ v_2,\ v_3) \tag{1.3}$$

显然这个形式中3个标量的排序是至关重要的。可以看出矢量 $\boldsymbol{V}$ 的标记形式上采用了 P 点的笛卡尔坐标表示。

通常认为，$\boldsymbol{V}_1$、$\boldsymbol{V}_2$ 和 $\boldsymbol{V}_3$ 作为 $\boldsymbol{V}$ 的分量，或反过来，将矢量 $\boldsymbol{V}$ 分解成分量。矢量作用的特定点常常可以从上下文中得知，不需要特别指明，图1.2中矢量 $\boldsymbol{V}$ 恰好作用在坐标原点。

若两个矢量 $\boldsymbol{V}$ 和 $\boldsymbol{U}$ 的分量相等，则定义它们相等，相等的条件为

$$v_1 = u_1,\ v_2 = u_2,\ v_3 = u_3 \tag{1.4}$$

或紧凑地表示为

$$v_i = u_i,\ i = 1,\ 2,\ 3 \tag{1.5}$$

通常，更简洁地将相等表示为

$$v_i = u_i \tag{1.6}$$

由于下标 i 没有特别指明，可以认为它代表了三种可能下标中的任一个。

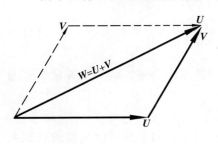

图1.3 矢量相加

如果矢量 $\boldsymbol{V}$ 乘以一个正的标量 α，则结果 $\alpha\boldsymbol{V}$ 定义为一个新的矢量，方向与 $\boldsymbol{V}$ 同向，大小为 $\boldsymbol{V}$ 的 α 倍。如果 α 为负值，则负号表示相反的方向。

由平行四边形法则得到两个矢量 $\boldsymbol{U}$ 与 $\boldsymbol{V}$ 之和的定义，如图1.3所示。显然，矢量的加减可以定义为其分量的加减。

$$\begin{aligned}\boldsymbol{W} &= \boldsymbol{U} \pm \boldsymbol{V} \\ &= (u_1 \pm v_1)\boldsymbol{e}_1 + (u_2 \pm v_2)\boldsymbol{e}_2 + (u_3 \pm v_3)\boldsymbol{e}_3\end{aligned} \tag{1.7a}$$

根据这些分量，有

$$(w_1,\ w_2,\ w_3) = (u_1 \pm v_1,\ u_2 \pm v_2,\ u_3 \pm v_3) \tag{1.7b}$$

或采用

$$w_i = u_i \pm v_i \tag{1.8}$$

1.4 标量积

矢量有两种乘法,即标量积(点积或内积)和矢量积(叉积),这是因为前者计算的结果是一标量,后者计算的结果是一矢量而得名的。本节只考虑标量积。

矢量 U 和 V 的标量积定义为

$$U \cdot V = |U||V|\cos\theta \tag{1.9}$$

式中,$|U|$ 表示矢量 U 的绝对长度;θ 为平面角,它是矢量 U 和 V 在包含它们的平面内的夹角。必要时,可平行移动它们中的一个,使得它们具有一个共同起点,如图 1.4 所示。

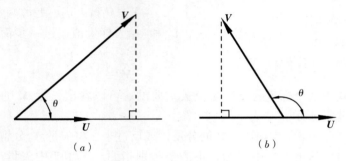

图 1.4 矢量的标量积(点积)
(a) θ 为锐角;(b) θ 为钝角

如果其中一个矢量为单位矢量(单位长度的矢量),则点积为另一个矢量在单位矢量方向上投影的长度。例如,若 $|U|=1$,则 $U \cdot V = |V|\cos\theta$ 等于 V 在 U 方向上的投影。在特殊情况下,单位矢量沿坐标轴方向,则可以看出

$$e_1 \cdot e_2 = |e_1||e_2|\cos 90° = 0$$
$$e_1 \cdot e_1 = |e_1||e_1|\cos 0° = 1 \tag{1.10}$$

还有

$$V \cdot V = |V||V|\cos 0° = |V|^2 \tag{1.11}$$

根据这些简单的推导,则可以得出几点重要的结论:

(1) 两个垂直矢量的点积为零。反过来,如果两个矢量点积为零,则两个矢量相互垂直;

(2) 一个矢量长度的平方可由它与自身点积来得到;

(3) 一个矢量在其自身以外方向上的投影可由它与在这个方向上的单位矢量的点积来得到。

注意到,任何两个矢量的标量积可简单地表示成

$$\begin{aligned} U \cdot V &= (u_1 e_1 + u_2 e_2 + u_3 e_3) \cdot (v_1 e_1 + v_2 e_2 + v_3 e_3) \\ &= u_1 v_1 + u_2 v_2 + u_3 v_3 \\ &= \sum_{i=1}^{3} u_i v_i \end{aligned} \tag{1.12}$$

可以从功率的计算中看到点积的一种应用，如果一个力 F 作用在一运动速度为 V 的物体上，则功率可由点积（$F \cdot V$）求出。

1.5 矢 量 积

矢量积不同于点积，两矢量的点积为一标量，而两矢量的矢量积为垂直于两矢量平面的一个矢量。采用右手坐标系，$U \times V$ 的矢量积为图 1.5 所示方向的矢量 W，长度等于 $|U||V|\sin\theta$。如果 U 和 V 在图纸平面内，则 W 垂直于图纸平面。这时，采用右手螺旋法则的方向指向读者。即，如果将一个这样的螺旋与 W 同轴，U（第一命名的矢量）绕 W 旋转一个小角 θ 到 V（第二命名的矢量），则 W 沿着螺旋前进的方向指向读者。矢量积的标记为"×"。

$$W = U \times V \tag{1.13}$$

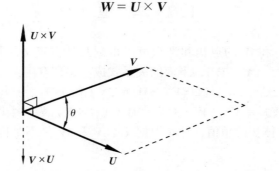

图 1.5　两矢量的矢量积（叉积）

只有两种情况，当 $\theta = 0°$ 或 $180°$ 时，采用前面的准则无法确定 W 的方向。然而，由 $\sin\theta$ 很容易得出 W 等于零。从几何图上可以看出，W 的大小等于由 U 和 V 组成的平行四边形的面积。

从定义上可知矢量积中矢量的先后顺序不能互相交换。事实上，$U \times V = -(V \times U)$。同时不存在结合律，读者可以构想一个例子来验证，一般情况下 $U \times (V \times W)$ 不等于 $(U \times V) \times W$。

从定义上还可得出，一个矢量与其自身的矢量积为零矢量，因为这时 θ 等于零。也可以看出，矢量积 $U \times V$ 为 3×3 阶行列式的值，其元素为单位矢量，U 和 V 的矢量积为

$$W = U \times V = \begin{vmatrix} e_1 & e_2 & e_3 \\ u_1 & u_2 & u_3 \\ v_1 & v_2 & v_3 \end{vmatrix}$$
$$= e_1(u_2 v_3 - u_3 v_2) + e_2(u_3 v_1 - u_1 v_3) + e_3(u_1 v_2 - u_2 v_1) \tag{1.14}$$

在该行列式中，第一矢量的元素构成第二行，第二矢量的元素构成第三行，因此从上面的行列式中可以得 $U \times V = -(V \times U)$。采用式（1.14）很容易记住由矢量 U 和 V 的元素构成 $W = U \times V$ 各元素的计算公式。

可以从绕某一定点的力矩计算中看到叉积的一个应用。参照图1.6，力 F 作用于一点 A，该点的位置矢量为 r，而 F 和 r 都位于 x_1 和 x_2 轴组成的平面内，则力 F 绕坐标原点的力矩为 $M = r \times F$。从图1.5也可证实，采用右手法则，M 为一垂直于图纸平面并指向读者的矢量。在一般的情况下，r 和 F 为任一矢量，合力矩矢量 M 垂直于包含 r 和 F 矢量的平面。注意到，可以很方便地将合力矩矢量 M 在三个轴上的分量表示成矢量 M 的三个分量。

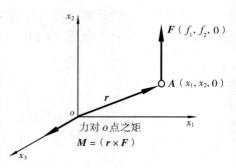

图1.6 力对一点之矩的例子（r 和 F 在 x_1 - x_2 轴组成的平面内）

1.6 三 重 积

三个矢量 U、V 和 W 的点积和叉积可以得到几种有意义的乘积形式 $(U \cdot V) \cdot W$、$U \cdot (V \times W)$ 和 $U \times (V \times W)$，下面的关系式成立并且有用：

(1) 通常， $\qquad (U \cdot V) \cdot W \neq U \cdot (V \cdot W)$ \hfill (1.15)

(2) $U \cdot (V \times W) = V \cdot (W \times U) = W \cdot (U \times V)$ 为一个以 U、V 和 W 为边的平行六面体的体积或该体积的负值，这要根据 U、V 和 W 是不是构成右手坐标系而定。如果

$$U = u_1 e_1 + u_2 e_2 + u_3 e_3, \quad V = v_1 e_1 + v_2 e_2 + v_3 e_3$$

和

$$W = w_1 e_1 + w_2 e_2 + w_3 e_3$$

那么

$$U \cdot (V \times W) = \begin{vmatrix} u_1 & u_2 & u_3 \\ v_1 & v_2 & v_3 \\ w_1 & w_2 & w_3 \end{vmatrix} = (U \times V) \cdot W \tag{1.16}$$

乘积 $U \cdot (V \times W)$ 称为三重标量积或框积，可用 $[U, V, W]$ 来表示。在这种乘积中，圆括号有时可以省略，乘积可写成 $U \cdot V \times W$ 或 $U \times V \cdot W$。可见在三重标量积中，点积与叉积可以互换而不影响其结果；

(3) $\qquad U \times (V \times W) = (U \cdot W) V - (U \cdot V) W$

$$(U \times V) \times W = (U \cdot W) V - (V \cdot W) U \tag{1.17a}$$

乘积 $U \times (V \times W)$ 称为三重矢量积，在这种乘积中，必须采用圆括号；

(4) $\qquad U \times (V \times W) \neq (U \times V) \times W$ \hfill (1.17b)

（结合律不适合叉积）

1.7 标量场和矢量场

一个标量值，如温度，由空间中一点的位置决定，可以根据该点的坐标表示为一个函数 $f(x_1, x_2, x_3)$。函数 $f(x_1, x_2, x_3) =$ 常数，表示三维空间中的一个面，则该函

数被认为是一个标量场。流体粒子的速度 V (x_1, x_2, x_3) 是矢量场的一个例子，它依赖于位置和方向。

标量场的梯度

假定在空间某区域定义一个标量 ϕ，那么可以得到 ϕ 分别对三个坐标 x_1、x_2、x_3 的导数，即

$$G_i = \frac{\partial \phi}{\partial x_i} \quad (i=1, 2, 3) \tag{1.18}$$

其中，三个 G_i 为矢量 G 的分量，称为 ϕ 的梯度，习惯用下式表示它们之间的关系：

$$G = \mathrm{grad}\phi = \nabla \phi \tag{1.19}$$

其中，符号 ∇ 表示为一矢量算子，其分量为 $\partial/\partial x_1$、$\partial/\partial x_2$ 和 $\partial/\partial x_3$。

一般情况下，梯度垂直于标量场 ϕ (x_1, x_2, x_3) 的表面，这一点很有意义，因为它代表最陡的斜度。对于标量场 ϕ (x_1, x_2, x_3) 相应的矢量 $\nabla\phi$，通常读作 $\mathrm{grad}\phi$，表示如下

$$\nabla\phi = e_1 \frac{\partial \phi}{\partial x_1} + e_2 \frac{\partial \phi}{\partial x_2} + e_3 \frac{\partial \phi}{\partial x_3} = \left(\frac{\partial \phi}{\partial x_1}, \frac{\partial \phi}{\partial x_2}, \frac{\partial \phi}{\partial x_3} \right) \tag{1.20}$$

应强调指出，ϕ 为一标量，$\nabla\phi$ 为一矢量，其方向垂直于 ϕ (x_1, x_2, x_3) = 常数的曲面。这个结论在下面会证实。

考虑一个曲面，ϕ (x_1, x_2, x_3) = c，c 为常数。假设 r 为该面上任一点 P (x_1, x_2, x_3) 的位置矢量，即

$$r = x_1 e_1 + x_2 e_2 + x_3 e_3 \tag{1.21}$$

那么，$\mathrm{d}r = \mathrm{d}x_1 e_1 + \mathrm{d}x_2 e_2 + \mathrm{d}x_3 e_3$ 位于曲面 ϕ (x_1, x_2, x_3) = c 在 P 点的切平面内。但对于常数 ϕ，有

$$\begin{aligned} \mathrm{d}\phi = 0 &= \frac{\partial \phi}{\partial x_1} \mathrm{d}x_1 + \frac{\partial \phi}{\partial x_2} \mathrm{d}x_2 + \frac{\partial \phi}{\partial x_3} \mathrm{d}x_3 \\ &= \left(\frac{\partial \phi}{\partial x_1}, \frac{\partial \phi}{\partial x_2}, \frac{\partial \phi}{\partial x_3} \right) \cdot (\mathrm{d}x_1, \mathrm{d}x_2, \mathrm{d}x_3) \\ &= \nabla\phi \cdot \mathrm{d}r \end{aligned}$$

即 $\nabla\phi \cdot \mathrm{d}r = 0$，这样，$\nabla\phi$ 垂直于 $\mathrm{d}r$，因而垂直于 ϕ = 常数的表面。

矢量 $\nabla\phi$ 的长度可由 $\nabla\phi$ 与其自身点积并取点积的平方根得到，即

$$|\nabla \phi| = (\nabla \phi \cdot \nabla \phi)^{1/2} \tag{1.22}$$

再则，像分量 $\partial\phi/\partial x_1$，可以通过 $\nabla\phi$ 与单位矢量 (e_1) 的点积得到一个相应的分量，如

$$\frac{\partial \phi}{\partial x_1} = e_1 \cdot \nabla \phi \tag{1.23}$$

更一般的情况，∇ 作为一个算子

$$\nabla = e_1 \frac{\partial}{\partial x_1} + e_2 \frac{\partial}{\partial x_2} + e_3 \frac{\partial}{\partial x_3} \tag{1.24}$$

它可以和其右边的一个矢量作运算。

下面将可以看到，算子矢量 ∇，其自身没有实际意义，而是一种方便运算的符号。

矢量的散度

算子∇与一个矢量的点积定义为这个矢量的散度。

$$\nabla \cdot V = \mathrm{div}\, V = \frac{\partial v_1}{\partial x_1} + \frac{\partial v_2}{\partial x_2} + \frac{\partial v_3}{\partial x_3} \tag{1.25}$$

注意到,$\nabla \cdot V$是一标量;在空间的任一点,它只有一个值,不像矢量那样有三个分量。

显而易见,$V \cdot \nabla$不存在,因而点积$\nabla \cdot V$不能互相交换:

$$\nabla \cdot V \neq V \cdot \nabla \tag{1.26}$$

矢量的旋度

V的散度由∇与V的标量积获得;同样∇与V的叉积可写成$\nabla \times V$的形式,称之为V的旋度。它有分量形式:

$$\nabla \times V = \mathrm{curl}\, V = \begin{vmatrix} e_1 & e_2 & e_3 \\ \dfrac{\partial}{\partial x_1} & \dfrac{\partial}{\partial x_2} & \dfrac{\partial}{\partial x_3} \\ v_1 & v_2 & v_3 \end{vmatrix} \tag{1.27}$$

注意到,在行列式的展开式中,算子$\partial/\partial x_1$、$\partial/\partial x_2$和$\partial/\partial x_3$应分别放在v_1、v_2和v_3之前。

如果ϕ、Ψ和V的偏导数存在,那么以下结论很容易证明:

(1) $\nabla \cdot \nabla \phi = \dfrac{\partial^2 \phi}{\partial x_1^2} + \dfrac{\partial^2 \phi}{\partial x_2^2} + \dfrac{\partial^2 \phi}{\partial x_3^2} = \nabla^2 \phi$,称为$\phi$的拉普拉斯算子;

(2) $\nabla(\phi\Psi) = \phi\nabla\Psi + \Psi\nabla\phi$,式中,$\phi$和$\Psi$为标量场;

(3) $\nabla \cdot (\phi V) = \phi\nabla \cdot V + V \cdot \nabla\phi$;

(4) ϕ的梯度的旋度 $\mathrm{curl}\,\mathrm{grad}\,\phi = \nabla \times (\nabla\phi) = 0$;

(5) V的旋度的散度 $\mathrm{div}\,\mathrm{curl}\,V = \nabla \cdot (\nabla \times V) = 0$。

1.8 指标记法与求和约定

指 标 记 法

到目前为止,一个矢量V可采用不同的方式表示:

$$V = (v_1, v_2, v_3) = v_1 e_1 + v_2 e_2 + v_3 e_3 \tag{1.28}$$

在三维空间里,矢量有三个分量,采用一般化的指标将它们用一个简单的分量进行缩写是有用的。因此,在指标记法中,v_i代表矢量V的所有分量。这意味着,当V写作v_i时,指标i的值从1到3变化。

例如,$x_i = 0$暗指矢量X的每个分量x_1、x_2、x_3均为零,或是零矢量。类似地,有

$$f(X) = f(x_i) = f(x_j) = f(x_1, x_2, x_3) \tag{1.29}$$

指标可以任意挑选,因而x_i和x_j代表同一个矢量。

求 和 约 定

求和约定是指标记法的补充,并考虑到在处理求和时进一步简化,我们采用下面的约定:只要一个下标在同一式子中出现两次,就理解为这个下标是从 1 到 3 进行求和。例如,两个矢量 **U** 和 **V** 的点积,有

$$\boldsymbol{U} \cdot \boldsymbol{V} = u_1 v_1 + u_2 v_2 + u_3 v_3 = \sum_{i=1}^{3} u_i v_i \tag{1.30}$$

由于求和一般都包含三个分量,所以上述表达式的最右边可缩写成 $u_i v_i$。求和约定(首先由爱因斯坦提出)要求指标 i 要重复,但不采用求和符号 Σ。然而,另一方面,指标自身可以随意选择。所以 $u_i v_i$ 和 $u_k v_k$ 代表同一个求和 $u_1 v_1 + u_2 v_2 + u_3 v_3$。这些重复的下标通常称之为哑标,因为事实上,在下标中采用哪个特别字母并不重要,所以 $u_i v_i = u_k v_k$。

需要指出的是本书中,$w_i = u_i + v_i$ 表示一个矢量的和,即 $\boldsymbol{U} + \boldsymbol{V} = \boldsymbol{W}$,而不是任何形式的标量和。明确地讲,下式

$$(w_1, w_2, w_3) = (u_1 + v_1, u_2 + v_2, u_3 + v_3) \tag{1.31}$$

是对的,而下式

$$u_i + v_i = u_1 + v_1 + u_2 + v_2 + u_3 + v_3 \tag{1.32}$$

是不对的。

再一点要注意,在等式或表达式中只有在同一项中出现两次标记符号,求和约定才有效。像 $u_i v_{ii}$ 这样的表达式没有特别意义。

该约定的有效性在三个联立方程式中的应用更为明显。考虑方程组:

$$\begin{aligned} a_{11}x_1 + a_{12}x_2 + a_{13}x_3 &= b_1 \\ a_{21}x_1 + a_{22}x_2 + a_{23}x_3 &= b_2 \\ a_{31}x_1 + a_{32}x_2 + a_{33}x_3 &= b_3 \end{aligned} \tag{1.33}$$

作为第一步缩写,它可以写成

$$\begin{aligned} a_{1j}x_j &= b_1 \\ a_{2j}x_j &= b_2 \\ a_{3j}x_j &= b_3 \end{aligned} \tag{1.34}$$

最后还可以缩写为

$$a_{ij}x_j = b_i \tag{1.35}$$

在第一步缩写中,假定指标 j 的值为 1 到 3,从指标重复可知方程左边是求和。如上所述,由于指标字母的选择没有任何限制,所以通常将重复指标作为哑标。第一步得出的三个等式可在最后阶段用自由指标 i 来表示。为了使其一致,必须在方程两边采用同一个指标 i。一个自由指标的存在表明与矢量有关。后面可以见到,出现两个自由指标时,表明与张量有关。

基于上面的讨论,联立方程组 (1.33) 也可写成

$$a_{rs}x_s = b_r \tag{1.36}$$

总括上述内容,下面将列出等效矢量和指标(或分量)表示形式:

矢量	分量	指标记法
V	$(v_1,\ v_2,\ v_3)$	v_i
$U+V$	$(u_1+v_1,\ u_2+v_2,\ u_3+v_3)$	u_i+v_i
$\nabla\phi$	$\left(\dfrac{\partial\phi}{\partial x_1},\ \dfrac{\partial\phi}{\partial x_2},\ \dfrac{\partial\phi}{\partial x_3}\right)$	$\dfrac{\partial\phi}{\partial x_i}$

矢量 V 的散度为 $\nabla\cdot V$ 或标量和

$$\nabla\cdot V = \frac{\partial v_1}{\partial x_1} + \frac{\partial v_2}{\partial x_2} + \frac{\partial v_3}{\partial x_3} \tag{1.37}$$

采用求和约定

$$\nabla\cdot V = \frac{\partial v_i}{\partial x_i} \tag{1.38}$$

其中，i 为哑标。

现在可以将上述有关下标的约定总结为以下三条规则：

规则 1 如果在一个方程或表达式的一项中，一种下标只出现一次，则称之为"自由指标"。这种自由指标在表达式或方程的每一项中必须只出现一次。

规则 2 如果在一个表达式或方程的一项中，一种指标正好出现两次，则称之为"哑标"。它表示从 1 到 3 进行求和。哑标在其他任何项中可以刚好出现两次，也可以不出现。

规则 3 如果在一个表达式或方程的一项中，一种指标出现的次数多于两次，则是错误的。

微分的记法

在下标中，用一个逗号表示微分，所以，式（1.38）中的偏微分可进一步简化成 $v_{i,i}$ 的形式。第一个指标表示 V 的分量，逗号表示关于第二个指标的偏导数，第二个指标对应于相应的坐标轴。所以

$$v_{i,i} = v_{1,1} + v_{2,2} + v_{3,3} \tag{1.39}$$

ϕ 的梯度可以很方便地写成 $\phi_{,i}$ 的形式，这清楚地表明了 ϕ 的梯度的矢量特性。$\nabla\phi$ 的散度写成 $\phi_{,ii} = \phi_{,11} + \phi_{,22} + \phi_{,33}$，这是一个标量，通常表示为 $\nabla^2\phi = \nabla\cdot\nabla\phi$。

显然，联立方程组 $a_{ij}x_j = b_i$ 有如下的矩阵形式

$$\begin{bmatrix} a_{11} & a_{12} & a_{13} \\ a_{21} & a_{22} & a_{23} \\ a_{31} & a_{32} & a_{33} \end{bmatrix} \begin{Bmatrix} x_1 \\ x_2 \\ x_3 \end{Bmatrix} = \begin{Bmatrix} b_1 \\ b_2 \\ b_3 \end{Bmatrix} \tag{1.40}$$

所以，我们知道 a_{ij} 是一个矩阵，x_j 和 b_i 是矢量，矩阵自身只是三个矢量 a_{i1}、a_{i2} 和 a_{i3} 的集合。

1.9 δ_{ij} 符号（Kronecker 符号）

克朗内克（Kronecker）符号 δ_{ij} 可看作是一个单位矩阵的缩写形式，即

$$\delta_{ij} = \begin{bmatrix} 1 & 0 & 0 \\ 0 & 1 & 0 \\ 0 & 0 & 1 \end{bmatrix} \tag{1.41}$$

所以，当 $i=j$ 时，δ_{ij} 的分量是 1；当 $i \neq j$ 时，δ_{ij} 的分量是 0，即

$$\begin{aligned} \delta_{11} = \delta_{22} = \delta_{33} = 1 \\ \delta_{12} = \delta_{21} = \delta_{13} = \delta_{31} = \delta_{23} = \delta_{32} = 0 \end{aligned} \tag{1.42}$$

进一步可知，由于 $\delta_{ij} = \delta_{ji}$，所以 δ_{ij} 矩阵是对称的。注意，由求和约定可得到

$$\delta_{jj} = \delta_{11} + \delta_{22} + \delta_{33} = 3 \tag{1.43}$$

克朗内克符号在使用时可作为一个算子以及作为一个有用函数来使用。例如，乘积 $\delta_{ij}v_j$，根据求和约定，这将得到矢量的展开式

$$\delta_{i1}v_1 + \delta_{i2}v_2 + \delta_{i3}v_3 \quad \text{或} \quad v_i \tag{1.44}$$

当将 1、2、3 赋值给 i 时，这一点很容易被验证，于是得到的分量分别为 v_1、v_2、v_3，所以

$$\delta_{ij}v_j = v_i \tag{1.45}$$

可见，最终的结果是由于在数值变换（用置换算子 δ_{ij}）上用 i 代替 j（或必要时，用 j 代替 i）。所以，显而易见，将 δ_{ij} 应用于 v_j 只是将 v_j 中的 j 用 i 置换；因此 δ_{ij} 符号通常称为置换算子。

另一个例子，根据求和约定 $\delta_{ij}\delta_{ji}$ 表示一个标量和，应用置换算子的概念，则

$$\delta_{ij}\delta_{ji} = \delta_{ii} = \delta_{11} + \delta_{22} + \delta_{33} = 3 \tag{1.46}$$

同样

$$\delta_{ij}a_{ji} = a_{ii} = a_{11} + a_{22} + a_{33} \tag{1.47}$$

最后应注意，当 $i=j$ 时，点积 $e_i \cdot e_j = 1$；当 $i \neq j$ 时，点积 $e_i \cdot e_j = 0$，这正好与 δ_{ij} 的分量一致，可以写成

$$e_i \cdot e_j = \delta_{ij} \tag{1.48}$$

1.10 ε_{ijk} 符号（交错张量）

一个矢量 v_i 可以认为是一个具有 3（3 的下标数次幂）个元素的张量，矩阵 a_{ij} 为 3^2 个或 9 个元素的张量，等等。通常，如果 p 为下标的个数，则张量 $b_{ij\cdots n}$ 有 3^p 个元素。

ε_{ijk} 符号（或交错张量）有 3^3 或 27 个元素，这些元素根据下标值规定为 +1、-1 或 0。例如，$\varepsilon_{123} = 1$，$\varepsilon_{132} = -1$。这种定义是根据将下标交换成 1、2、3 自然顺序所需的交换次数而定的。如果下标交换次数为偶数，则元素的值为 1；若下标交换次数为奇数，则元素的值为 -1；如果下标出现重复，例如 ε_{223}，则元素的值为 0。由于在 ε_{123} 中下标已经是自然排序，其交换次数为 0（偶数），所以 $\varepsilon_{123} = 1$，在 ε_{132} 中，下标通过 2 和 3 交换就可得到 1、2、3 的顺序，这样只需交换一次（奇数），所以 $\varepsilon_{132} = -1$。

不论交换的方式如何，交换的次数总保持为奇数或偶数，这一点可以在数学教科书中找到正式的证明。例如，1-3-2 被交换成 1-2-3，需要交换 1 次或奇数次，交换 3-2

-1、2-1-3、1-3-2 的次数加起来也是一个奇数。总之,

$$\begin{aligned}\varepsilon_{123} = \varepsilon_{231} = \varepsilon_{312} &= 1\\ \varepsilon_{213} = \varepsilon_{132} = \varepsilon_{321} &= -1\\ \varepsilon_{112} = \varepsilon_{223} = \varepsilon_{333} &= 0\end{aligned} \tag{1.49}$$

等等。

不必将下标进行实际位置交换,而采用下面交替的图解,也可以确定交错张量的符号。假设将数字 1、2、3 按顺时针顺序放在一个圆的圆周上(图 1.7)。如果下标是按相同的(顺时针)顺序放置,则符号为正,例如 ε_{231} 具有按这种顺序的下标,所以 $\varepsilon_{231} = 1$。ε_{132} 具有按相反的顺序(逆时针)的下标,因而 $\varepsilon_{132} = -1$。

交错张量 ε_{ijk} 还为缩写提供了另一种方法。例如,叉积 $\boldsymbol{U} \times \boldsymbol{V}$ 可写成 $\varepsilon_{ijk} u_j v_k \boldsymbol{e}_i$。注意到求和约定,$\varepsilon_{ijk} u_j v_k$ 以下标 j 和 k 展开成

$$\begin{aligned}\varepsilon_{ijk} u_j v_k &= \varepsilon_{i1k} u_1 v_k + \varepsilon_{i2k} u_2 v_k + \varepsilon_{i3k} u_3 v_k\\ &= \varepsilon_{i11} u_1 v_1 + \varepsilon_{i12} u_1 v_2 + \varepsilon_{i13} u_1 v_3\\ &\quad + \varepsilon_{i21} u_2 v_1 + \varepsilon_{i22} u_2 v_2 + \varepsilon_{i23} u_2 v_3\\ &\quad + \varepsilon_{i31} u_3 v_1 + \varepsilon_{i32} u_3 v_2 + \varepsilon_{i33} u_3 v_3\end{aligned} \tag{1.50}$$

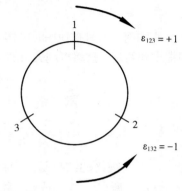

图 1.7 交错张量 ε_{ijk} 的符号图解

回想到若有重复下标时,ε_{ijk} 变为零,那么,当 $i = 1$ 时,非零项的集合为

$$\begin{aligned}\varepsilon_{1jk} u_j v_k &= \varepsilon_{123} u_2 v_3 + \varepsilon_{132} u_3 v_2\\ &= u_2 v_3 - u_3 v_2\end{aligned} \tag{1.51a}$$

同样地

$$\varepsilon_{2jk} u_j v_k = u_3 v_1 - u_1 v_3 \tag{1.51b}$$

和

$$\varepsilon_{3jk} u_j v_k = u_1 v_2 - u_2 v_1 \tag{1.51c}$$

最后

$$\varepsilon_{ijk} u_j v_k \boldsymbol{e}_i = (u_2 v_3 - u_3 v_2) \boldsymbol{e}_1 + (u_3 v_1 - u_1 v_3) \boldsymbol{e}_2 + (u_1 v_2 - u_2 v_1) \boldsymbol{e}_3$$

这也是下面行列式的值,可表示为

$$\boldsymbol{U} \times \boldsymbol{V} = \begin{vmatrix} \boldsymbol{e}_1 & \boldsymbol{e}_2 & \boldsymbol{e}_3\\ u_1 & u_2 & u_3\\ v_1 & v_2 & v_3 \end{vmatrix} \tag{1.52}$$

如此详细地写出其积没有必要。按经验,可以省去证明的冗长的中间步骤。再讨论一下表达式 $\varepsilon_{1jk} u_j v_k$,由于下标 1、$j$ 和 k 必须互不相同,所以可能的组合有 1、$j = 2$、$k = 3$ 和 1、$j = 3$、$k = 2$。因而

$$\varepsilon_{1jk} u_j v_k = \varepsilon_{123} u_2 v_3 + \varepsilon_{132} u_3 v_2 = u_2 v_3 - u_3 v_2$$

用同样的方法,可得

$$U \cdot (V \times W) = \begin{vmatrix} u_1 & u_2 & u_3 \\ v_1 & v_2 & v_3 \\ w_1 & w_2 & w_3 \end{vmatrix} = \varepsilon_{ijk} u_i v_j w_k \tag{1.53}$$

证明如下，左边的量由下面给出

$$u_r e_r \cdot \varepsilon_{ijk} v_j w_k e_i \quad \text{因为 } U = u_r e_r$$
$$= u_r \delta_{ri} \varepsilon_{ijk} v_j w_k \quad \text{因为 } \delta_{ri} = e_r \cdot e_i$$
$$= \varepsilon_{ijk} u_i v_j w_k \quad \text{因为 } \delta_{ri} u_r = u_i$$
$$= \text{式（1.53）中间的行列式}$$

在这些问题中，哑标的选择必须小心。如果上述证明中第一行写成 $u_r e_i \cdot \varepsilon_{ijk} v_j w_k e_i$，则多余的下标 i 会引起混淆，因为一个式子中对含有多于两个相同的下标没有定义。

采用行列式的定义，可得到

$$a = \begin{vmatrix} a_{11} & a_{12} & a_{13} \\ a_{21} & a_{22} & a_{23} \\ a_{31} & a_{32} & a_{33} \end{vmatrix} = \varepsilon_{ijk} a_{1i} a_{2j} a_{3k} \tag{1.54}$$

通过将式（1.54）的右边各项展开，这一点很容易得到检验。还可以看到式（1.54）更一般的形式：

$$a \varepsilon_{stp} = \varepsilon_{ijk} a_{si} a_{tj} a_{pk} \tag{1.55}$$

当 s、t 和 p 分别为 1、2 和 3 时，式（1.54）就变成了式（1.55）的一个特例。

$\varepsilon - \delta$ 恒等式

利用交错张量 ε_{ijk} 和克朗内克 δ_{ij} 的定义，可用实际展开的方法容易地验证下式：

$$\varepsilon_{ijk} \varepsilon_{ist} = \delta_{js} \delta_{kt} - \delta_{jt} \delta_{ks} \tag{1.56}$$

例如，考虑到 $j=1$，$s=2$，$k=2$ 和 $t=3$ 的情况，因而有

$$\varepsilon_{i12} \varepsilon_{i23} = \varepsilon_{112} \varepsilon_{123} + \varepsilon_{212} \varepsilon_{223} + \varepsilon_{312} \varepsilon_{323}$$
$$= 0 + 0 + 0 = 0$$

和 $\delta_{12} \delta_{23} - \delta_{13} \delta_{22} = 0 - 0 = 0$。所以，对于这种情况，恒等式（1.56）得到验证。对于下标 j、s、k 和 t 的其他值，也可同样得到验证。

下面，将用例子来阐述 $\varepsilon - \delta$ 记法的优越性。在矢量代数的常规论述中，证明某些公式需要相当多的技巧。在目前这些记法中，所有矢量恒等式是自动满足的。

【例 1.1】 利用指标证明

$$A \times (B \times C) = (A \cdot C) B - (A \cdot B) C$$

【证明】

设

$$E = B \times C, \quad D = A \times (B \times C) \tag{1.57a}$$

所以，从两个矢量的叉积可写出

$$E_k = \varepsilon_{kst} B_s C_t \tag{1.57b}$$

和

$$D_i = \varepsilon_{ijk} A_j E_k \tag{1.57c}$$

将式（1.57b）代入式（1.57c）得
$$D_i = \varepsilon_{ijk}A_j\varepsilon_{k\mathrm{st}}B_\mathrm{s}C_\mathrm{t} = \varepsilon_{ijk}\varepsilon_{k\mathrm{st}}A_jB_\mathrm{s}C_\mathrm{t}$$

因为 $\varepsilon_{ijk} = \varepsilon_{kij}$（下标交换偶数次）
$$D_i = \varepsilon_{kij}\varepsilon_{k\mathrm{st}}A_jB_\mathrm{s}C_\mathrm{t}$$

利用 ε-δ 恒等式（1.56），有
$$D_i = (\delta_{is}\delta_{jt} - \delta_{it}\delta_{js})A_jB_\mathrm{s}C_\mathrm{t}$$

或 $\qquad D_i = A_\mathrm{t}C_\mathrm{t}B_i - A_\mathrm{s}B_\mathrm{s}C_i \qquad (\delta_{ij}$ 为置换算子$)$

因此 $\qquad \boldsymbol{D} = \boldsymbol{A} \times (\boldsymbol{B} \times \boldsymbol{C}) = (\boldsymbol{A}\cdot\boldsymbol{C})\boldsymbol{B} - (\boldsymbol{A}\cdot\boldsymbol{B})\boldsymbol{C}$

【例 1.2】证明 $\varepsilon_{ijk}\varepsilon_{kji} = -6$。

【证明】显而易见，由于 i、j 和 k 为哑标，所以结果为标量。根据交错张量的定义，有
$$\varepsilon_{kji} = -\varepsilon_{ijk} \quad (\text{交换奇数次})$$

所以
$$\varepsilon_{ijk}\varepsilon_{kji} = -\varepsilon_{ijk}\varepsilon_{ijk} \qquad (1.58)$$

利用 ε-δ 恒等式，有
$$\varepsilon_{ijk}\varepsilon_{ijk} = \delta_{jj}\delta_{kk} - \delta_{jk}\delta_{kj}$$
$$= \delta_{jj}\delta_{kk} - \delta_{jj} \qquad (\text{因为 } \delta_{jk} \text{ 是置换算子})$$

并将上式代入式（1.58），最后得到（$\delta_{ii} = 3$）
$$\varepsilon_{ijk}\varepsilon_{kji} = -(3\times 3 - 3) = -6$$

【例 1.3】利用指标证明
$$\boldsymbol{A}\cdot(\boldsymbol{B}\times\boldsymbol{C}) = (\boldsymbol{A}\times\boldsymbol{B})\cdot\boldsymbol{C} \qquad (1.59)$$

【证明】

考虑式（1.59）的左边，有
$$\boldsymbol{A}\cdot(\boldsymbol{B}\times\boldsymbol{C}) = A_r\boldsymbol{e}_r\cdot(\varepsilon_{ijk}B_jC_k\boldsymbol{e}_i) = A_r(\boldsymbol{e}_r\cdot\boldsymbol{e}_i)\varepsilon_{ijk}B_jC_k$$

但因 $\boldsymbol{e}_r\cdot\boldsymbol{e}_i = \delta_{ri}$，由式（1.48）得出
$$\boldsymbol{A}\cdot(\boldsymbol{B}\times\boldsymbol{C}) = A_r\delta_{ri}\varepsilon_{ijk}B_jC_k$$

注意到 δ_{ri} 为一个置换算子，那么
$$\boldsymbol{A}\cdot(\boldsymbol{B}\times\boldsymbol{C}) = \varepsilon_{ijk}A_iB_jC_k \qquad (1.60)$$

考虑式（1.59）的右边，有
$$(\boldsymbol{A}\times\boldsymbol{B})\cdot\boldsymbol{C} = (\varepsilon_{kij}A_iB_j\boldsymbol{e}_k)\cdot(C_r\boldsymbol{e}_r) = \varepsilon_{kij}A_iB_jC_r\delta_{kr}$$
$$= \varepsilon_{kij}A_iB_jC_k$$

但由于交换偶数次，$\varepsilon_{ijk} = \varepsilon_{kij}$，所以
$$(\boldsymbol{A}\times\boldsymbol{B})\cdot\boldsymbol{C} = \varepsilon_{ijk}A_iB_jC_k \qquad (1.61)$$

由式（1.60）和式（1.61），得
$$\boldsymbol{A}\cdot(\boldsymbol{B}\times\boldsymbol{C}) = (\boldsymbol{A}\times\boldsymbol{B})\cdot\boldsymbol{C}$$

【例 1.4】利用指标证明
$$\nabla\times(\nabla\phi) = 0 \qquad (1.62)$$

其中 ϕ 为一标量。

【证明】

由式（1.20）有

$$\nabla \phi = \frac{\partial \phi}{\partial x_k} \boldsymbol{e}_k$$

所以，式（1.62）中两个矢量的叉积可写成：

$$\nabla \times (\nabla \phi) = \varepsilon_{ijk} \frac{\partial}{\partial x_j} \frac{\partial \phi}{\partial x_k} \boldsymbol{e}_i$$

对于 $i=1,2$ 和 3，表达式 $\varepsilon_{ijk}(\partial/\partial x_j)(\partial \phi/\partial x_k)$ 产生一个矢量的三个分量。对于 $i=1$，非零项为 $j=2, k=3$ 和 $j=3, k=2$。所以

$$\varepsilon_{1jk} \frac{\partial}{\partial x_j} \frac{\partial \phi}{\partial x_k} = \varepsilon_{123} \frac{\partial^2 \phi}{\partial x_2 \partial x_3} + \varepsilon_{132} \frac{\partial^2 \phi}{\partial x_3 \partial x_2}$$

$$= \frac{\partial^2 \phi}{\partial x_2 \partial x_3} - \frac{\partial^2 \phi}{\partial x_3 \partial x_2} = 0$$

对于 $i=2$ 和 3，得到同样的结果。所以式（1.62）得证。

1.11 坐标的变换

方向余弦表

矢量 $\boldsymbol{V}$ 的分量值，表示成 v_1、v_2 和 v_3 或简单表示成 v_i，与所选择的坐标轴方向有关。常常需要重新取参考轴，并在新的坐标系中重新计算 $\boldsymbol{V}$ 的分量值。

假设 x_i 和 x_i' 是共原点的两个笛卡尔右手坐标系的轴，那么矢量 $\boldsymbol{V}$ 在两个坐标系中的分量分别为 v_i 和 v_i'。由于矢量是同一个，所以一定可以采用 x_i' 轴与 x_i 轴正向夹角的余弦将其分量联系起来。

如果 l_{ij} 表示 $\cos(x_i', x_j)$，即 x_i' 轴与 x_j 轴夹角的余弦，i 和 j 从 1 到 3 变化，可以表示为 $v_i' = l_{ij} v_j$，这些余弦值可方便地从表 1.1 中查到。必须注意，l_{ij}（矩阵）的元素不对称，即 $l_{ij} \neq l_{ji}$。例如，l_{12} 是 x_1' 轴与 x_2 轴夹角的余弦，而 l_{21} 是 x_2' 轴与 x_1 轴夹角的余弦（见图 1.8）。假定为从初始坐标系到非初始坐标系量测角度。

方向余弦（l_{ij}） 表 1.1

轴	轴		
	x_1	x_2	x_3
x_1'	l_{11}	l_{12}	l_{13}
x_2'	l_{21}	l_{22}	l_{23}
x_3'	l_{31}	l_{32}	l_{33}

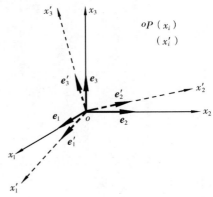

图 1.8 坐标变换

l_{ij} 间的关系

由 l_{ij} 的定义,有

$$l_{ij} = \boldsymbol{e}'_i \cdot \boldsymbol{e}_j \tag{1.63}$$

参照 x_i 轴,基矢量(单位矢量)$\boldsymbol{e}'_i$ 可表示成

$$\begin{aligned}\boldsymbol{e}'_i &= (\boldsymbol{e}'_i \cdot \boldsymbol{e}_1)\boldsymbol{e}_1 + (\boldsymbol{e}'_i \cdot \boldsymbol{e}_2)\boldsymbol{e}_2 + (\boldsymbol{e}'_i \cdot \boldsymbol{e}_3)\boldsymbol{e}_3 \\ &= l_{i1}\boldsymbol{e}_1 + l_{i2}\boldsymbol{e}_2 + l_{i3}\boldsymbol{e}_3 = l_{ij}\boldsymbol{e}_j\end{aligned} \tag{1.64}$$

相反

$$\boldsymbol{e}_i = l_{ji}\boldsymbol{e}'_j \tag{1.65}$$

所以

$$\boldsymbol{e}'_i \cdot \boldsymbol{e}'_j = \delta_{ij} = l_{ir}\boldsymbol{e}_r \cdot l_{jk}\boldsymbol{e}_k = l_{ir}l_{jk}\delta_{rk} = l_{ir}l_{jr} \tag{1.66}$$

或

$$l_{ir}l_{jr} = \delta_{ij} \tag{1.67}$$

中间隐含以下 6 个等式

$$\begin{aligned}&l_{11}^2 + l_{12}^2 + l_{13}^2 = 1 \\ &l_{21}^2 + l_{22}^2 + l_{23}^2 = 1 \\ &l_{31}^2 + l_{32}^2 + l_{33}^2 = 1 \\ &l_{11}l_{21} + l_{12}l_{22} + l_{13}l_{23} = 0 \\ &l_{11}l_{31} + l_{12}l_{32} + l_{13}l_{33} = 0 \\ &l_{21}l_{31} + l_{22}l_{32} + l_{23}l_{33} = 0\end{aligned} \tag{1.68}$$

同样

$$\boldsymbol{e}_i \cdot \boldsymbol{e}_j = \delta_{ij} = l_{ri}\boldsymbol{e}'_r \cdot l_{kj}\boldsymbol{e}'_k = l_{ri}l_{kj}\delta_{rk} = l_{ri}l_{rj} \tag{1.69}$$

或

$$l_{ri}l_{rj} = \delta_{ij} \tag{1.70}$$

任一矢量可表示成 $v_i\boldsymbol{e}_i$ 或 $v'_i\boldsymbol{e}'_i$ 的形式

$$v'_i = \boldsymbol{V} \cdot \boldsymbol{e}'_i = v_j\boldsymbol{e}_j \cdot \boldsymbol{e}'_i = v_j\boldsymbol{e}_j \cdot l_{ik}\boldsymbol{e}_k = l_{ik}v_j\delta_{jk} = l_{ij}v_j \tag{1.71}$$

或

$$v'_i = l_{ij}v_j \tag{1.72}$$

相反

$$v_i = \boldsymbol{V} \cdot \boldsymbol{e}_i = v'_j\boldsymbol{e}'_j \cdot l_{ri}\boldsymbol{e}'_r = l_{ri}v'_j\delta_{jr} = l_{ji}v'_j \tag{1.73}$$

或

$$v_i = l_{ji}v'_j \tag{1.74}$$

采用同样的方法,如果点 P(见图 1.8)在非初始坐标系中的坐标为 x_i,而在初始坐标系中的坐标为 x'_i,那么,

$$x'_i = l_{ij}x_j \quad \text{和} \quad x_i = l_{ji}x'_j \tag{1.75}$$

并有

$$l_{ij}=\frac{\partial x'_i}{\partial x_j}=\frac{\partial x_j}{\partial x'_i} \tag{1.76}$$

【例 1.5】 表 1.2 给出了 x_i 和 x'_i 坐标系的方向余弦值。证明在 x_i 坐标系中的点 (0, 1, -1) 与 x'_i 坐标系中的点 $\left(-\frac{29}{25},\ \frac{4}{5},\ -\frac{3}{25}\right)$ 一致。

方向余弦 (l_{ij})   表 1.2

新坐标轴	老坐标轴		
	x_1	x_2	x_3
x'_1	$\frac{12}{25}$	$-\frac{9}{25}$	$\frac{4}{5}$
x'_2	$\frac{3}{5}$	$\frac{4}{5}$	0
x'_3	$-\frac{16}{25}$	$\frac{12}{25}$	$\frac{3}{5}$

【证明】

在 x_i 和 x'_i 两个坐标系中，点的坐标之间的关系可由式（1.75）给出，即

$$x'_i = l_{ij}x_j$$

其中，$x_j = (0, 1, -1)$，所以该点在 x'_i 中的坐标可算出。对于 $i=1$，有

$$x'_1 = l_{1j}x_j$$

将表 1.2 中的数据代入，得到

$$\begin{aligned} x'_1 &= l_{11}x_1 + l_{12}x_2 + l_{13}x_3 \\ &= \left(\frac{12}{25}\right)(0) + \left(-\frac{9}{25}\right)(1) + \left(\frac{4}{5}\right)(-1) \\ &= -\frac{29}{25} \end{aligned}$$

同样地，有

$$x'_2 = l_{2j}x_j = l_{21}x_1 + l_{22}x_2 + l_{23}x_3$$

和

$$x'_3 = l_{3j}x_j = l_{31}x_1 + l_{32}x_2 + l_{33}x_3$$

从表 1.2 中代入数据，得

$$x'_2 = \frac{4}{5} \text{ 和 } x'_3 = -\frac{3}{25}$$

所以，在 x_i 坐标系中的点 (0, 1, -1) 与 x'_i 坐标系中的点 $\left(-\frac{29}{25},\ \frac{4}{5},\ -\frac{3}{25}\right)$ 一致。

1.12 笛卡尔张量的定义

在上节中，证明了在空间中任何点的矢量完全由其三个分量决定的情况。如果知道了在 x_i 坐标系中的矢量分量 v_i，那么该矢量在 x'_i 坐标系中的分量可由变换规则 $v'_i = l_{ij}v_j$ 求

得。无论它是像速度或力这样的物理量，还是像从原点出发的辐射矢量这样的几何量，或像标量的梯度这样不易想像的量，这个变换规则适应任何矢量。例如，如果

$$G_i = \frac{\partial \phi}{\partial x_i} \tag{1.77}$$

那么

$$G'_i = \frac{\partial \phi}{\partial x'_i} = \frac{\partial \phi}{\partial x_k}\frac{\partial x_k}{\partial x'_i} = l_{ik}G_k \tag{1.78}$$

在前面的变换规则中，新坐标系中每一个新矢量的分量是原来分量的一个线性组合，这种变换规则很方便且有很多用途。下面，我们将它作为矢量的定义，并代替以前认为矢量是具有大小和方向的量的定义。采用这种矢量新定义的根本原因在于它容易推广，以便应用于称为张量的更复杂的物理量中，而只有"方向和大小"的定义则不能。

在学习弹性力学和电子学的初期，曾遇到过很复杂特性的量，这些量原叫"并矢量"，现在，并矢量被称为二阶张量。名称"张量"起源于它与应力（张力）有关的历史。

合并两个矢量 A_i 和 B_j 就可以为构成一个并矢量的简单例子，这样用 $C_{ij} = A_iB_j$ 可定义一个含9个量的数组 C_{ij}，例如 $C_{23} = A_2B_3$。如果要求在所有坐标系中都采用同样的定义，那么在 x'_i 坐标系中

$$C'_{ij} = A'_iB'_j = (l_{is}A_s)(l_{jk}B_k) = l_{is}l_{jk}C_{sk}$$

显而易见，这与矢量变换规则很类似。

虽然不是所有的并矢量都能像上面那样由两个矢量合并得到，但所有的并矢量都具有相同的变换规则。

下面，首先定义具有三个量（称其为分量）的一阶张量，其分量具有这样的特性：如果它们在任一坐标系 x_i 中某一定点上的值为 v_i，则在其他任何坐标系 x'_i 中，在该点的值可由关系式 $v'_i = l_{ij}v_j$ 求出，当然存在一个等价式为 $v_i = l_{ji}v'_j$，由于所有矢量都遵循这一规则进行变换，这些矢量就是一阶张量。不论所采用的坐标如何，一个标量，如温度，在一定点上都有相同的值，所以，标量不受变换的影响，定义为零阶张量。一个一阶张量（或矢量）有 $3^1 = 3$ 个分量，一个零阶张量（或标量）有 $3^0 = 1$ 个分量。

可类似地将该定义推广到高阶张量。一个二阶张量，有 $3^2 = 9$ 个分量。这样，如果在 x_i 坐标系中，它们在某点的值为 a_{ij}，那么在其他任何坐标系 x'_i 中，在同一点的值为

$$a'_{ij} = l_{im}l_{jn}a_{mn} \tag{1.79}$$

正如一个矢量完全可由三个标量来定义，一个二阶张量完全可由三个矢量来定义。后面将会出现，表示物体内某点的应力状态的量构成了一个二阶张量。换句话说，某点的应力状态完全可由三个应力矢量来定义。

一个三阶张量有 $3^3 = 27$ 个分量。如果在 x_i 坐标系中，它们在某点的值为 a_{ijk}，则在其他任何坐标系 x'_i 中的值 a'_{ijk} 由下式给出

$$a'_{ijk} = l_{im}l_{jn}l_{kp}a_{mnp} \tag{1.80}$$

张量可以有任意阶。从前面的定义中可明显地得出一般的变换规则。由于受笛卡尔坐标系的限制，所以所有这些张量均称为笛卡尔张量。

例如，假设已知在坐标系 x_i 中一个二阶张量的9个分量为

$$a_{11}=1,\ a_{12}=-1,\ a_{32}=2,\ 其余\ a_{ij}=0$$

考虑在一个新坐标系 x'_i 中,它与坐标系 x_i 的关系通过表1.3提供的方向余弦 (l_{ij}) 得到。

方 向 余 弦 (l_{ij})　　　　　　　　　　表 1.3

新坐标轴	老 坐 标 轴		
	x_1	x_2	x_3
x'_1	$1/\sqrt{2}$	$1/\sqrt{2}$	0
x'_2	$-1/\sqrt{2}$	$1/\sqrt{2}$	0
x'_3	0	0	1

那么,在 x'_i 坐标系中,新的分量 a'_{ij} 由下式给出,

$$\begin{aligned}a'_{11} &= l_{1k}l_{1r}a_{kr} \\ &= l_{11}l_{11}a_{11} + l_{11}l_{12}a_{12} + l_{13}l_{12}a_{32} + 0 \\ &= \frac{1}{2}(1) + \frac{1}{2}(-1) + 0 = 0\end{aligned} \quad (1.81)$$

同样,$a'_{12}=-1$,$a'_{32}=\sqrt{2}$,等等。

虽然所有的矢量都是张量,但并不是所有的矩阵都必定是张量。工程应变分量不构成一个张量,即,应变矩阵不能按照所描述的规则进行变换(如果物理量不是一个张量中的分量,则不能画 Mohr 圆)。

由于具有变换的特性,所以只要知道某一坐标系中的张量,则它在所有坐标系中的张量就全部知道了。在特殊情况下,如果在一个坐标系中的所有分量都为0,则在所有坐标系中所有分量都为零。这个看来好像不重要的论述在减少数学和物理证明方面很有帮助。在一个物体中,要考虑由力矢量 F_i 导致的应力 σ_{ij}。以后将证明,为满足平衡,$\sigma_{ij,j}=F_i$,现将它重写为 $D_i=\sigma_{ij,j}-F_i=0$,因为我们知道 D_i 为一零矢量(一个一阶矢量),则由刚才提到的概念可知,坐标轴变换不能使 D_i 改变。由此得到的结论是,如果一个物体在一个坐标系中平衡,则没有必要在其他坐标系中重新考虑平衡。

1.13 张 量 性 质

张量的运算方法与矢量相类似。

相　　等

当两个张量对应的分量相等时,则定义它们相等。例如,张量 a_{ij} 和 b_{ij} 相等的条件是

$$a_{ij}=b_{ij} \quad (1.82)$$

相　　加

两个同阶张量的和(或差)仍是一个张量,且同阶。运算结果所得的张量定义为这两个张量相应分量的相加(或相减)。例如,两个二阶张量 a_{ij} 和 b_{ij} 相加,结果得到的9个分

量 c_{ij} 仍为一个二阶张量，定义为

$$c_{ij} = a_{ij} + b_{ij} \tag{1.83}$$

张 量 方 程

如前所述，一个张量方程在一个坐标系中成立，则在所有坐标系中都成立。如果在 x_i 坐标系中，两个张量满足 $a_{ij} = b_{ij}$，则可以在所有坐标系中定义 $c_{ij} = a_{ij} - b_{ij}$。然后，由前面的推导可知，c_{ij} 也是一个张量。现在知道，c_{ij} 在 x_i 坐标系中为 0，那么在所有坐标系中都为 0。这一点也可以很容易从 c'_{ij} 在所有坐标系中都为 c_{ij} 的线性组合这一事实中看出。

乘 法

一个张量 a_{ij} 与一个标量 α 的乘积构成一个同阶的张量 b_{ij}。

$$b_{ij} = \alpha a_{ij} \tag{1.84}$$

考虑两个张量，a_i 为一阶，b_{ij} 为二阶。因此，可以由所谓的张量相乘方法得到一组新的张量 c_{ijk}。

$$c_{ijk} = a_i b_{jk} \tag{1.85}$$

当然可知，在其他坐标系中可应用同样的定义规则。

$$\begin{aligned} c'_{ijk} = a'_i b'_{jk} &= (l_{im}a_m)(l_{jn}l_{ko}b_{no}) \\ &= l_{im}l_{jn}l_{ko}a_m b_{no} = l_{im}l_{jn}l_{ko}c_{mno} \end{aligned} \tag{1.86}$$

从式（1.86）可知，c_{ijk} 为一个三阶张量。通常，张量相乘构成一个新的张量，其阶数是原张量的阶数之和。

缩 并

考虑张量 a_{ijk}（有 27 个量），如果将两个指标赋给相同的字母，即将 j 用 k 代替，得到 a_{ikk}，那么只存在三个量，每个量都是三个原分量之和。很容易证明该组的三个量为一阶张量。对于三阶张量 a_{ijk}，有

$$a'_{ijk} = l_{ip}l_{jq}l_{kr}a_{pqr} \tag{1.87}$$

所以
$$a'_{ikk} = l_{ip}(l_{kq}l_{kr})a_{pqr} = l_{ip}\delta_{qr}a_{pqr} = l_{ip}a_{prr} \tag{1.88}$$

这就是对一阶张量的变换规则，即 a_{ikk} 为一个一阶张量。

例 子

假定 c 和 d 为标量，u_i 和 v_i 为矢量的三个分量，a_{ij} 为具有 9 个分量的二阶张量，于是有如下的结果：

张量	阶	运算含义
$u_i + v_i$	1	加法
cd	0	乘法
cu_i	1	乘法
$u_i v_j$	2	乘法

续表

张量	阶	运算含义
$u_i a_{jk}$	3	乘法
$u_i v_i$	0	数量（点）积
$\varepsilon_{ijk} u_j v_k$	1	矢量（叉）积
$u_i u_i$	0	长度的平方
$a_{ii} = a_{11} + a_{22} + a_{33}$	0	a_{ij}的第一不变量
$u_r a_{rk}$	1	缩并
$u_{i,j}$	2	微分
$u_{i,i} = u_{1,1} + u_{2,2} + u_{3,3}$	0	散度，$\mathbf{V} \cdot \mathbf{U}$
$\varepsilon_{ijk} u_{k,j}$	1	旋度，$\mathbf{V} \times \mathbf{U}$

对称与斜对称

考虑张量 a_{ij}，如果 $a_{ij} = a_{ji}$，则称之为对称张量；如果 $a_{ij} = -a_{ji}$，则称之为斜对称张量。注意，对于一个对称张量，其分量 $a_{ii} = 0$（不求和）。

如果一个张量只是对某一对特定指标对称（或斜对称），则称之为对这对指标对称的（或斜对称）张量。如果在一个坐标系中，一个张量对某一对指标对称（或斜对称），那么在所有坐标系中，它对该对指标都对称（或斜对称）。例如，如果在 x_i 坐标系中 $a_{ijk} = a_{ikj}$，那么，在 x'_i 坐标系中 $a'_{ijk} = a'_{ikj}$，这是从处理一个张量方程的实际中直接得出的。上面考虑的张量 a_{ijk} 是对 j 和 k 对称的；但如果 $a_{ijk} = -a_{ikj}$，那么它是对 j 和 k 斜对称的。

注意到，任何一个二阶张量 a_{ij} 都可惟一地分解成一个对称张量与一个斜对称张量之和，即

$$a_{ij} = \frac{1}{2}(a_{ij} + a_{ji}) + \frac{1}{2}(a_{ij} - a_{ji}) = b_{ij} + c_{ij} \tag{1.89}$$

式中，b_{ij} 为对称的；c_{ij} 为斜对称的。

1.14 各向同性张量

如果一个张量的分量在所有坐标系中都具有相同的值，则它是各向同性的，标量（零阶张量）就是一个简单的例子。张量 δ_{ij} 和 ε_{ijk} 都是各向同性的，对于 δ_{ij}，用变换规则得到

$$\delta'_{ij} = l_{ir} l_{js} \delta_{rs} = l_{ir} l_{jr} = \delta_{ij} \tag{1.90}$$

这就是二阶各向同性张量的定义。

为了证明 ε_{ijk} 为一个三阶各向同性的张量，首先要写出变换方程，证明 ε_{ijk} 是不是一个张量，然后通过采用式（1.55），根据由 l_{ij} 构成的行列式来解释这个方程。所以

$$\varepsilon'_{ijk} = l_{ir} l_{js} l_{kt} \varepsilon_{rst} = l \varepsilon_{ijk} \tag{1.91}$$

其中，l 表示行列式的值，行列式中第 i 行第 j 列的元素为 l_{ij}。下面证明行列式

$$l = \begin{vmatrix} l_{11} & l_{12} & l_{13} \\ l_{21} & l_{22} & l_{23} \\ l_{31} & l_{32} & l_{33} \end{vmatrix} \tag{1.92}$$

是一个单位值，以便由式（1.91）得出 $\varepsilon'_{ijk} = \varepsilon_{ijk}$，因而 ε_{ijk} 是一个三阶的各向同性张量的结果。由于将行和列互换不影响 l 的值，所以 l 可以写成

$$l^2 = \begin{vmatrix} l_{11} & l_{12} & l_{13} \\ l_{21} & l_{22} & l_{23} \\ l_{31} & l_{32} & l_{33} \end{vmatrix} \cdot \begin{vmatrix} l_{11} & l_{21} & l_{31} \\ l_{12} & l_{22} & l_{32} \\ l_{13} & l_{23} & l_{33} \end{vmatrix} = \begin{vmatrix} 1 & 0 & 0 \\ 0 & 1 & 0 \\ 0 & 0 & 1 \end{vmatrix} = 1 \quad (1.93)$$

其中应用了行列式的乘法和由式（1.68）提供的恒等式。注意 $l = \pm 1$，但因对于恒等式变换（当原坐标与新坐标重合时），得到 $l = +1$，所以 l 必须始终为 $+1$。

如前所述，标量是一个各向同性张量，但是不存在非平凡的各向同性矢量。可以证明，任何二阶各向同性张量一定具有 δ_{ij} 常数倍的形式，任何三阶各向同性张量也必定具有 ε_{ijk} 常数倍的形式。四阶各向同性张量的最一般的形式为

$$\alpha_{ijkl} = \alpha \delta_{ij} \delta_{kl} + \beta \delta_{ik} \delta_{jl} + \gamma \delta_{il} \delta_{jk} \quad (1.94)$$

一般地，可以证明，任何偶数阶各向同性张量都具有类似于上面四阶张量的形式，即出现 δ_{ij} 的全部可能的组合。

1.15 商 法 则

考虑在 x_i 坐标系中有 9 个量的 a_{ij}，如果它们在任一坐标系中的值对任何张量 b_{ij}，有

$$a_{ij} b_{ij} = c$$

c 是一标量，则 a_{ij} 是一个张量。

【证明】c 是标量，所以

$$a_{ij} b_{ij} = c = c' = a'_{ij} b'_{ij} = a'_{rs} b'_{rs} \quad (1.95)$$

对于张量 b_{ij}，从式（1.79）得

$$b_{ij} = l_{ri} l_{sj} b'_{rs} \quad (1.96)$$

从式（1.95）得

$$a'_{rs} b'_{rs} - a_{ij} b_{ij} = 0 \quad (1.97)$$

将式（1.96）中的 b_{ij} 代入式（1.97）中得

$$b'_{rs} (a'_{rs} - a_{ij} l_{ri} l_{sj}) = 0 \quad (1.98)$$

由于 b'_{rs} 是一个任意的张量，所以可以得到

$$a'_{rs} = l_{ri} l_{sj} a_{ij} \quad (1.99)$$

即，a_{ij} 是一个张量（二阶张量）。

交 错 定 理

上面论述和证明的商法则可以写成下面的一种交错形式：
如果

(a) $a_{ij} u_j = v_i$ 是对任意矢量 u_i 的一个矢量；

或

(b) $a_{ij} b_{jk} = c_{ik}$ 是对任意张量 b_{ij} 的一个张量；

或

(c) $a_{ij\cdots k}u_i v_j \cdots w_k = c$ 是对任意矢量 u_i、v_i、$\cdots$、w_i 的一个标量,那么,a_{ij} 和 $a_{ij\cdots k}$ 是张量。

这些定理可以容易地采用与前面相似的方法来证明。

1.16 例题—指标记法

【例 1.6】利用指标记法证明
$$\mathbf{\nabla} \times (\mathbf{\nabla} \times \mathbf{A}) = \mathbf{\nabla}(\mathbf{\nabla} \cdot \mathbf{A}) - \mathbf{\nabla}^2 \mathbf{A} \tag{1.100}$$

【证明】
考虑式(1.100)的左边,有
$$\mathbf{\nabla} \times (\mathbf{\nabla} \times \mathbf{A}) = \varepsilon_{ijk}(\varepsilon_{kst}A_{t,s})_{,j} \tag{1.101}$$
其中,i 是自由指标,k、j、s、t 是哑标。

采用由式(1.56)提供的 ε-δ 恒等式,式(1.101)可写成
$$\mathbf{\nabla} \times (\mathbf{\nabla} \times \mathbf{A}) = (\delta_{is}\delta_{jt} - \delta_{it}\delta_{js})A_{t,sj}$$

或
$$\mathbf{\nabla} \times (\mathbf{\nabla} \times \mathbf{A}) = A_{j,ji} - A_{i,jj} \tag{1.102}$$

对于式(1.100)的右边,有
$$\mathbf{\nabla}(\mathbf{\nabla} \cdot \mathbf{A}) - \mathbf{\nabla}^2\mathbf{A} = (A_{j,j})_{,i} - (A_i)_{,jj}$$

或
$$\mathbf{\nabla}(\mathbf{\nabla} \cdot \mathbf{A}) - \mathbf{\nabla}^2\mathbf{A} = A_{j,ji} - A_{i,jj} \tag{1.103}$$

由式(1.102)和式(1.103),有
$$\mathbf{\nabla} \times (\mathbf{\nabla} \times \mathbf{A}) = \mathbf{\nabla}(\mathbf{\nabla} \cdot \mathbf{A}) - \mathbf{\nabla}^2\mathbf{A}$$

【例 1.7】如果 ϕ 是一个标量,试证明

(a) $\phi_{,i}$ 是一个一阶张量;
(b) $\phi_{,ij}$ 是一个二阶张量;
(c) $\phi_{,kk}$ 是一个标量(零阶张量)。

【证明】因为 ϕ 是一个标量,所以
$$\phi(\text{在 } x_i \text{ 坐标系中}) = \phi'(\text{在 } x_i' \text{坐标系中}) \tag{1.104}$$

(a) 定义
$$G_i = \frac{\partial \phi}{\partial x_i} = \phi_{,i} \tag{1.105}$$

所以
$$G_i' = \frac{\partial \phi'}{\partial x_i'} = \frac{\partial \phi}{\partial x_i'} = \frac{\partial \phi}{\partial x_j}\frac{\partial x_j}{\partial x_i'} \tag{1.106}$$

根据式(1.76)和式(1.106),有
$$G_i' = l_{ij}G_j$$

或
$$\phi_{,i}' = l_{ij}\phi_{,j} \quad (i \text{ 是自由指标}) \tag{1.107}$$

所以 $\phi_{,i}$ 是一个一阶张量。

(b) 定义

$$c_{ij} = \frac{\partial^2 \phi}{\partial x_i \partial x_j} = \phi_{,ij} \tag{1.108}$$

所以

$$c'_{ij} = \frac{\partial^2 \phi'}{\partial x'_i \partial x'_j} = \frac{\partial}{\partial x'_i}\left(\frac{\partial \phi}{\partial x_k}\frac{\partial x_k}{\partial x'_j}\right)$$

或

$$c'_{ij} = \frac{\partial}{\partial x'_i}\left(\frac{\partial \phi}{\partial x_k}l_{jk}\right) = \frac{\partial}{\partial x_m}\left(\frac{\partial \phi}{\partial x_k}l_{jk}\right)\frac{\partial x_m}{\partial x'_i}$$

所以

$$c'_{ij} = \frac{\partial^2 \phi}{\partial x_m \partial x_k}l_{jk}l_{im} \tag{1.109}$$

或利用式（1.108）和式（1.109），可得到

$$\phi'_{,ij} = l_{im}l_{jk}\phi_{,mk} \tag{1.110}$$

即，$\phi_{,ij}$ 是二阶张量。

(c) 在式（1.110）中，将指标用 i 代替 j，有

$$\phi'_{,ii} = l_{im}l_{ik}\phi_{,mk} \tag{1.111}$$

但根据式（1.67）

$$l_{im}l_{ik} = \delta_{mk} \tag{1.112}$$

将式（1.111）代入式（1.112），有

$$\phi'_{,ii} = \delta_{mk}\phi_{,mk}$$

或

$$\phi'_{,ii} = \phi_{,mm}$$

所以 $\phi_{,ii}$ 是一个标量（零阶张量）。

1.17 面积分－体积分（散度定理）

在连续介质力学中，作用在一定物体体积上的全部力包括体力（例如，重力）和面力（例如，压力）。在推导平衡和运动方程的过程中，这两种力分别写成体积和面积的积分，为了将两种积分结合起来，将面积分表示成体积分是必要的，反之亦然。下面的高斯散度定理可适用于这种情况。

散度定理指出，一个矢量 U 的法向分量在一个封闭曲面 S 上的面积分等于矢量 U 的散度在该曲面所包围的体积 V 上的体积分。

$$\int_S \boldsymbol{U} \cdot \boldsymbol{N} \mathrm{d}A = \int_V \mathrm{div}\boldsymbol{U}\mathrm{d}V \tag{1.113}$$

或利用指标记法，

$$\int_S u_i n_i \mathrm{d}A = \int_V u_{i,i}\mathrm{d}V \tag{1.114}$$

其中，N 为垂直于曲面 S 外法向的单位矢量。

散度定理的一般证明可在许多数学书籍中找到。

【例 1.8】用散度定理证明

$$\int_S \boldsymbol{x} \cdot \boldsymbol{n} \mathrm{d}S = 3V \tag{1.115}$$

其中，x 是曲面 S 上某点的位置矢量，V 是曲面 S 所包围的体积。

【证明】利用散度定理，式 (1.113) 可以写成

$$\int_S \boldsymbol{x} \cdot \boldsymbol{n} \mathrm{d}S = \int_V \mathrm{div}\boldsymbol{x} \mathrm{d}V$$

或

$$\int_S x_i n_i \mathrm{d}S = \int_V x_{i,i} \mathrm{d}V \tag{1.116}$$

但

$$x_{i,i} = \frac{\partial x_i}{\partial x_i} = \frac{\partial x_1}{\partial x_1} + \frac{\partial x_2}{\partial x_2} + \frac{\partial x_3}{\partial x_3} = 3$$

所以，由式 (1.116) 推导出

$$\int_S x_i n_i \mathrm{d}S = \int_V (3) \mathrm{d}V = 3V$$

【例 1.9】已知矢量 T 用二阶张量 σ_{ij} 表示的关系为

$$T_i = \sigma_{ji} n_j \tag{1.117}$$

利用散度定理证明

$$\int_S \varepsilon_{ijk} x_j T_k \mathrm{d}S = \int_V \varepsilon_{ijk}(x_j \sigma_{mk,m} + \sigma_{jk}) \mathrm{d}V \tag{1.118}$$

其中，x_j 是曲面 S 上某点的位置矢量；V 是曲面 S 所围成的体积；ε_{ijk} 是交错张量；n_j 是垂直于曲面 S 外法向的单位矢量。

【证明】将式 (1.117) 代入式 (1.118) 左边的 T_k 导到

$$\int_S \varepsilon_{ijk} x_j T_k \mathrm{d}S = \int_S \varepsilon_{ijk} x_j (\sigma_{mk} n_m) \mathrm{d}S$$

对于 i 的一个定值，表达式 $(\varepsilon_{ijk} x_j \sigma_{mk})$ 表示一个矢量 u_m，所以利用散度定理式 (1.114)，可写出

$$\int_S (\varepsilon_{ijk} x_j \sigma_{mk}) n_m \mathrm{d}S = \int_V (\varepsilon_{ijk} x_j \sigma_{mk})_{,m} \mathrm{d}V$$

或

$$\int_S \varepsilon_{ijk} x_j \sigma_{mk} n_m \mathrm{d}S = \int_V \varepsilon_{ijk}(x_j \sigma_{mk,m} + x_{j,m} \sigma_{mk}) \mathrm{d}V \tag{1.119}$$

用 $x_{j,m} = \delta_{jm}$，代入式 (1.119) 变成

$$\int_S \varepsilon_{ijk} x_j \sigma_{mk} n_m \mathrm{d}S = \int_V \varepsilon_{ijk}(x_j \sigma_{mk,m} + \delta_{jm} \sigma_{mk}) \mathrm{d}V$$

或

$$\int_S \varepsilon_{ijk} x_j T_k \mathrm{d}S = \int_V \varepsilon_{ijk}(x_j \sigma_{mk,m} + \sigma_{jk}) \mathrm{d}V$$

这个例子阐明了散度定理的一个更普遍的应用。式（1.118）在第二章推导平衡方程过程中会用到。

1.18 习 题

1.1 证明

(a) $\delta_{ij}\delta_{ij} = 3$；

(b) $\varepsilon_{ijk}A_jA_k = 0$；

(c) $\varepsilon_{psr}\varepsilon_{qst} = \delta_{pq}\delta_{rt} - \delta_{pt}\delta_{qr}$。

1.2 利用指标记法证明

(a) $\mathbf{\nabla} \cdot (\mathbf{\nabla} \times \mathbf{A}) = 0$；

(b) $\mathbf{\nabla} \cdot (\phi \mathbf{A}) = (\mathbf{\nabla}\phi) \cdot \mathbf{A} + \phi(\mathbf{\nabla} \cdot \mathbf{A})$，式中 ϕ 是一标量；

(c) $\mathbf{\nabla} \cdot (\mathbf{A} \times \mathbf{B}) = \mathbf{B} \cdot (\mathbf{\nabla} \times \mathbf{A}) - \mathbf{A} \cdot (\mathbf{\nabla} \times \mathbf{B})$。

1.3 证明 1.15 节中商法则的交错定理（a）和（b）。

1.4 方向余弦（l_{ij}）表由例 1.5（表 1.2）给出，证明下面两个方程表示的两个平面是重合的。

在（x_i）坐标系中 $\qquad 2x_1 - \dfrac{1}{3}x_2 + x_3 = 1$

在（x_i'）坐标系中 $\qquad \dfrac{47}{25}x_1' + \dfrac{14}{15}x_2' - \dfrac{21}{25}x_3' = 1$

1.5 如果 $B_i = A_i/\sqrt{A_jA_j}$，证明 B_i 是一个单位矢量。

1.6 已知关系

$$Q_1 = \varepsilon_{ijk}\varepsilon_{ijm}\sigma_{km}$$
$$Q_2 = \varepsilon_{ijk}\varepsilon_{imn}\sigma_{jm}\sigma_{kn}$$
$$P_1 = \sigma_{ii}$$
$$P_2 = \sigma_{ij}\sigma_{ji}$$

利用指标记法，证明

(a) $Q_1 = 2P_1$；

(b) $Q_2 = P_1^2 - P_2$。

其中，σ_{ij} 是对称的二阶张量。

1.7 已知关系

$$\sigma_{ij} = S_{ij} + \dfrac{1}{3}\sigma_{kk}\delta_{ij}$$

$$J_2 = \dfrac{1}{2}s_{ij}s_{ji}$$

$$J_3 = \dfrac{1}{3}s_{ij}s_{jk}s_{ki}$$

其中，σ_{ij} 和 s_{ij} 是对称的二阶张量。证明

(a) $s_{ii} = 0$；

(b) $\dfrac{\partial J_2}{\partial \sigma_{ij}} = s_{ij}$；

(c) $\dfrac{\partial J_3}{\partial \sigma_{ij}} = s_{ik}s_{kj} - \dfrac{2}{3}J_2\delta_{ij}$。

1.8 对于四个矢量 A、B、C 和 D，应用指标记法证明
$$(A \times B) \cdot (C \times D) + (B \times C) \cdot (A \times D) + (C \times A) \cdot (B \times D) = 0$$

1.9 应用散度定理证明

(a) 对任何封闭的曲面 S，有 $\int_S (\nabla \times A) \cdot n \, dS = 0$；

(b) $\int_V \nabla \cdot n \, dV = S$。

n 是垂直包围 V 域的表面 S 外法向的单位矢量。

1.10 证明：每个二阶张量 a_{ij} 可以用惟一的方法分解成一个对称张量 $b_{ij} = b_{ji}$ 和一个斜对称张量 $c_{ij} = -c_{ji}$ 之和。

1.11 证明：不存在一对矢量 A_i 和 B_j，使得 $\delta_{ij} = A_iB_j$。

1.12 证明：任意二阶张量 σ_{ij} 可写成以下形式
$$\sigma_{ij} = s_{ij} + \alpha\delta_{ij}$$
其中，$s_{ii} = 0$。

1.13 证明：如果 A_i 是一个矢量，数组构成一个斜对称二阶张量。
$$C_{ij} = \begin{bmatrix} 0 & A_3 & -A_2 \\ -A_3 & 0 & A_1 \\ A_2 & -A_1 & 0 \end{bmatrix}$$

1.14 参考上面习题1.7中应力张量 σ_{ij} 的分解形式与方向并矢量 d_id_j，d_i 为单位矢量（$d_id_i = 1$），考虑下面一组组合不变量（经常用于模拟"各向异性"纤维增强材料的屈服）：
$$I = d_id_js_{jk}s_{ki}$$
$$I_0 = d_id_js_{ij}$$
推导 $\partial I/\partial \sigma_{ij}$ 和 $\partial I_0/\partial \sigma_{ij}$ 的表达式。

第 2 章 应 力 分 析

2.1 引 言

在本章和下章中，关于应力和应变的分析，对于任何可当作连续介质的物体都适用。

为了研究一个物体不同部分之间的内部相互作用，不论采用连续介质力学的方法还是材料力学的方法，通常都采用"截面法"。在这种方法中，物体被想像截成两部分。一部分被丢弃，而其对保留部分的作用，也就是截开的两面上所有质点作用的内力，用分布在截面上的表面力代替。

在应力分析中，需要用到以下的定义。

自 由 体

假想一块或一小单元体，连同其上作用的外力，从材料中割离出来，它不再受其余部分的约束而成为自由体。在截开之前作用在自由体表面处的内力，在截开之后则由分布在自由体整个表面上的分布力代替。

平 面

一个平面由它的位置与方向（法线方向）确定。如图 2.1 所示，平面 p 将物体截成两

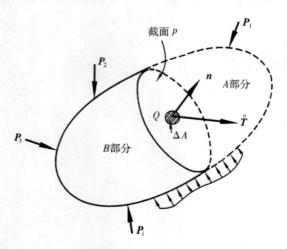

图 2.1 自由体，截面和应力矢量

P_i—外荷载；n—截面 P 的单位法矢量；
$\overset{n}{T}$—平面 P 内点 Q 的应力矢量；B 部分—自由体

部分，A 和 B，不失一般性，可仅考虑自由体 B。

平面 p 由它在 Q 点的位置与其单位法线 n 的方向确定。注意截面 p 有两个侧面，每个侧面与物体的每一部分（A 和 B）相连，若其中任一个侧面被认为是正的，则另一个侧面就为负的。

2.2 一点的应力状态

在图 2.2 中，由 D 表示的连续体中有一点 P_o，其坐标为 x_i^o，被一微小体积 ΔV 所围住。在微小体积 ΔV 上作用有两种力：体力或体积力，面力或接触力。

体 力

假定 x_i^o 是一定点，作用在 ΔV 上的体力有一合力 R 和对 x_i^o 点的合力矩 G。考虑 $\Delta V \to 0$ 的极限，下面作两点物理上可行的假定：

(1) 存在一个确定的极限力集度 F；
(2) 极限力矩集度为零。
所以，有

$$\lim_{\Delta V \to 0} \frac{R}{\Delta V} = F \tag{2.1}$$

和

$$\lim_{\Delta V \to 0} \frac{G}{\Delta V} = 0 \tag{2.2}$$

其中，F 表示单位体积上的体力。

所作假设的正确性，应当由以这些假设为基础的试验推论来最终判定，基于此，以上的两个假定必然认为是确实的，因为可由此不断导出许多正确的结果。

假定 F 的分量 F_i 是 x_i 的连续函数，在 D 上的全部体力 B 可为

$$B = \int_D F \mathrm{d}V \tag{2.3}$$

或

$$B_i = \int_D F_i \mathrm{d}V \tag{2.4}$$

体力对原点 o 的合力矩 M（图 2.2）为

$$M = \int_D r \times F \mathrm{d}V \tag{2.5}$$

或

$$M_i = \int_D \varepsilon_{ijk} x_j F_k \mathrm{d}V \tag{2.6}$$

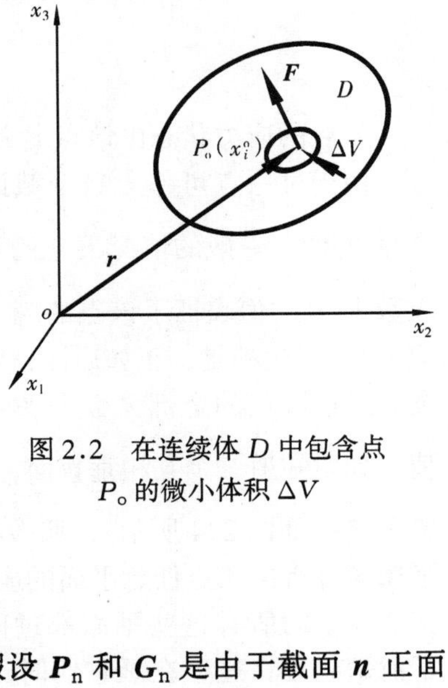

图 2.2 在连续体 D 中包含点 P_o 的微小体积 ΔV

面力和应力矢量

考虑具有单位法线 n 的平面域 ΔA，如图 2.3 所示。假设 P_n 和 G_n 是由于截面 n 正面

的物质对负面的物质在域 ΔA 作用的合力和对点 x_i^0 的合力矩。由于作用与反作用大小相等、方向相反，所以负面的物质对正面施加的合力和合力矩为 $-\boldsymbol{P}_n$ 和 $-\boldsymbol{G}_n$。

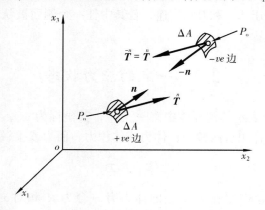

图 2.3　与截面 $\boldsymbol{n}$ 相关的 P_0 点的应力矢量 $\overset{n}{\boldsymbol{T}}$

再则，对于 $\Delta A \to 0$ 的极限，再作以下两条假定：

(1) 存在一个确定的极限力集度 $\boldsymbol{T}$

$$\lim_{\Delta A \to 0} \frac{\boldsymbol{P}_n}{\Delta A} = \boldsymbol{T} = \overset{n}{\boldsymbol{T}} \tag{2.7}$$

(2) 极限力矩集度为零

$$\lim_{\Delta A \to 0} \frac{\boldsymbol{G}_n}{\Delta A} = 0 \tag{2.8}$$

所以，$\boldsymbol{T}$ 和 $\overset{n}{\boldsymbol{T}}$（应特别注意的是矢量 $\overset{n}{\boldsymbol{T}}$ 与固定截面 $\boldsymbol{n}$ 有关）表示在 x_i^0 点与截面 $\boldsymbol{n}$ 相关的应力矢量，并具有单位面积上力的单位。

一点的应力状态的定义

某点的应力状态由该点上全部应力矢量 $\overset{n}{\boldsymbol{T}}$ 的总体确定。

由于过一点可作无数个截面，所以有无数个 $\overset{n}{\boldsymbol{T}}$ 的值，一般的情况下它们互不相同，这些无数个 $\overset{n}{\boldsymbol{T}}$ 的值表征了该点的应力状态（或状态应力）。幸运的是，正如后面证明的那样，不需要知道过该点的全部无数个平面上的应力矢量值。如果知道三个互相垂直面上的应力矢量 $\overset{1}{\boldsymbol{T}}$、$\overset{2}{\boldsymbol{T}}$ 和 $\overset{3}{\boldsymbol{T}}$（如图 2.4 所示），那么就可以由该点的平衡条件得出该点任意平面的应力矢量（注意：图 2.4 中的所有这些平面都过同一点 o，但为了清楚起见，这里在画它们时，使之离开 o 点

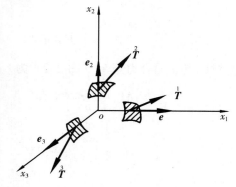

图 2.4　过一点的三个互相垂直面上的应力矢量

相同距离)。

应 力 张 量

图 2.5 表示一个单元体 $OABC$，在它的面 OBC、OAC、OAB 和 ABC 上分别作用有应力 $\overset{-1}{\boldsymbol{T}}$、$\overset{-2}{\boldsymbol{T}}$、$\overset{-3}{\boldsymbol{T}}$ 和 $\overset{n}{\boldsymbol{T}}$，$\boldsymbol{F}$ 表示单元体 $OABC$ 单位体积上的体力，h 表示 O 点到 ABC 上的垂直距离。

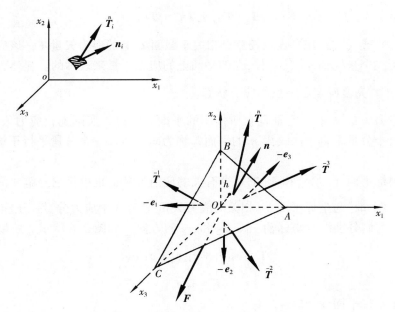

图 2.5 作用于任意平面上的应力矢量与作用于
坐标平面上三个应力矢量的关系

单位矢量 $\boldsymbol{n}$ 可写成分量形式

$$\boldsymbol{n} = (n_1, n_2, n_3) \tag{2.9}$$

其中，方向余弦 n_1、n_2 和 n_3 分别为

$$n_1 = \cos(\boldsymbol{e}_1 \cdot \boldsymbol{n})$$
$$n_2 = \cos(\boldsymbol{e}_2 \cdot \boldsymbol{n})$$
$$n_3 = \cos(\boldsymbol{e}_3 \cdot \boldsymbol{n}) \tag{2.10}$$

设 A 为 $\triangle ABC$ 的面积，那么垂直于 x_i 轴的面的面积，记为 A_i，并由下式计算：

$$A_i = A\cos(\boldsymbol{e}_i, \boldsymbol{n}) = An_i \tag{2.11}$$

单元体 $OABC$ 的体积为

$$V = \frac{1}{3}Ah \tag{2.12}$$

根据单元体 $OABC$（图 2.5）的平衡并利用式（2.11），有

$$\overset{n}{\boldsymbol{T}}(A) + \overset{-1}{\boldsymbol{T}}(An_1) + \overset{-2}{\boldsymbol{T}}(An_2) + \overset{-3}{\boldsymbol{T}}(An_3) + \boldsymbol{F}\left(\frac{1}{3}Ah\right) = 0 \tag{2.13}$$

将式（2.13）除以 A 并让 $h \to 0$（即让 $\triangle ABC$ 面移到 O 点），有

$$\overset{n}{\boldsymbol{T}} = -\overset{-1}{\boldsymbol{T}} n_1 - \overset{-2}{\boldsymbol{T}} n_2 - \overset{-3}{\boldsymbol{T}} n_3 \tag{2.14}$$

但 $\overset{-i}{\boldsymbol{T}} = -\overset{i}{\boldsymbol{T}}$ 对 $i = 1$，2 和 3

所以

$$\overset{n}{\boldsymbol{T}} = \overset{1}{\boldsymbol{T}} n_1 + \overset{2}{\boldsymbol{T}} n_2 + \overset{3}{\boldsymbol{T}} n_3 \tag{2.15}$$

或采用笛卡尔坐标 x、y 和 z，则

$$\overset{n}{\boldsymbol{T}} = \overset{x}{\boldsymbol{T}} n_x + \overset{y}{\boldsymbol{T}} n_y + \overset{z}{\boldsymbol{T}} n_z \tag{2.16}$$

式（2.15）或式（2.16）表示任意点相关于截面 n 上的应力矢量 $\overset{n}{\boldsymbol{T}}$，该应力矢量用过该点且垂直于三个坐标轴 x_1、x_2 和 x_3 的平面上的应力矢量来表示的。显然，这三个应力矢量 $\overset{1}{\boldsymbol{T}}$、$\overset{2}{\boldsymbol{T}}$ 和 $\overset{3}{\boldsymbol{T}}$ 完全确定了一点的应力状态。

当然，应力矢量 $\overset{n}{\boldsymbol{T}}$ 不一定垂直它所作用的平面，所以，实际上，应力矢量 $\overset{n}{\boldsymbol{T}}$ 分解成两个分量，一个分量垂直于法线为 n 的平面，称为正应力；一个分量平行于该平面，称为剪应力。

与三个坐标平面 x_1、x_2 和 x_3 的每个有关的应力矢量，也可将它分解成沿三个坐标轴方向的分量。例如，与坐标平面 x_1 相关的应力矢量 $\overset{1}{\boldsymbol{T}}$ 有 3 个应力分量：正应力 σ_{11}、剪应力 σ_{12} 和 σ_{13}，它们分别沿着坐标轴 x_1、x_2 和 x_3 的方向，如图 2.6 所示。所以有

$$\overset{1}{\boldsymbol{T}} = \sigma_{11} \boldsymbol{e}_1 + \sigma_{12} \boldsymbol{e}_2 + \sigma_{13} \boldsymbol{e}_3 \tag{2.17}$$

或

$$\overset{1}{\boldsymbol{T}} = \sigma_{1j} \boldsymbol{e}_j \tag{2.18}$$

同样地，对于坐标平面 x_2 和 x_3，有

$$\overset{2}{\boldsymbol{T}} = \sigma_{2j} \boldsymbol{e}_j \tag{2.19}$$

$$\overset{3}{\boldsymbol{T}} = \sigma_{3j} \boldsymbol{e}_j \tag{2.20}$$

一般地

$$\overset{i}{\boldsymbol{T}} = \sigma_{ij} \boldsymbol{e}_j \tag{2.21}$$

其中，σ_{ij} 表示应力矢量 $\overset{i}{\boldsymbol{T}}$ 的第 j 个分量，该应力矢量作用在一个单元面上（在 P 点），该单元面的法线方向为 x_i 轴的正方向（如图 2.6 所示）。

确定三个应力矢量 $\overset{1}{\boldsymbol{T}}$、$\overset{2}{\boldsymbol{T}}$ 和 $\overset{3}{\boldsymbol{T}}$ 所需的 9 个量 σ_{ij} 称为应力张量的分量，给出如下：

$$\sigma_{ij} = \begin{bmatrix} \overset{1}{\boldsymbol{T}} \\ \overset{2}{\boldsymbol{T}} \\ \overset{3}{\boldsymbol{T}} \end{bmatrix} = \begin{bmatrix} \sigma_{11} & \sigma_{12} & \sigma_{13} \\ \sigma_{21} & \sigma_{22} & \sigma_{23} \\ \sigma_{31} & \sigma_{32} & \sigma_{33} \end{bmatrix} \tag{2.22}$$

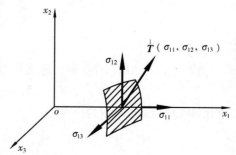

图 2.6 与垂直于 x_1 轴的坐标平面有关的应力矢量的笛卡尔分量

其中，σ_{11}、σ_{22}、σ_{33} 是正应力分量；σ_{12}、σ_{21} 等是剪应力分量。

相对于图 2.7 中的 x_i 坐标系，应力张量的分量的正方向如图所示。

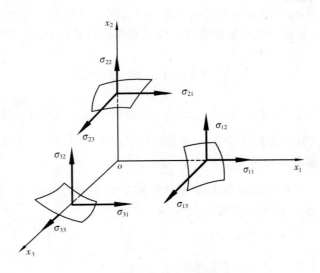

图 2.7 应力张量 σ_{ij} 的典型分量

von Karman 标记

采用 von Karman 标记，应力张量的分量可写成如下形式：

$$\sigma_{ij} = \begin{bmatrix} \sigma_x & \tau_{xy} & \tau_{xz} \\ \tau_{yx} & \sigma_y & \tau_{yz} \\ \tau_{zx} & \tau_{zy} & \sigma_z \end{bmatrix} \tag{2.23}$$

其中，σ 表示正应力分量；τ 表示剪应力分量。符号 τ_{ij} 和 σ_{ij} 用来指定式（2.22）和式（2.23）中的应力张量分量。所以，下面是表示应力张量 σ_{ij} 的双指标标记的几种形式：

$$\sigma_{ij} = \begin{bmatrix} \sigma_{11} & \sigma_{12} & \sigma_{13} \\ \sigma_{21} & \sigma_{22} & \sigma_{23} \\ \sigma_{31} & \sigma_{32} & \sigma_{33} \end{bmatrix} \equiv \begin{bmatrix} \sigma_{xx} & \sigma_{xy} & \sigma_{xz} \\ \sigma_{yx} & \sigma_{yy} & \sigma_{yz} \\ \sigma_{zx} & \sigma_{zy} & \sigma_{zz} \end{bmatrix} \equiv \begin{bmatrix} \sigma_x & \tau_{xy} & \tau_{xz} \\ \tau_{yx} & \sigma_y & \tau_{yz} \\ \tau_{zx} & \tau_{zy} & \sigma_z \end{bmatrix} \tag{2.24}$$

将式（2.21）代入式（2.15），应力矢量 $\overset{n}{T}$ 的分量可写成

$$\overset{n}{T}_i = \sigma_{ji} n_j \tag{2.25}$$

从考虑物质单元体的力矩平衡（这点在以后详细描述）出发，可以证明 σ_{ij} 是对称的，即 $\sigma_{ij} = \sigma_{ji}$。所以式（2.25）可方便地重新写成

$$\overset{n}{T}_i = \sigma_{ij} n_j \quad \text{和} \quad i = 1, 2, 3 \tag{2.26}$$

其中，σ_{ij} 由式（2.24）给出。

式（2.26）表示作用于某点法线为 n 的任意平面上的应力矢量分量，可用该点的应力张量分量表示的。所以，可以从有 9 个基本量的 σ_{ij} 计算出对应任何 n_i 的 T_i 值。

在式（2.26）中，$\overset{n}{T}_i$ 是对应任意矢量 n_i 的一个矢量，所以，根据第 1.15 节中关于商法则中的交错定理，σ_{ij} 是一个二阶张量。注意到，如果已知在 x_i 坐标系中的 σ_{ij}，那么它

在 x_i' 坐标系中的分量 σ_{ij}' 也就知道了：$\sigma_{ij}' = l_{im}l_{jn}\sigma_{mn}$ 或者反过来，$\sigma_{ij} = l_{mi}l_{nj}\sigma_{mn}'$。

注意，式（2.26）也作为是物体边界上任意点的应力分量 σ_{ij} 都必须满足的边界条件。

2.3 Cauchy 应力公式

在上节中推导的式（2.25）和式（2.26）是两种不同形式的 Cauchy 应力公式。但实际中，需要根据某点的应力张量分量 σ_{ij} 来直接表示作用于过该点任意平面上的任意矢量 $\overset{n}{T}$ 的正应力分量 σ_n 和剪应力分量 S_n。

图 2.8 表示法线为 n 的任意面上的应力矢量 $\overset{n}{T}$ 的正应力分量 σ_n 和剪应力分量 S_n。正应力分量大小为

$$\sigma_n = \overset{n}{T} \cdot n = \overset{n}{T}_i n_i \tag{2.27}$$

将式（2.26）代入 $\overset{n}{T}_i$ 后，式（2.27）变成

$$\sigma_n = \sigma_{ij} n_i n_j \tag{2.28}$$

剪应力分量大小为

$$S_n^2 = \left(\overset{n}{T}\right)^2 - \sigma_n^2 \tag{2.29}$$

其中，$\left(\overset{n}{T}\right)^2$，由式（2.26）得出

$$\left(\overset{n}{T}\right)^2 = \overset{n}{T} \cdot \overset{n}{T} = \overset{n}{T}_i \overset{n}{T}_i = (\sigma_{ij} n_j)(\sigma_{ik} n_k) \tag{2.30}$$

或

$$\left(\overset{n}{T}\right)^2 = \sigma_{ij} \sigma_{ik} n_j n_k \tag{2.31}$$

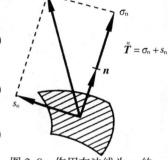

图 2.8 作用在法线为 n 的任意面上应力矢量的正应力分量和剪应力分量

式（2.28）和式（2.29）确定了作用于法线为 n 的任意面上的正应力分量和剪应力分量，是 Cauchy 应力公式中最有用的形式。

矢量 σ_n 沿法线 n 的方向，矢量 S_n 位于矢量 $\overset{n}{T}$ 和法线 n 所形成的平面内。

【例 2.1】某点的应力状态由应力张量 σ_{ij} 给出

$$\sigma_{ij} = \begin{bmatrix} -80 & 16 & 26 \\ 16 & 26 & -28 \\ 26 & -28 & -36 \end{bmatrix} \text{（应力单位）}$$

对于单位法线为 $n = \left(\dfrac{1}{4}, \dfrac{1}{2}, \dfrac{\sqrt{11}}{4}\right)$ 的平面，计算：

(a) 对于法线为 n 的平面，应力矢量 $\overset{n}{T}$ 的大小；

(b) 对于法线为 n 的平面，正应力分量 σ_n 和剪应力分量 S_n。

【解】

(a) 利用式（2.26）计算应力矢量 $\overset{n}{T}$ 的分量 $\overset{n}{T}_i$，得

$$\overset{n}{T}_1 = \sigma_{1j} n_j = \sigma_{11} n_1 + \sigma_{12} n_2 + \sigma_{13} n_3 = 9.56$$

同样

$$\overset{n}{T}_2 = \sigma_{2j}n_j = -6.22 \quad \overset{n}{T}_3 = \sigma_{3j}n_j = -37.35$$

所以，应力矢量 $\overset{n}{\boldsymbol{T}}$ 的大小为

$$|\overset{n}{T}| = [(\overset{n}{T}_1)^2 + (\overset{n}{T}_2)^2 + (\overset{n}{T}_3)^2]^{1/2} = 39.10$$

(b) 将数据代入式（2.28）得

$$\sigma_n = \sigma_{ij}n_in_j = \sigma_{11}n_1^2 + \sigma_{22}n_2^2 + \sigma_{33}n_3^2 + 2(\sigma_{12}n_1n_2 + \sigma_{23}n_2n_3 + \sigma_{31}n_3n_1)$$

得

$$\sigma_n = -31.69$$

所以，剪应力分量 S_n 的大小用式（2.29）计算得

$$|S_n| = [(\overset{n}{T})^2 - \sigma_n^2]^{1/2} = [(39.10)^2 - (-31.69)^2]^{1/2} = 22.90$$

注意：以上计算结果，其数值后的单位均为应力单位。

【例 2.2】 考虑过任意点 P 的两个单元面积，其单位法线为 $\boldsymbol{n}^{(1)}$ 和 $\boldsymbol{n}^{(2)}$，与其相应的应力矢量分别为 $\overset{n^{(1)}}{\boldsymbol{T}}$ 和 $\overset{n^{(2)}}{\boldsymbol{T}}$，证明 $\overset{n^{(1)}}{\boldsymbol{T}}$ 在 $\boldsymbol{n}^{(2)}$ 方向的投影等于 $\overset{n^{(2)}}{\boldsymbol{T}}$ 在 $\boldsymbol{n}^{(1)}$ 方向的投影（这个定理就是所谓的投影定理）。

【证明】 $\overset{n^{(1)}}{\boldsymbol{T}}$ 在 $\boldsymbol{n}^{(2)}$ 方向的投影由这两个矢量的点积求得。由 p 点的应力张量，采用式（2.26）来表示 $\overset{n^{(1)}}{\boldsymbol{T}}$，得

$$\overset{n^{(1)}}{\boldsymbol{T}} \cdot \boldsymbol{n}^{(2)} = \overset{n^{(1)}}{T}_i n_i^{(2)} = \sigma_{ji}n_j^{(1)}n_i^{(2)} \tag{2.32}$$

同样地，$\overset{n^{(2)}}{\boldsymbol{T}}$ 在 $\boldsymbol{n}^{(1)}$ 方向上的投影为

$$\overset{n^{(2)}}{\boldsymbol{T}} \cdot \boldsymbol{n}^{(1)} = \sigma_{ji}n_j^{(2)}n_i^{(1)} \tag{2.33}$$

由于 i 和 j 为哑标，σ_{ij} 为对称张量（$\sigma_{ij} = \sigma_{ji}$），故式（2.33）可写成

$$\overset{n^{(2)}}{\boldsymbol{T}} \cdot \boldsymbol{n}^{(1)} = \sigma_{ji}n_i^{(2)}n_j^{(1)} \tag{2.34}$$

从式（2.32）和式（2.34）得

$$\overset{n^{(1)}}{\boldsymbol{T}} \cdot \boldsymbol{n}^{(2)} = \overset{n^{(2)}}{\boldsymbol{T}} \cdot \boldsymbol{n}^{(1)} \tag{2.35}$$

式（2.35）是投影定理的数学表示。

【例 2.3】 利用例 2.2 中陈述的投影定理证明，如果过某点的任意单元面积上没有应力，那么过该点的其他所有单元面上的应力矢量必定平行于该无应力平面。

【证明】 如图 2.9 所示，过 P 点的一个单元面 A_1 上的单元法线为 $\boldsymbol{n}^{(1)}$，其相应的应力矢量 $\overset{n^{(1)}}{\boldsymbol{T}}$ 等于 0；考虑到其他任意单元面 A_2，其单位法线和应力矢量分别为 $\boldsymbol{n}^{(2)}$ 和 $\overset{n^{(2)}}{\boldsymbol{T}}$，根据式（2.35）的投影定理并考虑到 $\overset{n^{(1)}}{\boldsymbol{T}} = 0$，有

$$\overset{n^{(2)}}{\boldsymbol{T}} \cdot \boldsymbol{n}^{(1)} = 0 \tag{2.36}$$

注意，应力矢量 $\overset{n^{(2)}}{\boldsymbol{T}}$ 垂直于矢量 $\boldsymbol{n}^{(1)}$，即 $\overset{n^{(2)}}{\boldsymbol{T}}$ 平行于无应力平面 A_1，这样的应力状态

图 2.9 投影定理的应用（平面应力状态）

称为平面应力状态。相反，如果得知在任何面元上应力矢量与平面 A_1 平行，则得出 A_1 是一个无应力平面。

一个应力状态为平面应力状态的充分必要条件是一个主应力为零（即，应力张量 σ_{ij} 的行列式为零，$|\sigma_{ij}|=0$）。

2.4 应 力 主 轴

主轴的定义

假设图 2.10 中一物体上某点的方向 n 为合应力方向，即与该方向相关的应力矢量 $\overset{n}{T}$ 的方向与单位法线 n 方向相同，即 $\overset{n}{T}=\sigma_n$ 和 $S_n=0$（无剪切应力），那么法线为 n 的平面称为该点的主平面，它的法线方向 n 称为主方向，正应力 σ_n 称为主应力。在物体的每点上至少存在三个主方向。下面，我们来说明怎样找到这些主应力和主方向。

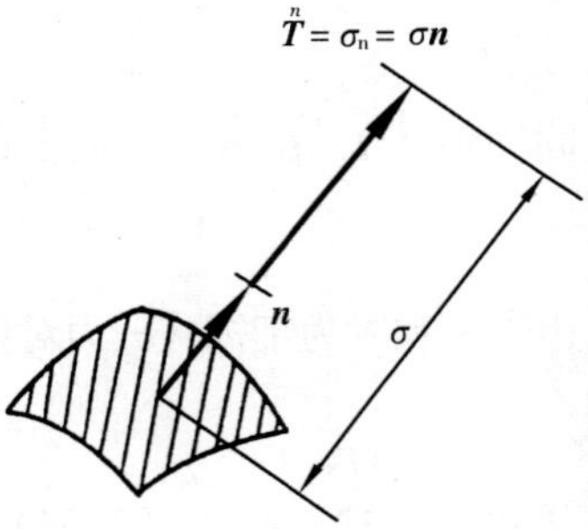

从主方向的定义出发，有

$$\overset{n}{T}=\sigma n \quad (\sigma \text{ 是正应力}) \tag{2.37}$$

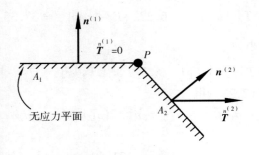

图 2.10 应力主轴的定义

或以分量的形式表示

$$\overset{n}{T}_i=\sigma n_i \tag{2.38}$$

用式（2.26）中的 $\overset{n}{T}_i$ 代入，得

$$\sigma_{ij}n_j=\sigma n_i \tag{2.39}$$

其中隐含以下三个等式

$$\begin{aligned}\sigma_{11}n_1+\sigma_{12}n_2+\sigma_{13}n_3&=\sigma n_1\\\sigma_{21}n_1+\sigma_{22}n_2+\sigma_{23}n_3&=\sigma n_2\\\sigma_{31}n_1+\sigma_{32}n_2+\sigma_{33}n_3&=\sigma n_3\end{aligned} \tag{2.40}$$

或采用 von Karman 标记

$$(\sigma_x-\sigma)n_x+\tau_{xy}n_y+\tau_{xz}n_z=0$$

$$\tau_{yx}n_x + (\sigma_y - \sigma)n_y + \tau_{yz}n_z = 0 \qquad (2.41)$$
$$\tau_{zx}n_x + \tau_{zy}n_y + (\sigma_z - \sigma)n_z = 0$$

这三个线性联立方程组对 n_x、n_y 和 n_z 是齐次的。为了得到非零解系数行列式必须为零，即

$$\begin{vmatrix} \sigma_x - \sigma & \tau_{xy} & \tau_{xz} \\ \tau_{yx} & \sigma_y - \sigma & \tau_{yz} \\ \tau_{zx} & \tau_{zy} & \sigma_z - \sigma \end{vmatrix} = 0 \qquad (2.42)$$

这样上式就决定了 σ 的值，通常有三个根 σ_1、σ_2 和 σ_3。由于基本方程为 $T_i = \sigma n_i$，三个可能的 σ 值就是对应于零剪应力的正应力大小。采用缩写的记法，式（2.41）和式（2.42）成为下列形式：

$$(\sigma_{ij} - \sigma \delta_{ij})n_j = 0 \qquad (2.43)$$

和
$$|\sigma_{ij} - \sigma \delta_{ij}| = 0 \qquad (2.44)$$

展开式（2.42）导得特征方程

$$\sigma^3 - I_1 \sigma^2 + I_2 \sigma - I_3 = 0 \qquad (2.45)$$

其中，$I_1 = \sigma_{ij}$ 的对角项之和

即
$$I_1 = \sigma_{11} + \sigma_{22} + \sigma_{33} = \sigma_x + \sigma_y + \sigma_z \qquad (2.46)$$

$I_2 = \sigma_{ij}$ 的对角项的余子式之和

即

$$\begin{aligned} I_2 &= \begin{vmatrix} \sigma_{22} & \sigma_{23} \\ \sigma_{32} & \sigma_{33} \end{vmatrix} + \begin{vmatrix} \sigma_{11} & \sigma_{13} \\ \sigma_{31} & \sigma_{33} \end{vmatrix} + \begin{vmatrix} \sigma_{11} & \sigma_{12} \\ \sigma_{21} & \sigma_{22} \end{vmatrix} \\ &= \begin{vmatrix} \sigma_y & \tau_{yz} \\ \tau_{zy} & \sigma_z \end{vmatrix} + \begin{vmatrix} \sigma_x & \tau_{xz} \\ \tau_{zx} & \sigma_z \end{vmatrix} + \begin{vmatrix} \sigma_x & \tau_{xy} \\ \tau_{yx} & \sigma_y \end{vmatrix} \end{aligned} \qquad (2.47)$$

$I_3 = \sigma_{ij}$ 的行列式

即

$$I_3 = \begin{vmatrix} \sigma_{11} & \sigma_{12} & \sigma_{13} \\ \sigma_{21} & \sigma_{22} & \sigma_{23} \\ \sigma_{31} & \sigma_{32} & \sigma_{33} \end{vmatrix} = \begin{vmatrix} \sigma_x & \tau_{xy} & \tau_{xz} \\ \tau_{yx} & \sigma_y & \tau_{yz} \\ \tau_{zx} & \tau_{zy} & \sigma_z \end{vmatrix} \qquad (2.48)$$

从一个三次方程的根的特性可证明［参考式（2.45）］

$$\begin{aligned} I_1 &= \sigma_1 + \sigma_2 + \sigma_3 \\ I_2 &= \sigma_1 \sigma_2 + \sigma_2 \sigma_3 + \sigma_3 \sigma_1 \\ I_3 &= \sigma_1 \sigma_2 \sigma_3 \end{aligned} \qquad (2.49)$$

其中，σ_1、σ_2 和 σ_3 是式（2.45）的根。

所以，三次方程式（2.45）不论由 $x-y-z$ 坐标系导出还是由主方向 $1-2-3$ 导出，都是一样的，因而量 I_1、I_2 和 I_3 是应力张量不变量，即，不论坐标轴怎样转动，它们的值是一样的。

将 σ_1、σ_2 和 σ_3 分别代入式（2.43），并使用恒等式

$$n_1^2 + n_2^2 + n_3^2 = 1 \qquad (2.50)$$

可决定对应于 σ（主应力）每个值的单位法线 n_i 的分量 (n_1, n_2, n_3)：

$$\begin{aligned}
\boldsymbol{n}^{(1)} &= (n_1^{(1)}, n_2^{(1)}, n_3^{(1)}) \quad \text{对于 } \sigma = \sigma_1 \\
\boldsymbol{n}^{(2)} &= (n_1^{(2)}, n_2^{(2)}, n_3^{(2)}) \quad \text{对于 } \sigma = \sigma_2 \\
\boldsymbol{n}^{(3)} &= (n_1^{(3)}, n_2^{(3)}, n_3^{(3)}) \quad \text{对于 } \sigma = \sigma_3
\end{aligned} \quad (2.51)$$

这三个方向称为在该点的*主方向*。

需要建立式（2.50）的原因在于，当假定式（2.43）中的 σ 等于 σ_1 时，从线性方程理论可知，式（2.44）意味着在式（2.43）的三个方程中最多只有两个是独立的。后面将会证明，如果三个 σ 根全不相同，那么三个方程中正好有两个是独立的，这样，两个或更多 σ 根相同的特殊情况，可以当作极限情况来处理。同时，我们所需要的结论是：即，不论式（2.43）中两个或是一个方程是独立的，至少有一个满足式（2.43）的解 $n_i^{(1)}$，同时式（2.50）也成立，对应于 σ_2 的 $n_i^{(2)}$ 和对应于 σ_3 的 $n_i^{(3)}$ 同样可以找到。

一 般 结 论

（1）如果三个主应力 σ_1、σ_2 和 σ_3 不相同，则所有主方向 $n_i^{(1)}$、$n_i^{(2)}$ 和 $n_i^{(3)}$ 正交。

【证明】考虑两个主应力 σ_1 和 σ_2，由式（2.39）给出

$$\sigma_{ij} n_j^{(1)} = \sigma_1 n_i^{(1)} \quad (2.52)$$

$$\sigma_{ij} n_j^{(2)} = \sigma_2 n_i^{(2)} \quad (2.53)$$

将式（2.52）乘 $n_i^{(2)}$，式（2.53）乘 $n_i^{(1)}$，有

$$\sigma_{ij} n_j^{(1)} n_i^{(2)} = \sigma_1 n_i^{(1)} n_i^{(2)} \quad (2.54)$$

$$\sigma_{ij} n_j^{(2)} n_i^{(1)} = \sigma_2 n_i^{(2)} n_i^{(1)} \quad (2.55)$$

由于 σ_{ij} 为对称张量，i 和 j 为哑标，故式（2.54）和式（2.55）的左边相等。将式（2.54）减去式（2.55）导出

$$(\sigma_1 - \sigma_2) n_i^{(1)} n_i^{(2)} = 0 \quad (2.56)$$

但是，由于 σ_1、σ_2 和 σ_3 的值各异，$\sigma_1 \neq \sigma_2$，所以

$$n_i^{(1)} n_i^{(2)} = 0 \quad (2.57)$$

因此，两个主方向 $n_i^{(1)}$ 和 $n_i^{(2)}$ 正交，同样可以证明 $n_i^{(1)}$、$n_i^{(3)}$ 与 $n_i^{(2)}$、$n_i^{(3)}$ 的正交性。

（2）如果 σ_1、σ_2 和 σ_3 各异，那么对于每个 σ 值，式（2.43）中正好有两个独立方程，这一事实出自于矢量 n_i 的正交性。如果说，对于 σ_1，式（2.43）中仅有一个方程是独立的，那么对于 $n_i^{(1)}$ 存在许多选择，并不是所有矢量都能与确定的一对矢量 $n_i^{(2)}$、$n_i^{(3)}$ 正交。

（3）所有三个根 σ_1、σ_2 和 σ_3，以及三个相应的主方向 n_i 都是实数。证明如下：

假定 σ_1 为一个复数根，那么式（2.39）给出

$$\sigma_{ij} n_j^{(1)} = \sigma_1 n_i^{(1)} \quad (2.58)$$

由于式（2.45）的系数是实数，一定存在一个复数共轭根，因而得到式（2.58）的复数共轭根为

$$\sigma_{ij} (n_j^{(1)})^* = \sigma_1^* (n_i^{(1)})^* \quad (2.59)$$

其中，$\sigma_1^* = \sigma_1$ 的共轭复数；$(n_i^{(1)})^* = n_i^{(1)}$ 的共轭复数。

将式（2.58）乘以 $(n_i^{(1)})^*$，式（2.59）乘以 $n_i^{(1)}$ 得

$$\sigma_{ij} n_j^{(1)} (n_i^{(1)})^* = \sigma_1 n_i^{(1)} (n_i^{(1)})^* \tag{2.60}$$

$$\sigma_{ij} (n_j^{(1)})^* n_i^{(1)} = \sigma_1^* (n_i^{(1)})^* n_i^{(1)} \tag{2.61}$$

由于 σ_{ij} 是对称张量，i 和 j 是哑标，故式（2.60）和式（2.61）左边相等。将式（2.60）减去式（2.61）得出

$$(\sigma_1 - \sigma_1^*) n_i^{(1)} (n_i^{(1)})^* = 0 \tag{2.62}$$

但有

$$n_i^{(1)} (n_i^{(1)})^* = \text{实数的平方和} \neq 0$$

所以，$\sigma_1 = \sigma_1^*$ 并且不可能为复数，根 σ_1 必定为实数，用类似的方法可以证明 σ_2、σ_3、$n_i^{(1)}$、$n_i^{(2)}$ 和 $n_i^{(3)}$ 的值都是实数。

总之，已证明了式（2.44）的三个 σ 根都是实数；进一步，如果这些 σ 根不相同，则在 P 点存在着三个互相正交的方向，这样在垂直于这些方向的面元上只有正应力——这些正应力实质上是 σ 的三个根，这三个方向称为 P 点的主方向，相应的正应力称为主应力。如果在 P 点的主方向选用右手坐标系，那么这个坐标系称为 P 点应力状态的主轴坐标系。采用主坐标系，应力张量中的非对角项为零，如果两个（或三个）σ 根相同，通常可能在 P 点找到至少一个主坐标系，但这时的主方向不惟一。下面将证明它的非惟一性，而相应的主应力仍然为式（2.42）中的三个实根。

例如，在 P 点的应力状态，$\sigma_1 > \sigma_2 > \sigma_3$，在图 2.11（$a$）中表示为一个长方体；但如果 $\sigma_1 > \sigma_2 = \sigma_3$，那么图形就变成了一个圆柱体（图 2.11（$b$））；最后，如果 $\sigma_1 = \sigma_2 = \sigma_3$，我们就得到一个任何方向都是主方向的静水压应力或球应力系统，如图 2.11（c）所示，有两个或三个主应力相等的情况称为特殊的或退化的情况。

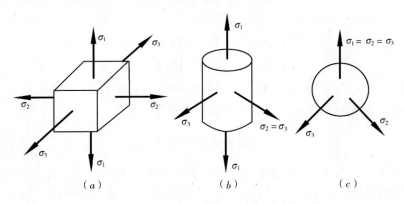

图 2.11　主应力相对大小的图形表示

【例 2.4】 某点的应力张量 σ_{ij} 由下面的式（2.63）给出，求该点的主应力和主方向，并证明三个主方向正交。

$$\sigma_{ij} = \begin{bmatrix} -10 & 9 & 5 \\ 9 & 0 & 0 \\ 5 & 0 & 8 \end{bmatrix} \quad （应力单位） \tag{2.63}$$

【解】 主应力的特征方程由式（2.45）给出，其中 I_1、I_2 和 I_3 的值由式（2.46）～式（2.48）算出。由式（2.63）给出的值，有

$$I_1 = -2, \quad I_2 = -186, \quad I_3 = -648$$

那么，式（2.45）变成

$$\sigma^3 + 2\sigma^2 - 186\sigma + 648 = 0 \tag{2.64}$$

上式的三个根为

$$\sigma_1 = 10.08, \quad \sigma_2 = 4, \quad \sigma_3 = -16.08$$

作为检验，这些值的和等于 $\sigma_{ii} = I_1 = -2$。

可算出主方向如下：对于 $\sigma_1 = 10.08$，式（2.40）给出

$$\begin{aligned}(-20.08)\ n_1^{(1)} + (9)\ n_2^{(1)} + (5)\ n_3^{(1)} &= 0 \\ (9)\ n_1^{(1)} - (10.08)\ n_2^{(1)} + (0)\ n_3^{(1)} &= 0 \\ (5)\ n_1^{(1)} + (0)\ n_2^{(1)} + (-2.08)\ n_3^{(1)} &= 0\end{aligned} \tag{2.65}$$

很容易检验出三个方程中有一个是不独立的，可以去掉，由剩余的两个方程和条件 $n_i^{(1)} n_i^{(1)} = 1$ 得出解

$$n_1^{(1)} = \pm 0.362, \quad n_2^{(1)} = \pm 0.323, \quad n_3^{(1)} = \pm 0.871$$

其他两方向 $n_i^{(2)}$ 和 $n_i^{(3)}$ 可类似地求得，最终的结果为

$$\begin{aligned}n_i^{(1)} &= (\pm 0.362, \pm 0.323, \pm 0.871) \\ n_i^{(2)} &= (\pm 0.362, \pm 0.815, \mp 0.453) \\ n_i^{(3)} &= (\pm 0.859, \mp 0.481, \mp 0.178)\end{aligned} \tag{2.66}$$

$n_i^{(1)}$、$n_i^{(2)}$ 和 $n_i^{(3)}$ 的正交性

作为进一步检验，考虑矢量 $n_i^{(1)}$、$n_i^{(2)}$ 和 $n_i^{(3)}$ 的三个点积，并采用式（2.66），有

$$\begin{aligned}n_i^{(1)} n_i^{(2)} &= (0.131) + (0.263) + (-0.394) = 0 \\ n_i^{(1)} n_i^{(3)} &= (0.310) + (-0.155) + (-0.155) = 0 \\ n_i^{(2)} n_i^{(3)} &= (0.310) + (-0.391) + (0.081) = 0\end{aligned}$$

如预期的那样，三个主方向 $n_i^{(1)}$、$n_i^{(2)}$ 和 $n_i^{(3)}$ 都正交。

应力张量不变量

三个不变量 I_1、I_2 和 I_3 不是应力张量 σ_{ij} 惟一的不变量。通常，存在着应力张量 σ_{ij} 的许多组合，它们不以坐标轴的转动而改变。得到这些不变量最容易的方法是，利用 σ_{ij} 是一个张量，由 σ_{ij} 构成的任何标量（无自由指标）必定是一个不变量。因此，下面这些量都是由应力张量 σ_{ij} 的主值得出的不变值。

$$P_1 = \sigma_{ii} = \sigma_1 + \sigma_2 + \sigma_3 \tag{2.67}$$

$$P_2 = \sigma_{ij} \sigma_{ji} = \sigma_1^2 + \sigma_2^2 + \sigma_3^2 \tag{2.68}$$

$$P_3 = \sigma_{ij} \sigma_{jk} \sigma_{ki} = \sigma_1^3 + \sigma_2^3 + \sigma_3^3 \tag{2.69}$$

更高阶的不变量可以类似地得出。

另一方面，应力不变量可采用交错张量 ε_{ijk} 得出

$$Q_1 = \varepsilon_{ijk}\varepsilon_{ijm}\sigma_{km} = 2P_1 \tag{2.70}$$

$$Q_2 = \varepsilon_{ijk}\varepsilon_{ist}\sigma_{js}\sigma_{kt} = P_1^2 - P_2 \tag{2.71}$$

$$Q_3 = \varepsilon_{ijk}\varepsilon_{rst}\sigma_{ir}\sigma_{js}\sigma_{kt} = P_1^3 - 3P_1P_2 + 2P_3 \tag{2.72}$$

依此类推，这些不变量 Q 由展开式（2.44）中的行列式产生。不变量 Q 和 P，以及与由式（2.46）~式（2.48）定义的不变量 I_1、I_2 和 I_3 之间的关系为

$$I_1 = \frac{1}{2}Q_1 = P_1 \tag{2.73}$$

$$I_2 = \frac{1}{2}Q_2 = \frac{1}{2}(P_1^2 - P_2) \tag{2.74}$$

$$I_3 = \frac{1}{6}Q_3 = \frac{1}{6}(P_1^3 - 3P_1P_2 + 2P_3) \tag{2.75}$$

2.5 正应力和剪应力的驻值

设定主正应力为驻值

【证明】 由式（2.28），有

$$\sigma_n = \sigma_{ij}n_in_j$$

其中，n_1、n_2 和 n_3 的值满足约束条件：

$$n_1^2 + n_2^2 + n_3^2 = 1$$

利用 Lagrange 乘数 σ，并定义函数 Y 为

$$Y = \sigma_n - \sigma(n_1^2 + n_2^2 + n_3^2 - 1) \tag{2.76}$$

为了得到 σ_n 的驻值，采用以下条件

$$\frac{\partial Y}{\partial n_1} = 0 \tag{2.77a}$$

$$\frac{\partial Y}{\partial n_2} = 0 \tag{2.77b}$$

$$\frac{\partial Y}{\partial n_3} = 0 \tag{2.77c}$$

由式（2.76）和式（2.77a），得到

$$2\sigma_{11}n_1 + 2\sigma_{12}n_2 + 2\sigma_{13}n_3 - 2\sigma n_1 = 0$$

或

$$(\sigma_{11} - \sigma)n_1 + \sigma_{12}n_2 + \sigma_{13}n_3 = 0 \tag{2.77d}$$

同样地，由式（2.76）和式（2.77b），以及由式（2.76）和式（2.77c）得

$$\sigma_{21}n_1 + (\sigma_{22} - \sigma)n_2 + \sigma_{23}n_3 = 0 \tag{2.77e}$$

和

$$\sigma_{31}n_1 + \sigma_{32}n_2 + (\sigma_{33} - \sigma)n_3 = 0 \tag{2.77f}$$

式（2.77d~f）与式（2.41）中的表达式相同，所以，可以得出结论，主应力 σ_1、σ_2 和 σ_3 也是驻值，即，在所有 σ_n 中的最大值或最小值。

主 剪 应 力

【定义】 在某截面上的剪应力为驻值，则称之为主剪应力。

式（2.29）给出了在法线为 $\boldsymbol{n}$ 的任一面上的剪应力 S_n，但是，根据通常坐标系得出的表达式太长，不好处理，利用前面章节的结论，即采用主轴 1、2 和 3 作为参考轴代替 $x_1 - x_2 - x_3$ 坐标系，注意到在这些坐标平面 1、2 和 3 上所有的剪应力都为零（见图 2.12）。

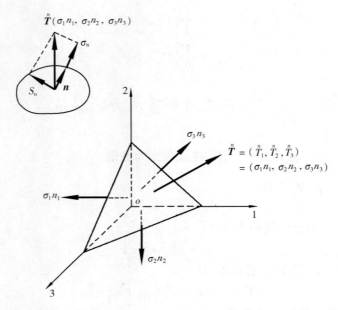

图 2.12 用主应力轴 1、2 和 3 表示的任一面上的应力分量

根据主应力式（2.31）导得

$$\left(\overset{n}{T}\right)^2 = \sigma_1^2 n_1^2 + \sigma_2^2 n_2^2 + \sigma_3^2 n_3^2 \tag{2.78}$$

由式（2.28）得

$$\sigma_n = \sigma_1 n_1^2 + \sigma_2 n_2^2 + \sigma_3 n_3^2 \tag{2.79}$$

然后，式（2.29）给出

$$S_n^2 = \left(\overset{n}{T}\right)^2 - \sigma_n^2 = (\sigma_1^2 n_1^2 + \sigma_2^2 n_2^2 + \sigma_3^2 n_3^2) - (\sigma_1 n_1^2 + \sigma_2 n_2^2 + \sigma_3 n_3^2)^2 \tag{2.80}$$

对应 $\boldsymbol{n}$ 的条件给定为：

$$n_1^2 + n_2^2 + n_3^2 = 1 \tag{2.81}$$

如上节一样的方法，可获得主剪应力，利用 τ（作为 Lagrange 乘数）和函数 Y

$$Y = S_n - \tau(n_1^2 + n_2^2 + n_3^2 - 1) \tag{2.82}$$

然后利用三个条件 $\partial Y/\partial n_1 = \partial Y/\partial n_2 = \partial Y/\partial n_3 = 0$，来得到 S_n 的驻值，这样可以确定主剪应力和这些应力作用的平面。

获得正应力和剪应力驻值的另一种方法

(1) 正应力驻值 从式 (2.79) 和式 (2.81) 中消去 n_3，得到

$$\sigma_n = (\sigma_1 - \sigma_3) n_1^2 + (\sigma_2 - \sigma_3) n_2^2 + \sigma_3 \tag{2.83}$$

为获得 σ_n 的驻值，有

$$\frac{\partial \sigma_n}{\partial n_1} = 0 = 2(\sigma_1 - \sigma_3) n_1 \tag{2.84a}$$

$$\frac{\partial \sigma_n}{\partial n_2} = 0 = 2(\sigma_2 - \sigma_3) n_2 \tag{2.84b}$$

为了满足式 (2.84a, b) 获得驻值，有

$$n_1 = 0, \ n_2 = 0, \ n_3 = \pm 1$$

那么

$$\sigma_3 = \sigma_n$$

同样地，从式 (2.79) 和式 (2.81) 消去 n_2 和 n_3，可以证明 $\sigma_2 = \sigma_n$ 或 $\sigma_1 = \sigma_n$。

【结论】 σ_1、σ_2 和 σ_3 为正应力的驻值，并且也是主应力（剪应力=0），它们作用于主平面上（垂直于主轴的平面）。假定 $\sigma_1 > \sigma_2 > \sigma_3$ 时，则 σ_1 (σ_3) 的值为 σ_n 的最大（最小）值，σ_2 是中间值。

(2) 剪应力驻值 从式 (2.80) 和式 (2.81) 中消去 n_3，得到

$$S_n^2 = (\sigma_1^2 - \sigma_3^2) n_1^2 + (\sigma_2^2 - \sigma_3^2) n_2^2 \\ + \sigma_3^2 - [(\sigma_1 - \sigma_3) n_1^2 + (\sigma_2 - \sigma_3) n_2^2 - \sigma_3]^2 \tag{2.85a}$$

所以，为了求 S_n 的驻值，有

$$\frac{1}{2} \frac{\partial S_n^2}{\partial n_1} = (\sigma_1^2 - \sigma_3^2) n_1 - [(\sigma_1 - \sigma_3) n_1^2 - (\sigma_2 - \sigma_3) n_2^2 + \sigma_3] \\ \times 2 n_1 (\sigma_1 - \sigma_3) \\ = (\sigma_1 - \sigma_3) n_1 \{ (\sigma_1 - \sigma_3) - 2[(\sigma_1 - \sigma_3) n_1^2 \\ + (\sigma_2 - \sigma_3) n_2^2] \} = 0 \tag{2.85b}$$

和

$$\frac{1}{2} \frac{\partial S_n^2}{\partial n_2} = (\sigma_2 - \sigma_3) n_2 \{ (\sigma_2 - \sigma_3) - 2[(\sigma_1 - \sigma_3) n_1^2 \\ + (\sigma_2 - \sigma_3) n_2^2] \} = 0 \tag{2.85c}$$

在检验式 (2.85b, c) 之前，假定 σ_1、σ_2 和 σ_3 各不相同，并且 $\sigma_1 > \sigma_2 > \sigma_3$。

能满足式 (2.85b, c)，使 S_n 有驻值的条件可分以下几种情况讨论。

(a)
$$n_1 = n_2 = 0, \ n_3 = \pm 1 \tag{2.86}$$

则由式 (2.85a) 得出 $S_n = 0$ 是最小值，它作用在法线与主轴 3 方向一致的主平面上。

(b)
$$n_1 = 0, \ n_2 \neq 0$$

由式 (2.85c) 得出

$$(\sigma_2 - \sigma_3)^2 (1 - 2 n_2^2) = 0 \tag{2.87}$$

如果 $(\sigma_1 - \sigma_3) \neq 0$，由式 (2.81) 和式 (2.87) 得

$$n_2 = \pm \frac{1}{\sqrt{2}} \ \text{和} \ n_3 = \pm \frac{1}{\sqrt{2}}$$

那么上面的值决定两个平面，它们经过主轴 σ_1 并与 σ_2 和 σ_3 主轴成 45°。此时，S_n 的驻值为

$$S_n^2 = \frac{1}{4}(\sigma_2 - \sigma_3)^2 \tag{2.88}$$

或

$$|S_n| = \frac{1}{2}|\sigma_2 - \sigma_3| \tag{2.89}$$

(c) $\qquad n_2 = 0,\ n_1 \neq 0$

由式（2.85b）得出

$$(\sigma_1 - \sigma_3)^2 (1 - 2n_1^2) = 0 \tag{2.90}$$

如上述情况（b）讨论的那样，对于 $\sigma_1 \neq \sigma_3$，得到

$$n_1 = \pm \frac{1}{\sqrt{2}},\quad n_3 = \pm \frac{1}{\sqrt{2}}$$

那么在这种情况下 S_n 的驻值为

$$|S_n| = \frac{1}{2}|\sigma_1 - \sigma_3| \tag{2.91}$$

n_1、n_2 和 n_3 的这些值定义了两个平面，它们经过主轴 σ_2 并与 σ_1 和 σ_3 主轴成 45°角。同样地，如果从式（2.80）和式（2.81）中消去 n_2，那么就可以得出剪应力 S_n 的另一个驻值为

$$|S_n| = \frac{1}{2}|\sigma_1 - \sigma_2| \tag{2.92}$$

该剪应力作用于平面 $\left(n_1 = n_2 = \pm \frac{1}{\sqrt{2}},\ n_3 = 0\right)$ 上，该平面通过 σ_3 主轴，并与 σ_1 和 σ_2 主轴成 45°夹角。

总　　结

（1）S_n 的驻值发生在主平面平分角的平面上或主平面上。

（2）$\frac{1}{2}|\sigma_1 - \sigma_3|$，$\frac{1}{2}|\sigma_1 - \sigma_2|$ 和 $\frac{1}{2}|\sigma_2 - \sigma_3|$ 称为主剪应力。

（3）主剪应力平面并非纯剪平面。在主剪应力平面上的正应力可用式（2.79）和相应的 n_1、n_2 和 n_3 的值算出。主剪应力中最大者称作最大剪应力 $\tau_{\max}$，对于 $\sigma_1 > \sigma_2 > \sigma_3$，最大剪应力等于 $\frac{1}{2}|\sigma_1 - \sigma_3|$。

2.6　纯剪切状态

【定义】在 x_i 坐标系中，假设在 P 点的应力状态为 σ_{ij}，如果找到某一坐标系 x_i'，使 $\sigma_{11}' = \sigma_{22}' = \sigma_{33}' = 0$，则定义为 P 点的应力状态为纯剪切状态。

一个应力状态成为纯剪切状态的充分必要条件是

$$\sigma_{ii} = 0 \tag{2.93a}$$

或
$$I_1 = \sigma_{11} + \sigma_{22} + \sigma_{33} = \sigma_x + \sigma_y - \sigma_z = 0 \tag{2.93b}$$

【证明】 必要性的证明可直接从定义出发，充分性的证明采用连续性论据。证明如下：

为了使 I_1 等于零，必须使应力 σ_i 的一个分量与另外两个分量反向，σ_i 的这个分量记作负，另两个分量记作正。例如，不失一般性，可以假定 σ_x 和 σ_y 为正，σ_z 为负（见图 2.13）。

固定 x 轴并转动 y 轴和 z 轴。由于 σ_y 和 σ_z 符号相反，那么由于连续性，在 y 轴和 z 轴之间的某处，一定可以找到一个正应力为零的平面，这个平面在图 2.14 中表示为 AB，其法线为 2 轴。

在 $2-3'-x$ 坐标系中（见图 2.14）研究正应力，可知 $\sigma_2 = 0$。从第一不变量为零的条件 $I_1 = 0$，有

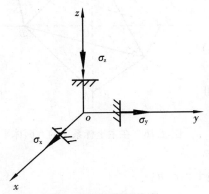

图 2.13 纯剪切状态
($\sigma_x + \sigma_y - \sigma_z = 0$, $\sigma_x > \sigma_y > 0$, $\sigma_z < 0$)

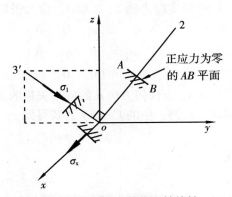

图 2.14 将 y 轴与 z 轴绕 x 轴旋转

$$\sigma_x + \sigma_3' + \sigma_2 = 0$$

所以
$$\sigma_x + \sigma_3' = 0$$

因此，σ_x 与 σ_3' 一定符号相反。

如果应用与上面采用的同样的连续性观点（将 $3'$ 轴和 x 轴绕 2 轴旋转，如图 2.15 所

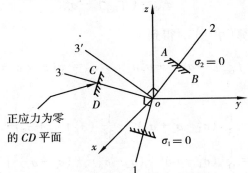

图 2.15 将 $3'$ 轴和 x 轴绕 2 轴旋转

示），那么必定存在一个平面 CD，其法线表示为 3 轴，平面上没有正应力，$\sigma_3 = 0$。根据 $I_1 = 0$ 和 $\sigma_2 = \sigma_3 = 0$，σ_1 必定也等于零，所以，1-2-3 为纯剪应力状态的平面（见图 2.15）。

2.7 八面体应力

八面体（应力）平面为一个法线与每个应力主轴夹角相等的平面，所以，在主坐标系中，法线 $\boldsymbol{n} = (n_1, n_2, n_3) = |1/\sqrt{3}|(1, 1, 1)$ 的平面称作八面体平面。注意，可以得到 8 个八面体平面，如图 2.16 所示，$OA = OB = OA' = OB' = OC'$。

参照主应力轴 1、2 和 3，应力张量 σ_{ij} 可写成

$$\sigma_{ij} = \begin{bmatrix} \sigma_1 & 0 & 0 \\ 0 & \sigma_2 & 0 \\ 0 & 0 & \sigma_3 \end{bmatrix} \tag{2.94}$$

在 O 点任何方向 $\boldsymbol{n}$ 的应力矢量的正应力分量可用式（2.28）中的 Cauchy 公式得到

$$\sigma_n = \sigma_{ij} n_i n_j$$

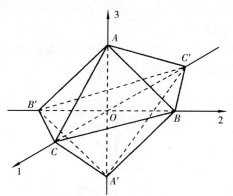

图 2.16 在主坐标系中的八面体平面

或

$$\sigma_n = \sigma_1 n_1 n_1 + \sigma_2 n_2 n_2 + \sigma_3 n_3 n_3 \tag{2.95}$$

所以，在八面体一个面上的正应力为

$$\sigma_{oct} = \sigma_1 n_1^2 + \sigma_2 n_2^2 + \sigma_3 n_3^2 = \frac{1}{3}(\sigma_1 + \sigma_2 + \sigma_3) = \frac{1}{3} I_1 \tag{2.96}$$

注意：

(1) σ_{oct} 值是正应力平均值（或静水应力）。

(2) 对于各向同性材料，σ_{oct} 仅由体积变化引起，不受单元形状影响。

(3) 在 8 个面上 σ_{oct} 的大小相同。

八面体面上的剪应力 τ_{oct} 可从式（2.29）中得出

$$\tau_{oct}^2 = \left(\overset{n}{T}_{oct}\right)^2 - \sigma_{oct}^2 \tag{2.97}$$

利用式（2.30）计算 $\left(\overset{n}{T}_{oct}\right)^2$，得到

$$\left(\overset{n}{T}_{oct}\right)^2 = \sigma_1^2 n_1^2 + \sigma_2^2 n_2^2 + \sigma_3^2 n_3^2 = \frac{1}{3}(\sigma_1^2 + \sigma_2^2 + \sigma_3^2) \tag{2.98}$$

所以

$$\tau_{oct}^2 = \frac{1}{3}(\sigma_1^2 + \sigma_2^2 + \sigma_3^2) - \frac{1}{3^2}(\sigma_1 + \sigma_2 + \sigma_3)^2$$
$$= \frac{1}{9}[(\sigma_1 - \sigma_2)^2 + (\sigma_2 - \sigma_3)^2 + (\sigma_3 - \sigma_1)^2] \tag{2.99}$$

回顾主剪应力所得到的结果，τ_{oct} 可表示成

$$\tau_{oct}^2 = \frac{4}{9}(\tau_{12}^2 + \tau_{23}^2 + \tau_{31}^2) \tag{2.100}$$

其中，τ_{12}、τ_{23} 和 τ_{31} 为主剪应力，所以

$$\tau_{oct} = \frac{2}{3}(\tau_{12}^2 + \tau_{23}^2 + \tau_{31}^2)^{1/2} = \sqrt{\frac{2}{3}J_2} \tag{2.101}$$

其中，J_2 由式（2.101）定义并将在下面一节中进一步讨论。用应力不变量表示，八面体剪应力可写成

$$\tau_{oct} = \frac{\sqrt{2}}{3}(I_1^2 - 3I_2)^{1/2} \tag{2.102}$$

采用通常的非主应力表示，上式变成

$$\tau_{oct} = \frac{1}{3}[(\sigma_x - \sigma_y)^2 + (\sigma_y - \sigma_z)^2 + (\sigma_z - \sigma_x)^2 + 6(\tau_{xy}^2 + \tau_{yz}^2 + \tau_{zx}^2)]^{1/2} \tag{2.103}$$

该式用任意坐标系 x、y 和 z 的应力分量，给出了任一点的八面体剪应力。

总　　结

（1）某种意义上，量 τ_{oct} 为主剪应力，如式（2.101）所示的平均值。
（2）对于各向同性的线弹性材料，τ_{oct} 引起形状的变化，但对体积变化没有影响。
（3）τ_{oct} 在 8 个面上的大小相同。
（4）τ_{oct} 的方向位于由 $\boldsymbol{n}$ 和 $\overset{n}{\boldsymbol{T}}_{oct}$ 构成的平面内，它的方向由它到八面体边的倾角 β_{oct} 决定，如图 2.17 所示。

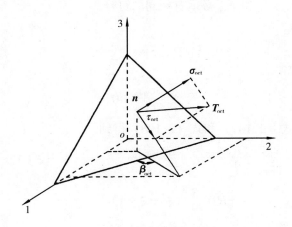

图 2.17　八面体正应力和剪应力

（5）J_2 是偏应力张量不变量，在下节中推导。
（6）根据 I_1 和 J_2 的定义，σ_{oct} 和 τ_{oct} 可用应力张量 σ_{ij} 的 9 个分量表示，而不是采用 3 个主应力分量表示。

τ_{oct} 和 τ_{max} 的大小区别

按 τ_{max} 的定义，

$$|\tau_{oct}| < |\tau_{max}|$$

由式（2.100）

$$\frac{\tau_{oct}^2}{\tau_{max}^2} = \frac{4}{9} \frac{\tau_{12}^2 + \tau_{23}^2 + \tau_{31}^2}{\tau_{max}^2} \tag{2.104}$$

假设 $\sigma_1 \geqslant \sigma_2 \geqslant \sigma_3$，并用符号

$$\tau_{12} = \tau_{min}$$
$$\tau_{23} = \tau_{int}$$
$$\tau_{31} = -\tau_{13} = -\tau_{max}$$

则主剪应力 τ_{12}、τ_{23} 和 τ_{31} 为

$$\tau_{12} = \frac{\sigma_1 - \sigma_2}{2}$$
$$\tau_{23} = \frac{\sigma_2 - \sigma_3}{2} \tag{2.105}$$
$$\tau_{31} = \frac{\sigma_3 - \sigma_1}{2}$$

所以

$$-\tau_{max} + \tau_{int} + \tau_{min} = 0 \tag{2.106}$$

因而对于 $\sigma_1 \geqslant \sigma_2 \geqslant \sigma_3$，$\tau_{max}$ 和 τ_{min} 必须有相同的符号。

由式（2.106）有

$$\tau_{int} = (\tau_{max} - \tau_{min}) \tag{2.107}$$

定义

$$\xi = \frac{\tau_{min}}{\tau_{max}} \geqslant 0 \tag{2.108}$$

由式（2.104）、式（2.107）和式（2.108）得到

$$\frac{\tau_{oct}^2}{\tau_{max}^2} = \frac{8}{9} \frac{\tau_{max}^2 - \tau_{max}\tau_{min} + \tau_{min}^2}{\tau_{max}^2} = \frac{8}{9}(\xi^2 - \xi + 1) \tag{2.109}$$

定义

$$R = \frac{8}{9}(\xi^2 - \xi + 1) = \frac{\tau_{oct}^2}{\tau_{max}^2} \tag{2.110}$$

为求 R 的驻值，有

$$\frac{dR}{d\xi} = \frac{8}{9}(2\xi - 1) = 0 \tag{2.111}$$

当 $\xi = \frac{1}{2}$ 时，R 有一个驻值，通过检验，它是一个极小值，如图 2.18 所示。

所以

$$R_{min} = \frac{8}{9}\left(\frac{1}{4} - \frac{1}{2} + 1\right) = \frac{2}{3} \tag{2.112}$$

注意

$$0 \leqslant \xi \leqslant 1 \tag{2.113}$$

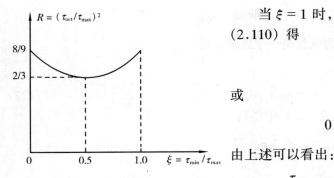

图 2.18　R 值随 ξ 的变化

当 $\xi = 1$ 时，$\tau_{max} = \tau_{min}$ 和 $\tau_{int} = 0$，所以，从式 (2.110) 得

$$\frac{2}{3} \leqslant R = \frac{\tau_{oct}^2}{\tau_{max}^2} \leqslant \frac{8}{9} \tag{2.114}$$

或

$$0.816 \leqslant \left|\frac{\tau_{oct}}{\tau_{max}}\right| \leqslant 0.943 \tag{2.115}$$

由上述可以看出：

(a) $\dfrac{\tau_{oct}}{\tau_{max}}$ 的上极限为 $\dfrac{2\sqrt{2}}{3} = 0.943$

(b) $\dfrac{\tau_{oct}}{\tau_{max}}$ 的下极限为 $\sqrt{\dfrac{2}{3}} = 0.816$

所以

$$\frac{\text{下极限}}{\text{上极限}} = 0.866 \tag{2.116}$$

八面体剪应力 τ_{oct} 和最大剪应力 τ_{max} 是决定金属屈服准则的两个最重要的剪应力，从式 (2.116) 中可以看出，τ_{oct}/τ_{max} 与上极限与下极限平均值的最大差别不超过

$$\frac{\frac{1}{2}(0.943 + 0.816) - 0.816}{0.816} \approx 7.8\%$$

2.8　偏应力张量

在材料建模中，通常将应力张量分成两部分，一部分称为球应力张量或静水应力张量，另一部分为偏应力张量。静水应力张量是元素为 $p\delta_{ij}$ 的张量，其中平均应力 p 为

$$p = \frac{1}{3}\sigma_{kk} = \frac{1}{3}(\sigma_x + \sigma_y + \sigma_z) = \frac{1}{3}I_1 \tag{2.117}$$

显然由式 (2.117) 得知，p 对于坐标轴可能的所有方向都是相同的，所以称作球应力或静水应力。偏应力张量 s_{ij} 定义为从实际应力状态中减去球面应力状态。因此，有

$$\sigma_{ij} = s_{ij} + p\delta_{ij} \tag{2.118}$$

或

$$s_{ij} = \sigma_{ij} - p\delta_{ij} \tag{2.119}$$

式 (2.119) 给出了偏应力张量 s_{ij} 所需要的定义，这个张量的分量为

$$s_{ij} = \begin{bmatrix} s_{11} & s_{12} & s_{13} \\ s_{21} & s_{22} & s_{23} \\ s_{31} & s_{32} & s_{33} \end{bmatrix} = \begin{bmatrix} (\sigma_{11} - p) & \sigma_{12} & \sigma_{13} \\ \sigma_{21} & (\sigma_{22} - p) & \sigma_{23} \\ \sigma_{31} & \sigma_{32} & (\sigma_{33} - p) \end{bmatrix} \tag{2.120}$$

或采用 von Karman 标记

$$s_{ij} = \begin{bmatrix} s_x & s_{xy} & s_{xz} \\ s_{yx} & s_y & s_{yz} \\ s_{zx} & s_{zy} & s_z \end{bmatrix} = \begin{bmatrix} (\sigma_x - p) & \tau_{xy} & \tau_{xz} \\ \tau_{yx} & (\sigma_y - p) & \tau_{yz} \\ \tau_{zx} & \tau_{zy} & (\sigma_z - p) \end{bmatrix} \tag{2.121}$$

注意，在式（2.119）中，对于 $i \neq j$，有 $\delta_{ij}=0$ 和 $s_{ij}=\sigma_{ij}$。

偏应力张量是一个纯剪状态

【证明】从式（2.118），有

$$\sigma_{ii} = s_{ii} + p\delta_{ii} \tag{2.122}$$

代换 δ_{ij} 并用式（2.117），可以从式（2.122）中得到

$$\sigma_{ii} = s_{ii} + \frac{1}{3}\sigma_{ii}(3)$$

或

$$s_{ii} = s_{11} + s_{22} + s_{33} = 0 \tag{2.123}$$

式（2.123）满足由式（2.93a）给出的纯剪应力状态的充分必要条件。

【例2.5】假定有下式（2.124）的应力状态，试计算：
(a) 八面体正应力和剪应力；
(b) 静水应力；
(c) 偏应力张量 s_{ij}。

$$\sigma_{ij} = \begin{bmatrix} 1 & 2 & 4 \\ 2 & 2 & 1 \\ 4 & 1 & 3 \end{bmatrix} \quad \text{（应力单位）} \tag{2.124}$$

【解】
(a) 由式（2.46）算出第一不变量 I_1

$$I_1 = \sigma_{ii} = 1 + 2 + 3 = 6$$

所以，由式（2.96），有

$$\sigma_{\text{oct}} = \frac{1}{3}I_1 = 2$$

用式（2.103）求 τ_{oct} 得到

$$\tau_{\text{oct}} = \frac{1}{3}\left[(1-2)^2 + (2-3)^2 + (3-1)^2 + 6(4+1+16)\right]^{1/2}$$
$$= 3.83$$

(b) 静水（平均）应力由式（2.117）给出

$$p = \frac{1}{3}(6) = 2$$

(c) 偏应力张量 s_{ij} 由式（2.119）得出

$$s_{ij} = \sigma_{ij} - p\delta_{ij}$$

$$s_{ij} = \begin{bmatrix} 1 & 2 & 4 \\ 2 & 2 & 1 \\ 4 & 1 & 3 \end{bmatrix} - 2\begin{bmatrix} 1 & 0 & 0 \\ 0 & 1 & 0 \\ 0 & 0 & 1 \end{bmatrix} = \begin{bmatrix} -1 & 2 & 4 \\ 2 & 0 & 1 \\ 4 & 1 & 1 \end{bmatrix} \tag{2.125}$$

由于 s_{ij} 是纯剪状态，作为验算，发现条件 $s_{ii}=0$ 是满足的。

s_{ij} 的主方向

显然，在所有方向上减去一个常数正应力不会改变其主方向，所以偏应力张量与原应

力张量的方向是一致的。用主应力表示，偏应力张量为

$$s_{ij} = \begin{bmatrix} \sigma_1 - p & 0 & 0 \\ 0 & \sigma_2 - p & 0 \\ 0 & 0 & \sigma_3 - p \end{bmatrix} \quad (2.126)$$

或

$$s_{ij} = \begin{bmatrix} \dfrac{2\sigma_1 - \sigma_2 - \sigma_3}{3} & 0 & 0 \\ 0 & \dfrac{2\sigma_2 - \sigma_3 - \sigma_1}{3} & 0 \\ 0 & 0 & \dfrac{2\sigma_3 - \sigma_1 - \sigma_2}{3} \end{bmatrix} \quad (2.127)$$

为了获得偏应力张量 s_{ij} 的不变量，采用推导式（2.45）的类似方法，从而可以写出

$$|s_{ij} - s\delta_{ij}| = 0 \quad (2.128)$$

或

$$s^3 - J_1 s^2 + J_2 s - J_3 = 0 \quad (2.129)$$

其中，J_1、J_2 和 J_3 为偏应力张量的不变量。采用式（2.118）和由式（2.46）～式（2.48）相同的定义，不变量 J_1、J_2 和 J_3 可以表达成以 s_{ij} 的分量或主值 s_1、s_2 和 s_3 表示的不同形式，或者以应力张量 σ_{ij} 的分量或主值 σ_1、σ_2 和 σ_3 表示的不同形式。所以有

$$J_1 = s_{ii} = s_{11} + s_{22} + s_{33} = s_1 + s_2 + s_3 = 0 \quad (2.130)$$

$$\begin{aligned}
J_2 &= \frac{1}{2} s_{ij} s_{ji} = \frac{1}{2}(s_{11}^2 + s_{22}^2 + s_{33}^2 + s_{12} s_{21} + s_{21} s_{12} + \cdots) \\
&= \frac{1}{2}(s_1^2 + s_2^2 + s_3^2) \\
&= \frac{1}{2}(s_{11}^2 + s_{22}^2 + s_{33}^2 + 2\sigma_{12}^2 + 2\sigma_{23}^2 + 2\sigma_{31}^2) \\
&= -s_{11} s_{22} - s_{22} s_{33} - s_{33} s_{11} + \sigma_{12}^2 + \sigma_{23}^2 + \sigma_{31}^2 \\
&= -(s_1 s_2 + s_2 s_3 + s_3 s_1) \\
&= \frac{1}{6}[(s_{11}-s_{22})^2 + (s_{22}-s_{33})^2 + (s_{33}-s_{11})^2] + \sigma_{12}^2 + \sigma_{23}^2 + \sigma_{31}^2 \\
&= \frac{1}{6}[(\sigma_x-\sigma_y)^2 + (\sigma_y-\sigma_z)^2 + (\sigma_z-\sigma_x)^2] + \tau_{xy}^2 + \tau_{yz}^2 + \tau_{zx}^2 \\
&= \frac{1}{6}[(\sigma_1-\sigma_2)^2 + (\sigma_2-\sigma_3)^2 + (\sigma_3-\sigma_1)^2]
\end{aligned} \quad (2.131)$$

$$J_3 = \frac{1}{3} s_{ij} s_{jk} s_{ki} = \begin{vmatrix} s_x & \tau_{xy} & \tau_{xz} \\ \tau_{yz} & s_y & \tau_{yz} \\ \tau_{zx} & \tau_{zy} & s_z \end{vmatrix}$$

$$= \frac{1}{3}(s_1^3 + s_2^3 + s_3^3) = s_1 s_2 s_3 \quad (2.132)$$

可以证明，不变量 J_1、J_2 和 J_3 通过下面关系与应力张量 σ_{ij} 的不变量 I_1、I_2 和 I_3 相

联系。

$$J_1 = 0$$
$$J_2 = \frac{1}{3}(I_1^2 - 3I_2) \tag{2.133}$$
$$J_3 = \frac{1}{27}(2I_1^3 - 9I_1I_2 + 27I_3)$$

采用偏应力张量的一个优点至此显现出来了，该张量的第一不变量 J_1 总是为零，这一点也可以由式（2.120）和式（2.126）中对角元素相加的和看出。

最后，比较式（2.131）中 J_2 的第六个表达式与式（2.99），得出

$$\tau_{oct} = \sqrt{\frac{2}{3}J_2} \tag{2.134}$$

J_2 与八面体剪应力之间的这种关系有时被用于某些塑性理论中作为 J_2 物理意义的借证，这在以后的章节中讨论。

2.9 例题——两种应力状态的比较

在某一特定坐标系（x_i）中，已知位于一物体中两个不同点的应力张量 σ_{ij} 的分量。需要比较这两个应力状态，并根据某个屈服或破坏准则研究哪一个更接近于屈服或破坏，此处，采用一种近似的方法来比较某些应力参数 σ_{oct}、τ_{oct} 和 τ_{max}，对该主题的进一步讨论已在本章的第5~7节中给出。

【例 2.6】 某物体中两个不同点的应力状态 $\sigma_{ij}^{(1)}$ 和 $\sigma_{ij}^{(2)}$ 由式（2.135）和式（2.136）给出。如果采用以下屈服准则，确定哪一种状态更临近于屈服。

(a) 八面体正应力 σ_{oct}；
(b) 八面体剪应力 τ_{oct}；
(c) 最大剪应力 τ_{max}。

$$\sigma_{ij}^{(1)} = \begin{bmatrix} 10 & 0 & 3 \\ 0 & 3 & 0 \\ 3 & 0 & 2 \end{bmatrix} \quad \text{（应力单位）} \tag{2.135}$$

$$\sigma_{ij}^{(2)} = \begin{bmatrix} 3 & 0 & 0 \\ 0 & -7 & 0 \\ 0 & 0 & -5 \end{bmatrix} \quad \text{（应力单位）} \tag{2.136}$$

【解】 (a) 由式（2.96），可算出两种情况下的 σ_{oct}，所以有

$$\sigma_{oct}^{(1)} = \frac{1}{3}(10 + 3 + 2) = 5$$

$$\sigma_{oct}^{(2)} = \frac{1}{3}(3 - 7 - 5) = -3$$

所以，根据 σ_{oct}，在第一点首先发生屈服。

(b) 利用式（2.103）有

$$\tau_{oct}^{(1)} = \frac{1}{3}[49 + 1 + 64 + 6(9)]^{1/2} = 4.32$$

$$\tau_{\text{oct}}^{(2)} = \frac{1}{3}\left[100 + 4 + 64\right]^{1/2} = 4.32$$

所以，根据 τ_{oct}，两点同时屈服。

(c) 采用例 2.4 同样的程序来计算主应力，我们可以得到第一种应力状态的主值，结果是

$$\sigma_1^{(1)} = 11, \quad \sigma_2^{(1)} = 3, \quad \sigma_3^{(1)} = 1$$

式 (2.136) 表示一种主应力状态，即

$$\sigma_1^{(2)} = 3, \quad \sigma_2^{(2)} = -7, \quad \sigma_3^{(2)} = -5$$

所以，由式 (2.91) 给出的最大剪应力为

$$\tau_{\max}^{(1)} = \left[\frac{(11) - (1)}{2}\right] = 5$$

$$\tau_{\max}^{(2)} = \left[\frac{(3) - (-7)}{2}\right] = 5$$

根据 $\tau_{\max}$ 可知，再一次在两点同时发生屈服。

2.10 应力的 Mohr 图解表示

Mohr 图形是对一点应力状态最有用的图解表示。在这个图解表示中，点的应力状态用 Mohr 圆来表示，图形上每点的横坐标 σ_n 和纵坐标 S_n 分别给出了正应力和剪应力分量，它们作用在一个法线方向固定的特定截面上。

在一般的三维情况下，对于某点给定的应力状态，主应力值 σ_1、σ_2 和 σ_3 首先由式 (2.45) 中算出，对应的主轴由式 (2.41) 中算出。一旦 σ_1、σ_2 和 σ_3 已知，对于 $\sigma_1 > \sigma_2 > \sigma_3$，就可以得出一个 Mohr 圆的图形，如图 2.19 所示。在该图形中，三个 Mohr 圆的圆心 C_1、C_2 和 C_3 的坐标分别为 $\left[\frac{1}{2}(\sigma_2 + \sigma_3), 0\right]$、$\left[\frac{1}{2}(\sigma_1 + \sigma_3), 0\right]$ 和 $\left[\frac{1}{2}(\sigma_1 + \sigma_2), 0\right]$，三个半径 R_1、R_2 和 R_3 分别等于 $\frac{1}{2}(\sigma_2 - \sigma_3)$、$\frac{1}{2}(\sigma_1 - \sigma_3)$ 和 $\frac{1}{2}(\sigma_1 - \sigma_2)$。对于在主坐标系中被考虑点的每一个法线为 n 的截面，可将相应的正应力与剪应力在 $\sigma_n - S_n$ 应力空间中画成一点。假设考虑 s_n 的正值，即在 $\sigma_n - s_n$ 应力空间的上半部分。

假定单位法线的分量在主坐标轴 1、2 和 3 上分别为 n_1、n_2 和 n_3，且 $\sigma_1 > \sigma_2 > \sigma_3$，式 (2.78) 和式 (2.79) 分别给出

$$\sigma_n^2 + S_n^2 = \left(\overset{n}{T}\right)^2 = \sigma_1^2 n_1^2 + \sigma_2^2 n_2^2 + \sigma_3^2 n_3^2 \tag{2.137}$$

$$\sigma_n = \sigma_1 n_1^2 + \sigma_2 n_2^2 + \sigma_3 n_3^2 \tag{2.138}$$

对于单位矢量 $\boldsymbol{n}$，有

$$n_1^2 + n_2^2 + n_3^2 = 1 \tag{2.139}$$

为求 n_1^2、n_2^2 和 n_3^2，解式 (2.137) 到式 (2.139) 得

$$n_1^2 = \frac{S_n^2 + (\sigma_n - \sigma_2)(\sigma_n - \sigma_3)}{(\sigma_1 - \sigma_2)(\sigma_1 - \sigma_3)} \tag{2.140}$$

$$n_2^2 = \frac{S_n^2 + (\sigma_n - \sigma_3)(\sigma_n - \sigma_1)}{(\sigma_2 - \sigma_3)(\sigma_2 - \sigma_1)} \tag{2.141}$$

$$n_3^2 = \frac{S_n^2 + (\sigma_n - \sigma_1)(\sigma_n - \sigma_2)}{(\sigma_3 - \sigma_1)(\sigma_3 - \sigma_2)} \tag{2.142}$$

由于 $\sigma_1 > \sigma_2 > \sigma_3$，式（2.140）至式（2.142）的左边非负，于是

$$S_n^2 + (\sigma_n - \sigma_2)(\sigma_n - \sigma_3) \geqslant 0 \tag{2.143}$$

$$S_n^2 + (\sigma_n - \sigma_3)(\sigma_n - \sigma_1) \leqslant 0 \tag{2.144}$$

$$S_n^2 + (\sigma_n - \sigma_1)(\sigma_n - \sigma_2) \geqslant 0 \tag{2.145}$$

上式可再写成

$$S_n^2 + \left[\sigma_n - \frac{1}{2}(\sigma_2 + \sigma_3)\right]^2 \geqslant \frac{1}{4}(\sigma_2 - \sigma_3)^2 \tag{2.146}$$

$$S_n^2 + \left[\sigma_n - \frac{1}{2}(\sigma_1 + \sigma_3)\right]^2 \leqslant \frac{1}{4}(\sigma_1 - \sigma_3)^2 \tag{2.147}$$

$$S_n^2 + \left[\sigma_n - \frac{1}{2}(\sigma_1 + \sigma_2)\right]^2 \geqslant \frac{1}{4}(\sigma_1 - \sigma_2)^2 \tag{2.148}$$

关系式（2.146）～式（2.148）表示 σ_n 和 S_n 的允许值位于由圆 C_1、C_2 和 C_3 围成的阴影部分内或在其边界上，如图 2.19 所示。

对于任一固定的 n_1 值，从式（2.137）～式（2.139）中消去 n_2 和 n_3 得

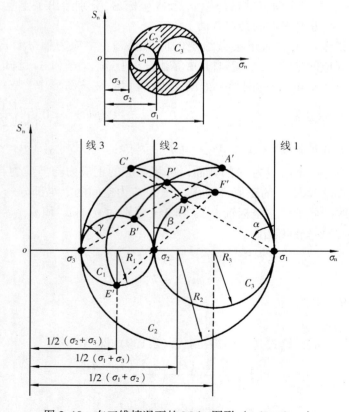

图 2.19 在三维情况下的 Mohr 图形（$\sigma_1 > \sigma_2 > \sigma_3$）

$$\left[\sigma_n - \frac{1}{2}(\sigma_2 + \sigma_3)\right]^2 + S_n^2 = \frac{1}{4}(\sigma_2 - \sigma_3)^2 + n_1^2(\sigma_1 - \sigma_2)(\sigma_1 - \sigma_3) \tag{2.149}$$

所以，对于给定的 n_1 值，对应于这个 n_1 的特定值的点 (σ_n, S_n) 位于 $C'D'$ 弧上，如图 2.19 所示。为了构造弧 $C'D'$，过点 $(\sigma_1, 0)$ 画直线 1 平行于 S_n 轴，并从该线量测一个角度 $\alpha = \arccos n_1$，与线 1 成 α 角度的直线同圆 C_2 和 C_3 分别交于 C' 和 D' 点，以 $\left[\frac{1}{2}(\sigma_2 + \sigma_3), 0\right]$ 作为圆心，画出弧 $C'D'$。

同样，对于一固定的 n_2 值，从式（2.137）~式（2.139）消去 n_1 和 n_3 得

$$\left[\sigma_n - \frac{1}{2}(\sigma_1 + \sigma_3)\right]^2 + S_n^2 = \frac{1}{4}(\sigma_1 - \sigma_3)^2 + n_2^2(\sigma_2 - \sigma_1)(\sigma_2 - \sigma_3) \tag{2.150}$$

所以，对应于这个特定 n_2 值的 (σ_n, S_n) 位于图 2.19 中的弧 $E'F'$ 上。这个弧 $E'F'$ 是以 $\left[\frac{1}{2}(\sigma_1 + \sigma_3), 0\right]$ 为圆心画出来的，并位于 E' 和 F' 点之间，E' 和 F' 点分别是以线 2 为始边作角度为 $\beta = \arccos n_2$ 的直线与圆 C_1 和 C_3 相交的交点。

最后，固定值 n_3，对应于这一特定 n_3 的值，(σ_n, S_n) 值之间的关系为

$$\left[\sigma_n - \frac{1}{2}(\sigma_1 + \sigma_2)\right]^2 + S_n^2 = \frac{1}{4}(\sigma_1 - \sigma_2)^2 + n_3^2(\sigma_3 - \sigma_1)(\sigma_3 - \sigma_2) \tag{2.151}$$

这时，点 (σ_n, S_n) 位于图 2.19 的 $A'B'$ 弧上。

对于一给定点 P，已知 n_1、n_2 和 n_3 的值，可以从图形上找到对应于这些值的 (σ_n, S_n)。由于 n_1、n_2 和 n_3 中只有两个值是独立的，可以利用任意两个值，如 n_1 和 n_3，来确定对应于这些值的 (σ_n, S_n) 值。对于一固定的 n_1 值，可以得出弧 $C'D'$，同样，对于一固定的 n_3 值，可以得出弧 $A'B'$，如图 2.19 所示。两弧的交点 P' 给出了对应于已知的 n_1、n_2 和 n_3 值的 σ_n 和 S_n 所需要求的值，第三个值 n_2 是用来检验计算过程的，这是因为第三条弧 $E'F'$ 必须经过相同的点 P'。在图 2.20 的三维图形中，对应于固定的 n_1 和 n_3 值的物理平面分别用 CD 和 AB 来表示。

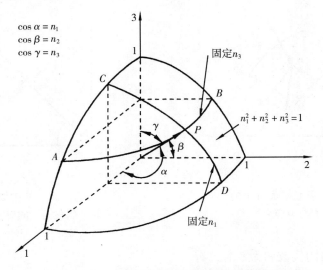

图 2.20　图 2.19 所示的 Mohr 圆所对应的物理平面

正如在图 2.19 中清楚看到的那样，将最大剪应力表示为最大纵坐标，它为最大圆 C_2 的半径，等于 $(\sigma_1-\sigma_3)/2$。为了确定最大剪应力所在平面的方位，利用式（2.140）～式（2.142），对应于最大剪应力的 σ_n 值等于 $(\sigma_1+\sigma_3)/2$（C_2 的圆心），将 σ_n 和 S_n 的这些值代入式（2.140）～式（2.142）得到

$$n_1^2 = n_3^2 = \frac{1}{2}, \quad n_2^2 = 0$$

这些值定义了过主轴 σ_2 并与主轴 σ_1 和 σ_3 成 45°角的两个平面。总之，最大剪应力为任何两个主应力之差的一半中的最大值，并作用在法线与各相应主轴成 45°角的单元面上。称量

$$\tau_{23}=\frac{1}{2}|\sigma_2-\sigma_3|, \quad \tau_{13}=\frac{1}{2}|\sigma_1-\sigma_3|, \quad \tau_{12}=\frac{1}{2}|\sigma_1-\sigma_2|$$

为主剪应力，它们分别是三个圆的半径，这三个剪应力中的最大者称为最大剪应力。

Mohr 图的平面表示

考虑一个平面上过 P 点有法线为 $\boldsymbol{n}$，如果 $\boldsymbol{n}$ 垂直于一个固定的方向，如 x_3 方向，或者 $\boldsymbol{n}$ 位于平行于平面 x_1-x_2 的平面中（如图 2.21 所示），那么可以利用 Mohr 平面表示。注意 x_1-x_2-x_3 平面可以是也可以不是主应力方向。将 S^* 记为垂直于 x_3 的 S_n 的分量。S_n^* 符号通常约定如下：如果 S_n^* 对所作用单元面产生顺时针转动，则为正；如果使之产生反时针转动，则 S_n^* 为负。

对于一给定的 P 点应力状态，采用 Cauchy 公式（式（2.28）和式（2.29））计算 σ_n 和 S_n^* 是困难的，而直接从平衡条件推出这些特殊公式较简单。对于在 x_1-x_2 平面中的二维情况（α 为矢量 $\boldsymbol{n}$ 与轴 x_1 之间的夹角），作用于平面 $\boldsymbol{n}$ 上的应力分量 $\boldsymbol{\sigma}_n$ 和 S_n^*，如图 2.22 所示。

如图 2.23 所示，根据作用于自由体上力的平衡条件，有以下方程：

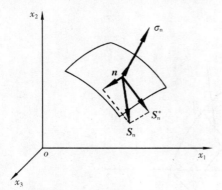

图 2.21　在任意平面 $\boldsymbol{n}$ 上的正应力与剪应力

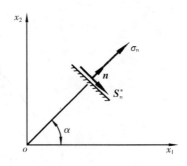

图 2.22　在二维情况下，斜截面上的应力分量

在 σ_n 方向上力的代数和为零时，有

$$\sigma_n = \sigma_{11}\cos^2\alpha + \sigma_{22}\sin^2\alpha + 2\sigma_{12}\sin\alpha\cos\alpha \tag{2.152}$$

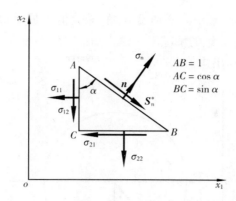

图 2.23 在二维情况下,自由体上的应力分量

或者,利用三角运算公式可化为

$$\sigma_n = \frac{1}{2}(\sigma_{11}+\sigma_{22}) + \frac{1}{2}(\sigma_{11}-\sigma_{22})\cos2\alpha + \sigma_{12}\sin2\alpha \qquad (2.153)$$

在 S_n^* 方向上力的代数和为零时,有

$$S_n^* = -\sigma_{12}\cos^2\alpha + \sigma_{11}\cos\alpha\sin\alpha + \sigma_{21}\sin^2\alpha - \sigma_{22}\sin\alpha\cos\alpha \qquad (2.154)$$

或者,用三角运算公式得

$$S_n^* = \frac{1}{2}(\sigma_{11}-\sigma_{22})\sin2\alpha - \sigma_{12}\cos2\alpha \qquad (2.155)$$

从式(2.153)和式(2.155)中消去 α 得

$$\left[\sigma_n - \frac{1}{2}(\sigma_{11}+\sigma_{22})\right]^2 + (S_n^*)^2 = \frac{1}{4}(\sigma_{11}-\sigma_{22})^2 + \sigma_{12}^2 \qquad (2.156)$$

式(2.156)表示 $\sigma_n - S_n^*$ 面内的一个圆(图 2.24),其圆心坐标为 $\left[\frac{1}{2}(\sigma_{11}+\sigma_{22}), 0\right]$,半径 R 为

$$R = \left[\frac{1}{4}(\sigma_{11}-\sigma_{22})^2 + \sigma_{12}^2\right]^{1/2} \qquad (2.157)$$

假定 $\omega = \frac{1}{2}(\sigma_{11}+\sigma_{22})$,那么,称为二维平面中的 Mohr 应力圆,圆心位于 $(\omega, 0)$。注意,R 和 ω 不随角度 α 而变化。

在图 2.25 中,在二维情况下 σ_n 轴与 Mohr 圆的交点 σ_1^* 和 σ_2^* 称为次主应力,因为这是在 $x_1 - x_2$ 平面内的结果,而不是对所有平面的总体结果。相应的方向称为第二主方向。

如果 x_3 方向是一主方向,那么 σ_1^* 和 σ_2^* 为主应力(与平面应力的情况一样)。

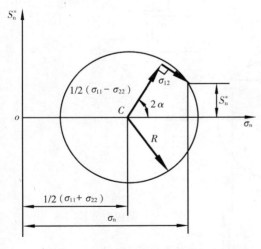

图 2.24 二维平面中的 Mohr 应力圆

由于在图 2.25 中的 σ_1^* 和 σ_2^* 分别是 σ_n 的最大值与最小值，显然，$\sigma_1^* = (\omega + R)$ 和 $\sigma_2^* = (\omega - R)$。这里与三维的情况不一样，知道了任一对 (σ_n, S_n^*) 的值就可以画出圆，并且可以直接从圆上算出主值。

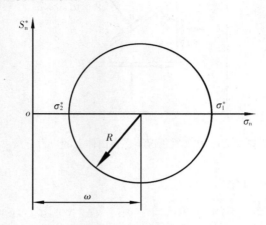

图 2.25　在二维 Mohr 圆中的次级主应力 ($\sigma_1^* > \sigma_2^*$)

Mohr 圆的极

假定给出 P 点的应力分量 σ_{11}、σ_{22} 和 σ_{33}。参照图 2.26，在 $\sigma_n - S_n^*$ 平面内作 P_1A 平行于 $x_1 - x_2$ 平面内的 PA，在 $\sigma_n - S_n^*$ 平面内作 P_1B 平行于 $x_1 - x_2$ 平面内的 PB，称 P_1 为 Mohr 圆的极。

为了由作图获得通过 P 点的任意面上的正应力和剪应力，通过极 P_1 作一平行于此面

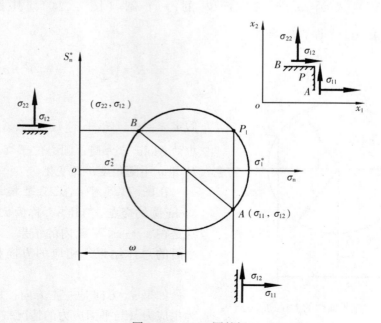

图 2.26　Mohr 圆的极

的直线，对于这个特定面，该直线与圆的交点即为（σ_n, S_n^*）。

Mohr 圆法线的极

在图 2.27 中，如果在 σ_n—S_n^* 面内作 P_2A 平行于 x_1—x_2 平面内 PA 的法线，P_2B 平行于 x_1—x_2 平面内 PB 的法线，那么 P_2 称为 Mohr 圆法线的极。

为了由作图获得通过 P 点的任何截面上的正应力和剪应力分量，通过法线极 P_2 作一直线平行于该面的法线，该直线交圆于一点，该点坐标对应这个特定面的（σ_n, S_n^*）。

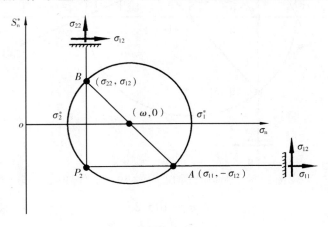

图 2.27 Mohr 圆法线的极

【例 2.7】假定平面应力状态的应力分量，$\sigma_x = 88.9$、$\sigma_y = 0$、$\tau_{xy} = \tau_{yx} = -51.7$，$\sigma_z = \tau_{zx} = \tau_{zy} = 0$，采用 Mohr 圆求解：

(a) 主应力 σ_1、σ_2 和相应主轴的方向；

(b) 最大剪应力 τ_{max}；

(c) 某截面的正应力与剪应力分量 σ_n 和 S_n，该截面法线 **n** 的方向与 x 轴成 12°的夹角（顺时针）。

【解】对应于这种情况的 Mohr 圆由图 2.28 给出（注意到在画 Mohr 圆时，τ_{xy} 为正转向，τ_{yz} 为负转向）。

(a)
$$R = \left[\left(\frac{88.9 - 0}{2} \right)^2 + (51.7)^2 \right]^{1/2} = 68.18$$

所以
$$\sigma_1 = 44.45 + R = 112.63$$
$$\sigma_2 = 44.45 - R = -23.73$$

主方向 1 和 2 分别与 x 轴顺时针方向成 θ_1 和 θ_2 的夹角（图 2.28），其中
$$\theta_1 = 24.67°,\quad \theta_2 = 114.67°$$

(b) 由于 $\sigma_1 = 112.63$，$\sigma_2 = -23.73$ 和 $\sigma_3 = 0$，因而
$$\tau_{max} = \frac{1}{2}(\sigma_1 - \sigma_2) = R = 68.18$$

(c) 如图 2.28 所示，由于方向 **n** 的角度为 12°，则可得

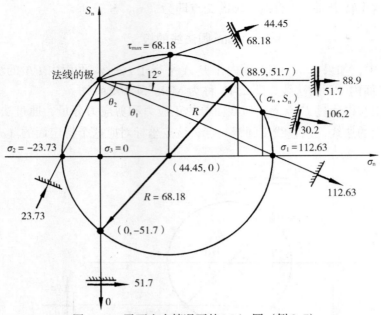

图 2.28　平面应力情况下的 Mohr 圆（例 2.7）

$$\sigma_n = 106.2$$
$$S_n = 30.2$$

作用在所示的平面上。

2.11　应力的几何表示

某点应力状态的几何表示在研究塑性理论与破坏准则中是非常有用的。由于应力张量 σ_{ij} 有六个独立的分量，所以在六维空间中，将这些分量当作位置坐标是当然可能的，但这太难处理了。另外最简单的方法是将三个主应力 σ_1、σ_2 和 σ_3 当作坐标，将某点的应力状态表示为三维应力空间中的一点，这个空间称为 Haigh–Westergaard 应力空间。在这个主应力空间中，每点所具有的坐标 σ_1、σ_2 和 σ_3 表示一个可能的应力状态。点 P 上的任意两个应力状态在它们的主轴方位不相同，但主应力值没有区别，那么它们可由三维应力空间中的同一点表示，这就意味着这种应力空间主要表现应力的几何性，而非物体应力状态的取向。

考虑过原点且与坐标轴有相等夹角的直线 ON，如图 2.29 所示，那么在该直线上的每一点，应力状态为 $\sigma_1 = \sigma_2 = \sigma_3$。因此，这条直线上的每一点对应于静水压应力状态或球面应力状态，其应力偏量 $S_1 = (2\sigma_1 - \sigma_2 - \sigma_3)/3$ 等于零，所以这条直线称为静水状态轴。而任何垂直于 ON 的平面称为偏平面，该平面为

$$\sigma_1 + \sigma_2 + \sigma_3 = \sqrt{3}c \tag{2.158}$$

其中，c 为原点沿法线 ON 到该平面的距离。

经过原点 o 的特殊偏平面

$$\sigma_1 + \sigma_2 + \sigma_3 = 0 \tag{2.159}$$

称为 π 平面。

考虑在一定点处应力分量为 σ_1、σ_2 和 σ_3 的任意应力状态,该应力状态由图 2.29 主应力空间中的点 $P(\sigma_1, \sigma_2, \sigma_3)$ 表示。应力矢量 **OP** 可分解成两个分量,即在单位矢量 $\boldsymbol{n} = (1/\sqrt{3}, 1/\sqrt{3}, 1/\sqrt{3})$ 方向的分量 **ON** 以及垂直于 **ON**(平行于 π 平面)的分量 **NP**。所以

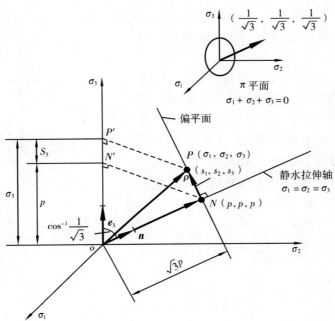

图 2.29 主应力空间和 π 平面

$$|\boldsymbol{ON}| = \boldsymbol{OP} \cdot \boldsymbol{n} = (\sigma_1, \sigma_2, \sigma_3) \cdot \left(\frac{1}{\sqrt{3}}, \frac{1}{\sqrt{3}}, \frac{1}{\sqrt{3}}\right) \tag{2.160}$$

或

$$|\boldsymbol{ON}| = \frac{1}{\sqrt{3}}(\sigma_1 + \sigma_2 + \sigma_3) = \frac{I_1}{\sqrt{3}} = \sqrt{3}p \tag{2.161}$$

分矢量 **NP** 为

$$\boldsymbol{NP} = \boldsymbol{OP} - \boldsymbol{ON} \tag{2.162}$$

但是

$$\boldsymbol{ON} = |\boldsymbol{ON}|\boldsymbol{n} = (p, p, p) \tag{2.163}$$

所以,将式 (2.163) 代入式 (2.162) 中,有

$$\boldsymbol{NP} = (\sigma_1, \sigma_2, \sigma_3) - (p, p, p)$$
$$= [(\sigma_1 - p), (\sigma_2 - p), (\sigma_3 - p)] \tag{2.164}$$

或者,利用式 (2.119),将得出

$$\boldsymbol{NP} = (s_1, s_2, s_3) \tag{2.165}$$

因此,矢量 **NP** 的长度为

$$\rho = |\boldsymbol{NP}| = (s_1^2 + s_2^2 + s_3^2)^{1/2} = \sqrt{2J_2} \tag{2.166}$$

或通过式（2.134）

$$\rho = |\mathbf{NP}| = \sqrt{3}\tau_{oct} \tag{2.167}$$

所以矢量 $\mathbf{ON}$ 和 $\mathbf{NP}$ 分别表示应力状态（δ_{ij}）的静水状态分量（$P\delta_{ij}$）和偏应力分量 S_{ij}，该应力状态由图 2.29 中的点 P 表示。矢量 $\mathbf{ON}$ 在 σ_3 轴上的投影 $|ON'|$ 为

$$|ON'| = \mathbf{ON} \cdot \mathbf{e}_3 = (p,p,p) \cdot (0,0,1) = p \tag{2.168}$$

同样地，矢量 $\mathbf{NP}$ 在 σ_3 轴上的投影 $|N'P'|$ 为

$$|N'P'| = \mathbf{NP} \cdot \mathbf{e}_3 = (s_1, s_2, s_3) \cdot (0,0,1) = s_3 \tag{2.169}$$

对于矢量 $\mathbf{ON}$ 和 $\mathbf{NP}$ 在 σ_1 轴和 σ_2 轴上的投影，可得到相类似的结果。

现在来考虑在图 2.30 所示的偏平面上，矢量 $\mathbf{NP}$ 及坐标轴 σ_i 的投影。在这个图中，轴 σ_1'、σ_2' 和 σ_3' 为轴 σ_1、σ_2 和 σ_3 在偏平面上的投影，NP 是矢量 $\mathbf{NP}$ 在同一平面上的投影。由于在 σ_1' 轴上的单位矢量 $\mathbf{e}'$ 具有与 σ_1、σ_2 和 σ_3 轴有关的分量（$1/\sqrt{6}$）（2，-1，-1），那么矢量 $\mathbf{NP}$ 在单位矢量 $\mathbf{e}'$ 方向上的投影用 NQ' 表示为

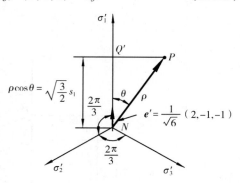

图 2.30 投影在偏平面上的一点的应力状态

$$NQ' = \rho\cos\theta = \mathbf{NP} \cdot \mathbf{e}'$$
$$= (s_1, s_2, s_3) \cdot \frac{1}{\sqrt{6}}(2, -1, -1)$$

或

$$\rho\cos\theta = \frac{1}{\sqrt{6}}(2s_1 - s_2 - s_3) \tag{2.170}$$

用 $s_2 + s_3 = -s_1$ 代换，有

$$\rho\cos\theta = \sqrt{\frac{3}{2}}s_1 \tag{2.171}$$

用式（2.166）中的 ρ 代入式（2.171），导出

$$\cos\theta = \frac{\sqrt{3}}{2}\frac{s_1}{\sqrt{J_2}} \tag{2.172}$$

利用三角几何的恒等式 $\cos3\theta = 4\cos^3\theta - 3\cos\theta$，并用式（2.172）中的 $\cos\theta$ 代入，得

$$\cos3\theta = 4\left[\frac{\sqrt{3}}{2}\frac{s_1}{\sqrt{J_2}}\right]^3 - 3\left[\frac{\sqrt{3}}{2}\frac{s_1}{\sqrt{J_2}}\right]$$

或

$$\cos3\theta = \frac{3\sqrt{3}}{2J_2^{3/2}}(s_1^3 - s_1 J_2) \tag{2.173}$$

用 $J_2 = -(s_1 s_2 + s_2 s_3 + s_3 s_1)$ 代换得出

$$\cos3\theta = \frac{3\sqrt{3}}{2J_2^{3/2}}[s_1^3 + s_1^2(s_2 + s_3) + s_1 s_2 s_3] \tag{2.174}$$

最后，用 $s_2 + s_3 = -s_1$ 和 $J_3 = s_1 s_2 s_3$ 代换，得到

$$\cos 3\theta = \frac{3\sqrt{3}}{2} \frac{J_3}{J_2^{3/2}} \tag{2.175}$$

式（2.175）表示 $\cos 3\theta$ 的值为与偏应力不变量 J_2 和 J_3 有关的不变量。在后面讨论破坏准则时 ρ 和 θ 用作表示在偏平面或 π 平面中的破坏函数所需的参数。角 θ 变化范围为（对于 $\sigma_1 \geqslant \sigma_2 \geqslant \sigma_3$）

$$0 \leqslant \theta \leqslant \frac{\pi}{3} \tag{2.176}$$

这可从以下的考虑中得到。由式（2.172）知

$$s_1 = \frac{2}{\sqrt{3}} \sqrt{J_2} \cos\theta \tag{2.177}$$

同样地，偏应力分量 s_2 和 s_3 可以用角 θ 表示出来。

从图 2.30 得出这些分量为

$$s_2 = \frac{2}{\sqrt{3}} \sqrt{J_2} \cos\left(\frac{2\pi}{3} - \theta\right) \tag{2.178}$$

$$s_3 = \frac{2}{\sqrt{3}} \sqrt{J_2} \cos\left(\frac{2\pi}{3} + \theta\right) \tag{2.179}$$

利用式（2.105）表示的主剪应力，有

$$\begin{aligned}
\tau_{12} &= \frac{1}{2}(\sigma_1 - \sigma_2) = \frac{1}{2}(s_1 - s_2) \\
\tau_{23} &= \frac{1}{2}(\sigma_2 - \sigma_3) = \frac{1}{2}(s_2 - s_3) \\
\tau_{31} &= \frac{1}{2}(\sigma_3 - \sigma_1) = \frac{1}{2}(s_3 - s_1)
\end{aligned} \tag{2.180}$$

将式（2.177）~式（2.179）中的 s_1、s_2 和 s_3 代入，可推导出

$$\begin{aligned}
\tau_{12} &= \sqrt{J_2} \sin\left(\frac{\pi}{3} - \theta\right) \\
\tau_{23} &= \sqrt{J_2} \sin\theta \\
\tau_{31} &= -\sqrt{J_2} \sin\left(\theta + \frac{\pi}{3}\right)
\end{aligned} \tag{2.181}$$

由于 $\sigma_1 \geqslant \sigma_2 \geqslant \sigma_3$、$\tau_{12} \geqslant 0$，$\tau_{23} \geqslant 0$ 和 $\tau_{31} \leqslant 0$，所以角 θ 必须满足以下关系：

$$\begin{aligned}
\sin\theta &\geqslant 0 \\
\sin\left(\frac{\pi}{3} - \theta\right) &\geqslant 0 \\
\sin\left(\theta + \frac{\pi}{3}\right) &\geqslant 0
\end{aligned} \tag{2.182}$$

这些关系只有当 θ 在由式（2.176）给出的范围 $0 \leqslant \theta \leqslant \frac{\pi}{3}$ 内才能满足（还有另一种证法在习题 2.16 中介绍）。

2.12 平衡方程

对于物体的任一体积 V，其表面积为 A，如图 2.31 所示，于是有以下的平衡条件：

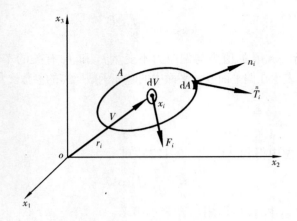

图 2.31 平衡方程的推导

力矢量和为零,即 Σ(力)= 0,或

$$\int_A \overset{n}{T_i} dA + \int_V F_i dV = 0 \tag{2.183}$$

对点的力矩矢量和为零,即 Σ(对 o 点的力矩)= 0,或

$$\int_V \varepsilon_{ijk} x_j F_k dV + \int_A \varepsilon_{ijk} x_j \overset{n}{T_k} dA = 0 \tag{2.184}$$

将式(2.25)中的 $\overset{n}{T_i}$ 代入,式(2.183)可写成

$$\int_A \sigma_{ji} n_j dA + \int_V F_i dV = 0 \tag{2.185}$$

利用散度定理(第 1.16 节),上式可表示成

$$\int_V (\sigma_{ji,j} + F_i) dV = 0$$

对于一个任意的体积

$$\sigma_{ji,j} + F_i = 0 \tag{2.186}$$

同样,式(2.184)可写成以下形式:

$$\int_V \varepsilon_{ijk} x_j F_k dV + \int_A \varepsilon_{ijk} x_j \sigma_{rk} n_r dA = 0$$

由散度定理,其 i 固定,有

$$\int_A \varepsilon_{ijk} x_j \sigma_{rk} n_r dA = \int_V (\varepsilon_{ijk} x_j \sigma_{rk})_{,r} dV \tag{2.187}$$

于是式(2.184)变成

$$\int_V [\varepsilon_{ijk} x_j F_k + (\varepsilon_{ijk} x_j \sigma_{rk})_{,r}] dV = 0 \tag{2.188}$$

且

$$(x_j \sigma_{rk})_{,r} = x_{j,r} \sigma_{rk} + x_j \sigma_{rk,r} \tag{2.189}$$

将式(2.189)代入式(2.188)得

$$\int_V [\varepsilon_{ijk} x_j (F_k + \sigma_{rk,r}) + \varepsilon_{ijk} x_{j,r} \sigma_{rk}] dV = 0 \tag{2.190}$$

但从力的平衡式（2.186）得 $F_k + \sigma_{rk,r} = 0$，那么

$$\int_V \varepsilon_{ijk} x_{j,r} \sigma_{rk} dV = 0 \qquad (2.191)$$

由于

$$x_{j,r} = \partial x_j / \partial x_r = \delta_{jr} \qquad (2.192)$$

将式（2.192）代入式（2.191）得出

$$\int_V \varepsilon_{ijk} \delta_{jr} \sigma_{rk} dV = 0 \qquad (2.193)$$

或

$$\int_V \varepsilon_{ijk} \sigma_{jk} dV = 0 \qquad (2.194)$$

对于任一体积，有

$$\varepsilon_{ijk} \sigma_{jk} = 0 \qquad (2.195)$$

其中隐含

$$\sigma_{ij} = \sigma_{ji} \qquad (2.196)$$

例如，考虑 $i=1$ 的情况，那么式（2.195）给出以下非零项

$$\varepsilon_{123}\sigma_{23} + \varepsilon_{132}\sigma_{32} = 0 \qquad (2.197)$$

但 $\varepsilon_{123} = -\varepsilon_{132} = 1$，所以 $\sigma_{23} = \sigma_{32}$。

利用式（2.196），则式（2.186）可以写成

$$\sigma_{ij,j} + F_i = 0 \qquad (2.198)$$

式（2.198）和式（2.196）可以用 (x, y, z)（von Karman）标记写成

$$\frac{\partial \sigma_x}{\partial x} + \frac{\partial \tau_{xy}}{\partial y} + \frac{\partial \tau_{xz}}{\partial z} + F_x = 0$$

$$\frac{\partial \tau_{yx}}{\partial x} + \frac{\partial \sigma_y}{\partial y} + \frac{\partial \tau_{yz}}{\partial z} + F_y = 0 \qquad (2.199)$$

$$\frac{\partial \tau_{zx}}{\partial x} + \frac{\partial \tau_{zy}}{\partial y} + \frac{\partial \sigma_z}{\partial z} + F_z = 0$$

和

$$\tau_{xy} = \tau_{yx} \quad \text{等。} \qquad (2.200)$$

同样地，对于运动情况，有

$$T_i = \sigma_{ij} n_j$$
$$\sigma_{ij,j} + F_i = \rho a_i \qquad (2.201)$$
$$\sigma_{ij} = \sigma_{ji}$$

式中，a_i 为加速度分量，ρ 为密度。如果 F_i 为根据单位质量测得的值，那么它应该用 ρF_i 代替。

2.13 习　　题

2.1　物体上某点的应力张量 σ_{ij} 为

$$\sigma_{ij} = \begin{bmatrix} 0 & 0 & 0 \\ 0 & 300 & 100\sqrt{3} \\ 0 & 100\sqrt{3} & 100 \end{bmatrix} \quad (\text{应力单位})$$

求出：

(a) 面积单元上应力矢量的大小，该面元上的法线矢量为 $\boldsymbol{n} = \left(\dfrac{1}{2}, \dfrac{1}{2}, \dfrac{1}{\sqrt{2}}\right)$；

(b) 应力主轴的方位；

(c) 主应力的大小；

(d) 八面体应力的大小；

(e) 最大剪应力的大小。

2.2 对于给定的应力张量 σ_{ij}，求出主应力以及它们相应的主方向。

$$\sigma_{ij} = \begin{bmatrix} \dfrac{3}{2} & -\dfrac{1}{2\sqrt{2}} & -\dfrac{1}{2\sqrt{2}} \\ -\dfrac{1}{2\sqrt{2}} & \dfrac{11}{4} & -\dfrac{5}{4} \\ -\dfrac{1}{2\sqrt{2}} & -\dfrac{5}{4} & \dfrac{11}{4} \end{bmatrix} \quad (\text{应力单位})$$

(a) 从给定的 σ_{ij} 和从主应力值 σ_1、σ_2 和 σ_3 中确定应力不变量 I_1、I_2 和 I_3；

(b) 求出偏应力张量 S_{ij}；

(c) 确定偏应力不变量 J_1、J_2 和 J_3；

(d) 求出八面体正应力与剪应力。

2.3 (a) 解释：如果 $S_1 > S_2 > S_3$，能得出 $S_3 = 0$ 吗？

(b) 解释：J_2 可以为负值吗？

(c) 解释：J_3 可以为正值吗？

2.4 应力的平面分量为（应力单位）

$$\sigma_{11} = 4, \quad \sigma_{22} = 2, \quad \sigma_{12} = \sqrt{3} \quad (\sigma_{33} = \sigma_{13} = \sigma_{23} = 0)$$

(a) 画出 Mohr 应力圆，指出它的极与法线的极；

(b) 从圆上求出主应力与主方向；

(c) 求出最大剪应力与它所作用平面的方向。

2.5 对于 $\sigma_2 = \sigma_3$ 的情况讨论 Mohr 图，并确定作用极大剪应力面元的方位。进而考虑 $\sigma_1 = \sigma_2 = \sigma_3$ 的情况。

2.6 利用习题 2.2 中给出的 x_i 坐标的应力张量 σ_{ij}，画出 Mohr 图。利用该图，求出其法线 $\boldsymbol{n}$ 分别与 x_1、x_2 和 x_3 轴成 60°、45°和 60°的平面上的正应力与剪应力，检验并分析所得结果。

2.7 证明以下关系：

(a) $J_2 = \dfrac{1}{3} I_1^2 - I_2$；

(b) $J_3 = I_3 - \dfrac{1}{3} I_1 I_2 + \dfrac{2}{27} I_1^3$；

(c) $\tau_{oct} = \dfrac{\sqrt{2}}{3} (I_1^2 - 3I_2)^{1/2}$;

(d) $J_2 = -(s_1 s_2 + s_2 s_3 + s_3 s_1)$。

2.8 利用张量的定义证明应力分量 σ_{ij} 构成一个二阶张量。

2.9 证明：从一个给定的应力状态中减去一个静水应力，其主方向不改变。

2.10 证明：通过在应力原始状态中加上静水拉力或压力，不改变作用于过某定点任何平面的剪应力分量 S_n。

2.11 画出例 2.6 中式（2.135）和式（2.136）中所给出的在主应力空间上的两个应力状态，并画出它们在偏平面上的投影。

2.12 如果 $\sigma_{ij} t_{jk} = t_{ij} \sigma_{jk}$，$\sigma_{ij}$ 和 t_{ij} 为两点的两个应力状态，证明两个应力状态的主轴重合。注意不必将 t_{ij} 作为另一个应力张量，它可能是任一对称张量——如第三章的应变张量一样，且主轴重合保持不变条件（提示：将其中一种应力状态换到主坐标系上）。

2.13 利用投影定理证明，如果过某点存在两个不同应力的自由面元，那么任何一面元上的应力矢量必须平行于它们的交线。

2.14 在偏平面上画出下列函数：

(a) $J_2 = k_1^2$；

(b) $J_2^3 - 2.25 J_3^2 = k_2^6$；

(c) $\tau_{max} = k_3$。

其中，k_1、k_2 和 k_3 为常数。

2.15 如果由两个应力状态叠加得出一个应力状态，证明：

(a) 其最大主应力不大于单独的最大主应力之和；

(b) 其最大剪应力不大于单独的最大剪应力之和；

(c) 静水压力分量的合成是两个单独状态简单的代数相加，但剪力分量合成是两个单独状态的矢量相加。

2.16 从式（2.172）出发，其中 $s_1 = [(2\sigma_1 - \sigma_2 - \sigma_3)/3]$，并利用式（2.104）～式（2.113）给出的关系（对于 $\sigma_1 \geqslant \sigma_2 \geqslant \sigma_3$）：

(a) 证明 $\cos\theta = \dfrac{1+\xi}{2[1-\xi+\xi^2]^{1/2}}$，式中 $\xi = \dfrac{\tau_{min}}{\tau_{max}} \geqslant 0$；

(b) 证明对于 $0 \leqslant \xi \leqslant 1$，$\theta$ 在 $0 \leqslant \theta \leqslant \dfrac{\pi}{3}$ 的范围内变化；

(c) 针对 $\sigma_1 \geqslant \sigma_2 \geqslant \sigma_3$，画出具有固定的最大和最小主应力 σ_1 和 σ_3 以及不同的中间主应力值 $\sigma_2 \left(\text{如 } \sigma_2 = \sigma_3, \sigma_2 = \sigma_1, \sigma_2 = \dfrac{1}{2}(\sigma_1 + \sigma_3) \right)$ 的 Mohr 应力圆，确定相应的 ξ 和 θ 值，说明角 θ 是中间主应力 σ_2 的一个量度；

(d) 定义称作 Lode 应力参数的 μ 为

$$\mu = \dfrac{2\sigma_2 - \sigma_3 - \sigma_1}{\sigma_1 - \sigma_3}$$

证明以下关系：

(i) $\mu = 2\xi - 1$；

(ii) $\sin^2\theta = \dfrac{3}{4}(\mu-1)/(\mu^2+3)$；

(iii) 如果 $\sigma_1 \geqslant \sigma_2 \geqslant \sigma_3$（即 $0 \leqslant \xi \leqslant 1$），则 $-1 \leqslant \mu \leqslant 1$。

2.17 考虑对于主偏应力的式（2.129）
$$s^3 - J_2 s - J_3 = 0$$
并代入 $s = r\sin\Psi$ 导出
$$\sin^3\Psi - \frac{J_2}{r^2}\sin\Psi - \frac{J_3}{r^3} = 0$$

（a）考虑后一等式与三角几何恒等式
$$\sin^3\Psi - \frac{3}{4}\sin\Psi + \frac{1}{4}\sin 3\Psi = 0$$
的相似性，采用
$$r = \frac{2}{\sqrt{3}}\sqrt{J_2} \text{ 和 } \sin 3\Psi = -\frac{3\sqrt{3}}{2}\frac{J_3}{J_2^{3/2}}$$
证明 r 和 Ψ 对于 J_2 和 J_3 是不变量。

（b）利用（a）中得出的结果及式（2.166）和式（2.175）证明：

（i）$r = \sqrt{\frac{2}{3}}\rho$；

（ii）对于 $0 \leqslant \theta \leqslant \frac{\pi}{3}$，$\Psi = [\theta - (\pi/6)]$，以及 Ψ 在 $-\pi/6 \leqslant \Psi \leqslant \frac{\pi}{3}$ 范围内变化。

（c）对于由主应力 $\sigma_1 \geqslant \sigma_2 \geqslant \sigma_3$ 定义的任意应力状态，并考虑在 π 平面上的投影（如图 2.30 所示），求解在以下条件中相应的 θ 和 Ψ：

（i）$\sigma_2 = \sigma_3$ 或 $\xi = \mu = 1$；

（ii）$\sigma_2 = \sigma_1$ 或 $\xi = 0$，$\mu = -1$；

（iii）$\sigma_2 = \frac{1}{2}(\sigma_1 + \sigma_3)$ 或 $\xi = \frac{1}{2}$，$\mu = 0$。

（注意：在许多情况下，在书写屈服和破坏函数的一般表达式时，通常用不变量 Ψ 和 θ 代替 J_3 更为方便）

2.18 对于纤维增强（金属基）复合材料，考虑下面的"屈服"函数：
$$f = L_1 + \frac{1}{\alpha^2}L_2 + \frac{9}{4(4\lambda^2-1)}L_3 = k^2$$

其中，α、λ（无量纲强度比）和 k（一个特征剪切强度应力单位）是材料常数；"组合"不变量 L_i（$=1, 2, 3$）表示为
$$L_1 = J_2 - I + \frac{1}{4}I_0^2,\ L_2 = I - I_0^2,\ L_3 = I_0^2$$

其中，I 和 I_0 在习题 1.14 中定义了，参照坐标轴 x_i，假定矢量 d_i 位于 $x_1 - x_2$ 平面内，构成角 φ（x_1 轴反时针测量）。

对于 $\varphi = 0°$，$30°$，$90°$ 以及 $\alpha = 3$ 和 $\lambda = 7$，画出在下例子应力空间中由 f 表示的表面的投影（轨迹）：

（i）$(\sigma_{11}, \sigma_{22})$；

（ii）$(\sigma_{11}, \sigma_{12})$。

第 3 章 应 变 分 析

3.1 引 言

在前面的章节中，已经讨论了作用于物体的力的效应及其引起的应力。通常，这些力也引起物体运动和变形。连续体内任意两点的相对位置改变时，此物体被称为有变形或有应变。如果物体运动时，其体内任意两点之间距保持不变，则物体作刚体运动。刚体运动的位移包括平移和转动，因此，平移和转动被称为刚体位移。应变分析涉及连续体变形的研究，这是几何问题而与物体材料的性质无关。因而不论是弹性或是塑性变形的物体，对点的应变的描述都是同样的。

如图 3.1 所示，假设未受任何作用力时物体内 A 和 B 两点间距为 l_0。再使物体承受某些力而使之占据新的变形位置（虚线所示），AB 移动至 $A'B'$。A 点移动的距离 AA' 称为 A 的位移。如果 $A'B'$ 与 AB 平行且相等，则此位移属平移；如果 $A'B'$ 与 AB 不平行，则此移动兼有转动和平移。如间距 l 和 l_0 不等，则 B 与 A 之间有相对位移，即物体已有变形。若 l_0 取得足够小，则变形可认为沿 AB 方向是均匀的，相对位移 $(l-l_0)$ 可认为与 l_0 成正比。长度变化对原长度之比则定义为正应变或线应变，即

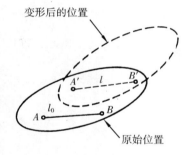

图 3.1 变形物体中的线应变

$$AB \text{ 的线应变} = (l-l_0)/l_0 \quad (3.1)$$

然而，应变有两种类型：由于长度变化产生的正应变（如式(3.1)所示）和与不同于任何材料纤维的伸长或缩短的畸变相关的剪应变。

如图 3.2 所示，在物体的原始位置上，通过 A 点画两条成夹角 θ_0 的直线 AB 和 AC。物体承受作用力后，如 θ_0 与 θ 不等，则可谓剪应变已产生，角度变化 $(\theta-\theta_0)$ 即为畸变或剪应变的度量。

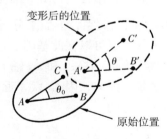

图 3.2 变形物体中的剪应变

正如应力分析那样，在此，如果所考虑邻近 A 点的材料足够小，那么围绕 A 点的变形可取为均匀分布，这就引出了点应变的概念。

3.2 一点的应变状态

在应力分析中，一点的应力状态可以确定，由通过该点作无数个截面且每个截面得知

相关的应力矢量。同样，一点的应变状态定义为通过此点的物体线段（纤维）长度所有变化的总体以及由此点放射的任何两线之间夹角所有变化的总体。

然而，以后会证明，一旦已知通过一点且平行于一组相互垂直坐标轴的三条线上的长度和角度的变化，就能计算出物体中通过该点的任何线段的长度变化以及由该点放射的任何两线之间夹角的变化。

图 3.3 示出物体中 O 点处微小线元 OP 在其无应变原始位置为单位长度。变形后线元位移至新的位置 $O'P'$，如图所示，注意到线元长度极其微小以及 O 点邻近变形平滑，位移后线元 $O'P'$ 保持直线对应于 O 点，P 点的相对位移矢量以 $\overset{n}{\delta}{}'$ 表示，图上矢量 $O'P''$ 等于且平行于矢量 OP。顶标 n 表示线元 OP 变形前的方向。考虑坐标轴 x_1、x_2、x_3 方向上的单位纤维线段，以 $\overset{1}{\delta}{}'$、$\overset{2}{\delta}{}'$ 和 $\overset{3}{\delta}{}'$ 代表这些线段相对应的相对位移矢量，也能分别使用双重符号 $\overset{x}{\delta}{}'$、$\overset{y}{\delta}{}'$ 和 $\overset{z}{\delta}{}'$ 作为替代，两种符号在本章中是互换使用的。

图 3.3 任一线元 **n** 的相对位移矢量

为了找出方向为 **n** 的任意纤维的相对位移矢量 $\overset{n}{\delta}{}'$ 和三个坐标轴上相对位移矢量 $\overset{1}{\delta}{}'$、$\overset{2}{\delta}{}'$ 和 $\overset{3}{\delta}{}'$ 之间的关系，下面来分析一个二维图形，因为二维图形比较容易形象化，此外也因为三维的情况可以在此基础上直接推广。参见图 3.4，已知在 $x_1 - x_2$ 平面中 O 点上单位长度微纤维 **n**，在 x_1 和 x_2 轴上此纤维长度的投影为 n_1 和 n_2，n_1 和 n_2 为向量 **n** 相应的方向余弦，因此，因 O 点邻近小区变形为均匀状态，由图 3.4 得到

$$\boldsymbol{PP}' = \boldsymbol{PP}_1 + \boldsymbol{PP}_2$$

或

$$\overset{n}{\delta}{}' = \overset{1}{\delta}{}' n_1 + \overset{2}{\delta}{}' n_2 \tag{3.2}$$

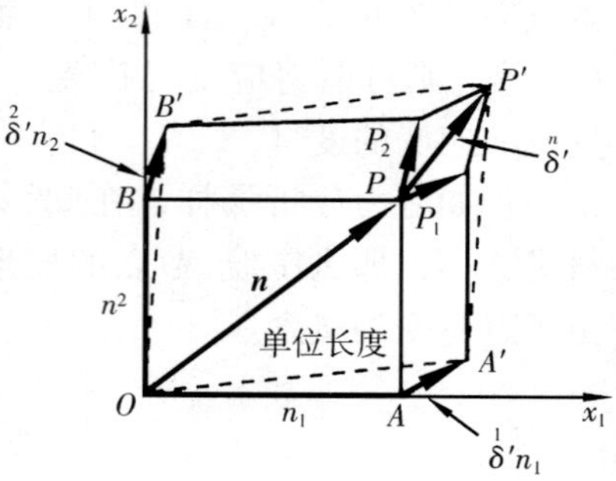

如图 3.5 所示，对于一般的三维图形，得到

$$\overset{n}{\delta}{}' = \overset{1}{\delta}{}' n_1 + \overset{2}{\delta}{}' n_2 + \overset{3}{\delta}{}' n_3 \tag{3.3}$$

式（3.3）类似于应力分析中的式（2.15），式（2.15）表示作用于给定点上任一平面 **n** 内的应力矢量 $\overset{n}{T}$ 与在

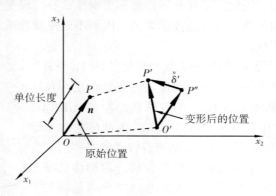

图 3.4 二维空间中的相对位移矢量

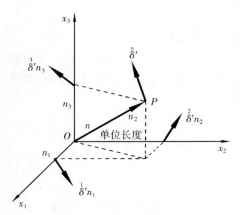

图 3.5 三维空间中的相对位移矢量

该点上垂直于三个坐标轴的三个特定平面内的应力矢量的换算。然而，不同于应力，O 点处的变形或应变状态不能简单地通过已知的三个相对位移矢量 $\overset{1}{\delta}{}'$、$\overset{2}{\delta}{}'$ 和 $\overset{3}{\delta}{}'$ 完全确定。我们还须从这些相对位移矢量中分离出刚体位移（作为整体的物体平移和/或转角），如果有的话，刚体位移在应变分析中也是无关意义的。对于微小变形情况，下面将给出分离办法。

刚体位移的分离 – 应变张量

与坐标轴 x_1、x_2 和 x_3 方向上三条纤维相关的相对位移矢量可分解为三个坐标轴方向上的分量。例如，与方向 x_1 相关的相对位移矢量 $\overset{1}{\delta}{}'$，相应在三个坐标轴 x_1、x_2 和 x_3 方向上有三个分量 ε'_{11}、ε'_{12} 和 ε'_{13}。因此，式（3.3）可按分量形式写成

$$\overset{n}{\delta}{}'_i = \varepsilon'_{ji} n_j \tag{3.4}$$

为确定三个相对位移矢量 $\overset{1}{\delta}{}'$、$\overset{2}{\delta}{}'$ 和 $\overset{3}{\delta}{}'$ 需要九个标量 ε'_{ij} 组成一个张量，这个张量被称为相对位移张量，它完全地确定纤维 $\boldsymbol{n}$ 的相对位移矢量 $\overset{n}{\delta}{}'$。利用双重标记符号该张量可写成

$$\varepsilon'_{ij} = \begin{bmatrix} \varepsilon'_{11} & \varepsilon'_{12} & \varepsilon'_{13} \\ \varepsilon'_{21} & \varepsilon'_{22} & \varepsilon'_{23} \\ \varepsilon'_{31} & \varepsilon'_{32} & \varepsilon'_{33} \end{bmatrix} \equiv \begin{bmatrix} \varepsilon'_x & \varepsilon'_{xy} & \varepsilon'_{xz} \\ \varepsilon'_{yx} & \varepsilon'_y & \varepsilon'_{yz} \\ \varepsilon'_{zx} & \varepsilon'_{zy} & \varepsilon'_z \end{bmatrix} \tag{3.5}$$

由式（3.5）可见，相对位移张量 ε'_{ij} 通常不是对称的。

式（3.4）的变换称为仿射变换，如进一步假设相对位移张量 ε'_{ij} 的分量很小，则成为无限小仿射变换，所得变形称为无限小仿射变形，以区别有限变形，以下仅考虑无限小变形的情形，其各分量 ε'_{ij} 很小，其乘积与其分量的一次项相比，可忽略不计。

前面已提到，刚体运动以连接两点的线元长度保持不变为特征。下面将导出满足刚体运动这一要求的有关系数 ε'_{ij} 的条件。在图 3.3 中，注意线元 $OP =$ 单位矢量 $\boldsymbol{n}$，假定线元在纯刚体运动后所处新位置为 $O'P'$，则

$$|\boldsymbol{n}|^2 = |\boldsymbol{n} + \overset{n}{\boldsymbol{\delta}}{}'|^2 = |\boldsymbol{n}|^2 + 2|\boldsymbol{n}||\overset{n}{\boldsymbol{\delta}}{}'|$$

或

$$n_i n_i = (n_i + \overset{n}{\boldsymbol{\delta}}{}'_i)(n_i + \overset{n}{\boldsymbol{\delta}}{}'_i) = n_i n_i + 2 n_i \overset{n}{\boldsymbol{\delta}}{}'_i$$

其中，因为考虑的只是无限小变形，$\overset{n}{\boldsymbol{\delta}}{}'$ 的高次项被忽略，由式（3.4）代换 $\overset{n}{\boldsymbol{\delta}}{}'$，得到

$$\boldsymbol{n} \cdot \overset{n}{\boldsymbol{\delta}}{}' = n_i \overset{n}{\delta}{}'_i = n_i (\varepsilon'_{ji} n_j) = 0$$

或完整地写成

$$\begin{aligned}\varepsilon'_{ji}n_in_j &= \varepsilon'_{11}n_1^2 + \varepsilon'_{22}n_2^2 + \varepsilon'_{33}n_3^2 \\ &\quad + (\varepsilon'_{12}+\varepsilon'_{21})n_1n_2 + (\varepsilon'_{23}+\varepsilon'_{32})n_2n_3 + (\varepsilon'_{31}+\varepsilon'_{13})n_3n_1 \\ &= 0\end{aligned} \tag{3.6}$$

因为对于所有 n_1、n_2 和 n_3 值，式 (3.6) 必须成立，所以张量 ε'_{ij} 代表刚体旋转的必要且充分的条件为

$$\varepsilon'_{11} = \varepsilon'_{22} = \varepsilon'_{33} = \varepsilon'_{12}+\varepsilon'_{21} = \varepsilon'_{23}+\varepsilon'_{32} = \varepsilon'_{31}+\varepsilon'_{13} = 0$$

或

$$\varepsilon'_{ij} = -\varepsilon'_{ji} \tag{3.7}$$

即对于刚体旋转，式 (3.5) 的相对位移张量 ε'_{ij} 是斜对称的。

至此，正如第一章 1.13 节所述（见习题 1.10），可以而且只能用一种方法将每一个二阶张量分解为对称张量和斜对称张量之和。因此，如果我们分解张量 ε'_{ij} 为对称和斜对称两部分，其斜对称部分代表刚体旋转，而其对称部分代表纯变形。因此可写出

$$\varepsilon'_{ij} = \frac{1}{2}(\varepsilon'_{ij}+\varepsilon'_{ji}) + \frac{1}{2}(\varepsilon'_{ij}-\varepsilon'_{ji}) \tag{3.8}$$

或

$$\varepsilon'_{ij} = \varepsilon_{ij} + \omega_{ij} \tag{3.9}$$

其中

$$\varepsilon_{ij} = \frac{1}{2}(\varepsilon'_{ij}+\varepsilon'_{ji}) \tag{3.10}$$

$$\omega_{ij} = \frac{1}{2}(\varepsilon'_{ij}-\varepsilon'_{ji}) \tag{3.11}$$

展开 ε_{ij} 和 ω_{ij}，得

$$\varepsilon_{ij} = \begin{bmatrix} \varepsilon'_{11} & \frac{1}{2}(\varepsilon'_{12}+\varepsilon'_{21}) & \frac{1}{2}(\varepsilon'_{13}+\varepsilon'_{31}) \\ \frac{1}{2}(\varepsilon'_{12}+\varepsilon'_{21}) & \varepsilon'_{22} & \frac{1}{2}(\varepsilon'_{23}+\varepsilon'_{32}) \\ \frac{1}{2}(\varepsilon'_{31}+\varepsilon'_{13}) & \frac{1}{2}(\varepsilon'_{23}+\varepsilon'_{32}) & \varepsilon'_{33} \end{bmatrix} \tag{3.12}$$

$$\omega_{ij} = \begin{bmatrix} 0 & \frac{1}{2}(\varepsilon'_{12}-\varepsilon'_{21}) & \frac{1}{2}(\varepsilon'_{13}-\varepsilon'_{31}) \\ \frac{1}{2}(\varepsilon'_{21}-\varepsilon'_{12}) & 0 & \frac{1}{2}(\varepsilon'_{23}-\varepsilon'_{32}) \\ \frac{1}{2}(\varepsilon'_{31}-\varepsilon'_{13}) & \frac{1}{2}(\varepsilon'_{32}-\varepsilon'_{23}) & 0 \end{bmatrix} \tag{3.13}$$

对称张量 ε_{ij} 称为应变张量，而斜对称张量 ω_{ij} 为所谓的旋转张量。如将式 (3.9) 的 ε'_{ij} 代入式 (3.4)，得到

$$\overset{n}{\delta'_i} = \varepsilon_{ji}n_j + \omega_{ji}n_j \tag{3.14}$$

式 (3.14) 的第二部分代表刚体旋转，而第一部分代表纯变形。

相应于纯变形的相对位移矢量称为应变矢量，应变矢量用 $\overset{n}{\delta}$ 表示，并由下式给出

$$\overset{n}{\delta}_i = \varepsilon_{ji} n_j = \varepsilon_{ij} n_j \tag{3.15}$$

相应于刚体旋转的相对位移矢量称为旋转矢量,旋转矢量用 $\overset{n}{\Omega}$ 表示,并由下式给出

$$\overset{n}{\Omega}_i = \omega_{ji} n_j = -\omega_{ij} n_j \tag{3.16}$$

相应于纯变形,式 (3.3) 变成

$$\overset{n}{\boldsymbol{\delta}} = \overset{1}{\boldsymbol{\delta}} n_1 + \overset{2}{\boldsymbol{\delta}} n_2 + \overset{3}{\boldsymbol{\delta}} n_3 \tag{3.17}$$

这里,根据对应于坐标轴 x_1、x_2 和 x_3 方向上的三条相互垂直纤维的应变矢量给出了具有方向 n 的任一纤维的应变矢量,因此,这三个应变矢量 $\overset{1}{\boldsymbol{\delta}}$、$\overset{2}{\boldsymbol{\delta}}$ 和 $\overset{3}{\boldsymbol{\delta}}$ 完全地表征了一点的应变状态特征。

以上从应变位移中分离出刚体位移的结果,通过分析图 3.6 所示的二维图形可以容易形象地表示出来。图中,在 $x_1 - x_2$ 平面内显示出 x_1 和 x_2 轴线方向上两条线纤维的原始位置和最终位置。可以看到,两纤维的最终位置是通过由原始位置叠加两个分离的变形过程而得到的。第一个是由于纯变形所致,而第二个则代表刚体转动。

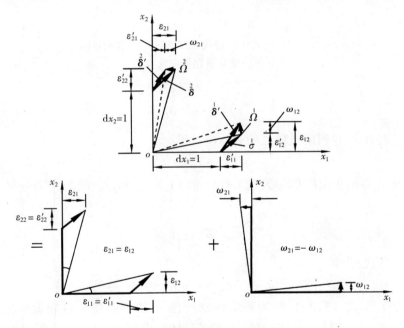

图 3.6 二维空间中的应变和旋转矢量

式 (3.15) 和式 (3.17) 完全类似于相应的应力公式。因此,类似于应力分析中所得的一般结果都同样可以导出。

3.3 Cauchy 应变公式

在此,和应力分析一样,任一纤维 n 的应变矢量 $\overset{n}{\boldsymbol{\delta}}$ 被分为两部分,其一在纤维方向,

称为正应变；其二位于与纤维正交的平面内，称为剪应变。例如，应变矢量$\overset{1}{\boldsymbol{\delta}}$有三个应变分量：正应变 ε_{11}、剪应变 ε_{12} 和 ε_{13}，相应在三轴 x_1、x_2 和 x_3 的方向上。

按图 3.7 所示，观察 P 点上具有正应变分量 ε_n 和剪应变分量 ε_{ns} 的应变矢量 $\overset{n}{\boldsymbol{\delta}}$ 的任一线纤维 $\boldsymbol{n}$，矢量 $\boldsymbol{n}$ 有分量 (n_1, n_2, n_3)。正应变分量 ε_n 的值由下式给定

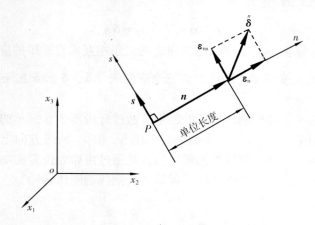

图 3.7 一点上任意线元纤维 $\boldsymbol{n}$ 的应变矢量的正应变分量和剪应变分量

$$\varepsilon_n = \overset{n}{\boldsymbol{\delta}} \cdot \boldsymbol{n} = \overset{n}{\delta_i} n_i \tag{3.18}$$

以式（3.15）替代 $\overset{n}{\delta_i}$ 并利用张量 ε_{ij} 的对称性，得

$$\varepsilon_n = \varepsilon_{ij} n_i n_j \tag{3.19}$$

同样，假设与 $\boldsymbol{n}$ 方向正交的单位矢量 $\boldsymbol{s}$ 有分量 (s_1, s_2, s_3)，则剪应变分量 ε_{ns} 的值由下式给定

$$\varepsilon_{ns} = \overset{n}{\boldsymbol{\delta}} \cdot \boldsymbol{s} = \overset{n}{\delta_i} s_i$$

以式（3.15）替代 $\overset{n}{\delta_i}$ 得

$$\varepsilon_{ns} = \varepsilon_{ij} n_j s_i \tag{3.20}$$

式（3.19）和式（3.20）即为确定任意纤维 $\boldsymbol{n}$ 的正应变分量和剪应变分量所需的 Cauchy 公式。式（3.15）、式（3.17）、式（3.19）和式（3.20）分别代表 Cauchy 公式的一个特殊形式，但实际上，对于一点给定的应变状态，为了直接得到正应变和剪应变分量，式（3.19）和式（3.20）是最有用的公式。

【例 3.1】点应变状态由应变张量 ε_{ij} 给定。

$$\varepsilon_{ij} = \begin{bmatrix} 0.00200 & 0.00183 & -0.00025 \\ 0.00183 & 0.00100 & -0.00125 \\ -0.00025 & -0.00125 & -0.00150 \end{bmatrix}$$

对方向为 $\boldsymbol{n} = (0, -1/\sqrt{5}, -2/\sqrt{5})$ 的纤维，计算：

(a) 纤维的正应变 ε_n；

(b) 应变矢量 $\overset{n}{\boldsymbol{\delta}}$ 的值；
(c) 剪应变 ε_{ns} 的值，其单位矢量 s 的分量为（-1，0，0）。

【解】
(a) 将 n 的分量和 ε_{ij} 代入式（3.19）得

$$\varepsilon_n = \frac{0.00100}{5} - \frac{0.00150\ (4)}{5} - \frac{0.00250\ (2)}{5} = -0.00200$$

(b) 由式（3.15）计算分量 $\overset{n}{\delta}_i$

$$\overset{n}{\delta}_1 = (0.00183)\left(-\frac{1}{\sqrt{5}}\right) + (-0.00025)\left(-\frac{2}{\sqrt{5}}\right) = -0.00059$$

$$\overset{n}{\delta}_2 = (0.00100)\left(-\frac{1}{\sqrt{5}}\right) + (-0.00125)\left(-\frac{2}{\sqrt{5}}\right) = 0.00067$$

$$\overset{n}{\delta}_3 = (-0.00125)\left(-\frac{1}{\sqrt{5}}\right) + (-0.00150)\left(-\frac{2}{\sqrt{5}}\right) = 0.00190$$

因此

$$|\overset{n}{\boldsymbol{\delta}}| = [(-0.00059)^2 + (0.00067)^2 + (0.00190)^2]^{1/2} = 0.00210$$

或直接由关系式计算 $|\overset{n}{\boldsymbol{\delta}}|$

$$|\overset{n}{\boldsymbol{\delta}}|^2 = \overset{n}{\delta}_i \overset{n}{\delta}_i = \varepsilon_{ij}\varepsilon_{ik}n_j n_k = 4.41 \times 10^{-6}$$

(c) 用式（3.20）计算剪应变 ε_{ns} 的值

$$\varepsilon_{ns} = \varepsilon_{11} n_1 s_1 + \varepsilon_{22} n_2 s_2 + \varepsilon_{33} n_3 s_3$$
$$+ \varepsilon_{12}(n_2 s_1 + n_1 s_2) + \varepsilon_{23}(n_3 s_2 + n_2 s_3) + \varepsilon_{31}(n_3 s_1 + n_1 s_3)$$
$$= (0.00183)\left(-\frac{1}{\sqrt{5}}\right)(-1) + (-0.00025)\left(-\frac{2}{\sqrt{5}}\right)(-1)$$
$$= 0.00060$$

注意，这样算得的剪应变 ε_{ns} 表示合剪应变 ϑ 在 s 方向的投影值。对于纤维 n 在此点的合剪应变 ϑ 需由下列关系式计算：

$$\vartheta^2 = |\overset{n}{\boldsymbol{\delta}}|^2 - \varepsilon_n^2 = 0.41 \times 10^{-6} \quad 或 \quad |\vartheta| = 0.00064$$

剪应变符号

剪应变分量 ε_{12}、ε_{13} 和 ε_{23}（或 ε_{xy}、ε_{xz} 和 ε_{yz}）的值称为张量剪应变。在许多用途中，通常，对剪应变使用另一种工程定义符号。工程剪应变 γ 定义为变形前相互垂直的两纤维间总的夹角变化。因此，对于纯变形，由图 3.6 得

$$总夹角变化 = \varepsilon_{12} + \varepsilon_{21} = 2\varepsilon_{12}$$

或

$$\gamma_{xy} = \gamma_{yx} = 2\varepsilon_{12} = 2\varepsilon_{xy} \tag{3.21}$$

同样，可得 $\gamma_{xz} = \gamma_{zx}$ 和 $\gamma_{yz} = \gamma_{zy}$ 的结果。

这样，用不同符号写出的剪应变张量 ε_{ij} 为

$$\varepsilon_{ij} = \begin{bmatrix} \varepsilon_{11} & \varepsilon_{12} & \varepsilon_{13} \\ \varepsilon_{21} & \varepsilon_{22} & \varepsilon_{23} \\ \varepsilon_{31} & \varepsilon_{32} & \varepsilon_{33} \end{bmatrix} \equiv \begin{bmatrix} \varepsilon_{xx} & \varepsilon_{xy} & \varepsilon_{xz} \\ \varepsilon_{yx} & \varepsilon_{yy} & \varepsilon_{yz} \\ \varepsilon_{zx} & \varepsilon_{zy} & \varepsilon_{zz} \end{bmatrix} \equiv \begin{bmatrix} \varepsilon_x & \dfrac{\gamma_{xy}}{2} & \dfrac{\gamma_{xz}}{2} \\ \dfrac{\gamma_{yx}}{2} & \varepsilon_y & \dfrac{\gamma_{yz}}{2} \\ \dfrac{\gamma_{zx}}{2} & \dfrac{\gamma_{zy}}{2} & \varepsilon_z \end{bmatrix} \tag{3.22}$$

式（3.22）中的不同符号可以交换使用，这就要看在某些特定用途中哪个用起来更方便。

3.4 主 应 变

在应力分析中，已经阐明至少有三个无剪应力作用其上相互正交的平面，即主平面，以及与其相关称为主轴的主方向。在一点的应变分析中，也存在这样的主轴。

【**定义**】应变矢量 $\overset{n}{\boldsymbol{\delta}}$ 在任一纤维 $\boldsymbol{n}$ 方向上，则该纤维 $\boldsymbol{n}$ 的方向即为主方向或主轴，如图 3.8 所示，在这一方向上剪应变为零。其含义为：在这些方向上的纤维，运动前是彼此互相垂直的，运动后仍保持互相垂直，其相应的应变称为主应变。因此，对应于主方向有

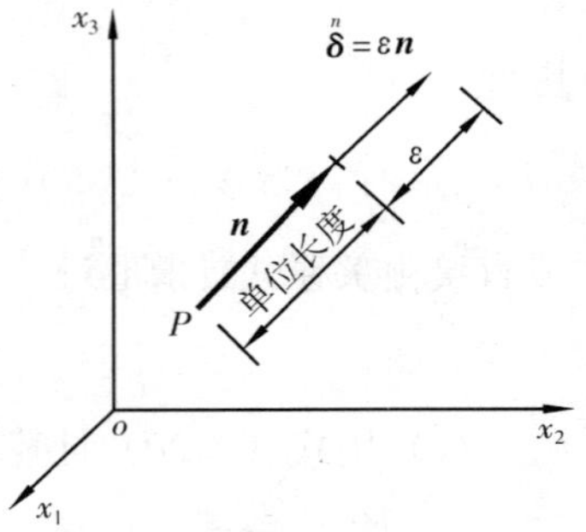

$$\overset{n}{\boldsymbol{\delta}} = \varepsilon \boldsymbol{n} \tag{3.23}$$

或

$$\overset{n}{\delta}_i = \varepsilon n_i \tag{3.24}$$

图 3.8 主应变矢量和应变主方向

以式（3.15）代换 $\overset{n}{\delta}_i$ 导得

$$\varepsilon_{ij} n_j = \varepsilon n_i$$

或将 n_i 写为 $\delta_{ij} n_j$（δ_{ij} 为替换算子）得

$$\varepsilon_{ij} n_j = \varepsilon \delta_{ij} n_j \tag{3.25}$$

或

$$(\varepsilon_{ij} - \varepsilon \delta_{ij}) n_j = 0 \tag{3.26}$$

对于非零解，有

$$|\varepsilon_{ij} - \varepsilon \delta_{ij}| = 0 \tag{3.27}$$

这与主应力相应的方程完全相同，只是以应变代替应力（见式（2.44））罢了。因此，所有对于应力张量作出的论述和推导都适用于此，式（3.27）可写成

$$\begin{vmatrix} \varepsilon_x - \varepsilon & \varepsilon_{xy} & \varepsilon_{xz} \\ \varepsilon_{yx} & \varepsilon_y - \varepsilon & \varepsilon_{yz} \\ \varepsilon_{zx} & \varepsilon_{zy} & \varepsilon_z - \varepsilon \end{vmatrix} = 0 \tag{3.28}$$

其中，有三个实根相应于三个主应变 ε_1、ε_2 和 ε_3。特征式（3.28）可改写成下式

$$\varepsilon^3 - I_1' \varepsilon^2 + I_2' \varepsilon - I_3' = 0 \tag{3.29}$$

其中，应变不变量 I_1'、I_2' 和 I_3' 为

$$I'_1 = \varepsilon_{11} + \varepsilon_{22} + \varepsilon_{33} = \varepsilon_x + \varepsilon_y + \varepsilon_z = \varepsilon_{ii} \tag{3.30}$$

$$I'_2 = \begin{vmatrix} \varepsilon_{22} & \varepsilon_{23} \\ \varepsilon_{32} & \varepsilon_{33} \end{vmatrix} + \begin{vmatrix} \varepsilon_{11} & \varepsilon_{13} \\ \varepsilon_{31} & \varepsilon_{33} \end{vmatrix} + \begin{vmatrix} \varepsilon_{11} & \varepsilon_{12} \\ \varepsilon_{21} & \varepsilon_{22} \end{vmatrix}$$

$$= \begin{vmatrix} \varepsilon_y & \varepsilon_{yz} \\ \varepsilon_{zy} & \varepsilon_z \end{vmatrix} + \begin{vmatrix} \varepsilon_z & \varepsilon_{xz} \\ \varepsilon_{zx} & \varepsilon_z \end{vmatrix} + \begin{vmatrix} \varepsilon_x & \varepsilon_{xy} \\ \varepsilon_{yx} & \varepsilon_y \end{vmatrix} \tag{3.31}$$

$= \varepsilon_{ij}$ 的二阶余子式之和

$$I'_3 = \begin{vmatrix} \varepsilon_{11} & \varepsilon_{12} & \varepsilon_{13} \\ \varepsilon_{21} & \varepsilon_{22} & \varepsilon_{23} \\ \varepsilon_{31} & \varepsilon_{32} & \varepsilon_{33} \end{vmatrix} = \begin{vmatrix} \varepsilon_x & \varepsilon_{xy} & \varepsilon_{xz} \\ \varepsilon_{yx} & \varepsilon_y & \varepsilon_{yz} \\ \varepsilon_{zx} & \varepsilon_{zy} & \varepsilon_z \end{vmatrix} \tag{3.32}$$

$= \varepsilon_{ij}$ 的行列式

或者，代之以主应变 ε_1、ε_2 和 ε_3，则有

$$\begin{aligned} I'_1 &= \varepsilon_1 + \varepsilon_2 + \varepsilon_3 \\ I'_2 &= \varepsilon_1\varepsilon_2 + \varepsilon_2\varepsilon_3 + \varepsilon_3\varepsilon_1 \\ I'_3 &= \varepsilon_1\varepsilon_2\varepsilon_3 \end{aligned} \tag{3.33}$$

将由式（3.29）解得的主应变 ε_1、ε_2 和 ε_3 代入式（3.26）即可得主方向 $\boldsymbol{n}^{(1)}$、$\boldsymbol{n}^{(2)}$ 和 $\boldsymbol{n}^{(3)}$，正如对应力张量例子所作的一样，按照应力分析中同样的作法，能证明主应变为驻值。

主 剪 应 变

【定义】对于在某点处的纤维的剪应变，具有驻值的称为主剪应变，为找到此类纤维的方向，将采用如同应力分析一样的步骤。考虑 P 点上一个方向为 $\boldsymbol{n}$ 和对应于主应变轴的应变矢量为 $\overset{n}{\boldsymbol{\delta}}$ 的线纤维。纤维的正应变分量为 ε_n，合剪应变分量大小用 ϑ_n（张量剪应变）表示，则

$$\vartheta_n^2 = (\overset{n}{\delta})^2 - \varepsilon_n^2$$

用式（3.15）和式（3.19）相应的 $\overset{n}{\delta}$ 和 ε_n 代入，并以对应主应变轴的分量 ε_{ij} 替换，得

$$\vartheta_n^2 = (\varepsilon_{ij}\varepsilon_{ki}n_j n_k) - (\varepsilon_1 n_1^2 + \varepsilon_2 n_2^2 + \varepsilon_3 n_3^2)^2$$

或

$$\vartheta_n^2 = (\varepsilon_1^2 n_1^2 + \varepsilon_2^2 n_2^2 + \varepsilon_3^2 n_3^2) - (\varepsilon_1 n_1^2 + \varepsilon_2 n_2^2 + \varepsilon_3 n_3^2)^2 \tag{3.34}$$

比较式（3.34）和式（2.80）可见，以 ϑ_n 替换 S_n 并以主应变替换主应力后，两者属同一形式。因此，可按与应力分析完全相同的方式来得到主剪应变及其相应的方向。如指定 ϑ_1、ϑ_2 和 ϑ_3 作为张量主剪应变，可写出

$$\begin{aligned} \vartheta_1 &= \frac{1}{2}|\varepsilon_2 - \varepsilon_3| \\ \vartheta_2 &= \frac{1}{2}|\varepsilon_1 - \varepsilon_3| \\ \vartheta_3 &= \frac{1}{2}|\varepsilon_1 - \varepsilon_2| \end{aligned} \tag{3.35}$$

工程主剪应变 γ_1、γ_2 和 γ_3 给定为

$$\gamma_1 = |\varepsilon_2 - \varepsilon_3|$$
$$\gamma_2 = |\varepsilon_1 - \varepsilon_3| \tag{3.36}$$
$$\gamma_3 = |\varepsilon_1 - \varepsilon_2|$$

主剪应变的最大值即为最大剪应变。因此，对于 $\varepsilon_1 > \varepsilon_2 > \varepsilon_3$ 的情况，最大剪应变由下式给出

$$\gamma_{\max} = 2\vartheta_{\max} = |\varepsilon_1 - \varepsilon_3| \tag{3.37}$$

【例 3.2】给定一点的应变张量 ε_{ij}

计算：

$$\varepsilon_{ij} = \begin{bmatrix} -0.00100 & 0 & 0 \\ 0 & -0.00100 & 0.000785 \\ 0 & 0.000785 & 0.00200 \end{bmatrix} \tag{3.38}$$

(a) 主应变 ε_1、ε_2 和 ε_3；

(b) 最大剪应变 $\gamma_{\max}$。

【解】

(a) 由式（3.30）和式（3.32）计算应变不变量 I_1'、I_2' 和 I_3'

$$I_1' = (-0.00100) + (-0.00100) + (0.00200) = 0$$

$$I_2' = (-0.00100)(0.00200) - (0.000785)^2$$
$$\quad + (-0.00100)(0.00200) + (-0.00100)^2$$
$$= -3.62 \times 10^{-6}$$

$$I_3' = \begin{vmatrix} -0.00100 & 0 & 0 \\ 0 & -0.00100 & 0.000785 \\ 0 & 0.000785 & 0.00200 \end{vmatrix} = 2.62 \times 10^{-9}$$

特征方程变为

$$\varepsilon^3 - 3.62 \times 10^{-6} \varepsilon - 2.62 \times 10^{-9} = 0$$

或

$$(\varepsilon + 10^{-3})(\varepsilon^2 - 0.00100\varepsilon + 2.62 \times 10^{-6}) = 0$$

求得三个主应变为

$\varepsilon_1 = 0.00219$，$\varepsilon_2 = -0.00100$，$\varepsilon_3 = -0.00119$

校核 用 ε_1、ε_2 和 ε_3 的值代入式（3.33）以校核所得结果：

$$I_1' = \varepsilon_1 + \varepsilon_2 + \varepsilon_3 = 0$$

$$I_2' = \varepsilon_1 \varepsilon_2 + \varepsilon_2 \varepsilon_3 + \varepsilon_3 \varepsilon_1$$
$$= (0.00219)(-0.00100) + (-0.00100)(-0.00119)$$
$$\quad + (-0.00119)(0.00219)$$
$$= -3.62 \times 10^{-6}$$

$$I_3' = \varepsilon_1 \varepsilon_2 \varepsilon_3 = (0.00219)(-0.00100)(-0.00119) = 2.62 \times 10^{-9}$$

(b) 最大剪应变 $\gamma_{\max}$ 由式（3.37）计算得

$$\gamma_{\max} = |0.00219 + 0.00119| = 0.00338$$

3.5 八面体应变

变形前与三个主应变轴 1、2 和 3 有相同倾角的材料纤维为八面体纤维，其八面体正应变和剪应变相应以 ε_{oct} 和 γ_{oct} 表示。对于八面体纤维，单位矢量 n 具有分量 ($1/\sqrt{3}$，$1/\sqrt{3}$，$1/\sqrt{3}$)。因此，由式 (3.19) 得到八面体正应变 ε_{oct} 为

$$\varepsilon_{oct} = \frac{1}{3}(\varepsilon_1 + \varepsilon_2 + \varepsilon_3) = \frac{I'_1}{3} \tag{3.39}$$

这表示为三个主应变的平均值。

用剪应变工程定义的八面体剪应变 γ_{oct} 可由式 (3.34) 得到，式中 $\gamma_{oct} = 2\vartheta_{oct}$，则

$$\gamma_{oct} = \frac{2}{3}[(\varepsilon_1 - \varepsilon_2)^2 + (\varepsilon_2 - \varepsilon_3)^2 + (\varepsilon_3 - \varepsilon_1)^2]^{1/2} \tag{3.40}$$

用应变不变量，则八面体剪应变可写为

$$\gamma_{oct} = \frac{2\sqrt{2}}{3}(I'^2_1 - 3I'_2)^{1/2} \tag{3.41}$$

用通常的非主应变表示，则有

$$\gamma_{oct} = \frac{2}{3}[(\varepsilon_x - \varepsilon_y)^2 + (\varepsilon_y - \varepsilon_z)^2 + (\varepsilon_z - \varepsilon_x)^2 + 6(\varepsilon^2_{xy} + \varepsilon^2_{yz} + \varepsilon^2_{zx})]^{1/2} \tag{3.42}$$

这是相对于任意一组坐标轴 x、y 和 z 的应变分量的八面体剪应变表达式。

【例 3.3】 计算例 3.2 中式 (3.38) 给出的应变张量 ε_{ij} 的八面体应变。

因为应变不变量 I'_1 和 I'_2 前面已算出，故八面体应变 ε_{oct} 和 γ_{oct} 相应可直接由式 (3.39) 和式 (3.41) 得到

$$\varepsilon_{oct} = \frac{I'_1}{3} = 0$$

$$\gamma_{oct} = \frac{2\sqrt{2}}{3}[0 - 3(-3.62 \times 10^{-6})]^{1/2} = 0.00311$$

3.6 偏应变张量

如应力张量那样，应变张量 ε_{ij} 也可分成两部分：与体积变化相关的球体部分和与形状变化（畸变）相关的偏斜部分。则

$$\varepsilon_{ij} = e_{ij} + \frac{1}{3}\varepsilon_{kk}\delta_{ij} \tag{3.43}$$

其中，定义 e_{ij} 为偏应变张量，而 $\frac{1}{3}\varepsilon_{kk} = (\varepsilon_x + \varepsilon_y + \varepsilon_z)/3$ 为均值或静水应变值。因此，偏应变张量 e_{ij} 为

$$e_{ij} = \begin{bmatrix} e_x & e_{xy} & e_{xz} \\ e_{yx} & e_y & e_{yz} \\ e_{zx} & e_{zy} & e_z \end{bmatrix}$$

$$= \begin{bmatrix} \dfrac{2\varepsilon_x - \varepsilon_y - \varepsilon_z}{3} & \varepsilon_{xy} & \varepsilon_{xz} \\ \varepsilon_{yx} & \dfrac{2\varepsilon_y - \varepsilon_z - \varepsilon_x}{3} & \varepsilon_{yz} \\ \varepsilon_{zx} & \varepsilon_{zy} & \dfrac{2\varepsilon_z - \varepsilon_x - \varepsilon_y}{3} \end{bmatrix} \tag{3.44}$$

或用主应变表示

$$e_{ij} = \begin{bmatrix} \dfrac{2\varepsilon_1 - \varepsilon_2 - \varepsilon_3}{3} & 0 & 0 \\ 0 & \dfrac{2\varepsilon_2 - \varepsilon_3 - \varepsilon_1}{3} & 0 \\ 0 & 0 & \dfrac{2\varepsilon_3 - \varepsilon_1 - \varepsilon_2}{3} \end{bmatrix} \tag{3.45}$$

注意，纯剪应变状态的条件与纯剪应力状态的条件相同，即，纯剪变形的必要且充分条件是 $\varepsilon_{kk}=0$，因此，e_{ij} 为纯剪状态且 e_{ij} 和 ε_{ij} 有相同的主轴。

假设观察一单位立方体，其边缘沿主应变轴 1、2 和 3 方向，那么变形后，因为对于主轴无剪应变，故其三轴仍保持相互正交。单位立方体变成边长为 $(1+\varepsilon_1)$、$(1+\varepsilon_2)$ 和 $(1+\varepsilon_3)$ 的矩形平行六面体。相对体积变化 ε_v 为

$$\varepsilon_v = \frac{\Delta V}{V} = (1+\varepsilon_1)(1+\varepsilon_2)(1+\varepsilon_3) - 1 \tag{3.46}$$

对于小应变

$$\varepsilon_v = \frac{\Delta V}{V} = \varepsilon_1 + \varepsilon_2 + \varepsilon_3 = I_1' = \varepsilon_x + \varepsilon_y + \varepsilon_z \tag{3.47}$$

因此，应变张量球体部分与体积变化 $\varepsilon_v = \varepsilon_{kk}$ 成比例。式（3.47）给出的体积相对变化 ε_v（或单位体积的体积变化）称为膨胀或简单称为体积变化。

偏应变张量 e_{ij} 的不变量类似于偏应力张量 s_{ij} 的不变量那样，偏应变不变量出现在行列式方程 $|e_{ij} - e\delta_{ij}| = 0$ 的三次式中，

$$e^3 - J_1'e^2 - J_2'e - J_3' = 0 \tag{3.48}$$

其中

$$J_1' = e_{ii} = e_x + e_y + e_z = e_1 + e_2 + e_3 = 0 \tag{3.49}$$

$$\begin{aligned} J_2' &= \frac{1}{2} e_{ij} e_{ij} = -(e_1 e_2 + e_2 e_3 + e_3 e_1) \\ &= \frac{1}{6}[(\varepsilon_x - \varepsilon_y)^2 + (\varepsilon_y - \varepsilon_z)^2 + (\varepsilon_z - \varepsilon_x)^2] + \varepsilon_{xy}^2 + \varepsilon_{yz}^2 + \varepsilon_{zx}^2 \\ &= \frac{1}{6}[(\varepsilon_1 - \varepsilon_2)^2 + (\varepsilon_2 - \varepsilon_3)^2 + (\varepsilon_3 - \varepsilon_1)^2] \\ &= \frac{1}{2}(e_x^2 + e_y^2 + e_z^2 + 2e_{xy}^2 + 2e_{yz}^2 + 2e_{zx}^2) \end{aligned} \tag{3.50}$$

$$J_3' = \frac{1}{3} e_{ij} e_{jk} e_{ki} = \begin{bmatrix} e_x & e_{xy} & e_{xz} \\ e_{yx} & e_y & e_{yz} \\ e_{zx} & e_{zy} & e_z \end{bmatrix} = \frac{1}{3}(e_1^3 + e_2^3 + e_3^3) = e_1 e_2 e_3 \tag{3.51}$$

其中，e_1、e_2 和 e_3 为偏应变张量的主值。不变量 J_1'、J_2' 和 J_3' 与应变不变量 I_1'、I_2' 和 I_3' 的关系也可由下式给出。

$$J_1' = 0$$

$$J_2' = \frac{1}{3}(I_1'^2 - 3I_2')$$

$$J_3' = \frac{1}{27}(2I_1'^3 - 9I_1'I_2' + 27I_3') \tag{3.52}$$

最后，正如应力分析那样，可以看出，八面体剪应变 γ_{oct} 与偏应变张量的第二个不变量 J_2' 有关，即

$$\gamma_{\text{oct}} = 2\sqrt{\frac{2}{3}J_2'} \tag{3.53}$$

【例 3.4】 一点的应变状态由给定的应变张量 ε_{ij} 表示

已知

$$\varepsilon_{ij} = \begin{bmatrix} -0.005 & -0.004 & 0 \\ -0.004 & 0.001 & 0 \\ 0 & 0 & 0.001 \end{bmatrix}$$

试确定：

(a) 偏应变张量 e_{ij}；

(b) 不变量 J_2' 和 J_3' 的值；

(c) 单位体积的体积变化（膨胀）ε_v。

【解】

(a) $\varepsilon_{kk} = \varepsilon_{11} + \varepsilon_{22} + \varepsilon_{33} = -0.003$

由式（3.43）得偏应变张量为

$$e_{ij} = \varepsilon_{ij} - \frac{\varepsilon_{kk}}{3}\delta_{ij}$$

或

$$e_{ij} = \begin{bmatrix} -0.004 & -0.004 & 0 \\ -0.004 & 0.002 & 0 \\ 0 & 0 & 0.002 \end{bmatrix}$$

(b) 用式（3.50）导出 J_2' 为

$$J_2' = \frac{1}{6}[(-0.006)^2 + 0 + (0.006)^2] + (-0.004)^2 = 2.8 \times 10^{-5}$$

J_3' 由式（3.51）给出

$$J_3' = \begin{bmatrix} -0.004 & -0.004 & 0 \\ -0.004 & 0.002 & 0 \\ 0 & 0 & 0.002 \end{bmatrix} = -4.8 \times 10^{-8}$$

(c) 由式（3.47）计算膨胀 ε_v

$$\varepsilon_v = \frac{\Delta V}{V} = I_1' = \varepsilon_{kk} = -0.003$$

即，在前面的张量 ε_{ij} 表示的应变状态下，点附近体元的体积减小。

3.7 应变的 Mohr 图解表示

从前面章节中已经证实的应力和应变分析的相似性可见，对于应变可按与应力完全同样的方式绘制 Mohr 圆。在应变的 Mohr 图中，每一点的横坐标和纵坐标相应代表与一固定方向的线纤维相关的正应变和张量剪应变（或工程剪应变的一半）。图 3.9 展示了平面应变（二维）和三维两种情况的 Mohr 圆。

对于图 3.9(a) 的平面应变情况，在 Mohr 圆图中用作剪应变和用作应力的符号约定有所不同。如果从 $n-n$ 轴到 $s-s$ 轴反时针量得的直角增大，则与正应变 ε_n 相关的剪应变 ε_{ns} 为正；反之，与正应变 ε_s 相关的剪应变 ε_{sn} 则指从 $s-s$ 轴到 $n-n$ 轴反时针量测的直角角度变化。如果直角增大，那么在 Mohr 圆图中 ε_{sn} 为正。因此在图 3.9(a) 中，由于从 x 轴到 y 轴反时针量得的直角减小，故绘制 Mohr 圆时 ε_{xy} 为负，但由于 ε_{yx} 为正，因为

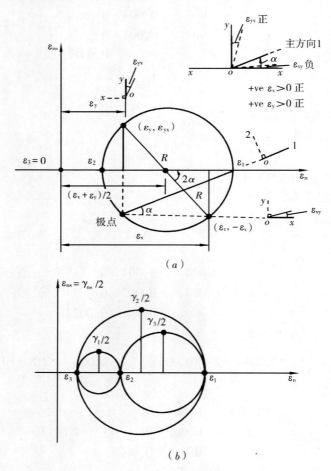

图 3.9 应变的 Mohr 圆图
(a) 二维平面应变 Mohr 圆（ε_{xy}减小 xoy 角，ε_{yx}增大 yox 角）;
(b) 三维情况下的 Mohr 圆（$\varepsilon_1 > \varepsilon_2 > \varepsilon_3$）

直角 yox 角增大。

【例 3.5】一点的平面应变状态下的应变分量为

$$\varepsilon_x = 0.0025, \quad \varepsilon_y = -0.0015, \quad \varepsilon_{xy} = -0.001$$
$$(\varepsilon_z = \gamma_{xz} = \gamma_{yz} = 0)$$

(a) 为这一状态的应变绘制 Mohr 圆;
(b) 从圆中找出主应变方向和量值;
(c) 从圆中找出最大剪应变 γ_{max}。

【解】沿用绘制 Mohr 圆的符号约定，得

$$\varepsilon_x = +0.0025, \quad \gamma_{xy} = +0.002 \text{ （}xoy \text{ 角增大）}$$
$$\varepsilon_y = -0.0015, \quad \gamma_{yx} = -0.002 \text{ （}yox \text{ 角减小）}$$

(a) 圆心坐标为 (0.0005, 0)，半径 R 按下式计算

$$R = \left[\frac{(0.0025 + 0.0015)^2}{4} + \left(\frac{0.002}{2}\right)^2\right]^{1/2} = 0.002236$$

Mohr 圆示于图 3.10。

(b) 主应变 ε_1 和 ε_2 为（见图 3.10）

$$\varepsilon_1 = 0.0005 + R = 0.002736$$
$$\varepsilon_2 = 0.0005 - R = -0.001736$$

主方向由 α_1 和 α_2 角确定（由 x 轴顺时针量测）

其中， $\alpha_1 = +13.28°, \quad \alpha_2 = +103.28°$

(c) 最大剪应变 γ_{max} 为

$$\gamma_{max} = 2R = 0.004472$$

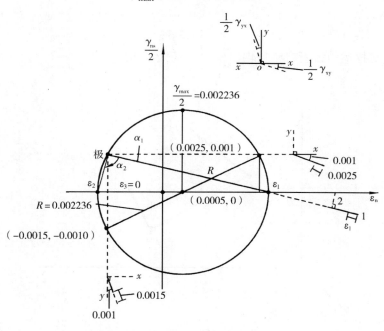

图 3.10 平面应变 Mohr 圆—示范题（γ_{xy} 为正，γ_{yx} 为负）

3.8 应变-位移关系

通常，有两种描述连续体变形的方法，拉格朗日法和欧拉法。拉格朗日法用各质点于初始位置的坐标作为独立变量，而欧拉法用各质点位置即时的或我们需要的时间的坐标作为独立变量，在本节中，用这两种方法推导应变-位移关系。我们将看到，对于小位移和位移导数，拉格朗日和欧拉两种观点是融合的，不必把它们区分开来。

如图 3.11 所示，假定物体质点 P 于初始位置（未变形）的坐标用对应于固定轴 x_1、x_2 和 x_3 的 x_i(x_1, x_2, x_3) 表示。同一质点于变形后的坐标用对应于 x_1、x_2 和 x_3 轴的 ξ_i(ξ_1, ξ_2, ξ_3) 表示。拉格朗日描述用坐标 (x_i) 作为独立变量，欧拉描述用坐标 (ξ_i) 作为独立变量。

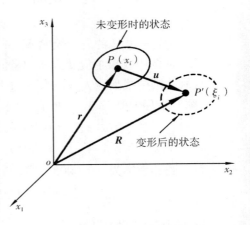

图 3.11 拉格朗日变量和欧拉变量

拉格朗日描述

考虑图 3.12 中两相邻点 P 和 Q，变形前其坐标分别为 x_i 和 $x_i + dx_i$，变形前单元 PQ 的长度为 ds_0。变形后两点变位至 P' 和 Q' 点，坐标分别为 ξ_i 和 $\xi_i + d\xi_i$，单元 $P'Q'$ 的长度变成 ds。点 P 的位移向量以 u_i 表示，如图 3.12 所示。因此得

$$ds_0^2 = dx_i dx_i \tag{3.54}$$

$$ds^2 = d\xi_i d\xi_i \tag{3.55}$$

在拉格朗日描述中，所有参数均以坐标 x_i 表示。由

$$\xi_i = x_i + u_i \tag{3.56}$$

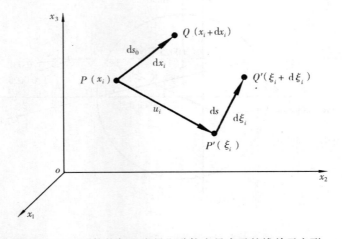

图 3.12 用拉格朗日变量和欧拉变量表示的线单元变形

得

$$d\xi_i = dx_i + u_{i,j}dx_j \tag{3.57}$$

或

$$d\xi_i = (\delta_{ij} + u_{i,j})\,dx_j \tag{3.58}$$

其中，$u_{i,j} = \partial u_i/\partial x_j$。

显而易见，刚体运动的必要且充分条件是 ds^2 和 ds_0^2 相等；于是其差值 $ds^2 - ds_0^2$ 可取为应变的量值。由式（3.54）、式（3.55）和式（3.58），得

$$ds^2 - ds_0^2 = (\delta_{ij} + u_{i,j})\,dx_j\,(\delta_{ir} + u_{i,r})\,dx_r - dx_i dx_i$$

或

$$ds^2 - ds_0^2 = (u_{i,j} + u_{j,i} + u_{r,i}u_{r,j})\,dx_i dx_j$$

上式也可写成

$$ds^2 - ds_0^2 = 2\varepsilon_{ij}dx_i dx_j \tag{3.59}$$

其中，张量 ε_{ij} 定义为

$$\varepsilon_{ij} = \frac{1}{2}(u_{i,j} + u_{j,i} + u_{r,i}u_{r,j}) \tag{3.60}$$

定义中系数 1/2 是为以后物理解释的方便而插入的。式（3.60）定义的张量 ε_{ij} 称为拉格朗日应变张量。用工程符号表达的某些典型项为

$$\begin{aligned}\varepsilon_x &= \frac{\partial u}{\partial x} + \frac{1}{2}\left[\left(\frac{\partial u}{\partial x}\right)^2 + \left(\frac{\partial v}{\partial x}\right)^2 + \left(\frac{\partial w}{\partial x}\right)^2\right] \\ \gamma_{xy} &= 2\varepsilon_{xy} = \frac{\partial u}{\partial y} + \frac{\partial v}{\partial x} + \left(\frac{\partial u}{\partial x}\frac{\partial u}{\partial y} + \frac{\partial v}{\partial x}\frac{\partial v}{\partial y} + \frac{\partial w}{\partial x}\frac{\partial w}{\partial y}\right)\end{aligned} \tag{3.61}$$

其中，u、v 和 w 分别为沿 x、y 和 z 轴的位移分量。

注意，用位移导数式（3.57）可得到相对位移张量 ε'_{ij} 的表达式。因为从相对位移矢量 $\overset{n}{\delta}{}'_i$ 的定义得

$$\overset{n}{\delta}{}'_i = \frac{d\xi_i - dx_i}{ds_0}$$

那么将式（3.57）代入得

$$\overset{n}{\delta}{}'_i = \frac{u_{i,j}dx_j}{ds_o} = u_{i,j}n_j$$

将上式与式（3.4）比较，可判定

$$\varepsilon'_{ji} = u_{i,j} \tag{3.62}$$

欧 拉 描 述

在欧拉描述中，所有参数均以当前位置坐标 ξ_i 表达。于是有

$$x_i = \xi_i - u_i \tag{3.63}$$

则

$$dx_i = d\xi_i - u_{i/j}d\xi_j = (\delta_{ij} - u_{i/j})\,d\xi_j \tag{3.64}$$

其中

$$u_{i/j} = \frac{\partial u_i}{\partial \xi_j} \tag{3.65}$$

由式（3.54）、式（3.55）和式（3.64），得出
$$ds^2 - ds_0^2 = d\xi_i d\xi_i - (\delta_{ij} - u_{i/j})d\xi_j (\delta_{ir} - u_{i/r})d\xi_r$$

或
$$ds^2 - ds_0^2 = (u_{i/j} + u_{j/i} - u_{r/i}u_{r/j})d\xi_i d\xi_j \tag{3.66}$$

上式也可写成
$$ds^2 - ds_0^2 = 2E_{ij}d\xi_i d\xi_j \tag{3.67}$$

其中，张量 E_{ij} 规定为
$$E_{ij} = \frac{1}{2}(u_{i/j} + u_{j/i} - u_{r/i}u_{r/j}) \tag{3.68}$$

称由式（3.68）定义的张量 E_{ij} 为欧拉应变张量，其典型项为

$$E_{11} = \frac{\partial u_1}{\partial \xi_1} - \frac{1}{2}\left[\left(\frac{\partial u_1}{\partial \xi_1}\right)^2 + \left(\frac{\partial u_2}{\partial \xi_1}\right)^2 + \left(\frac{\partial u_3}{\partial \xi_1}\right)^2\right]$$

$$2E_{12} = \frac{\partial u_1}{\partial \xi_2} + \frac{\partial u_2}{\partial \xi_1} - \left[\frac{\partial u_1}{\partial \xi_1}\frac{\partial u_1}{\partial \xi_2} + \frac{\partial u_2}{\partial \xi_1}\frac{\partial u_2}{\partial \xi_2} + \frac{\partial u_3}{\partial \xi_1}\frac{\partial u_3}{\partial \xi_2}\right] \tag{3.69}$$

可能注意到，式（3.60）和式（3.68）在形式上有不同，式（3.60）中乘积项前为正号，而式（3.68）相应项前为负号。对其双下标 ε_{ij} 和 E_{ij} 都是对称的。无变形的必要且充分条件是 ε_{ij} 和 E_{ij} 各自为零。

如果位移导数 $u_{i,j}$ 和 $u_{i/j}$ 极其小，以至于其非线性项可忽略不计，那么式（3.60）和式（3.68）可简化为

$$\varepsilon_{ij} = \frac{1}{2}(u_{i,j} + u_{j,i})$$
$$= \begin{bmatrix} \frac{\partial u}{\partial x} & \frac{1}{2}\left(\frac{\partial u}{\partial y} + \frac{\partial v}{\partial x}\right) & \frac{1}{2}\left(\frac{\partial u}{\partial z} + \frac{\partial w}{\partial x}\right) \\ \frac{1}{2}\left(\frac{\partial u}{\partial y} + \frac{\partial v}{\partial x}\right) & \frac{\partial v}{\partial y} & \frac{1}{2}\left(\frac{\partial v}{\partial z} + \frac{\partial w}{\partial y}\right) \\ \frac{1}{2}\left(\frac{\partial u}{\partial z} + \frac{\partial w}{\partial x}\right) & \frac{1}{2}\left(\frac{\partial v}{\partial z} + \frac{\partial w}{\partial y}\right) & \frac{\partial w}{\partial z} \end{bmatrix} \tag{3.70}$$

$$E_{ij} = \frac{1}{2}(u_{i/j} + u_{j/i}) \tag{3.71}$$

式（3.70）和式（3.71）即为用拉格朗日描述和欧拉描述得出的线性应变-位移关系。

如果位移及其导数都很小，那么不管是用变量 x_i 还是用变量 ξ_i 来计算式（3.70）和式（3.71）中的导数都是无关紧要的。在这种情况下，拉格朗日描述和欧拉描述得出同一个应变-位移关系

$$E_{ij} = \varepsilon_{ij} = \frac{1}{2}(u_{i,j} + u_{j,i}) \tag{3.72}$$

小应变的物理解释

对于小变形，作为应变分量的 ε_{ij} 有一简单的物理解释。例如，正应变分量 ε_{11} 可解释如下：考虑线元 dx_i，如图3.13（a）所示，其变形前位于 x 轴上。变形后线元以 $d\xi_i$ 表

示，因此得
$$\mathrm{d}x_i = (\mathrm{d}s_0, \ 0, \ 0)$$

将 $\mathrm{d}x_i$ 代入式 (3.59) 得
$$\mathrm{d}s^2 - \mathrm{d}s_0^2 = 2\varepsilon_{ij}\mathrm{d}x_i\mathrm{d}x_j = 2\varepsilon_{11}\mathrm{d}x_1\mathrm{d}x_1 = 2\varepsilon_{11}\mathrm{d}s_0^2$$

或
$$(\mathrm{d}s + \mathrm{d}s_0)(\mathrm{d}s - \mathrm{d}s_0) = 2\varepsilon_{11}\mathrm{d}s_0^2$$

上式可写为
$$\frac{\mathrm{d}s - \mathrm{d}s_0}{\mathrm{d}s_0} = \left(\frac{2\mathrm{d}s_0}{\mathrm{d}s + \mathrm{d}s_0}\right)\varepsilon_{11}$$

对于小变形，$\mathrm{d}s$ 几乎等于 $\mathrm{d}s_0$，故
$$\varepsilon_{11} \approx \frac{\mathrm{d}s - \mathrm{d}s_0}{\mathrm{d}s_0} \tag{3.73}$$

因而 ε_{11} 表示线元单位长度的伸长或变化，此线元变形前平行于 x_1 轴。对应变分量 ε_{22} 和 ε_{33} 有同样的解释。

如图 3.13 (b) 所示，考虑两条原本分别平行于 x_1 和 x_2 轴的线元 $\mathrm{d}x_i^{(1)}$ 和 $\mathrm{d}x_i^{(2)}$，可解释剪应变分量 ε_{12}。变形后，用 ϕ_{12} 表示两线间直角的总减小量。

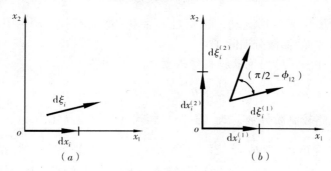

图 3.13 应变分量的物理解释
(a) 应变分量 ε_{11}；(b) 应变分量 ε_{12}

因此得
$$\cos\left(\frac{\pi}{2} - \phi_{12}\right) = \frac{\mathrm{d}\xi_i^{(1)}\mathrm{d}\xi_i^{(2)}}{|\mathrm{d}\xi_i^{(1)}||\mathrm{d}\xi_i^{(2)}|}$$

运用式 (3.57) 得
$$\cos\left(\frac{\pi}{2} - \phi_{12}\right) = \frac{(\mathrm{d}x_i^{(1)} + u_{i,k}\mathrm{d}x_k^{(1)})(\mathrm{d}x_i^{(2)} + u_{i,t}\mathrm{d}x_t^{(2)})}{|\mathrm{d}\xi_i^{(1)}||\mathrm{d}\xi_i^{(2)}|}$$
$$= \frac{\mathrm{d}x_i^{(1)}\mathrm{d}x_i^{(2)} + (u_{i,k} + u_{k,i} + u_{r,i}u_{r,k})\mathrm{d}x_i^{(1)}\mathrm{d}x_k^{(2)}}{|\mathrm{d}\xi_i^{(1)}||\mathrm{d}\xi_i^{(2)}|}$$

但 $\mathrm{d}x_i^{(1)}\mathrm{d}x_i^{(2)} = 0$（两正交矢量），则
$$\cos\left(\frac{\pi}{2} - \phi_{12}\right) = \frac{2\varepsilon_{ik}\mathrm{d}x_i^{(1)}\mathrm{d}x_k^{(2)}}{|\mathrm{d}\xi_i^{(1)}||\mathrm{d}\xi_i^{(2)}|} = \frac{2\varepsilon_{12}}{(1+\varepsilon_{11})(1+\varepsilon_{22})}$$

对于小变形，上式简化为

$$\cos\left(\frac{\pi}{2} - \phi_{12}\right) \approx 2\varepsilon_{12} \tag{3.74}$$

然而 $\cos\left(\frac{\pi}{2} - \phi_{12}\right) \approx \phi_{12}$，因此 ε_{12} 即为变形前平行于 x_1 和 x_2 轴的两线元之间的直角减小值之半。同样，可对分量 ε_{13} 和 ε_{23} 作出推导。从而式（3.70）中对角线外的项表示剪切变形。式（3.70）中偏导数的物理概念和较普遍地已得出的相对伸长率和角度变化作的解释是同样的。

旋 转 张 量

在拉格朗日描述中，旋转张量可推导如下。式（3.58）可写为

$$d\xi_i = \left[\delta_{ij} + \frac{1}{2}(u_{i,j} + u_{j,i} + u_{r,i}u_{r,j}) + \frac{1}{2}(u_{i,j} - u_{j,i} - u_{r,i}u_{r,j})\right]dx_j$$

还可改写成

$$d\xi_i = [\delta_{ij} + \varepsilon_{ij} + \omega_{ij}]\,dx_j \tag{3.75}$$

其中，ω_{ij} 称为拉格朗日旋转张量，并定义为

$$\omega_{ij} = \frac{1}{2}(u_{i,j} - u_{j,i} - u_{r,i}u_{r,j}) \tag{3.76}$$

此名称源于假定物体作无变形运动，也就是 $\varepsilon_{ij} = 0$，那么式（3.75）中 ω_{ij} 本身只表示旋转，因为平移已由 u_i 的偏微分消除了。

同样在欧拉描述中，可出现欧拉旋转张量 η_{ij}，给定为

$$\eta_{ij} = \frac{1}{2}(u_{i/j} - u_{j/i} + u_{r/i}u_{r/j}) \tag{3.77}$$

对于小变形，可忽略较高阶导数，式（3.76）和式（3.77）简化为

$$\omega_{ij} = \frac{1}{2}(u_{i,j} - u_{j,i})$$

$$= \begin{bmatrix} 0 & \frac{1}{2}\left(\frac{\partial u}{\partial y} - \frac{\partial v}{\partial x}\right) & \frac{1}{2}\left(\frac{\partial u}{\partial z} - \frac{\partial w}{\partial x}\right) \\ -\frac{1}{2}\left(\frac{\partial u}{\partial y} - \frac{\partial v}{\partial x}\right) & 0 & \frac{1}{2}\left(\frac{\partial v}{\partial z} - \frac{\partial w}{\partial y}\right) \\ -\frac{1}{2}\left(\frac{\partial u}{\partial z} - \frac{\partial w}{\partial x}\right) & -\frac{1}{2}\left(\frac{\partial v}{\partial z} - \frac{\partial w}{\partial y}\right) & 0 \end{bmatrix} \tag{3.78}$$

$$\eta_{ij} = \frac{1}{2}(u_{i/j} - u_{j/i}) \tag{3.79}$$

且对于纤维旋转有了一个清晰的解释。例如，ω_{12} 表示初始平行于 x_1 和 x_2 轴的纤维绕 x_3 轴的转动。

3.9 应 变 协 调 方 程

在应力分析中，已经指出必须建立平衡方程以保证物体总是处于平衡状态。然而，在应变分析中，必须有某些条件强加于应变分量以保持变形体连续。这可以式（3.72）为例予以说明，即

$$u_{i,j} + u_{j,i} = 2\varepsilon_{ij} \tag{3.80}$$

对于给定位移 u_i，可由式（3.80）确定应变分量 ε_{ij}。另一方面，对于规定的应变分量 ε_{ij}，式（3.80）代表一系列用于确定位移分量 u_i 的偏微分方程。由于三个未知函数有六个表达式，通常，如果任意选取应变分量 ε_{ij}，就不可能期望式（3.80）有单值解。因此，为了得到单值解的连续位移函数 u_i，必须强加某些对应变分量 ε_{ij} 的限制，此类约束称为协调条件。可以证明对于单连域的协调式可写成下式

$$\varepsilon_{ij,kl} + \varepsilon_{kl,ij} - \varepsilon_{ik,jl} - \varepsilon_{jl,ik} = 0 \tag{3.81}$$

展开这些表达式得

$$\frac{\partial^2 \varepsilon_x}{\partial y^2} + \frac{\partial^2 \varepsilon_y}{\partial x^2} = 2\frac{\partial^2 \varepsilon_{xy}}{\partial x \partial y}$$

$$\frac{\partial^2 \varepsilon_y}{\partial z^2} + \frac{\partial^2 \varepsilon_z}{\partial y^2} = 2\frac{\partial^2 \varepsilon_{yz}}{\partial y \partial z}$$

$$\frac{\partial^2 \varepsilon_z}{\partial x^2} + \frac{\partial^2 \varepsilon_x}{\partial z^2} = 2\frac{\partial^2 \varepsilon_{zx}}{\partial z \partial x}$$

$$\frac{\partial}{\partial x}\left(-\frac{\partial \varepsilon_{yz}}{\partial x} + \frac{\partial \varepsilon_{zx}}{\partial y} + \frac{\partial \varepsilon_{xy}}{\partial z}\right) = \frac{\partial^2 \varepsilon_x}{\partial y \partial z}$$

$$\frac{\partial}{\partial y}\left(-\frac{\partial \varepsilon_{zx}}{\partial y} + \frac{\partial \varepsilon_{xy}}{\partial z} + \frac{\partial \varepsilon_{yz}}{\partial x}\right) = \frac{\partial^2 \varepsilon_y}{\partial z \partial x}$$

$$\frac{\partial}{\partial z}\left(-\frac{\partial \varepsilon_{xy}}{\partial z} + \frac{\partial \varepsilon_{yz}}{\partial x} + \frac{\partial \varepsilon_{zx}}{\partial y}\right) = \frac{\partial^2 \varepsilon_z}{\partial x \partial y} \tag{3.82}$$

这六个协调式就是为保证单连域中应变分量给出单值连续位移解所需的必要且充分的条件。

3.10 习　　题

3.1 给定一点上的相对位移张量 ε'_{ij}，试证明对于坐标轴的转换 $(\varepsilon'^2_x + \varepsilon'^2_y + \varepsilon'^2_z)$ 是不变量。

3.2 给定一点上的相对位移张量 ε'_{ij} 为

$$\varepsilon'_{ij} = \begin{bmatrix} 0.10 & 0.20 & -0.40 \\ -0.20 & 0.25 & -0.15 \\ 0.40 & 0.30 & 0.30 \end{bmatrix}$$

计算：

(a) 应变张量 ε_{ij}；

(b) 旋转张量 ω_{ij}；

(c) 主应变 ε_1，ε_2 和 ε_3 及其主方向；

(d) 对具有方向 $\boldsymbol{n} = (\frac{1}{2}, \frac{1}{2}, 1/\sqrt{2})$ 的纤维元，找出应变矢量 $\overset{n}{\boldsymbol{\delta}}$，转动矢量 $\overset{n}{\boldsymbol{\Omega}}$ 和相对位移矢量 $\overset{n}{\boldsymbol{\delta}}'$。

3.3 给定应变张量 ε_{ij} 为

$$\varepsilon_{ij} = \begin{bmatrix} 0.023 & -0.015 & 0.001 \\ -0.015 & 0.009 & 0.008 \\ 0.001 & 0.008 & 0.013 \end{bmatrix}$$

计算：

(a) 主应变和主方向；

(b) 最大剪应变；

(c) 八面体应变；

(d) 具有方向 $\boldsymbol{n} = (0.25, 0.58, 0.775)$ 的纤维元的正应变分量 ε_n 和合剪应变分量 ϑ_n；

(e) 偏应变张量 e_{ij} 及其不变量 J'_2 和 J'_3；

(f) 单位体积的体积变化（膨胀）ε_v；

(g) 应变不变量 I'_2 和 I'_3。

3.4 证明：

(a) $\gamma_{\text{oct}} = \dfrac{2\sqrt{2}}{3}(I'^2_1 - 3I'_2)^{1/2}$；

(b) $J'_3 = \dfrac{1}{27}(2I'^3_1 - 9I'_1 I'_2 + 27I'_3)$。

3.5 对平面应变分量
$$\varepsilon_x = 0.0005, \quad \varepsilon_y = -0.000375, \quad \gamma_{xy} = -0.00015,$$
$$\varepsilon_z = \gamma_{yz} = \gamma_{xz} = 0$$

绘制 Mohr 圆。由此圆得出线元的主应变和主方向，最大剪应变和正应变分量，以及剪应变分量。此线元具有方向余弦 $n_1 = \dfrac{1}{2}$、$n_2 = \dfrac{\sqrt{3}}{2}$、$n_3 = 0$。

3.6 一物体质点的位移分量 u_i 由函数分量给定
$$u_1 = 10x_1 + 3x_2, \quad u_2 = 3x_1 + 2x_2, \quad u_3 = 6x_3$$

【证明】若变形假设为小变形，则无转动；假设为大变形，则找出此情况下的拉格朗日转动和应变张量，并计算相应的主应变 ε_1、ε_2 和 ε_3。

3.7 确定常数 a_0、a_1、b_0、b_1、c_0、c_1 和 c_2 之间的关系，使下列应变状态可能成立。

$$\varepsilon_x = a_0 + a_1(x^2 + y^2) + (x^4 + y^4)$$
$$\varepsilon_y = b_0 + b_1(x^2 + y^2) + (x^4 + y^4)$$
$$\gamma_{xy} = c_0 + c_1 xy(x^2 + y^2 + c_2)$$
$$\varepsilon_z = \gamma_{yz} = \gamma_{xz} = 0$$

第4章 弹性应力－应变关系

4.1 引 言

简单地讲，一个固体力学问题的解答在每一瞬间都必须满足下列三个条件：
(1) 平衡或运动方程；
(2) 几何条件或应变与位移的协调性；
(3) 材料本构定律或应力－应变关系。
为简洁起见，力和位移必须满足的初始和边界条件都包含在第 1 项和第 2 项中。

从静力学（或动力学）方面考虑，应力场中各分量 σ_{ij} 有关，在物体内部与体力分量 F_i 有关，而在外部则与作用于物体边界上的表面力 T_i 有关。满足这些静力学（或动力学）条件的应力场就称为静态（或动态）条件允许的应力。正如在第二章中所述的那样，这些条件形成了下列用于静力分析的平衡方程：

在表面各点，有 $\qquad T_i = \sigma_{ji} n_j \qquad (4.1a)$

在内部各点，有 $\qquad \sigma_{ji,j} + F_i = 0 \qquad (4.1b)$

$$\sigma_{ji} = \sigma_{ij} \qquad (4.1c)$$

任何一组满足式（4.1a）～式（4.1c）的应力 σ_{ij}、体力 F_i 和外表面力 T_i 就是一个静力容许组，或平衡组。很容易由式（4.1b）可知，在物体内任何一点，对于所给定的体力 F_i，仅能得到3个平衡方程（或运动方程）。因此，就有了3个方程而有6个未知量，即，在物体给定点上的应力分量 σ_{ij}。故一个平衡组就是一组但不是惟一的一组方程。一般来说，无数的应力状态都满足应力边界条件（4.1a）和平衡方程（4.1b）及（4.1c）。

协调或几何条件是由运动学导出的，这个条件建立了应变场 ε_{ij} 分量与位移场分量 u_i 的联系。为了保证这些应变－位移关系对于一个规定的应变场是可积的，就很有必要加上这些应变和位移的协调条件。一个满足应变和位移协调条件以及位移边界条件的应变场称为运动容许场。有关运动学方面的条件已在第三章中叙述。关于小变形的情况总结如下：

应变－位移关系

$$\varepsilon_{ij} = \frac{1}{2}(u_{i,j} + u_{j,i}) \qquad (4.2a)$$

协调（可积性）条件

$$\varepsilon_{ij,kl} + \varepsilon_{kl,ij} - \varepsilon_{ik,jl} - \varepsilon_{jl,ik} = 0 \qquad (4.2b)$$

一组位移 u_i 和应变 ε_{ij} 满足式（4.2a）或式（4.2b）和位移边界条件，称其为运动容许组或简称为协调组。进一步说，对于一个假定的位移场 u_i（可能不是实际上的那个由所给定的体力 F_i 和表面力 T_i 产生的位移场），其相应的协调应变分量 ε_{ij} 可直接由式（4.2a）得到。当然，这组协调的应变 ε_{ij} 和位移 u_i，仅仅是许多其他可能的应变和位移场中的一组。

一般来说，与满足位移边界条件的连续变形相协调的位移模式有无限多个。

值得一提的还有应变可积分条件，即式（4.2b），它仅是当位移 u_i 在待求解的方程中作未知数而不可直接得到时才使用。举例来说，在经典弹性理论解法中常常是将应力函数作为仅有的未知函数（如二维弹性问题的 Airy 应力函数）。在这种情况下，式（4.2b）必须加在应变场上，以保证连续单值位移场的存在。在大多数的实际问题中，位移在方程中通常直接作为未知量（例如，在数值解的有限元方法中），这时，可积性条件式（4.2b）就不需要了，仅需使用式（4.2a）从位移中得出应变。在这种情况下，有 9 个独立的未知量（即 6 个应力分量 σ_{ij} 加 3 个位移分量 u_i；应变用位移 u_i 来表示）。另一方面，我们仅有 3 个平衡方程（或运动方程），如式（4.1b）所给出的那样，故还需要另加 6 个方程来完成问题的求解。这些另加的方程由材料的本构关系或应力－应变关系给出。

显然，静力（动力）和运动（或几何）条件都与构成物体的材料特性无关。它们对于弹性以及非弹性或塑性材料都是有效的。各种材料的不同特性都体现在材料的本构关系中，这些本构关系给出了物体上任何一点的应力分量 σ_{ij} 与应变分量 ε_{ij} 间的关系，它们可能很简单，也可能非常复杂，这要依赖于物体的材料以及它的受力条件，一旦材料的本构关系建立起来，则用于求解固体力学问题的一般方程就建立了。作静力分析时总方程中出现的各变量（F_i、T_i、σ_{ij}、ε_{ij} 和 u_i）间的相互关系如图 4.1 所示。

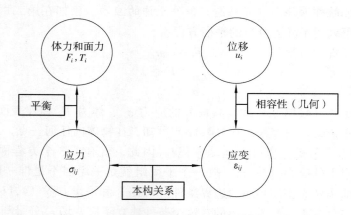

图 4.1　固体力学问题解法中各变量的相互关系

一种特定材料的本构关系是由实验确定的，除应力、应变外，它们还可能包含一些可测量的物理量，例如温度和时间，或一些不可直接测得的内部特性。这些内部特性对材料的应力应变特性的影响常常更简便地以应力和应变的历史或材料中固有的对过去受力情况的记忆来表达。

一般来讲，真实材料的特性是非常复杂的，必须进一步理想化和简化，以便于从数学上近似地模拟所要解决的实际问题的材料的真实特性。举例来说，材料特性可以高度理想化成与时间无关，例如弹性和弹塑性材料，其时间的影响被忽略。对于一个理想的弹性材料模型，其特性可进一步理想化为可逆的和与加载路径无关；而对于一个塑性模型，它是不可逆的并与加载路径有关。另一方面，当将材料理想化为与时间有关时，例如粘弹性及粘塑性模型，必须考虑时间效应，而且它们常可以描述为与历史相关和变化率相关的特性。因此，与这些理想化的材料模型相对应的本构关系仅能描述真实材料所具有的实际物理现象的一个有限部分。

这里应当强调指出，以前的理想化以及随后的对材料模型的分类，仅仅是为了在描述真实材料力学特性时数学上的方便，无法使真实材料依照这些理想化的模型来表现特性的。实际上，一块普遍使用的工程材料，例如结构钢，在特定的应力、温度、振动以及应变率的条件下可展现这些模型大部分的特性。因此，在解决实际问题时，假定一种物体的材料可展现一个特定理想模型主要特征的范围和条件必须确定。更深一步说，因为任何理想化模型都有其自身的不足，故对所获得的结果必须考虑这些缺点，并仔细地进行解释。

4.2 基本假设（假定）

在绝大部分工程应用中，结构和地质材料，像金属、混凝土、土、岩石以及受短期加载作用的橡胶等，时间无关性的应力-应变关系是一种合理的近似，并且我们常常是这样做的。这些材料的物理特性，在极端条件下可能变化非常之大。在本章的研究中，我们仅讨论少数典型的与时间无关的本构模型。这些模型包括线弹性与非线弹性材料，这些材料重新加载与卸载有相同的曲线；在不可逆的塑性范围则用亚弹性理论与塑性形变理论。总之，将要谈到的本构模型或应力-应变关系都是基于以下两个假设：

（1）材料特性是与时间无关的。因此特性中不包含率敏感度、蠕变和松弛。也就是说，在这种材料的本构方程中，不直接出现时间变量。

（2）忽略力学和热学过程的相互作用。因此，仅仅处于等温条件下的材料才予以考虑，而且温度对本构方程的影响也未考虑。

4.3 建立弹性材料模型的必要性

在本章中，建立了多种弹性本构关系来描述可表示为弹性的一类实际材料的力学特性。在实践中，需要研究这些弹性模型有两个重要原因：

（1）就自身而言，这些弹性模型能很好地描述处于工作荷载水平下的许多工程材料的性能。举例来说，线弹性模型就已成功地用于描述了应力水平处于弹性极限内的金属材料的性能。因此，弹性本构关系已是在不同的工程问题中得到广泛应用的弹性理论的基础。

（2）作为弹性理论的推广，它的塑性理论也需要这些弹性本构模型。例如，弹塑性模型就广泛地应用于过载阶段的金属材料。所谓过载阶段是指应力水平已超过弹性极限，并且已发生材料的屈服。

4.4 定　义

弹 性 材 料

当一块材料受力后就会变形，如果施加的力撤除后，物体即恢复它原来的形状和大小，那么这种材料就可称为弹性的。对这样的材料，当前的应力状态仅与当前的变形状况

有关，即应力是应变的函数。从数学上来说，这种材料的本构方程可由

$$\sigma_{ij} = F_{ij}(\varepsilon_{kl}) \tag{4.3}$$

给出。其中，F_{ij}为弹性响应函数。因此，由式（4.3）所描述的弹性性能为既可逆又与路径无关，在这种意义上来讲，应变仅由当前应力状况所决定，反之亦然，当前所达到的应力或应变状态与应力或应变的历史无关。由上述定义的弹性材料通常称为 Cauchy 弹性材料（如，Eringen，1962 和 Malvern，1969）。可证明，在特定的加载－卸载循环下，Cauchy 弹性材料可产生能量，显然，这是与热力学定律相违背的。因此，采用术语超弹性或 Green 弹性材料（如，Fang，1965，Erignen，1962，Green and Zerna，1954 和 Malvern，1969）去表明式（4.3）中的弹性响应函数进一步受到弹性应变能函数 W 存在的限制。一般来说，W 是应变分量ε_{ij}的函数，即

$$\sigma_{ij} = \frac{\partial W}{\partial \varepsilon_{ij}} \tag{4.4}$$

这可保证加载循环不产生能量，且热力学定律也始终得到满足。

有时，亚弹性体模型被用于描述增量弹性本构关系（Malvern，1969 和 Truesedell，1955）。这些模型常常用于描述这一类材料的性能，这些材料中的应力状态通常是当前应变状态以及达到这种状态的应力路径的函数。因此，对于亚弹性的材料来说，其本构方程一般可表述如下：

$$\dot{\sigma}_{ij} = F_{ij}(\dot{\varepsilon}_{kl}, \sigma_{mn}) \tag{4.5}$$

其中，$\dot{\sigma}_{ij}$为应力率（或增量）张量；$\dot{\varepsilon}_{kl}$为应变率（或增量）张量；$F_{ij}(\dot{\varepsilon}_{kl}, \sigma_{mn})$为弹性响应函数。

材料的对称性

如果材料的力学性能在某方向上是相同的，那么就说材料关于这些方向具有对称性。材料的对称性体现在一组坐标轴的转换下，其本构关系形式的不变性。如果根本不存在材料的对称性，则材料是各向异性的。下面列出了三种类型材料的对称性。

（1）正交各向异性材料 正交各向异性材料具有三个正交的材料对称性平面。木材通常认为是正交各向异性材料。图 4.2（a）显示了具有三个材料对称性平面的一个微小木

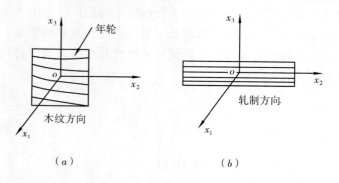

图 4.2 正交各向异性和横向各向同性材料的对称性
（a）正交各向异性材料（木材）；（b）横向各向同性材料（轧制板）

材单元，这些对称面即关于木纹的法向、切向（平行向）和径向。故材料的对称性就可通过所示的 x_1、x_2 和 x_3 轴任意转动180°来显现。

（2）横向各向同性材料 这种材料对某一个坐标轴来说有轴对称性。作为一个例子，图 4.2（b）显示了一个轧板微小单元。在平行于轧制方向的 x_1—x_2 平面内任一方向上，材料的性能都是相同的。然而，在垂直于轧制方向上的性质通常是不同的。坐标系在关于垂直于轧制方向轴（图 4.2（b）的 x_3 轴）旋转时，材料表现出对称性。平行于轧制方向的平面 x_1—x_2 被称为各向同性平面。

（3）各向同性材料 在各向同性材料内部的所有方向上，材料的力学性能都是一样的。任何一个平面都是材料的对称面，任何一条轴线都是旋转对称轴。在弹性材料的工程应用中，各向同性材料模型得到了极为广泛的应用。例如，由任意取向晶料组成的多晶金属材料，就可认为是各向同性的。值得注意的是，在产生塑性变形后，这种初始的各向同性将被破坏，这是因为，塑性变形实际上是各向异性的。

在以下的章节里，我们将描述各种弹性本构模型。讨论将依下列顺序展开。首先，将推导大家熟知的各向同性的线弹性关系，然后，将其扩展到一些简单的各向异性的线弹性关系。之后，通过将线性各向同性形式作明显修正来引进各向同性材料的非线性，一些需要进一步思考的根本问题被提出来了。然后通过对非线弹性材料的应变能和余能密度方面的考虑来提出理想材料一般的正交性和外凸性之间的关系。解法的惟一性与材料的稳定性被认为与所使用的应力-应变关系的形式有密切的关系，几种普遍使用的材料模型都以矩阵形式明确表达了应力-应变关系。在本章末将给出适用于与加载路径相关材料的增量方法的一般性讨论。最后，将提出基于这种方法用于各向同性材料的变模量模型，然后，做出对这种模型适用性的几点评价。

4.5 各向同性材料的线弹性应力-应变关系
（广义虎克定律）

对于 Cauchy 弹性材料最常采用的线性应力-应变关系的形式如下式：

$$\sigma_{ij} = B_{ij} + C_{ijkl}\varepsilon_{kl} \tag{4.6}$$

其中，B_{ij} 为对应于初始无应变状态（其时所有应变分量 $\varepsilon_{kl} = 0$ 时）的初始应力张量的分量；C_{ijkl} 为材料的弹性常量张量。

如果假设初始无应变状态对应于一个初始无应力状态，那么 $B_{ij} = 0$，则式（4.6）简化成

$$\sigma_{ij} = C_{ijkl}\varepsilon_{kl} \tag{4.7}$$

也可以说，式（4.7）是在简单拉伸试验中为我们熟悉的虎克试验中所测得的应变与应力线性相关性的最简单的推广。因此，常将式（4.7）称作广义虎克定律。

因为 σ_{ij} 和 ε_{ij} 均为二阶张量，所以 C_{ijkl} 是一个四阶张量（见第一章中的商定律），通常对于张量 C_{ijkl} 来说，存在 $3^4 = 81$ 个常数。然而，由于 σ_{ij} 和 ε_{ij} 都是对称的，故可引出下列对称条件：

$$C_{ijkl} = C_{jikl} = C_{ijlk} = C_{jilk} \tag{4.8}$$

因此，独立常数的最大数目减至 36 个。

对于 Green 弹性材料来说，以后可证明弹性常数的 4 个下标可以当作 $C_{(ij)(kl)}$ 成对地考虑，且各对的顺序可交换 $C_{(ij)(kl)} = C_{(kl)(ij)}$，结果所需要的独立常数可由 36 个减至 21 个，就是说，如果我们知道了这 21 个常数，那么我们就可知全部的 81 个常数。另外，如果我们有弹性对称平面，则弹性常数的数目还可以进一步由 21 个减至 13 个，如果还存在一个与前一弹性对称平面正交的弹性对称平面，那么弹性常数的数目将进一步减少，第二个平面的对称也意味着第三个正交平面的对称（正交对称），而且弹性常数的数目将减到 9 个，对于横向各向同性材料，其弹性常数将减至 5 个。更进一步来说，如果指定一个三维对称，即沿 x、y、z 轴方向的性质都是相同的，那么，将不能区分 x、y 和 z 轴的方向，仅需用 3 个独立常数来描述这种材料的弹性性质。最后，如果我们有一固体，其弹性性质根本不是方向的函数，那么仅需 2 个独立常数去描述它的性质。有关上述的详细内容将在以后给出。

4.5.1 各向同性线弹性材料的应力-应变关系

对于各向同性材料来讲，式（4.7）中的弹性常数对各个方向都必须相同，因此，张量 C_{ijkl} 一定是一个各向同性的四阶张量。可以证明，各向同性张量 C_{ijkl} 最一般的形式可由下式给出（见 1.14 节）：

$$C_{ijkl} = \lambda \delta_{ij} \delta_{kl} + \mu (\delta_{ik} \delta_{jl} + \delta_{il} \delta_{jk}) + \alpha (\delta_{ik} \delta_{jl} - \delta_{il} \delta_{jk}) \tag{4.9}$$

其中，λ、μ 和 α 都是标量常数，现在，因为 C_{ijkl} 必须满足式（4.8）的对称性条件，则式（4.9）中的 $\alpha = 0$，因此式（4.9）必须采用下面的形式：

$$C_{ijkl} = \lambda \delta_{ij} \delta_{kl} + \mu (\delta_{ik} \delta_{jl} + \delta_{ik} \delta_{jk}) \tag{4.10}$$

由式（4.7）和式（4.10），可得

$$\sigma_{ij} = \lambda \delta_{ij} \delta_{kl} \varepsilon_{kl} + \mu (\delta_{ik} \delta_{jl} + \delta_{il} \delta_{jk}) \varepsilon_{kl}$$

或

$$\sigma_{ij} = \lambda \varepsilon_{kk} \delta_{ij} + 2\mu \varepsilon_{ij} \tag{4.11}$$

因此，对于各向同性线弹性材料而言，这里仅有 2 个独立的材料常数 λ 和 μ，我们称之为 Lame 常数。

相反地，应变 ε_{ij} 也能用本构方程（4.11）中的应力来表示，由式（4.11），有

$$\sigma_{kk} = (3\lambda + 2\mu) \varepsilon_{kk}$$

或

$$\varepsilon_{kk} = \frac{\sigma_{kk}}{3\lambda + 2\mu} \tag{4.12}$$

将 ε_{kk} 的值代入式（4.11），并求解 ε_{ij}，可得

$$\varepsilon_{ij} = \frac{-\lambda \delta_{ij}}{2\mu (3\lambda + 2\mu)} \sigma_{kk} + \frac{1}{2\mu} \sigma_{ij} \tag{4.13}$$

式（4.11）和式（4.13）都是各向同性线弹性材料本构关系的一般形式。这些方程的一个最重要的结果就是对于各向同性材料来说，其应力和应变张量的主方向是重合的，常数 λ 和 μ 可从几个简单的应力和应变状态的试验测试结果中求得。接下来，还将阐述这些简单试验中的其中几个，同时将给出在工程应用中经常用到的不同定义的弹性常数的定义。

（1）静水压缩试验（图4.3a）在这种情况下，$\sigma_{11} = \sigma_{22} = \sigma_{33} = -p = \sigma_{kk}/3$ 是应力分量中仅有的几个非零分量，这时体积模量 K 定义为静水压力 p 与相应体积改变 ε_{kk} 的比率，因此，根据式（4.12），有

$$K = -\frac{p}{\varepsilon_{kk}} = \lambda + \frac{2}{3}\mu \tag{4.14}$$

（2）简单拉伸试验（图4.3（b））惟一的非零应力分量是 $\sigma_{11} = \sigma$，将杨氏模量 E 和泊松比 ν 定义为

$$E = \frac{\sigma_{11}}{\varepsilon_{11}}, \quad \nu = -\frac{\varepsilon_{22}}{\varepsilon_{11}} = -\frac{\varepsilon_{33}}{\varepsilon_{11}} \tag{4.15}$$

由式（4.11）和式（4.13）可得

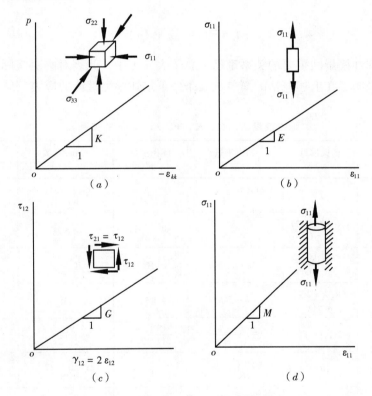

图4.3 简单试验中各向同性线弹性材料的性质
(a) 静水压缩试验（$\sigma_{11} = \sigma_{22} = \sigma_{33} = p$）；(b) 简单拉伸试验；
(c) 纯剪试验；(d) 单轴应变试验

$$E = \frac{\mu(2\mu + 3\lambda)}{\mu + \lambda}$$

$$\nu = \frac{\lambda}{2(\lambda + \mu)} \tag{4.16}$$

（3）简单剪切试验（图4.3（c））这里 $\sigma_{12} = \sigma_{21} = \tau_{12} = \tau_{21} = \tau$，且其他应力分量均为零，则剪切模量 G 可定义为

$$G = \frac{\sigma_{12}}{\gamma_{12}} = \frac{\tau}{2\varepsilon_{12}}$$

由式 (4.11)，有

$$G = \mu \tag{4.17}$$

(4) 单轴应变试验（图 4.3d）这个试验是将单轴向应力分量 σ_{11} 加在一个圆柱形试样的轴向上来实现的，这个试样的侧边受到约束以抵抗侧向运动。因此，ε_{11} 是这种情况中惟一的非零分量，故约束模量 M 就可定义为 σ_{11} 和 ε_{11} 之比，将 $\varepsilon_{kk} = \varepsilon_{11}$ 代入式（4.11）中，则可给出应力 σ_{11} 如下：

$$\sigma_{11} = \lambda \varepsilon_{11} + 2\mu \varepsilon_{11}$$

或

$$M = \frac{\sigma_{11}}{\varepsilon_{11}} = (\lambda + 2\mu) \tag{4.18}$$

各种不同弹性模量间重要的关系都已汇总于表 4.1 中，此表对解决实际问题非常有帮助，图 4.3 则说明了在上述概括的简单试验条件下描述模型性能的应力－应变关系。

弹性模量 E、G、K、ν、λ、M 间的关系　　　　表 4.1

	剪切模量 G	杨氏模量 E	约束模量 M	体积模量 K	Lame 系数 λ	泊松比 ν
G, E	G	E	$\dfrac{G(4G-3)}{3G-E}$	$\dfrac{GE}{9G-3E}$	$\dfrac{G(E-2G)}{3G-E}$	$\dfrac{E-2G}{2G}$
G, M	G	$\dfrac{G(3M-4G)}{M-G}$	M	$M - \dfrac{4}{3}G$	$M - 2G$	$\dfrac{M-2G}{2(M-G)}$
G, K	G	$\dfrac{9GK}{3K+G}$	$K + \dfrac{4}{3}G$	K	$K - \dfrac{2G}{3}$	$\dfrac{3K-2G}{2(3K+G)}$
G, λ	G	$\dfrac{G(3\lambda+2G)}{\lambda+G}$	$\lambda + 2G$	$\lambda + \dfrac{2G}{3}$	λ	$\dfrac{\lambda}{2(\lambda+G)}$
G, ν	G	$2G(1+\nu)$	$\dfrac{2G(1-\nu)}{1-2\nu}$	$\dfrac{2G(1+\nu)}{3(1-2\nu)}$	$\dfrac{2G\nu}{1-2\nu}$	ν
E, K	$\dfrac{3KE}{9K-E}$	E	$\dfrac{K(9K+3E)}{9K-E}$	K	$\dfrac{K(9K-3E)}{9K-E}$	$\dfrac{3K-E}{6K}$
E, ν	$\dfrac{E}{2(1+\nu)}$	E	$\dfrac{E(1-\nu)}{(1+\nu)(1-2\nu)}$	$\dfrac{E}{3(1-2\nu)}$	$\dfrac{\nu E}{(1+\nu)(1-2\nu)}$	ν
K, λ	$\dfrac{3(K-\lambda)}{2}$	$\dfrac{9K(K-\lambda)}{3K-\lambda}$	$3K - 2\lambda$	K	λ	$\dfrac{\lambda}{3K-\lambda}$
K, M	$\dfrac{3(M-K)}{4}$	$\dfrac{9K(M-K)}{3K+M}$	M	K	$\dfrac{3K-M}{2}$	$\dfrac{3K/M-1}{3K/M+1}$
K, ν	$\dfrac{3K(1-2\nu)}{2(1+\nu)}$	$3K(1-2\nu)$	$\dfrac{3K(1-\nu)}{1+\nu}$	K	$\dfrac{3K\nu}{1+\nu}$	ν

利用表 4.1 给出的各弹性模量间的关系，我们可以将式（4.11）和式（4.13）中的本构关系以不同形式写出。下列形式是在实际中特别常用的：

$$\sigma_{ij} = \frac{E}{(1+\nu)}\varepsilon_{ij} + \frac{\nu E}{(1+\nu)(1-2\nu)}\varepsilon_{kk}\delta_{ij} \tag{4.19}$$

$$\varepsilon_{ij} = \frac{1+\nu}{E}\sigma_{ij} - \frac{\nu}{E}\sigma_{kk}\delta_{ij} \tag{4.20}$$

$$\sigma_{ij} = 2G\varepsilon_{ij} + \frac{3\nu K}{(1+\nu)}\varepsilon_{kk}\delta_{ij} \tag{4.21}$$

$$\varepsilon_{ij} = \frac{1}{2G}\sigma_{ij} - \frac{\nu}{3K(1-2\nu)}\sigma_{kk}\delta_{ij} \tag{4.22}$$

应力－应变关系的分解

在各向同性线弹性模型中，在均值（静水压力的或体积的）和偏量（剪切）响应分量间，我们可找到一个简洁的和符合逻辑的分离形式，通过约定（$i=j$、$\sigma_{ii}=I_1=3p$、$\delta_{ii}=3$），静水压力响应值可直接由式（4.11）导出，那就是

$$3p = (3\lambda + 2\mu)\varepsilon_{kk} = (3\lambda + 2G)\varepsilon_{kk} \tag{4.23}$$

由表 4.1，将 $3\lambda + 2G = 3K$ 代入上式，可得

$$p = K\varepsilon_{kk} \tag{4.24}$$

为了得到偏量响应关系，我们使用 $s_{ij} = \sigma_{ij} - p\delta_{ij}$，并各自用式（4.11）和式（4.23）代换 σ_{ij} 和 p，这将导出：

$$s_{ij} = (\lambda\varepsilon_{kk}\delta_{ij} + 2\mu\varepsilon_{ij}) - \frac{1}{3}(3\lambda + 2G)\varepsilon_{kk}\delta_{ij}$$

上式中代入 $\varepsilon_{ij} = e_{ij} + \frac{1}{3}\varepsilon_{kk}\delta_{ij}$ 和 $\mu = G$，则变成

$$s_{ij} = \lambda\varepsilon_{kk}\delta_{ij} + 2G\left(e_{ij} + \frac{1}{3}\varepsilon_{kk}\delta_{ij}\right) - \frac{1}{3}(3\lambda + 2G)\varepsilon_{kk}\delta_{ij}$$

化简后，可得

$$s_{ij} = 2Ge_{ij} \tag{4.25}$$

式（4.24）和式（4.25）给出了静水压力和偏量关系所需要的分离形式，将两方程结合，可以根据静水压力和应力偏量写出总的弹性应变 ε_{ij}。

$$\varepsilon_{ij} = \frac{1}{3}\varepsilon_{kk}\delta_{ij} + e_{ij} = \frac{1}{3K}p\delta_{ij} + \frac{1}{2G}s_{ij} \tag{4.26}$$

或

$$\varepsilon_{ij} = \frac{1}{9K}I_1\delta_{ij} + \frac{1}{2G}s_{ij} \tag{4.27}$$

类似地，也可根据体应变和偏应变，将 σ_{ij} 以下式表示：

$$\sigma_{ij} = K\varepsilon_{kk}\delta_{ij} + 2Ge_{ij} \tag{4.28}$$

对工程弹性常数的限制
（实验结果）

真实弹性材料的实验结果表明，常数 E、G 和 K 总是正值，即

$$E > 0,\ G > 0,\ K > 0 \tag{4.29}$$

这些条件表明，物体必须允许荷载在其上作功。因此，正如所希望的那样，在一定方

向上的单向拉伸应力会造成相同方向上材料的伸长,类似地,由一个简单剪切应力造成的剪应变也与这个应力同方向。最后,静水压力会造成体积的缩小,应用不等式(4.29)和表4.1中的关系,可以证明:

$$-1 \leqslant \nu \leqslant \frac{1}{2} \tag{4.30}$$

对于现有的任何一种材料,还没有实际经验表明 ν 为负值,因此,对于绝大多数实际应用的材料而言,它们的实际 ν 值均为正值。数值 $\nu = 0.5$,暗示 $G = E/3$ 和 $1/K = 0$,或者弹性不可压缩性。一些类似于橡胶的材料几乎是不可压缩的,且其 ν 值约等于0.48。

E 的典型试验值为

铝: $73 \times 10^2 \text{kN/m}^2$

钢: $207 \times 10^6 \text{kN/m}^2$

混凝土: $27.6 \times 10^6 \text{kN/m}^2$

醋酸纤维: $1.38 \times 10^6 \text{kN/m}^2$

对于剪切模量 G,典型值为

铝: $27.6 \times 10^6 \text{kN/m}^2$

钢: $82.8 \times 10^6 \text{kN/m}^2$

聚苯乙烯: $1.173 \times 10^6 \text{kN/m}^2$

ν 的典型值为

钢:0.29 混凝土:0.19 铝:0.33 铅:0.45

最后,对体积模量 K,其典型值为

钢: $165.6 \times 10^6 \text{kN/m}^2$

铝: $69 \times 10^6 \text{kN/m}^2$

铜: $122.9 \times 10^6 \text{kN/m}^2$

必须强调,对于各向同性线弹性材料,这些工程弹性常数只有两个是独立的。

4.5.2 以矩阵形式表达的各向同性线弹性的应力-应变关系

上面讨论的应力-应变关系可以方便地以矩阵形式表达。这些形式适用于数值解法(例如,有限元法),下面将给出各种情况下的矩阵形式。

(1) 三维情况 应力和应变矢量 $\{\sigma\}$ 和 $\{\varepsilon\}$ 表示如下:

$$\{\sigma\} = \begin{Bmatrix} \sigma_x \\ \sigma_y \\ \sigma_z \\ \tau_{xy} \\ \tau_{yz} \\ \tau_{zx} \end{Bmatrix}, \quad \{\varepsilon\} = \begin{Bmatrix} \varepsilon_x \\ \varepsilon_y \\ \varepsilon_z \\ \gamma_{xy} \\ \gamma_{yz} \\ \gamma_{zx} \end{Bmatrix} \tag{4.31}$$

现在,式(4.19)能以矩阵形式写成:

$$\{\sigma\} = [C]\{\varepsilon\} \tag{4.32}$$

这里,矩阵 $[C]$ 称为弹性本构或弹性模量矩阵,由下式给出

$$[C] = \frac{E}{(1+\nu)(1-2\nu)}$$

$$\times \begin{bmatrix} (1-\nu) & \nu & \nu & 0 & 0 & 0 \\ \nu & (1-\nu) & \nu & 0 & 0 & 0 \\ \nu & \nu & (1-\nu) & 0 & 0 & 0 \\ 0 & 0 & 0 & \frac{(1-2\nu)}{2} & 0 & 0 \\ 0 & 0 & 0 & 0 & \frac{(1-2\nu)}{2} & 0 \\ 0 & 0 & 0 & 0 & 0 & \frac{(1-2\nu)}{2} \end{bmatrix} \quad (4.33a)$$

或者，根据表 4.1，分别以 K 和 G 代替 ν 和 E，则

$$[C] = \begin{bmatrix} \left(K+\frac{4}{3}G\right) & \left(K-\frac{2}{3}G\right) & \left(K-\frac{2}{3}G\right) & 0 & 0 & 0 \\ \left(K-\frac{2}{3}G\right) & \left(K+\frac{4}{3}G\right) & \left(K-\frac{2}{3}G\right) & 0 & 0 & 0 \\ \left(K-\frac{2}{3}G\right) & \left(K-\frac{2}{3}G\right) & \left(K+\frac{4}{3}G\right) & 0 & 0 & 0 \\ 0 & 0 & 0 & G & 0 & 0 \\ 0 & 0 & 0 & 0 & G & 0 \\ 0 & 0 & 0 & 0 & 0 & G \end{bmatrix} \quad (4.33b)$$

式（4.20）亦可以矩阵形式写出

$$\{\varepsilon\} = [C]^{-1}\{\sigma\} = [D]\{\sigma\} \quad (4.34)$$

这里，弹性柔度矩阵 $[D]$ 可由矩阵 $[C]$ 的求逆得到

$$[D] = \frac{1}{E}\begin{bmatrix} 1 & -\nu & -\nu & 0 & 0 & 0 \\ -\nu & 1 & -\nu & 0 & 0 & 0 \\ -\nu & -\nu & 1 & 0 & 0 & 0 \\ 0 & 0 & 0 & 2(1+\nu) & 0 & 0 \\ 0 & 0 & 0 & 0 & 2(1+\nu) & 0 \\ 0 & 0 & 0 & 0 & 0 & 2(1+\nu) \end{bmatrix} \quad (4.35)$$

（2）平面应力情况　当退化为二维平面应力情况（$\sigma_z = \tau_{yz} = \tau_{zx} = 0$）时，可证明式（4.32）和式（4.34）将采用下列简单形式：

$$\begin{Bmatrix} \sigma_x \\ \sigma_y \\ \tau_{xy} \end{Bmatrix} = \frac{E}{(1-\nu^2)} \begin{bmatrix} 1 & \nu & 0 \\ \nu & 1 & 0 \\ 0 & 0 & \frac{(1-\nu)}{2} \end{bmatrix} \begin{Bmatrix} \varepsilon_x \\ \varepsilon_y \\ \gamma_{xy} \end{Bmatrix} \quad (4.36)$$

和

$$\begin{Bmatrix} \varepsilon_x \\ \varepsilon_y \\ \gamma_{xy} \end{Bmatrix} = \frac{1}{E} \begin{bmatrix} 1 & -\nu & 0 \\ -\nu & 1 & 0 \\ 0 & 0 & 2(1+\nu) \end{bmatrix} \begin{Bmatrix} \sigma_x \\ \sigma_y \\ \tau_{xy} \end{Bmatrix} \quad (4.37)$$

应注意到在平面应力情况下，应变分量 ε_z 是非零的，而剪应变分量 γ_{yz} 和 γ_{zx} 为零，分量 ε_z 的值为

$$\varepsilon_z = \frac{-\nu}{E}(\sigma_x + \sigma_y) = \frac{-\nu}{1-\nu}(\varepsilon_x + \varepsilon_y) \tag{4.38}$$

即 ε_z 是 ε_x 和 ε_y 的线性函数。

在许多实际工程计算中已广泛运用了以上给出的平面应力关系。例如，对在板面（$x-y$ 平面）内受荷载的薄板进行分析时，就常以平面应力问题来处理的。

(3) 平面应变情况 平面应变条件（$\varepsilon_z = \gamma_{yz} = \gamma_{zx} = 0$）通常是出现在均匀横截面不变的细长物体，且受到沿其纵向（z 轴）的均匀荷载作用的情形。例如，隧道、土坡和挡土墙等。在平面应变条件下，式（4.32）和式（4.34）可简化成

$$\begin{Bmatrix}\sigma_x\\\sigma_y\\\tau_{xy}\end{Bmatrix} = \frac{E}{(1+\nu)(1-2\nu)}\begin{bmatrix}(1-\nu) & \nu & 0\\\nu & (1-\nu) & 0\\0 & 0 & \frac{(1-2\nu)}{2}\end{bmatrix}\begin{Bmatrix}\varepsilon_x\\\varepsilon_y\\\gamma_{xy}\end{Bmatrix} \tag{4.39}$$

和

$$\begin{Bmatrix}\varepsilon_x\\\varepsilon_y\\\gamma_{xy}\end{Bmatrix} = \frac{(1+\nu)}{E}\begin{bmatrix}(1-\nu) & -\nu & 0\\-\nu & (1-\nu) & 0\\0 & 0 & 2\end{bmatrix}\begin{Bmatrix}\sigma_x\\\sigma_y\\\tau_{xy}\end{Bmatrix} \tag{4.40}$$

对于这种情况，应力分量 $\tau_{yz} = \tau_{zx} = 0$，而应力分量 σ_z 的值为

$$\sigma_z = \nu(\sigma_x + \sigma_y) \tag{4.41}$$

(4) 轴对称情况 对在轴对称荷载作用下的旋转体的分析，与平面应力和应变条件下的分析类似，因为这也是一个二维问题。参考图 4.4，轴对称情况下的非零应力分量为 σ_r、σ_z、σ_θ 和 τ_{rz} 且相应的应变为 ε_r、ε_z、ε_θ 和 γ_{rz}，式（4.32）和式（4.34）亦能简化为下面的形式（$\tau_{z\theta} = \tau_{\theta r} = \gamma_{z\theta} = \gamma_{\theta r} = 0$）

$$\begin{Bmatrix}\sigma_r\\\sigma_z\\\sigma_\theta\\\tau_{rz}\end{Bmatrix} = \frac{E}{(1+\nu)(1-2\nu)}\begin{bmatrix}(1-\nu) & \nu & \nu & 0\\\nu & (1-\nu) & \nu & 0\\\nu & \nu & (1-\nu) & 0\\0 & 0 & 0 & \frac{(1-2\nu)}{2}\end{bmatrix}\begin{Bmatrix}\varepsilon_r\\\varepsilon_z\\\varepsilon_\theta\\\gamma_{zr}\end{Bmatrix} \tag{4.42}$$

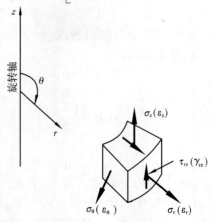

图 4.4 轴对称情况中的应力和应变分量

和

$$\begin{Bmatrix} \varepsilon_r \\ \varepsilon_z \\ \varepsilon_\theta \\ \gamma_{rz} \end{Bmatrix} = \frac{1}{E} \begin{bmatrix} 1 & -\nu & -\nu & 0 \\ -\nu & 1 & -\nu & 0 \\ -\nu & -\nu & 1 & 0 \\ 0 & 0 & 0 & 2(1+\nu) \end{bmatrix} \begin{Bmatrix} \sigma_r \\ \sigma_z \\ \sigma_\theta \\ \tau_{rz} \end{Bmatrix} \quad (4.43)$$

【例 4.1】 证明对于各向同性线弹性材料，应力与应变的主轴重合。

【证明】 参照应变主轴，应变张量由下式给出（ε_1、ε_2 和 ε_3 为主应变）

$$\varepsilon_{ij} = \begin{bmatrix} \varepsilon_1 & 0 & 0 \\ 0 & \varepsilon_2 & 0 \\ 0 & 0 & \varepsilon_3 \end{bmatrix}$$

如果将这些值代入式 (4.11)，所有剪应力分量都将为零，即

$$\sigma_{ij} = 0 \quad \text{当} \ i \neq j \ \text{时}$$

这样，主应力和主应变是同轴的。

【例 4.2】 弹性余能密度 Ω 定义为（见 4.7 节）

$$\Omega = \int_0^{\sigma_{ij}} \varepsilon_{ij} \mathrm{d}\sigma_{ij} \quad (4.44)$$

对于各向同性线弹性材料，求出以应力不变量 I_1 和 J_2 来表示 Ω 的表达式。

【解】 将 $\sigma_{ij} = s_{ij} + \frac{1}{3}\sigma_{kk}\delta_{ij}$ 代入式 (4.20)，有

$$\varepsilon_{ij} = \frac{1+\nu}{E} s_{ij} + \frac{1-2\nu}{3E} I_1 \delta_{ij} \quad (4.45)$$

其中，$I_1 = \sigma_{kk}$。用式 (4.45) 将 ε_{ij} 代换掉，可将 Ω 写为

$$\Omega = \frac{1+\nu}{E} \int_0^{\sigma_{ij}} s_{ij} \mathrm{d}\sigma_{ij} + \frac{1-2\nu}{3E} \int_0^{\sigma_{ij}} I_1 \delta_{ij} \mathrm{d}\sigma_{ij}$$

上式可简化成 $\left(J_2 = \frac{1}{2} s_{ij} s_{ij}, \ \mathrm{d}J_2 = s_{ij} \mathrm{d}s_{ij} = s_{ij} \mathrm{d}\sigma_{ij}, \ \mathrm{d}I_1 = \delta_{ij} \mathrm{d}\sigma_{ij} \right)$

$$\Omega = \frac{1+\nu}{E} \int_0^{J_2} \mathrm{d}J_2 + \frac{1-2\nu}{3E} \int_0^{I_1} I_1 \mathrm{d}I_1 \quad (4.46)$$

$$= \frac{1+\nu}{E} J_2 + \frac{1-2\nu}{6E} I_1^2 \quad (4.47a)$$

或由 G、K 可写成

$$\Omega = \frac{J_2}{2G} + \frac{I_1^2}{18K} \quad (4.47b)$$

因为体积模量 K 和剪切模量 G 均为正值，故式 (4.47b) 表示的余能密度 Ω 就是一个以应力分量表示的正定二次型（因为 I_1^2 和 J_2 总是正的且不可为零，除非 $\sigma_{ij} = 0$）。对于各向同性线弹性材料而言，Ω 以现有的应力分量（当前的 I_1 和 J_2 值）即可明确地建立，而不管达到这些当前的应力分量值的加载（应力）路径如何，即 Ω 在这种情况下是与路径无关的，然而一般来讲，对于 Cauchy 弹性材料而言，不论是线性还是非线性，这是不正确的，关于这一点，在下面针对线性 Cauchy 弹性模型的例子中，还要进一步阐明。

【例 4.3】 在二维主值空间（σ_1、σ_2 和 ε_1、ε_2）中，线性 Cauchy 弹性材料的性质可由

以下的应力-应变关系来描述：

$$\varepsilon_1 = a_{11}\sigma_1 + a_{12}\sigma_2$$
$$\varepsilon_2 = a_{21}\sigma_1 + a_{22}\sigma_2$$
(4.48)

这里 a_{11}、a_{12}、a_{21} 和 a_{22} 为材料常数且 $a_{12} \neq a_{21}$，且考虑图 4.5（a）所示的两条不同的应力路径 1 和 2，路径 1 是从点（0，0）到点（σ_1^*，σ_2^*），首先是改变 σ_1，然后是 σ_2；另一方面，路径 2 也是从点（0，0）到点（σ_1^*，σ_2^*），但是在这种情况下，先是改变 σ_2，然后才是 σ_1，计算这两条路径 1 和 2 的 Ω。同样，求出图 4.5（b）所示的封闭循环路径的 Ω，并评述这些结果。

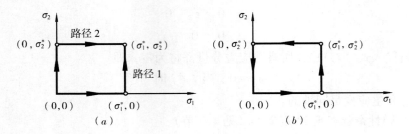

图 4.5　二维主应力空间中的可选路径（例 4.3）
（a）两条达到最终状态（σ_1^*，σ_2^*）的不同路径；
（b）加载-卸载应力循环

【解】 沿路径 1，式（4.44）中的 Ω 表达式可写成

$$\Omega^{(1)} = \int_{(0,0)}^{(\sigma_1^*,0)} (\varepsilon_1 d\sigma_1 + \varepsilon_2 d\sigma_2) + \int_{(\sigma_1^*,0)}^{(\sigma_1^*,\sigma_2^*)} (\varepsilon_1 d\sigma_1 + \varepsilon_2 d\sigma_2)$$

用式（4.48）代换 ε_1 和 ε_2，并注意到分别在第一和第二个积分式中的 $d\sigma_2 = 0$ 和 $d\sigma_1 = 0$，有

$$\Omega^{(1)} = \int_0^{\sigma_1^*} a_{11}\sigma_1 d\sigma_1 + \int_0^{\sigma_2^*} (a_{21}\sigma_1^* + a_{22}\sigma_2) d\sigma_2$$

计算所示的积分

$$\Omega^{(1)} = \frac{1}{2} a_{11}\sigma_1^{*2} + a_{21}\sigma_1^* \sigma_2^* + \frac{1}{2} a_{22}\sigma_2^{*2} \qquad (4.49)$$

类似地，由路径 2，可证明 $\Omega^{(2)}$ 如下：

$$\Omega^{(2)} = \frac{1}{2} a_{11}\sigma_1^{*2} + a_{12}\sigma_1^* \sigma_2^* + \frac{1}{2} a_{22}\sigma_2^{*2} \qquad (4.50)$$

因此，由于 $a_{12} \neq a_{21}$，余能密度 $\Omega^{(1)} \neq \Omega^{(2)}$，因此 Ω 不是惟一的，它与加载路径有关，仅当 $a_{12} = a_{21}$ 时，$\Omega^{(1)}$ 和 $\Omega^{(2)}$ 的表达式才是相同的，条件 $a_{12} = a_{21}$ 使得式（4.48）的弹性系数矩阵为对称阵。下面将证明弹性系数矩阵的对称条件与对 Green 弹性材料施加的约束（式（4.47））是相似的。对于图 4.5（b）所示的应力循环，Ω 可表达为

$$\Omega = \int (\varepsilon_1 d\sigma_1 + \varepsilon_2 d\sigma_2) \qquad (4.51)$$

其中，积分是在整个循环路径上进行。这个方程可写成

$$\Omega = \int_{0,0}^{(\sigma_1^*, \sigma_2^*)} (\varepsilon_1 d\sigma_1 + \varepsilon_2 d\sigma_2) \qquad \text{沿路径 1}$$
$$+ \int_{(\sigma_1^*, \sigma_2^*)}^{(0,0)} (\varepsilon_1 d\sigma_1 + \varepsilon_2 d\sigma_2) \qquad \text{沿路径 2}$$

本式的第一部分产生如式（4.49）一样的表达式 $\Omega^{(1)}$，第二部分则在表达式 $\Omega^{(2)}$ 带有一个负号。对于完整循环路径 Ω 的净值为

$$\Omega = \Omega^{(1)} - \Omega^{(2)} = (a_{21} - a_{12}) \cdot \sigma_1^* \sigma_2^* \tag{4.52}$$

根据 a_{12} 和 a_{21} 的值，净余能可能为正，亦可能为负（注意到在 Ω 定义中的 $\varepsilon_{ij} d\sigma_{ij}$ 项可看成是应力增量 $d\sigma_{ij}$ 在应变 ε_{ij} 上做的功率，且这种功可认为是存于物体中的能量）。因此，在整个应力循环的变形过程中，由应力－应变关系式（4.48）描述的材料模型可能消耗或产生能量，后者是违反热力学定律的。对于一个对称的弹性系数矩阵（$a_{12} = a_{21}$）来说，整个循环的净值 Ω 为零，并且保证在完全卸载后余能完全恢复，对于各向同性线弹性材料而言，式（4.32）和式（4.34）中的矩阵 $[C]$ 是对称的，因此在这种情况下，Ω 与路径无关。

4.6 虚功原理

前已证明，虚功原理作为一种技术手段，在固体力学中，对一般性原理的证明和实际问题的计算是非常有用的。下面将推导虚功方程。建立这个方程，对后面考虑非线性弹性材料的应变能和余能密度，以及不可逆及与路径相关的一般应力－应变关系的稳定性及惟一性都是必须的。在推导中，要作下列假设：位移充分地小，以使物体几何尺寸的改变可忽略，并且采用原先未变形的构型来建立系统的方程，这暗示在本章中由于欧拉和拉格朗日坐标没有什么差别，故应变和位移协调中的非线性部分可忽略，从而在这里，平衡方程（4.1）和协调关系式（4.2）是可用的。

虚功方程涉及两个分离且无关的方程组：平衡方程组和协调方程组。在虚功方程中，平衡方程组和协调（或几何）方程组的双边分别组合在一起（图 4.6），此处积分是对整个面积 A 和物体体积 V，T_i 和 F_i 分别为表面力和体力、应力场 σ_{ij} 是在体力 F_i 与表面力 T_i 平衡下的真实应力或虚拟应力，类似地，应变场 ε_{ij}^* 可代表任意一组应变或变形，它们是且与作用了外力 T_i 和 F_i 的各点的真实的或想象的（虚的）位移 u_i^* 相协调。在图 4.6 中，显示了两组方程（平衡组和协调组）以及被每一组方程［式（4.1）和式（4.2）］应满足的要求。

$$\underbrace{\int_A T_i u_i^* dA + \int_V F_i u_i^* dV}_{\text{平衡方程组}} = \underbrace{\int_V \sigma_{ij} \varepsilon_{ij}^* dV}_{\text{协调方程组}} \tag{4.53}$$

要特别注意的一点是，无论是平衡组 T_i、F_i 和 σ_{ij}（图 4.6（a）），还是协调组 u_i^* 和 ε_{ij}^*（图 4.6（b）），都不需要为实际状态，也不要以任何方式将平衡组和协调组相互联系起来。在式（4.53）中，用于协调组的星号是为了强调两组方程是完全独立的，当将实际

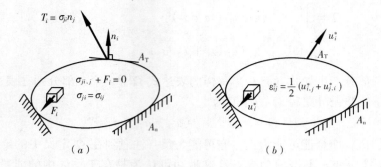

图 4.6 虚功方程中两个独立方程组
(a) 平衡方程组 (b) 协调方程组

或真实状态（满足平衡和协调组）代入式（4.53）中后，星号即可去掉。

虚功方程的证明

考虑式（4.53）左边的外部虚功 W_{ext}，在 A 上 $T_i = \sigma_{ji}n_j$，故可以写为

$$W_{\text{ext}} = \int_A \sigma_{ij}n_j u_i^* \, dA + \int_V F_i u_i^* \, dV$$

采用散度定律（见第一章），可将第一个积分变换成体积分。因此有

$$W_{\text{ext}} = \int_V (\sigma_{ji} u_i^*)_{,j} \, dV + \int_V F_i u_i^* \, dV$$

$$= \int_V (\sigma_{ji,j} u_i^* + \sigma_{ji} u_{i,j}^*) \, dV + \int_V F_i u_i^* \, dV$$

或

$$W_{\text{ext}} = \int_V [(\sigma_{ji,j} + F_i) u_i^* + \sigma_{ji} u_{i,j}^*] \, dV \tag{4.54}$$

括号中的第一项，满足平衡式（4.1(b)），故消去。因此，式（4.54）简化成

$$W_{\text{ext}} = \int_V \sigma_{ij} u_{i,j}^* \, dV \tag{4.55}$$

式（4.53）右边的表达式指内部虚功 W_{int}，根据式（4.2a），有

$$W_{\text{int}} = \int_V \sigma_{ij} \varepsilon_{ij}^* \, dV = \int_V \frac{1}{2} \sigma_{ij} (u_{i,j}^* + u_{j,i}^*) \, dV$$

或

$$W_{\text{int}} = \int_V \left(\frac{1}{2} \sigma_{ij} u_{i,j}^* + \frac{1}{2} \sigma_{ij} u_{j,i}^* \right) dV$$

可以写成（i, j 是哑标）

$$W_{\text{int}} = \int_V \left(\frac{1}{2} \sigma_{ij} u_{i,j}^* + \frac{1}{2} \sigma_{ji} u_{i,j}^* \right) dV$$

最后，应用 σ_{ij} 的对称性条件

$$W_{\text{int}} = \int_V \sigma_{ij} u_{i,j}^* \, dV \tag{4.56}$$

根据式（4.55）和式（4.56）可知 $W_{ext} = W_{int}$，即虚功方程式（4.53）成立。

率虚功方程

可将任何的平衡方程组和协调方程组代入式（4.53），尤其是，可用外力和内应力的增量或变化率 $\dot{T}_i$、$\dot{F}_i$、$\dot{\sigma}_{ij}$ 来表示平衡组，以及用位移和应变的增量或变化率 $\dot{u}_i^*$、$\dot{\varepsilon}_{ij}^*$ 来表示协调组。因此，下面给出变化率形式的虚功方程是同样有效的。

$$\int_A \dot{T}_i \dot{u}_i^* \, dA + \int_V \dot{F}_i \dot{u}_i^* \, dV = \int_V \dot{\sigma}_{ij} \dot{\varepsilon}_{ij}^* \, dV \tag{4.57}$$

$$\int_A \dot{T}_i u_i^* \, dA + \int_V \dot{F}_i u_i^* \, dV = \int_V \dot{\sigma}_{ij} \varepsilon_{ij}^* \, dV \tag{4.58}$$

$$\int_A T_i \dot{u}_i^* \, dA + \int_V F_i \dot{u}_i^* \, dV = \int_V \sigma_{ij} \dot{\varepsilon}_{ij}^* \, dV \tag{4.59}$$

虚功方程的应用——简单举例

为说明虚功方程的应用，下面将给出两个例子。

例 4.4 说明任何给定的平衡方程都给出了一个变形几何条件（协调条件）；例 4.5 说明任意一个位移场都将给出一个平衡方程。

【例 4.4】 如图 4.7 所示的对称三杆桁架，在节点 D 处受到外力 F 的作用，图 4.7（b）和（c）显示了两个任意平衡方程组（可容易地看出两组方程与真实的平衡组毫无关

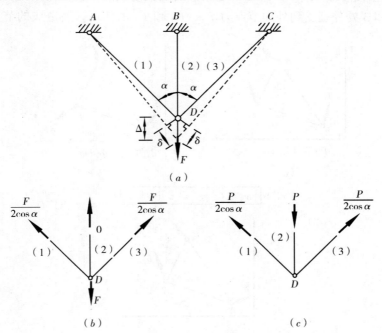

图 4.7 对称三杆桁架问题——虚功方程的应用
（a）选择实际位移和应变作为协调组；（b）杆（2）为零应力的平衡组；
（c）节点 D 处为无外力的另一个平衡组

系），实际的位移和应变（在杆件中为拉伸）被选作为协调方程组，则对于图 4.7（b）中所示的平衡组，虚功方程（4.53）可简化写成

$$W_{ext} = F\Delta = W_{int} = \sum_1^3 F_i \delta_i = \frac{F}{2\cos\alpha}\delta + 0 + \frac{F}{2\cos\alpha}\delta$$

此外

$$\delta = \Delta\cos\alpha \tag{4.60}$$

式（4.60）是一个真实的几何关系（协调条件）。

对于图 4.7（c）中的另一个平衡组，式（4.53）可写成

$$W_{ext} = 0 = W_{int} = \frac{P}{2\cos\alpha}\delta - P\Delta + \frac{P}{2\cos\alpha}\delta$$

注意到，在这种情况下杆（2）中的应力是压应力，而 Δ 在协调方程中假设为正的（伸长），这样可得到式（4.60）给出的同一个关系式 $\delta = \Delta\cos\alpha$，它必须被图 4.7（a）中的协调方程组满足。

这个例子说明，通常对任何假定的平衡方程组，虚功方程总可给出一个协调（几何）条件。

【例 4.5】 在本例中，虚功方程将用来推导图 4.8（a）所示的平面三角单元的平衡方程组。采用应力－应变关系，对于在有限元方法中应用广泛的这种单元，由这个平衡方程出自力－位移的矩阵关系。

考虑一个由图 4.8（a）中 1、2 和 3 节点所定义的典型平面三角单元，这个三角单元在节点 1、2 和 3 处分别受到外加节点力 F_1、F_2 和 F_3 的作用，所造成的节点位移矢量可

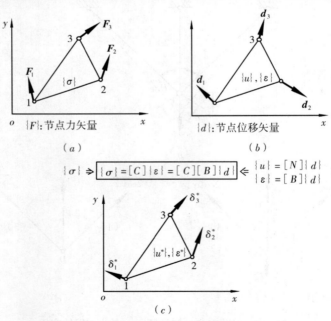

图 4.8 平面三角单元——虚功方程的应用
（a）实际平衡组 $\{F\}$，$\{\sigma\}$；（b）实际协调组 $\{u\}$，$\{\varepsilon\}$；
（c）任意虚协调组 $\{u\} = [N]\{\delta^*\}$，$\{\varepsilon^*\} = [B]\{\delta^*\}$

由 $\{d\}$ 表示为

$$\{d\} = \begin{Bmatrix} d_1 \\ d_2 \\ d_3 \end{Bmatrix} \tag{4.61}$$

这些节点位移常常作为基本未知量。单元中任何一点的位移 $\{u\}$、应变 $\{\varepsilon\}$ 和应力 $\{\sigma\}$，都可以用节点位移矢量 $\{d\}$ 来表示，在一个通常的有限元公式中，单元中的位移 $\{u\}$ 可由节点位移 $\{d\}$ 乘上假设的形函数 $[N]$ 来表示，即

$$\{u\} = [N]\{d\} \tag{4.62}$$

其中，矩阵 $[N]$ 的分量一般为单元上点的位置的函数。根据式 (4.2a) 给出的应变-位移关系，应变 $\{\varepsilon\}$ 可以下列形式写出：

$$\{\varepsilon\} = [B]\{d\} \tag{4.63}$$

其中，$[B]$ 为单元的应变-节点位移矩阵，它是 $[N]$ 经适当微分得来的。

对于一个给定的应变-应力关系，单元中任一点的实际应力 $\{\sigma\}$ 可以用矢量 $\{d\}$ 表示，即

$$\{\sigma\} = [C]\{\varepsilon\} = [C][B]\{d\} \tag{4.64}$$

矩阵 $[C]$ 包含了适当的材料性质常数。例如，对于各向同性线弹性材料可用式 (4.32) 的矩阵 $[C]$。对于实际平衡组 $\{F\}$、$\{\sigma\}$ 和协调组 $\{u\}$、$\{\varepsilon\}$，上述结果已在图 4.8(a) 和图 4.8(b) 中相应地用图解作了汇总。

现在考虑图 4.8(c) 中所示的任意虚协调组 $\{u^*\}$、$\{\varepsilon^*\}$，满足协调（几何）条件的位移 u^* 和应变 ε^*，也能以节点虚位移矢量 $\{\delta^*\}$ 来表示如下：

$$\{u^*\} = [N]\{\delta^*\} \quad \text{和} \quad \{\varepsilon^*\} = [B]\{\delta^*\} \tag{4.65}$$

对图 4.8(a) 中的平衡组 $\{F\}$、$\{\sigma\}$ 以及图 4.8(c) 中的任意虚协调组 $\{\delta^*\}$、$\{\varepsilon^*\}$，应用虚功方程 (4.53) 并用上标 T 来表示矢量（矩阵）的转置，可得

$$\{\delta^*\}^T\{F\} = \int_V \{\varepsilon^*\}^T\{\sigma\}dV$$

这里 V 是单元的总体积，用式 (4.65) 和式 (4.64) 相应地代换 $\{\varepsilon^*\}$ 和 $\{\sigma\}$，得

$$\{\delta^*\}^T\{F\} = \{\delta^*\}^T \left(\int_V [B]^T[C][B]dV\right)\{d\} \tag{4.66}$$

由于假定虚位移矢量 $\{\delta^*\}$ 为任意的，式 (4.66) 可变成

$$\{F\} = [K]\{d\} \tag{4.67}$$

其中，$[K]$ 为单元刚度矩阵，定义为

$$[K] = \int_V [B]^T[C][B]dV \tag{4.68}$$

式 (4.67) 给出了单元的节点力-位移的关系。这说明，对于任意一个虚协调组，加上材料的应力-应变关系，虚功方程可给出单元的平衡条件，且此条件可进一步表达为单元的节点力-位移关系，节点位移 $\{d\}$ 也可认为是由被看作是广义应力的节点力 $\{F\}$ 造成的广义应变，对于有限元来说，节点力-位移关系也可看成是广义应力-应变关系。

4.7 弹性固体的应变能和余能密度

考虑一个体积为 V 及包容该体积的表面积为 A 的弹性体,该物体受到体力 F_i 和外表面力 T_i 的作用,假定 σ_{ij} 为与这些指定的体力相平衡的应力,所产生的位移和应变对应地以 u_i 和 ε_{ij} 来表示,当然,这组(u_i 和 ε_{ij})结果是满足式(4.2a)给出的几何(协调性)条件以及所指定的位移边界条件的。对于弹性材料来说,σ_{ij} 由当前应变 ε_{ij} 惟一确定,其一般形式为

$$\sigma_{ij} = \sigma_{ij}(\varepsilon_{kl}) \tag{4.69}$$

现在,让物体在其平衡状态时有一个无穷小(或变化率)的虚位移 δu_i(或 $\dot{u}_i$),这样将获得一个虚拟协调组。相应的与 δu_i(或 $\dot{u}_i$)协调的应变记为 $\delta\varepsilon_{ij}$(或 $\dot{\varepsilon}_{ij}$)(符号 δ 或圆点都表示一个很小的变化或增量或变化率),应变 $\delta\varepsilon_{ij}$ 和位移 δu_i 满足式(4.2a)给出的几何条件及指定的位移边界条件(即,当 u_i 被指定时,$\delta u_i = 0$)。关系到平衡组 F_i、T_i 和 σ_{ij} 以及虚协调组 δu_i 和 $\delta\varepsilon_{ij}$ 的虚功方程(4.59)以变化率形式表述成:

$$\int_A T_i \delta u_i \mathrm{d}A + \int_V F_i \delta u_i \mathrm{d}V = \int_V \sigma_{ij} \delta\varepsilon_{ij} \mathrm{d}V \tag{4.70}$$

继而,如果 δu_i 和 $\delta\varepsilon_{ij}$ 为物体实际的位移及应变的变化率,则式(4.70)左边的表达式将代表这一瞬间在物体上所做机械功的变化率,且这种功将以机械应变能的形式贮存于物体中,其形式表述为

$$\int_V \delta W \mathrm{d}V = \int_V \sigma_{ij} \delta\varepsilon_{ij} \mathrm{d}V \tag{4.71}$$

其中,W 为单位体积的应变能或应变能密度,且 δW 为应变能密度的增长率,这个关系必须对任意体积做积分都成立。所以

$$\delta W = \sigma_{ij} \delta\varepsilon_{ij} \tag{4.72}$$

因为应变能密度 W 从定义上讲只是应变 ε_{ij} 的函数,这个能量密度的增长率也能以微分的形式表述成

$$\delta W = \frac{\partial W}{\partial \varepsilon_{ij}} \delta\varepsilon_{ij} \tag{4.73}$$

由式(4.72)和式(4.73),可得

$$\sigma_{ij} = \frac{\partial W}{\partial \varepsilon_{ij}} \tag{4.74}$$

这是从能量角度出发建立弹性物体的应力-应变关系的一般形式,这个关系与适用于 Green 弹性材料的式(4.4)是相同的。式(4.74)称为 Green 弹性(超弹性)本构方程。

另一方面,我们让物体的应力 σ_{ij} 产生一个无穷小的变化 $\delta\sigma_{ij}$(或增量 $\dot{\sigma}_{ij}$)以得到一个平衡的率方程组。其中 $\delta\sigma_{ij}$ 是与体力变化率 δF_i(或 $\dot{F}_i$)以及指定作用在 A 面上的力 δT_i(或 $\dot{T}_i$)相平衡的,使用这个平衡的率方程组加上协调组 u_i 和 ε_{ij},则虚功方程(4.58)变为

$$\int_A \delta T_i u_i \mathrm{d}A + \int_V \delta F_i u_i \mathrm{d}V = \int_V \delta\sigma_{ij} \varepsilon_{ij} \mathrm{d}V \tag{4.75}$$

δT_i 和 δF_i 在 u_i 上做功的变化率与物体内能的增长率是相等的，它可写成下面的形式

$$\int_V \delta\Omega \mathrm{d}V = \int_V \delta\sigma_{ij}\varepsilon_{ij}\mathrm{d}V \tag{4.76}$$

欲求这个关系，必须对任意体积做积分都成立，因此

$$\delta\Omega = \varepsilon_{ij}\delta\sigma_{ij} \tag{4.77}$$

函数 Ω 被称为余能密度（或单位体积余能）。因为函数 Ω 按其定义仅为应力的函数，这种能量的增长率可写为以下形式

$$\delta\Omega = \frac{\partial\Omega}{\partial\sigma_{ij}}\delta\sigma_{ij} \tag{4.78}$$

由式（4.77）和式（4.78）可得

$$\varepsilon_{ij} = \frac{\partial\Omega}{\partial\sigma_{ij}} \tag{4.79}$$

这便是超弹性本构关系方程（4.74）的逆形式。

下面，我们要说明以不同方式也能获得对 Ω 相同的结果。假设存在一个余能密度函数 Ω 使

$$W + \Omega = \sigma_{ij}\varepsilon_{ij} \tag{4.80}$$

将这个方程对 σ_{mn} 求导后可得

$$\frac{\partial W}{\partial\sigma_{mn}} + \frac{\partial\Omega}{\partial\sigma_{mn}} = \sigma_{ij}\frac{\partial\varepsilon_{ij}}{\partial\sigma_{mn}} + \varepsilon_{ij}\frac{\partial\sigma_{ij}}{\partial\sigma_{mn}} \tag{4.81}$$

因为 W 为应变的函数，因而

$$\frac{\partial W}{\partial\sigma_{mn}} = \frac{\partial W}{\partial\varepsilon_{ij}}\frac{\partial\varepsilon_{ij}}{\partial\sigma_{mn}} \tag{4.82}$$

联立方程（4.81）和式（4.82）求得

$$\frac{\partial\Omega}{\partial\sigma_{mn}} = \varepsilon_{ij}\frac{\partial\sigma_{ij}}{\partial\sigma_{mn}} + \left(\sigma_{ij} - \frac{\partial W}{\partial\varepsilon_{ij}}\right)\frac{\partial\varepsilon_{ij}}{\partial\sigma_{mn}} \tag{4.83}$$

由式（4.74）可知，式（4.83）右边的第二项表达式为零，则式（4.83）变为

$$\frac{\partial\Omega}{\partial\sigma_{mn}} = \varepsilon_{ij}\frac{\partial\sigma_{ij}}{\partial\sigma_{mn}} = \varepsilon_{ij}\delta_{im}\delta_{jn}$$

或因为 $\varepsilon_{ij}\delta_{im}\delta_{jn} = \varepsilon_{mn}$，有

$$\varepsilon_{mn} = \frac{\partial\Omega}{\partial\sigma_{mn}}$$

上式与式（4.79）相同。

这里值得提出的是，在许多基于第一和第二热力学定律的弹性力学教材中（例如 Eringen，1962；Malvem，1969），对于等温和绝热过程，W 和 Ω 函数的存在有异议，这场争论已导出了上述一样的结果。

在简单拉伸试验中（单向应力状态），惟一的非零应力分量是 $\sigma_x = \sigma_{11}$，且其相应的应变分量为 $\varepsilon_x = \varepsilon_{11}$，因此，对任意的应变值 ε_{11} 或应力值 σ_{11}，$W(\varepsilon_{11})$ 和 $\Omega(\sigma_{11})$ 的值分别为

$$W(\varepsilon_{11}) = \int_0^{\varepsilon_{11}} \sigma_{11}\mathrm{d}\varepsilon_{11} \tag{4.84}$$

和
$$\Omega(\sigma_{11}) = \int_0^{\sigma_{11}} \varepsilon_{11} \mathrm{d}\sigma_{11} \tag{4.85}$$

这里，$W(\varepsilon_{11})$ 值为单轴应力-应变曲线至给定的应变值 ε_{11} 时曲线下面的面积，而 $\Omega(\sigma_{11})$ 为曲线与应力轴间的面积。图 4.9（a）和图 4.9（b）分别给出了对应非线性和线性弹性材料的单轴拉伸应力-应变曲线。在线弹性材料中，W 和 Ω 所代表的两块面积是相同的，因为它们都为三角形，其面积均为 $\frac{1}{2}\sigma_{11}\varepsilon_{11}$，这与图 4.9（$a$）中非线性弹性材料的情况是不同的。

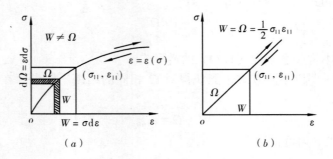

图 4.9 弹性材料的应变能密度 W 和余能密度 Ω
（a）非线弹性；（b）线弹性

在一般的三维情况中，式（4.84）和式（4.85）可采用下列形式：
$$W(\varepsilon_{ij}) = \int_0^{\varepsilon_{ij}} \sigma_{ij} \mathrm{d}\varepsilon_{ij} \tag{4.86}$$

和
$$\Omega(\sigma_{ij}) = \int_0^{\sigma_{ij}} \varepsilon_{ij} \mathrm{d}\sigma_{ij} \tag{4.87}$$

其中，$W(\varepsilon_{ij})$ 和 $\Omega(\sigma_{ij})$ 分别为应变 ε_{ij} 和应力 σ_{ij} 的函数。

【例 4.6】非线弹性材料的单轴应力-应变关系可由下面单项幂函数来表达：
$$\varepsilon = b\sigma^n \tag{4.88}$$
这里，n 为常数，证明 W 与 Ω 的比值在这种情况下为常数。

【解】将式（4.88）中的 ε 代入 W 和 Ω 的表达式中，得
$$W = \int_0^\sigma \sigma(nb\sigma^{n-1})\mathrm{d}\sigma = \int_0^\sigma nb\sigma^n \mathrm{d}\sigma = \frac{n}{n+1} b\sigma^{n+1} = \frac{n}{n+1}\sigma\varepsilon$$

和
$$\Omega = \int_0^\sigma b\sigma^n \mathrm{d}\sigma = \frac{1}{n+1} b\sigma^{n+1} = \frac{\sigma\varepsilon}{n+1}$$

所以，$W/\Omega = n$，即在这种情况下比值 W/Ω 的值为常数。

4.8 各向异性、正交各向异性及横向各向同性线弹性（Green）应力-应变关系

应变能密度函数 W 或余能密度函数 Ω 可分别用应变分量 ε_{ij} 和应力分量 σ_{ij} 以幂级数展开表示。然后，利用式（4.74）或式（4.79）的关系，就可建立起对线性、准线性以及非线性弹性材料的各种不同的本构关系，对各向异性材料的线弹性本构关系将在下面叙述，各向同性材料的非线性弹性应力-应变关系也将在下面给出。

将 W 函数用多项式展开且仅保留二阶项，可得

$$W = c_0 + \alpha_{ij}\varepsilon_{ij} + \beta_{ijkl}\varepsilon_{ij}\varepsilon_{kl} \tag{4.89}$$

其中，c_0、α_{ij} 和 β_{ijkl} 为常数。利用式（4.74），可以将应力表示为

$$\sigma_{ij} = \alpha_{ij} + (\beta_{ijkl} + \beta_{klij})\varepsilon_{kl} \tag{4.90}$$

最后，令 $\alpha_{ij} = 0$（即，假定对应初始无应力状态，没有初应变）并使

$$C_{ijkl} = (\beta_{ijkl} + \beta_{klij}) \tag{4.91a}$$

显然

$$C_{ijkl} = C_{klij} \tag{4.91b}$$

则线弹性应力-应变关系的一般形式可写成

$$\sigma_{ij} = C_{ijkl}\varepsilon_{kl} \tag{4.92}$$

同样，因为 W 可能是在任意水平下测得的，可设 $c_0 = 0$，因此 $c_0 = \alpha_{ij} = 0$，表示 W 的参考状态是应力和应变均为零，因此，可确定 $\beta_{ijkl} = \beta_{klij}$，因此，式（4.89）可简化为

$$W = \frac{1}{2}C_{ijkl}\varepsilon_{ij}\varepsilon_{kl} = \frac{1}{2}\sigma_{ij}\varepsilon_{ij} \tag{4.93}$$

这里在最后一步中使用了式（4.92）。

当然，式（4.92）与 4.5 节中的式（4.7）在形式上是相同的，但是，在推导这两个方程的过程中存在重要的差异，即式（4.91b），对 Green 弹性材料而言，这个方程要求成对下标 (ij) 和 (kl) 的顺序可以互换。

$$C_{(ij)(kl)} = C_{(kl)(ij)}$$

因此，由于这一条限制，式（4.7）的 36 个弹性常数可减为 21 个。这意味着，在数值上，至多只有 21 个 C_{ijkl} 可能是不同的，如果材料中还存在对称性，则这 21 个独立的常数还可以进一步减少。各向异性、正交各向异性以及横向同性弹性材料的线性应力-应变关系的矩阵形式将在下面给出。

4.8.1 各向异性材料（21 个常数）

式（4.92）的一般形式以 21 个常数的矩阵形式写出为

$$\begin{Bmatrix} \sigma_x \\ \sigma_y \\ \sigma_z \\ \tau_{xy} \\ \tau_{yz} \\ \tau_{zx} \end{Bmatrix} = \begin{bmatrix} c_{11} & c_{12} & c_{13} & c_{14} & c_{15} & c_{16} \\ & c_{22} & c_{23} & c_{24} & c_{25} & c_{26} \\ & & c_{33} & c_{34} & c_{35} & c_{36} \\ \text{对称} & & & c_{44} & c_{45} & c_{46} \\ & & & & c_{55} & c_{56} \\ & & & & & c_{66} \end{bmatrix} \begin{Bmatrix} \varepsilon_x \\ \varepsilon_y \\ \varepsilon_z \\ \gamma_{xy} \\ \gamma_{yz} \\ \gamma_{zx} \end{Bmatrix} \tag{4.94}$$

这里，常数 C_{ij}（$i, j = 1, 6$）是与式（4.92）的常数 C_{ijkl}（$i, j, k, l = 1, 3$）对应的，例如 $C_{11} = C_{1111}$，$C_{15} = C_{1123}$，$C_{44} = C_{1212}$ 等。

4.8.2 正交各向异性材料（9个常数）

正交各向异性材料具有关于三个互相垂直坐标轴的材料弹性对称性。将坐标轴 x、y 和 z 分别垂直于三个材料对称面，并要求绕这些轴转动180°之后弹性性能不改变，则式（4.94）中的常数间就可具有一定关系。在这种情况下，x、y、z 轴被称为材料的主方向（主轴）。通常可以证明，在坐标轴的变换 $x'_i = l_{ij} x_j$ 过程中，材料弹性对称性要求四阶张量 C_{ijkl} 满足以下条件

$$C_{pqmn} = l_{ip} l_{jq} l_{km} l_{ln} C_{ijkl} \tag{4.95}$$

其中 l_{ij} 为对称变换张量，这包含了转动轴 x'_i 对原轴 x_i 的方向余弦 $\cos(x'_i, x_j)$。

举例来说，首先考虑正交各向异性材料绕 z 轴转180°的材料对称性，因此，l_{ij} 为

$$l_{ij} = \begin{bmatrix} -1 & 0 & 0 \\ 0 & -1 & 0 \\ 0 & 0 & 1 \end{bmatrix}$$

式（4.95）在这种情况下给出下列关系：

$$C_{1311} = -C_{1311}, \quad C_{1322} = -C_{1322}$$
$$C_{1333} = -C_{1333}, \quad C_{1313} = -C_{1313}$$

因此

$$C_{1311} = C_{1322} = C_{1333} = C_{1313} = 0$$

另外，式（4.95）也给出

$$C_{2311} = C_{2322} = C_{2333} = C_{2312} = 0$$
$$C_{1213} = C_{1223} = C_{1123} = C_{1113} = 0$$
$$C_{2223} = C_{2213} = C_{3323} = C_{3313} = 0$$

类似地，考虑到绕 x 和 y 轴旋转，可得到类似的关系。

这些下标的对称性将独立的弹性常数减少到仅12个。对于Green弹性材料，考虑到式（4.19b）的对称性，常数的数目进一步减少为9个。故对应材料的主轴（x, y, z），正交各向异性弹性材料的一般线性应力-应变关系以最多9个独立弹性常数的矩阵形式写出为

$$\begin{Bmatrix} \sigma_x \\ \sigma_y \\ \sigma_z \\ \tau_{xy} \\ \tau_{yz} \\ \tau_{zx} \end{Bmatrix} = \begin{bmatrix} c_{11} & c_{12} & c_{13} & 0 & 0 & 0 \\ & c_{22} & c_{23} & 0 & 0 & 0 \\ & & c_{33} & 0 & 0 & 0 \\ & \text{对称} & & c_{44} & 0 & 0 \\ & & & & c_{55} & 0 \\ & & & & & c_{66} \end{bmatrix} \begin{Bmatrix} \varepsilon_x \\ \varepsilon_y \\ \varepsilon_z \\ \gamma_{xy} \\ \gamma_{yz} \\ \gamma_{zx} \end{Bmatrix} \tag{4.96}$$

如果使用对弹性模量的工程定义，式（4.96）的替代形式可写为下式（例如，见Lekhnitskii，1963）。

$$\begin{Bmatrix} \varepsilon_x \\ \varepsilon_y \\ \varepsilon_z \\ \gamma_{xy} \\ \gamma_{yz} \\ \gamma_{zx} \end{Bmatrix} = \begin{bmatrix} \dfrac{1}{E_x} & -\dfrac{\nu_{yx}}{E_y} & -\dfrac{\nu_{zx}}{E_z} & 0 & 0 & 0 \\ -\dfrac{\nu_{xy}}{E_x} & \dfrac{1}{E_y} & -\dfrac{\nu_{zy}}{E_z} & 0 & 0 & 0 \\ -\dfrac{\nu_{xz}}{E_x} & -\dfrac{\nu_{yz}}{E_y} & \dfrac{1}{E_z} & 0 & 0 & 0 \\ 0 & 0 & 0 & \dfrac{1}{G_{xy}} & 0 & 0 \\ 0 & 0 & 0 & 0 & \dfrac{1}{G_{yz}} & 0 \\ 0 & 0 & 0 & 0 & 0 & \dfrac{1}{G_{zx}} \end{bmatrix} \begin{Bmatrix} \sigma_x \\ \sigma_y \\ \sigma_z \\ \tau_{xy} \\ \tau_{yz} \\ \tau_{zx} \end{Bmatrix} \quad (4.97)$$

其中，E_x、E_y、E_z 依次为沿 x 轴、y 轴、z 轴方向的杨氏模量；G_{xy}、G_{yz}、G_{zx} 依次为平行于坐标平面 $x-y$、$y-z$ 和 $z-x$ 的剪切模量。举例来说，剪切模量 G_{xy} 表征了由剪应力 τ_{xy} 产生的剪应变 γ_{xy}；ν_{ij}（i，$j=x$，y，z）为泊松比，表征由 i 方向的拉应力在 j 方向上产生的压缩应变。例如，ν_{xy} 表征由 x 轴方向的拉应力造成 y 轴方向的压缩应变。

由于 Green 弹性材料的对称性要求有

$$\begin{aligned} E_x \nu_{yz} &= E_y \nu_{xy} \\ E_y \nu_{zy} &= E_z \nu_{yz} \\ E_z \nu_{xz} &= E_x \nu_{zx} \end{aligned} \quad (4.98)$$

式（4.97）包含 12 个弹性模量，但是由于式（4.98）的对称性要求，只有 9 个模量是独立的。

4.8.3 横向各向同性材料（5 个常数）

在这种情况下，材料表现出关于某一个坐标轴的旋转弹性对称性。假定 z 轴为弹性对称轴，则各向同性平面为图 4.10 所示的 $x-y$ 平面。横向各向同性对称条件通过简单地施加附加条件就可容易地从那些正交各向异性材料中得到，即，对于任何关于 z 轴的转动变换 l_{ij}，式（4.95）必须满足：

$$l_{ij} = \begin{bmatrix} \cos\alpha & \sin\alpha & 0 \\ -\sin\alpha & \cos\alpha & 0 \\ 0 & 0 & 1 \end{bmatrix} \quad (4.99)$$

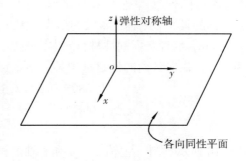

图 4.10 横向各向同性材料的坐标轴

其中，α 为关于弹性对称轴（z 轴）的转角。材料的这条附加对称性条件将独立的弹性常数由 9 个减为 5 个。最终的结果将以下面的矩阵方程总结为（含 5 个弹性常数）

$$\begin{Bmatrix} \varepsilon_x \\ \varepsilon_y \\ \varepsilon_z \\ \gamma_{xy} \\ \gamma_{yz} \\ \gamma_{zx} \end{Bmatrix} \begin{bmatrix} d_{11} & d_{12} & d_{13} & 0 & 0 & 0 \\ & d_{11} & d_{13} & 0 & 0 & 0 \\ & & d_{33} & 0 & 0 & 0 \\ & & & 2(d_{11}-d_{12}) & 0 & 0 \\ & 对称 & & & d_{44} & 0 \\ & & & & & d_{44} \end{bmatrix} \begin{Bmatrix} \sigma_x \\ \sigma_y \\ \sigma_z \\ \tau_{xy} \\ \tau_{yz} \\ \tau_{zx} \end{Bmatrix} \quad (4.100)$$

使用工程弹性模量，可将式（4.100）写为

$$\begin{Bmatrix} \varepsilon_x \\ \varepsilon_y \\ \varepsilon_z \\ \gamma_{xy} \\ \gamma_{yz} \\ \gamma_{zx} \end{Bmatrix} = \begin{bmatrix} \frac{1}{E} & -\frac{\nu}{E} & -\frac{\nu'}{E'} & 0 & 0 & 0 \\ -\frac{\nu}{E} & \frac{1}{E} & -\frac{\nu'}{E'} & 0 & 0 & 0 \\ -\frac{\nu'}{E'} & -\frac{\nu'}{E'} & \frac{1}{E'} & 0 & 0 & 0 \\ 0 & 0 & 0 & \frac{1}{G} & 0 & 0 \\ 0 & 0 & 0 & 0 & \frac{1}{G'} & 0 \\ 0 & 0 & 0 & 0 & 0 & \frac{1}{G'} \end{bmatrix} \begin{Bmatrix} \sigma_x \\ \sigma_y \\ \sigma_z \\ \tau_{xy} \\ \tau_{yz} \\ \tau_{zx} \end{Bmatrix} \quad (4.101)$$

其中，E、E' 分别为各向同性平面及垂直于该平面的杨氏模量；$G = E/2(1+\nu)$ 为各向同性平面的剪切模量；G' 为垂直于各向同性平面的剪切模量；ν 为泊松比，它表征由同平面内的拉应力引起的各向同性平面上的横向应变减小量；ν' 为泊松比，用于表征由垂直于各向同性平面方向上的拉应力引起的各向同性平面上的横向应变减小量。

注意，这5个独立的常数选为 E、E'、ν、ν'、G'。而 $G = E/2(1+\nu)$ 是不独立的。

对于各向同性线弹性材料（$\nu' = \nu$，$E' = E$，$G' = G$），式（4.101）可简化成和式（4.34）一样的具有2个弹性常数的形式。因此，可得出结论，线性各向同性材料为 Green 弹性材料，因此，线性各向同性材料的本构关系，Green 和 Cauchy 公式是一样的。

【例 4.7】 横向各向同性材料中某一给定点的应力张量 σ_{ij} 为

$$\sigma_{ij} = \begin{bmatrix} 6895 & 3447.5 & 0 \\ 3447.5 & 0 & 0 \\ 0 & 0 & -5516 \end{bmatrix} (\text{kN/m}^2) \quad (4.102)$$

对于图 4.10 所示材料，主轴 x、y 和 z 轴的材料弹性模量为

$$E = 19.31 \times 10^5 \text{kN/m}^2, \quad \nu = 0.12$$
$$E' = 96.53 \times 10^5 \text{kN/m}^2, \quad \nu' = 0.15$$
$$G' = 13.79 \times 10^5 \text{kN/m}^2$$

利用式（4.101）给出的本构关系，求解：

（a）给定点的应变张量 ε_{ij} 分量；

（b）应变能密度 W 的相应值。

【解】 由给定的弹性模量值，计算剪切模量为

$$G = \frac{E}{2(1+\nu)} = \frac{19.31 \times 10^5}{2(1+0.12)} = 8.62 \times 10^5 \text{kN/m}^2$$

(a) 将给定的弹性模量值和 σ_{ij} 的分量值代入式（4.101），有

$$\begin{Bmatrix} \varepsilon_x \\ \varepsilon_y \\ \varepsilon_z \\ \gamma_{xy} \\ \gamma_{yz} \\ \gamma_{zx} \end{Bmatrix} = 10^{-5} \begin{bmatrix} 0.0518 & -0.0062 & -0.0016 & 0 & 0 & 0 \\ -0.0062 & 0.0518 & -0.0016 & 0 & 0 & 0 \\ -0.0016 & -0.0016 & 0.0104 & 0 & 0 & 0 \\ 0 & 0 & 0 & 0.12 & 0 & 0 \\ 0 & 0 & 0 & 0 & 0.07 & 0 \\ 0 & 0 & 0 & 0 & 0 & 0.07 \end{bmatrix} \begin{Bmatrix} 6895 \\ 0 \\ -5516 \\ 3447.5 \\ 0 \\ 0 \end{Bmatrix}$$

进行乘法计算后，最终可得分量 ε_{ij} 如下：

$$\varepsilon_{ij} = \begin{bmatrix} 365.56 & 200 & 0 \\ 200 & -34.34 & 0 \\ 0 & 0 & -67.82 \end{bmatrix} \times 10^{-5}$$

(b) 利用式（4.93）计算 W 为

$$W = \frac{1}{2} \sigma_{ij} \varepsilon_{ij}$$

即

$$\begin{aligned} W &= \frac{1}{2} \big[(6895)(365.56 \times 10^{-5}) + (-5516)(-67.82 \times 10^{-5}) \\ &\quad + 2(3447.5)(200 \times 10^{-5}) \big] \times 10^3 \\ &= 21.4 \times 10^3 \text{N} \cdot \text{m/m}^3 \quad \text{（单位体积能量或功的单位）} \end{aligned}$$

4.9 非线弹性应力-应变关系

许多工程材料，即使是承受小变形时都会显现出非线性力学性能，如混凝土、岩石和土等材料可作为例子。这类材料的（或物理的）非线性导致了各种非线弹性本构关系的发展。在本节里，我们采用两种方法来列出非线性弹性本构关系的方程。第一种方法是基于采用更高阶应变或应力分量（或它们的不变量），对弹性函数 W 或 Ω 作假定的级数展开；第二条途径是将线弹性模型的本构关系推广（修正）来表示非线性材料性能。在下面的讨论中，我们仅考虑各向同性材料。

4.9.1 基于 W 或 Ω 函数的各向同性非线弹性应力-应变关系

对于各向同性弹性材料，应变能密度 W，式（4.74），可以采用应变张量 ε_{ij} 的三个独立不变量来表示，选择如下定义的三个不变量 $\bar{I}_1'$、$\bar{I}_2'$ 和 $\bar{I}_3'$，则 W 为

$$W = W(\bar{I}_1', \bar{I}_2', \bar{I}_3') \tag{4.103}$$

其中，不变量 $\bar{I}_1'$、$\bar{I}_2'$ 和 $\bar{I}_3'$ 为

$$\bar{I}_1' = \varepsilon_{kk}$$

$$\bar{I}_2' = \frac{1}{2} \varepsilon_{km} \varepsilon_{km} \tag{4.104}$$

$$\bar{I}'_3 = \frac{1}{3}\epsilon_{km}\epsilon_{kn}\epsilon_{mn}$$

然而由式（4.74）可得

$$\sigma_{ij} = \frac{\partial W}{\partial \bar{I}'_1}\frac{\partial \bar{I}'_1}{\partial \epsilon_{ij}} + \frac{\partial W}{\partial \bar{I}'_2}\frac{\partial \bar{I}'_2}{\partial \epsilon_{ij}} + \frac{\partial W}{\partial \bar{I}'_3}\frac{\partial \bar{I}'_3}{\partial \epsilon_{ij}}$$

或用式（4.104）代换 $\bar{I}'_1$、$\bar{I}'_2$ 和 $\bar{I}'_3$，进行求导后，可得

$$\sigma_{ij} = \alpha_1 \delta_{ij} + \alpha_2 \epsilon_{ij} + \alpha_3 \epsilon_{ik}\epsilon_{jk} \tag{4.105}$$

其中

$$\alpha_i = \alpha_i(\bar{I}'_j) = \frac{\partial W}{\partial \bar{I}'_i} \tag{4.106}$$

由式（4.106），函数 α_i（材料应变函数）通过三个方程联立起来，并对式（4.106）求导，有

$$\frac{\partial \alpha_i}{\partial \bar{I}'_j} = \frac{\partial \alpha_i}{\partial \bar{I}'_i} \tag{4.107}$$

应该注意的是，在式（4.103）和式（4.104）中出现的三个独立应变不变量的选择是任意的，既可以用3.4节［见式（3.33）］中的不变量 $\bar{I}_1$、$\bar{I}_2$ 和 $\bar{I}_3$，也可用应变偏张量 e_{ij} ［见式（3.52）］中的不变量 $\bar{J}'_1$、$\bar{J}'_2$ 和 $\bar{J}'_3$，甚至还可以混合使用上述不变量如 $\bar{I}'_1$、$\bar{J}'_2$ 和 $\bar{J}'_3$。这里，这种可选择的优势就在于可以用简单便捷的方式分离函数 α_i。

到此，基于上述所得结果进一步深入地说明（式（4.105）～式（4.107））的 Cauchy 和 Green（超弹性）公式的差别就很重要了。据 **Cayley-Hamilton** 理论，任何正整数幂的二阶张量，例如应变张量 ϵ_{ij} 都可以由三个 ϵ_{ij} 不变量的多项式函数为系数的 δ_{ij}、ϵ_{ij} 以及 $\epsilon_{ik}\epsilon_{kj}$ 线性组合表示出来，因此，对 Cauchy 弹性材料，式（4.3）给出的最一般应力-应变关系表达形式能以与式（4.105）完全一样的形式写出。式（4.105）是基于 Green（超弹性）材料方程推导而来的。然而 α_i 现在是 ϵ_{ij} 不变量的无关函数，且它们不再受式（4.107）对 Green 材料的限制。所以，基于式（4.105）的一般关系式，并使用各种不同的对 α_i 的假设函数形式，可推导出各种基于 Cauchy 及 Green 公式得出的本构模型（如，二阶、三阶、四阶）。仅有的不同是对 Green 型材料所选择的 α_i 函数要受到式（4.107）的进一步限制。

作为一个典型本构方程的例子，考虑 W 以不变量 $\bar{I}'_1$、$\bar{I}'_2$ 和 $\bar{I}'_3$ 的多项式展开。如果 W 中从2阶到4阶的应变项都保留，则可将 $W(\bar{I}'_1, \bar{I}'_2, \bar{I}'_3)$ 写为

$$\begin{aligned}W = & (c_1 \bar{I}'^2_1 + c_1 \bar{I}'_2) + (c_3 \bar{I}'^3_1 + c_4 \bar{I}'_1 \bar{I}'_2 + c_5 \bar{I}'_3) \\ & + (c_6 \bar{I}'^4_1 + c_7 \bar{I}'^2_1 \bar{I}'_2 + c_8 \bar{I}'_1 \bar{I}'_3 + c_9 \bar{I}'^2_2)\end{aligned} \tag{4.108}$$

其中，c_1，c_2，…，c_9 均为常数。

于是式（4.106）给出

$$\alpha_1 = 2c_1 \bar{I}'_1 + 3c_3 \bar{I}'^2_1 + c_4 \bar{I}'_2 + 4c_6 \bar{I}'^3_1 + 2c_7 \bar{I}'_1 \bar{I}'_2 + c_8 \bar{I}'_3$$

$$\alpha_2 = c_2 + c_4 \bar{I}'_1 + c_7 \bar{I}'^2_1 + 2c_9 \bar{I}'_2 \tag{4.109}$$

$$\alpha_3 = c_5 + c_8 \bar{I}'_1$$

将上面这些函数代入式（4.105），可得到一个"立方体"应力-应变关系。它仅需通过试验测试结果来决定 c_1 到 c_9 这9个常量的值。

没有理由要求指定的阶数项必须在所有的材料应变函数中出现。因此，为简单起见，在某些情况下，仅用两个甚至一个应变不变量的函数来展开 W 是有优势的。同样，对于指定的阶数，不可能保留这些不变量的所有可能组合。

用一个类似的方法，通过采用应力不变量 $\bar{I}'_1$、$\bar{I}'_2$ 和 $\bar{I}'_3$（I_1、I_2 和 I_3 或 I_1、J_2 和 J_3）展开函数 Ω，可从式（4.79）中获得不同的本构关系。因此，如果选取了下列应力不变量（类似于对应变相应量的定义）:

$$\bar{I}'_1 = \sigma_{kk}$$
$$\bar{I}'_2 = \frac{1}{2} \sigma_{km}\sigma_{km} \tag{4.110}$$
$$\bar{I}'_3 = \frac{1}{3} \sigma_{km}\sigma_{kn}\sigma_{mn}$$

则本构关系为

$$\varepsilon_{ij} = \phi_1 \delta_{ij} + \phi_2 \sigma_{ij} + \phi_3 \sigma_{ik}\sigma_{jk} \tag{4.111}$$

其中

$$\phi_i = \phi_i(\bar{I}'_j) = \frac{\partial \Omega}{\partial \bar{I}'_i} \tag{4.112}$$

由下面关系将给出对材料应力函数 ϕ_i 的限制：

$$\frac{\partial \phi_i}{\partial \bar{I}_j} = \frac{\partial \phi_j}{\partial \bar{I}_i} \tag{4.113}$$

要强调的是式（4.105）和式（4.111）所描述的各向同性材料模型的性质是可逆的和与路径无关的。因为作为一个线弹性模型，其应变（应力）状态仅由当前的应力（应变）值决定而无需关心加载历史，进一步说，在这些模型中，主应力轴和主应变轴总是重合的。

【例4.8】某一初始无应力和无应变材料单元受到一联合加载历史作用，在 σ、τ 空间中（拉应力 σ 和剪应力 τ），它的加载途径是沿径向加载路径，即从 (0, 0) 到 (206.85, 68.95) MPa，如图4.11所示，假定材料单元是基于如下 Ω 函数的非线性弹性材料：

$$\Omega(I_1, J_2) = aJ_2 + bI_1 J_2 \tag{4.114}$$

其中，a、b 为常数。简单拉伸中的材料应力-应变关系为

$$10^3 \varepsilon = \frac{\sigma}{68.95} + \left(\frac{\sigma}{68.95}\right)^2 \tag{4.115}$$

其中，σ 的单位是MPa。

(a) 确定方程（4.114）中的 a，b 常数；
(b) 求出所给应力路径末端的所有正应变和剪应变分量；
(c) 考察从 (0, 0) 到 (0, 68.95) MPa 的剪应力路径，并计算剪应变分量 γ_{xy} 的值，

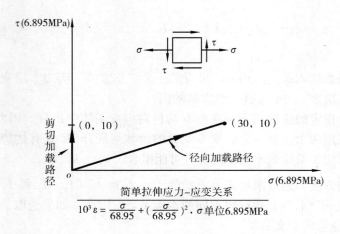

图 4.11 在 (σ,τ) 空间中非线性弹性材料的加载路径

这里 $x-y$ 平面与应力分量 σ 和 τ 的平面相吻合。问在这种情况中，体积的改变值 ε_{kk} 为多少？

【解】(a) 根据式（4.114）所给 Ω 的表达式，有

$$\frac{\partial \Omega}{\partial I_1} = bJ_2 \quad \text{和} \quad \frac{\partial \Omega}{\partial J_2} = (a + bI_1)$$

因为 $I_1 = \sigma_{kk}$ 和 $J_2 = \frac{1}{2} s_{mn} s_{mn}$（见第二章），于是

$$\frac{\partial I_1}{\partial \sigma_{ij}} = \delta_{ij}$$

$$\frac{\partial J_2}{\partial \sigma_{ij}} = s_{mn} \frac{\partial s_{mn}}{\partial \sigma_{ij}} = s_{mn} \frac{\partial (\sigma_{mn} - \frac{1}{3}\sigma_{kk}\delta_{mn})}{\partial \sigma_{ij}} \tag{4.116a}$$

或

$$\frac{\partial J_2}{\partial \sigma_{ij}} = s_{mn}(\delta_{im}\delta_{jn} - \frac{1}{3}\delta_{mn}\delta_{ij})$$

$$= s_{ij} - \frac{1}{3}\delta_{ij} s_{mm}$$

$$= s_{ij} \quad (\text{因为 } s_{mm} = 0) \tag{4.116b}$$

因为，本构方程可写为

$$\varepsilon_{ij} = \frac{\partial \Omega}{\partial \sigma_{ij}} = (bJ_2)\delta_{ij} + (a + bI_1)s_{ij} \tag{4.117}$$

在简单拉伸中，$\sigma_{11} = \sigma$ 且所有其他的应力分量均为零。因此

$$I_1 = \sigma, \quad J_2 = \frac{1}{3}\sigma^2, \quad s_{11} = \frac{2}{3}\sigma$$

式（4.117）的应力 - 应变关系可简化为

$$\varepsilon = \frac{2a}{3}\sigma + b\sigma^2$$

将这个方程与式（4.115）所给的应力 - 应变关系进行比较，可容易地得到常数 a 和

b，结果为
$$a = \frac{3}{2} \times 10^{-4}, \quad b = 1 \times 10^{-5}$$

（b）将上面 a，b 的值代入式（4.117），则变成
$$\varepsilon_{ij} = (1 \times 10^{-5}) J_2 \delta_{ij} + \left(\frac{3}{2} \times 10^{-4} + 1 \times 10^{-5} I_1\right) s_{ij} \tag{4.118}$$

径向加载路径末端的 I_1 和 J_2 值可由其终值 $\sigma = 206.85$ MPa 和 $\tau = 68.95$ MPa 计算出。因此，采用第二章中的式（2.46）和式（2.131），得
$$I_1 = 206.85 \text{ MPa}$$
$$J_2 = \frac{1}{6}(206.85^2 + 206.85^2) + 68.95^2 = 19016.41$$

将这些值代入式（4.118），可得到
$$\varepsilon_{ij} = (40 \times 10^{-4}) \delta_{ij} + (4.5 \times 10^{-4}) s_{ij}$$

上式可用于计算应变分量 ε_{ij}，其结果为
$$\varepsilon_{ij} = \begin{bmatrix} 130 & 45 & 0 \\ 45 & -5 & 0 \\ 0 & 0 & -5 \end{bmatrix} \times 10^{-4}$$

（c）因为剪切加载路径是从（0，0）到（0，68.95）MPa，所以 I_1 和 J_2 的值为
$$I_1 = 0, \quad J_2 = 4754.1$$

则本构方程（4.118）变为
$$\varepsilon_{ij} = (1 \times 10^{-3}) \delta_{ij} + (1.5 \times 10^{-4}) s_{ij}$$

故
$$\gamma_{xy} = 2\varepsilon_{xy} = 2\varepsilon_{12} = 2 \times 1.5 \times 10^{-4} (10) = 3 \times 10^{-3}$$
$$\varepsilon_{kk} = (1 \times 10^{-3}) \delta_{kk} + (1.5 \times 10^{-4}) s_{kk}$$

因为 $s_{kk} = 0$，在这条剪切路径末端膨胀系数 ε_{kk} 的最终值为（$\delta_{kk} = 3$）
$$\varepsilon_{kk} = 3 \times 10^{-3}$$

注意到，与线弹性材料不同，式（4.117）的非线性弹性模型在纯剪应力条件下将产生体积的增大（也称膨胀性或膨胀），正如本例所说明，这种现象对土材料如密砂和超固结黏土，以及类岩石材料如混凝土的建模非常重要。

【例 4.9】 各向同性非线性弹性材料的性质由下列假定的多项表达式 Ω 来描述：
$$\Omega(I_1, J_2, J_3) = aI_1^2 + bJ_2 + cJ_3^2 \tag{4.119}$$

其中，a、b、c 为常数；I_1、J_2 和 J_3 为第二章中的式（2.46）、式（2.131）和式（2.132）所定义的应力不变量。

（a）用常数 a、b、c 推导这种材料的应力-应变关系；

（b）推导简单拉伸（$\sigma_x = \sigma$，其他分量均为零）的应力-应变关系，求出切线杨氏模量 E_t 的表达式，切线杨氏模量 E_t 在简单拉伸中以应力 σ 形式定义为 $E_t = d\sigma/d\varepsilon$，初始切线模量 $E_t(0)$（当 $\sigma = 0$ 时）的值是多少？

（c）证明，当 $c = 0$ 时，该本构方程退化成各向同性线弹性材料的本构方程，写出 a、b 常数与弹性模量 E，泊松比 ν 在这种情况下的关系，并评述其结果。

【解】（a）由定义 $I_1=\sigma_{kk}$，$J_2=\frac{1}{2}s_{km}s_{km}$ 和 $J_3=\frac{1}{3}s_{km}s_{kn}s_{mn}$ 得

$$\frac{\partial I_1}{\partial \sigma_{ij}}=\delta_{ij}, \quad \frac{\partial J_2}{\partial \sigma_{ij}}=s_{ij}$$

以及

$$\frac{\partial J_3}{\partial \sigma_{ij}}=\frac{\partial J_3}{\partial s_{mn}}\frac{\partial s_{mn}}{\partial \sigma_{ij}}=(s_{mk}s_{nk})\left(\delta_{im}\delta_{jn}-\frac{1}{3}\delta_{mn}\delta_{ij}\right)$$

或

$$\frac{\partial J_3}{\partial \sigma_{ij}}=s_{ik}s_{jk}-\frac{1}{3}s_{mk}s_{mk}\delta_{ij}=s_{ik}s_{jk}-\frac{2}{3}J_2\delta_{ij}$$

将这些表达式代入式（4.79）可得

$$\varepsilon_{ij}=\frac{\partial \Omega}{\partial \sigma_{ij}}=\frac{\partial \Omega}{\partial J_2}s_{ij}+\frac{\partial \Omega}{\partial I_1}\delta_{ij}+\frac{\partial \Omega}{\partial J_3}\left(s_{ik}s_{jk}-\frac{2}{3}J_2\delta_{ij}\right)$$

但由式（4.119）有

$$\frac{\partial \Omega}{\partial I_1}=2aI_1, \quad \frac{\partial \Omega}{\partial J_2}=b \text{ 和 } \frac{\partial \Omega}{\partial J_3}=2cJ_3$$

因此，上述应力-应变关系可以用不变量明确地表示为

$$\varepsilon_{ij}=2aI_1\delta_{ij}+bs_{ij}+2cJ_3 s_{ik}s_{jk}-\frac{4}{3}cJ_2J_3\delta_{ij}$$

或

$$\varepsilon_{ij}=\left(2aI_1-\frac{4}{3}cJ_2J_3\right)\delta_{ij}+bs_{ij}+2cJ_3 s_{ik}s_{jk} \tag{4.120}$$

（b）对于简单拉伸，惟一的非零应力分量为 $\sigma_x=\sigma$，故

$$I_1=\sigma, \quad J_2=\frac{1}{3}\sigma^2, \quad J_3=\frac{2}{27}\sigma^3$$

因此，根据式（4.120）并用 $\varepsilon_{11}=\varepsilon$ 和 $s_{11}=\frac{2}{3}\sigma$ 代换，可得简单拉伸的应力-应变关系

$$\varepsilon=\left(2a+\frac{2}{3}b\right)\sigma-\frac{8}{243}c\sigma^5+\frac{16}{243}c\sigma^5 \tag{4.121}$$

将它对 σ 求导得

$$\frac{d\varepsilon}{d\sigma}=\left(2a+\frac{2}{3}b\right)-\frac{40}{243}c\sigma^4+\frac{80}{243}c\sigma^4$$

由于 $d\varepsilon/d\sigma=1/E_t$，因此，切线模量 E_t 可由上列关系计算，即

$$E_t=\frac{1}{\left(2a+\frac{2}{3}b\right)+\frac{40}{243}c\sigma^4} \tag{4.122a}$$

初始切线模量 $E_t(0)$ 可给出为

$$E_t(0)=\frac{1}{2a+\frac{2}{3}b} \tag{4.122b}$$

（c）对于 $c=0$，式（4.120）简化为

$$\varepsilon_{ij} = 2aI_1\delta_{ij} + bs_{ij} \qquad (4.123a)$$

由式（4.121）得出

$$\varepsilon = \left(2a + \frac{2}{3}b\right)\sigma \qquad (4.123b)$$

对于简单拉伸情况，应变分量 ε_{22} 可由式（4.123a）算得。由于 $I_1 = \sigma$ 和 $s_{22} = -\sigma/3$，故可得

$$\varepsilon_{22} = \left(2a - \frac{1}{3}b\right)\sigma \qquad (4.123c)$$

联立这些结果，由式（4.123b）和式（4.123c），可得

$$\frac{1}{E} = \frac{\varepsilon}{\sigma} = 2a + \frac{2}{3}b$$

$$\nu = -\frac{\varepsilon_{22}}{\varepsilon_{11}} = -\frac{2a - \frac{1}{3}b}{2a + \frac{2}{3}b}$$

采用 E 和 ν，可由这些方程解出 a 和 b，其结果为

$$a = \frac{1-2\nu}{6E}, \quad b = \frac{1+\nu}{E}$$

则式（4.123a）和式（4.119）变为

$$\varepsilon_{ij} = \frac{(1-2\nu)}{3E}I_1\delta_{ij} + \frac{(1+\nu)}{E}s_{ij} \qquad (4.124a)$$

$$\Omega = \frac{(1-2\nu)}{6E}I_1^2 + \frac{(1+\nu)}{E}J_2 \qquad (4.124b)$$

或利用弹性模量 E、ν、K 和 G 间的关系，可写为

$$\varepsilon_{ij} = \frac{I_1}{9K}\delta_{ij} + \frac{1}{2G}s_{ij} \qquad (4.125a)$$

$$\Omega = \frac{I_1^2}{18K} + \frac{J_2}{2G} \qquad (4.125b)$$

这些就是上述由各向同性线弹性模型中推出的表达式（见 4.5 节）。对于线弹性材料，应变能密度 W 等于余能密度 Ω。因此，上面给出的 Ω 表达式中分离的两项可从物理上进行解释，能量密度由体积能量项（$I_1^2/18K$）和剪切能量或畸变能量项（$J_2/2G$）组成，它们之间是相互独立的，静水拉力和静水压力不产生畸变，而剪切应力不产生体积改变（膨胀），在这两项间不会有交叉项或相互作用项。

【例 4.10】假定一个非线性弹性模型 Ω 函数的多项式表达式如下：

$$\Omega = aJ_2 + bJ_3 \qquad (4.126)$$

这里 a、b 为正的材料常数，且 J_2 和 J_3 为应力偏张量 s_{ij} 的不变量。

(a) 推导这个模型的本构关系；
(b) 绘出由该模型预测的简单拉伸试验的应力-应变关系（σ-ε 曲线）；
(c) 绘出简单压缩试验的应力-应变关系，并讨论其结果。

【解】(a) 利用例 4.9 推得的表达式并联立式（4.126），有

$$\frac{\partial J_2}{\partial \sigma_{ij}} = s_{ij}, \quad \frac{\partial J_3}{\partial \sigma_{ij}} = s_{ik}s_{jk} - \frac{2}{3}J_2\delta_{ij}$$

$$\frac{\partial \Omega}{\partial J_2} = a \quad \text{和} \quad \frac{\partial \Omega}{\partial J_3} = b$$

将这些表达式代入式 (4.79)，发现：

$$\varepsilon_{ij} = \frac{\partial \Omega}{\partial \sigma_{ij}} = a s_{ij} + b\left(s_{ik}s_{jk} - \frac{2}{3}J_2\delta_{ij}\right) \tag{4.127}$$

(b) 在简单拉伸试验中，惟一的非零应力分量为 $\sigma_{11} = \sigma$，故 $s_{11} = \frac{2}{3}\sigma$、$J_2 = \frac{1}{3}\sigma^2$，对于 $\varepsilon_{11} = \varepsilon$，式 (4.127) 给出为

$$\varepsilon = \frac{2}{3}a\sigma + \frac{2}{9}b\sigma^2 \tag{4.128a}$$

即拉伸应变 ε 是拉应力 σ 的不对称函数，切线模量 E_t 由 $1/E_t = d\varepsilon/d\sigma$ 给出，即

$$E_t = \frac{1}{\frac{2}{3}a + \frac{4}{9}b\sigma} \tag{4.128b}$$

由式 (4.128b) 可容易地看出，对于拉应力 σ，切线模量总是正的（因为 a 和 b 都假定为正的）。此外，式 (4.128b) 表明应变 ε 是应力的单调增函数，式 (4.128a) 的应力－应变关系画于图 4.12 (a) 中。

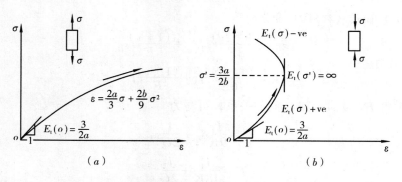

图 4.12 非线性弹性材料（例 4.10）在简单拉伸和
压缩试验中的应力－应变关系
(a) 简单拉伸 $\sigma - \varepsilon$ 曲线；(b) 简单压缩 $\sigma - \varepsilon$ 曲线

(c) 对于简单压缩试验，$\sigma_{11} = -\sigma$ 是惟一的非零应力分量，对于 $\varepsilon_{11} = -\varepsilon$，式 (4.128a, b) 分别变为

$$\varepsilon = \frac{2}{3}a\sigma - \frac{2}{9}b\sigma^2 \tag{4.128c}$$

和

$$E_t = \frac{1}{\frac{2}{3}a - \frac{4}{9}b\sigma} \tag{4.128d}$$

对于 $\sigma = \frac{3}{2}a/b$，式 (4.128d) 表明切线模量变得无穷大。当压应力 σ 增大到 $\sigma = \frac{3}{2}a/b$ 时，压应变 ε 随之增加，之后，随着 σ 的增加，应变开始减小（在压缩态下）。图 4.12 (b) 给出了这种情况的 $\sigma - \varepsilon$ 曲线，可看出，尽管应变 ε 是由应力值 σ 所惟一确定

的,但反之却未必总是对的。对于一个给定的 ε 值,可以得到两个不同的 σ 值;即结果是不惟一的。

一般来说,由任一个假设的 Ω 函数推导而来的本构关系可用应力分量惟一确定应变。但是这并不意味着总可以得到惟一逆向的本构关系(用应变分量惟一确定应力)。可以证明,同样基于假定的 W 函数得出的本构关系中存在同样的问题,应力仅由应变确定,但反之却未必正确。这说明为了满足这些惟一性要求,必须对假定的 W 和 Ω 的形式加以进一步限制。关于惟一性的要求以及它们的内涵将在 4.10 节中讨论。

4.9.2 通过改进线弹性模型得出的各向同性非线性弹性应力 - 应变关系

4.5 节中讨论的线弹性应力 - 应变关系是各向同性和可逆的。那么,很明显,如果这些关系中的弹性常数用与应力不变量或应变不变量相关的标量函数来替代,而将这些关系作简单的扩展,则扩展后的关系也具有各向同性和可逆性的性质。举例来说,与应力状态相关的标量函数可能包含三个主应力 σ_1、σ_2 和 σ_3,也同样可能包括三个独立不变量 I_1、J_2 和 J_3。所以,可以采用不同的标量函数来描述各种非线性弹性本构模型。如采用与应力不变量相关的 $F(I_1, J_2, J_3)$,或与应变不变量相关的 $F(I_1', J_2', J_3')$。当标量函数取常数值时,对应于这些模型的非线性应力 - 应变关系都简化成线性形式。

作为第一个例子,用一个由不变量 I_1、J_2 和 J_3 构成的标量函数记为 $F(I_1, J_2, J_3)$ 来代替式(4.20)线弹性形式中的杨氏模量 E 的倒数,则有

$$\varepsilon_{ij} = (1+\nu) F(I_1, J_2, J_3) \sigma_{ij} - \nu F(I_1, J_2, J_3) \sigma_{kk} \delta_{ij} \quad (4.129)$$

泊松比 ν 也可由应力不变函数来代替。

式(4.129)是各向同性弹性材料的非线性应力 - 应变关系,而当 $F(I_1, J_2, J_3)$ 取为常数($1/E$)时,它就简化为线性形式。这些方程代表了弹性(可逆)性质,因为应变状态仅由当前的应力状态惟一确定而无须考虑加载历史。

当然,对于弹性材料,在材料的平均响应与偏斜响应或剪切响应之间正好存在一个简单的且合乎逻辑的分离。特别地,可将式(4.24)和式(4.25)写为

$$\varepsilon_{kk} = (1-2\nu) F(I_1, J_2, J_3) \sigma_{kk}$$
$$e_{ij} = (1+\nu) F(I_1, J_2, J_3) s_{ij} \quad (4.130)$$

这里模量 K 和 G 用 E 和 ν 的形式表达(见表 4.1),E 的倒数由标量函数 $F(I_1, J_2, J_3)$ 代替。然而,与线弹性关系不同,方程(4.130)表明通过不变量 $I_1 = \sigma_{kk}$、$J_2 = \frac{1}{2} s_{ij} s_{ij}$ 和 $J_3 = \frac{1}{3} s_{ij} s_{jk} s_{ki}$,使标量函数 F 在量上的变化,可看出在两种响应间有着相互联系。这暗示体积改变量 ε_{kk} 并不仅仅依赖于 σ_{kk}。同样地,畸变或剪切变形 e_{ij},也不仅仅依赖于应力偏量或剪切应力 s_{ij},它们相互依赖,并通过标量函数 $F(I_1, J_2, J_3)$ 的变化相互作用。

【例 4.11】 一个初始无应力和应变的材料受有一个联合加载史作用,在 (σ, τ) 空间形成如下的连续直线路径,单位为 MPa(拉应力 σ,剪应力 τ)(见图 4.13a)

路径 1: (0, 0) 到 (0, 68.95);

路径 2: (0, 68.95) 到 (206.85, 68.95)

路径 3: (206.85, 68.95) 到 (206.85, -68.95)

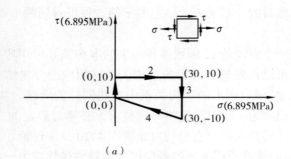

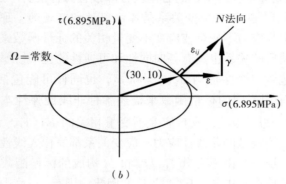

图 4.13 在 (σ, τ) 空间中非线性弹性材料的加载路径及常余能密度曲线(例 4.11)

路径 4: (206.85, -68.95) 到 (0, 0)。

假设是不可压缩的非线性弹性材料,J_2 具有单项的幂次型,即式 (4.129) 和式 (4.130) 中的标量函数 F 具有 $F(J_2) = bJ_2^m$ 的形式,其中,b 和 m 为材料常数。简单拉伸的材料的应力-应变关系为

$$10^3 \varepsilon = \left(\frac{\sigma}{10}\right)^3 \tag{4.131}$$

其中,σ 的单位是 MPa。

(a) 给出路径 2 末端的轴向拉伸应变 ε 和剪应变 γ;

(b) 找出路径 3 末端所有的正应变和剪应变分量;

(c) 画出 (σ, τ) 空间内路径 2 末端(即通过 (206.85, 68.95) 点)的常量余能密度函数 Ω 曲线。

【解】将给定的 $F(J_2)$ 表达式以及 $\nu = 1/2$ (对于不可压缩材料) 代入方程 (4.130),可得

$$\varepsilon_{ij} = e_{ij} = \frac{3}{2} F(J_2) s_{ij} = \frac{3}{2} b J_2^m s_{ij} \tag{4.132a}$$

在简单拉伸中,这个方程可简化为 $\left(J_2 = \frac{1}{3}\sigma^2\right)$

$$\varepsilon = \left(\frac{1}{3}\right)^m b \sigma^{2m+1}$$

将上式与式 (4.131) 的应力-应变关系相比较可得 $m = 1$ 和 $b = 3 \times 10^{-6}$,因此,可将式

（4.132a）化为

$$\varepsilon_{ij} = e_{ij} = \frac{9}{2} \times 10^{-6} J_2 s_{ij} \tag{4.132b}$$

(a) 路径 2 末端的 J_2 值可由当前的值 $\sigma = 206.85 \text{MPa}$，$\tau = 68.95 \text{MPa}$ 计算而来，即

$$J_2 = \frac{1}{3}\sigma^2 + \tau^2 = 19016.41$$

应变分量 ε 和 γ 可由式（4.132b）得到（$s_{11} = 20$，$s_{12} = 10$）

$$\varepsilon = \varepsilon_{11} = \frac{9}{2} \times 10^{-6}(400)(20) = 36 \times 10^{-3}$$

$$\gamma = 2\varepsilon_{12} = 2 \times \frac{9}{2} \times 10^{-6}(400)(10) = 36 \times 10^{-3}$$

(b) 在路径 3 的末端，$\sigma = 206.85$，$\tau = -68.95$，$J_2 = 19016.41$。故式（4.132b）为

$$\varepsilon_{ij} = 1.8 \times 10^{-3} s_{ij}$$

通过在路径 3 末端替换 s_{ij}，可找到在路径 3 末端的（当前）应变张量 ε_{ij}，其结果为

$$\varepsilon_{ij} = 1.8 \times 10^{-3} \begin{bmatrix} 20 & -10 & 0 \\ -10 & -10 & 0 \\ 0 & 0 & -10 \end{bmatrix}$$

$$= \begin{bmatrix} 36 & -18 & 0 \\ -18 & -18 & 0 \\ 0 & 0 & -18 \end{bmatrix} \times 10^{-3}$$

(c) 由式（4.132a）代替式（4.44）Ω 表达式中的 ε_{ij} 有

$$\Omega = \int_0^{\sigma_{ij}} \frac{3}{2} b J_2^m s_{ij} \mathrm{d}\sigma_{ij} = \int_0^{\sigma_{ij}} \frac{3}{2} b J_2^m s_{ij} \left(\mathrm{d}s_{ij} + \frac{\mathrm{d}\sigma_{kk}}{3} \delta_{ij} \right)$$

或，因 $s_{ij} \mathrm{d}s_{ij} = \mathrm{d}J_2$，以及 $s_{ii} = 0$，有

$$\Omega = \int_0^{J_2} \frac{3}{2} b J_2^m \mathrm{d}J_2 = \frac{3b}{2(m+1)} J_2^{m+1}$$

在 (σ, τ) 应力空间中，这个表达式可写为

$$\Omega = \frac{3b}{2(m+1)} \left(\frac{\sigma^2}{3} + \tau^2 \right)^{(m+1)}$$

或对于 $m = 1$ 及 $b = 3 \times 10^{-6}$ 可得

$$\Omega = \frac{9}{4} \times 10^{-6} \left(\frac{\sigma^2}{3} + \tau^2 \right)^2$$

因此，对于通过（206.85，68.95）点的余能密度 Ω 曲线可写成方程

$$\left(\frac{\sigma^2}{3} + \tau^2 \right)^2 = c \tag{4.133}$$

这里在（206.85，68.95）点常数 c 等于 160000，因此，式（4.133）代表了如图 4.13（b）中所示的（σ，τ）空间的椭圆方程。

如果也将在加载路径 2 末端 $\sigma_{ij} = (\sigma, \tau) = (206.85, 68.95)$ 处的应变矢量 $\varepsilon_{ij} = (\varepsilon, \gamma) = (36 \times 10^{-3}, 36 \times 10^{-3})$ 画在相应的应变空间的该应力点处（图 4.13（b）），那么容易证明应变矢量 ε_{ij} 在该点处垂直于余能密度 $\Omega = 160000$（常数）的曲面。在后面的 4.10 节中可以看出，式（4.79）就是一个正交性关系式（见 1.7 节）；在给定的 σ_{ij} 处，垂

直于余能密度为常数的 Ω 表面，表示对应于 σ_{ij} 的 ε_{ij} 在某种意义上讲，在每个应力轴方向上的分量与相应的应变分量成正比（图 4.13b）。正交性适用于所有的超弹性响应，无论是线性还是非线性，各向同性还是各向异性情况。它对于应力和应变关系的可能形式给出了一个非常强且重要的限制，关于这方面的详情以及其他限制和结论将在 4.10 节中给出。

作为推导各向同性非线性弹性材料本构关系的第二个例子，考虑了式（4.24）和式（4.25）线性关系的修正。体积弹性模量和剪切模量视为应力和（或）应变张量不变量的标量函数。从而将式（4.24）和式（4.25）写成

$$p = K_s \varepsilon_{kk} \tag{4.134a}$$

$$s_{ij} = 2G_s e_{ij} \tag{4.134b}$$

这里 K_s 和 G_s 就是所谓的割线体积模量和割线剪切模量。相应地，用表 4.1 中的标准关系式，可以由 K_s 和 G_s 导出 E_s 和 ν_s 的表达式。以应力和（或）应变不变量表示的 G_s 中的标量 K_s 函数形式主要是从实验数据中发展而来。在本节的后面，将对这个函数形式进一步的限制进行讨论，这些限制保证了应变能和余能密度的路径无关特性。

最近，基于式（4.134）的各种不同应力－应变模型已经广泛用于对混凝土和粒状材料的非线性有限元分析，特别是对于混凝土，许多的研究人员指出应力和应变的八面体分量（σ_{oct}、τ_{oct}、ε_{oct}、γ_{oct} 见第二、三章）给出了一系列方便的不变量，而使非线性各向同性弹性应力－应变关系式（4.134）可建立于这些不变量之上（通过回顾第二、三章，应注意八面体应力和应变分量分别与应力不变量 I_1、J_2 和应变不变量 I'_1、J'_2 相关）。在下面的例子中，方程（4.134）的应力－应变关系可分别由以 ε_{oct} 和 γ_{oct} 形式表示的 K_s 和 G_s 标量函数来确定。更进一步的例子即混凝土材料的非线性弹性应力－应变关系在《混凝土和土的本构方程》一书中的相关章节中给出。

【例 4.12】用一个由式（4.134）描述的各向同性非线性模型对混凝土单元的特性进行模拟。基于实验结果，下列是割线体积模量和剪切模量的近似表达式

$$\begin{aligned} K_s(\varepsilon_{oct}) &= K_0 \left[a(b)^{\varepsilon_{oct}/c} + d \right] \\ G_s(\gamma_{oct}) &= G_0 \left[m(q)^{-\gamma_{oct}/r} - n\gamma_{oct} + t \right] \end{aligned} \tag{4.135}$$

其中的材料常数为

$$a = 0.85, \quad b = 2.5, \quad c = 0.0014, \quad d = 0.15$$
$$m = 0.81, \quad q = 2.0, \quad r = 0.002, \quad n = 2.0, \quad t = 0.19$$

K_0 和 G_0 是初始的体积模量和剪切模量，可由初始值 $E_0 = 36.54 \times 10^6 \text{kN/m}^2$ 和 $\nu_0 = 0.15$ 计算得到。前面对于 $K_s(\varepsilon_{oct})$ 的表达式应于混凝土主要裂纹开裂前使用。因此，超过 5×10^{-6} 的体积应变 ε_{kk} 在目前的弹性模型中不予考虑。材料单元在三轴应力状态下进行测试。应变状态的结果为

$$\varepsilon_{ij} = 10^{-4} \begin{bmatrix} -30 & 0 & 0 \\ 0 & -18 & 0 \\ 0 & 0 & -12 \end{bmatrix} \tag{4.136}$$

(a) 决定相应于给定的应变状态的应力状态 σ_{ij}；

(b) 推导以式（4.135）材料常数形式表达的应变能密度 W，找出给定应变状态的 W 和 Ω 值。

【解】（a）使用表 4.1，计算初始体积和剪切模量

$$K_0 = \frac{E_0}{3(1-2\nu_0)} = 17.40 \times 10^6 \text{kN/m}^2$$

$$G_0 = \frac{E_0}{2(1+\nu_0)} = 15.89 \times 10^6 \text{kN/m}^2$$

式（4.136）中应变状态 ε_{oct} 和 γ_{oct} 的值可利用第三章中的关系得到。结果为

$$\varepsilon_{oct} = -20 \times 10^{-4} \quad \text{和} \quad \gamma_{oct} = 14.97 \times 10^{-4}$$

将它和所有的材料常数代入式（4.135），可得割线模量。

$$K_s = 17.40 \times 10^6 [0.85(2.5)^{-1.429} + 0.15]$$
$$= 6.62 \times 10^6 \text{kN/m}^2$$
$$G_s = 15.89 \times 10^6 [0.81(2)^{-0.749} - 2(14.97 \times 10^{-4}) + 0.19]$$
$$= 10.62 \times 10^6 \text{kN/m}^2$$

考虑到式（4.134），应力分量 σ_{ij} 为

$$\sigma_{ij} = s_{ij} + p\delta_{ij} = 2G_s e_{ij} + K_s \varepsilon_{kk} \delta_{ij} \tag{4.137a}$$

或代入 $e_{ij} = \varepsilon_{ij} - (\varepsilon_{kk}/3)\delta_{ij}$，有

$$\sigma_{ij} = 2G_s \varepsilon_{ij} + \left(K_s - \frac{2}{3}G_s\right)\varepsilon_{kk}\delta_{ij} \tag{4.137b}$$

代入合适的 G_s、K_s 和应变分量值可得

$$\sigma_{ij} = \begin{bmatrix} -60952 & 0 & 0 \\ 0 & -35468 & 0 \\ 0 & 0 & -22726 \end{bmatrix} (\text{kN/m}^2) \tag{4.137c}$$

（b）将式（4.137a）代换 σ_{ij}，并将 $d\varepsilon_{ij} = de_{ij} + (d\varepsilon_{kk}/3)\delta_{ij}$ 代入式（4.86），可将 W 写成

$$W = \int_0^{\varepsilon_{ij}} (2G_s e_{ij} + K_s \varepsilon_{kk} \delta_{ij}) \left(de_{ij} + \frac{d\varepsilon_{kk}}{3}\delta_{ij}\right)$$

或

$$W = \int_0^{J_2'} 2G_s dJ_2' + \int_0^{I_1'} K_s I_1' dI_1'$$

这里要用到 $dJ_2' = e_{ij}de_{ij}$、$d\varepsilon_{kk} = dI_1'$、$e_{ii} = de_{ii} = 0$ 和 $\delta_{ii} = 3$ 等关系式。

因为 $I_1' = 3\varepsilon_{oct}$、$J_2' = \frac{3}{8}\gamma_{oct}^2$（见第三章），$W$ 可以写成

$$W = \int_0^{\gamma_{oct}} \frac{3}{2} G_s \gamma_{oct} d\gamma_{oct} + \int_0^{\varepsilon_{oct}} 9K_s \varepsilon_{oct} d\varepsilon_{oct}$$

可看出，这些积分是与路径无关的，因为 G_s 仅为 γ_{oct} 的函数，而 K_s 仅为 ε_{oct} 的函数，所以 W 的值仅依靠 γ_{oct} 和 ε_{oct} 的当前值。

将式（4.135）中的 G_s 和 K_s 代入上面 W 的方程式并计算定积分，可以证明最终结果为

$$W = \frac{3}{2}G_0\left\{\left(\frac{-mr}{\ln q}\right)\left(\gamma_{oct} + \frac{r}{\ln q}\right)q^{-\gamma_{oct}/r} + m\left(\frac{r}{\ln q}\right)^2 - \frac{1}{3}n\gamma_{oct}^3 + \frac{1}{2}t\gamma_{oct}^2\right\}$$
$$+ 9K_0\left\{\left(\frac{ac}{\ln b}\right)\left(\varepsilon_{oct} - \frac{c}{\ln b}\right)b^{\varepsilon_{oct}/c} + a\left(\frac{c}{\ln b}\right)^2 + \frac{1}{2}d\varepsilon_{oct}^2\right\}$$

代入 $\varepsilon_{oct}=-20\times10^{-4}$，$\gamma_{oct}=14.97\times10^{-4}$ 以及所给材料常数，最后得到

$$W=1.85\times10^{5}\text{N}\cdot\text{m}/\text{m}^{3}$$

因为

$$\sigma_{ij}\varepsilon_{ij}=(-60952)(-30\times10^{-4})+(-35468)(-18\times10^{-4})$$
$$+(-22726)(-12\times10^{-4})=2.74\times10^{5}\text{N}\cdot\text{m}/\text{m}^{3}$$

从式（4.80）有

$$\Omega=\sigma_{ij}\varepsilon_{ij}-W=8.85\times10^{4}\text{N}\cdot\text{m}/\text{m}^{3}$$

4.9.3 针对与路径无关的 W 和 Ω，强加于非线性弹性模量函数形式上的限制

从理论上说，应力和（或）应变不变量的任何标量函数都可用于上述讨论的各向同性非线性弹性模型中。显然，在这个基础上推导的本构模型具有 Cauchy 弹性类型，应变状态仅由当前应力所决定，反之亦然。例如，对于任何一个给定的应力状态 σ_{ij}，$F(I_{1},J_{2},J_{3})$ 的值和由此而得式（4.129）中的应变分量 ε_{ij} 都可惟一确定，而不需要考虑加载路径。然而，这并不意味着由那些应力-应变关系计算而得的 W 和 Ω 也是与路径无关的。为了确保 W 和 Ω 的路径无关性，特定的限制就必须附加在所选择的标量函数上，这也随之保证了热力学定律总是满足的，也就是说，在任何加载-卸载循环中不产生能量。

考虑到式（4.137）的应力-应变关系，假定 K_s 和 G_s 为用不变量 I'_1、J'_2 和 J'_3 表示的一般函数 $K_s(I'_1,J'_2,J'_3)$ 和 $G_s(I'_1,J'_2,J'_3)$。在这种情况下 W 表达式（见例 4.12）为

$$W=\int_{0}^{\varepsilon_{ij}}\sigma_{ij}\text{d}\varepsilon_{ij}=\int_{0}^{J'_2}2G_s(I'_1,J'_2,J'_3)\text{d}J'_2$$
$$+\int_{0}^{I'_1}\frac{1}{2}K_s(I'_1,J'_2,J'_3)\text{d}(I'_1)^{2} \quad (4.138)$$

其中 $\text{d}(I'_1)^2=2I'_1\text{d}I'_1$。

类似地，如果 K_s 和 G_s 当作应力不变量 I_1、J_2 和 J_3 的函数，则 Ω 可给出为

$$\Omega=\int_{0}^{\sigma_{ij}}\varepsilon_{ij}\text{d}\sigma_{ij}=\int_{0}^{J_2}\frac{\text{d}J_2}{2G_s(I_1,J_2,J_3)}+\int_{0}^{I_1}\frac{\text{d}(I_1)^2}{18K_s(I_1,J_2,J_3)} \quad (4.139)$$

正如前面看到的那样，为了使 W 与路径无关，式（4.138）中的积分，必须仅与 I'_1 和 J'_2 的当前值相关。如果模量 K_s 和 G_s 为如下表达式，那么这一点总是可以满足的。

$$K_s=K_s(I'_1)$$
$$G_s=G_s(J'_2) \quad (4.140a)$$

但是，因为 I'_1 和 J'_2 是与 ε_{oct} 和 γ_{oct} 相关的，故式（4.140a）也可用下列替代形式

$$K_s=K_s(\varepsilon_{oct})$$
$$G_s=G_s(\gamma_{oct}) \quad (4.140b)$$

同样地，为了满足式（4.139）中 Ω 的路径无关要求，K_s 和 G_s 分别当作仅是 I_1 和 J_2 的函数，即

$$K_s=K_s(I_1)$$
$$G_s=G_s(J_2) \quad (4.141a)$$

或用八面体应力分量

$$K_s = K_s(\sigma_{oct})$$
$$G_s = G_s(\tau_{oct})$$
(4.141b)

此外，应该像 4.5 节中的关系式（4.29）给出的那样，K_s 和 G_s 是正的，因此，式（4.138）和式（4.139）中的积分也总是正的（因为 $I_1'^2$ 和 J_2 是正的），这也确保了 W 和 Ω 总是正定的，这里应指出的是，对于 W 和 Ω 的正定性要求是作为热力学定律的推论而独立建立起来的。

当用例 4.11 中的标量函数 $F(J_2)$ 代替杨氏模量 E 的倒数时，选择 $\nu = \frac{1}{2}$（不可压缩性）的原因可看成与上面关于对 Ω 路径无关条件的讨论是一致的。如果 ν 不等于 $1/2$，则 Ω 应表达成下式

$$\Omega = \int_0^{J_2} (1+\nu) F(J_2) \, dJ_2 + \int_0^{I_1} \frac{(1-2\nu)}{6} F(J_2) \, d(I_1)^2$$

除非取 ν 等于 $1/2$，否则上述表达式中的第 2 个积分是与路径有关的。

评　　述

选择式（4.140）或式（4.141）中的函数形式是最简单和最明确的事。然而，基于纯数学的方法，尽管没有太大的实用性，但可得到更一般的表达式。众所周知，为了使 W 和 Ω 与路径无关，式（4.138）和式（4.139）中的被积函数应为全微分。首先，这规定了 K_s 和 G_s 对第三不变量 J_3 或 J_3' 的依赖性；其次，如果 K_s 和 G_s 作为 I_1 和 J_2（或 I_1' 和 J_2'）的函数，则必须满足某特定条件。举例来说，应考虑到式（4.138）中 W 的表达式，为了保证被积函数是全微分的，条件

$$\frac{2}{I_1'} \frac{\partial G_s}{\partial I_1'} = \frac{\partial K_s}{\partial J_2'}$$

必须满足。

类似地，当 K_s 和 G_s 以 I_1 和 J_2 表达时，式（4.139）中的被积函数为全微分的条件为

$$\frac{9}{2G_s^2} \frac{\partial G_s}{\partial I_1} = \frac{I_1}{K_s^2} \frac{\partial K_s}{\partial J_2}$$

注意到当 K_s 和 G_s 分别仅为 I_1（或 I_1'）和 J_2（或 J_2'）的函数时，上列条件是自动满足的。

但是，在实际应用中，这些条件在选择割线模量的形式以适合可提供的实验数据方面设置了严格的限制，故表达式（4.140）或（4.141）在实际中是最经常使用的。

4.10　弹性固体的惟一性、稳定性、正交性和外凸性

对于任何令人满意的描述材料力学性能的数学理论来说，都应具有的特点是对于结构问题由理论所获得的解是惟一的，并显示出稳定的平衡形式。对于大多数实际物理问题来

说，这些特点通常都是所期望的。但是，必须意识到如果真实的物体以不惟一的方式变形，或假设为不稳定的平衡形式，则材料的数学模型怎么也不能使解具有惟一性和稳定性。

下面，将讨论解的惟一性和稳定性要求以及它们在弹性材料中涉及的内容。

4.10.1 惟一性

假定一个弹性体的体积为 V，表面积为 A，指定表面拉应力的表面积记作 A_T，指定表面位移的面积记为 A_u（见图4.6）。当体力 F 和面力 T_i 作用于物体上时，产生的应力、应变和位移分别为 σ_{ij}、ε_{ij} 和 u_i。现假定我们对所施加的力和位移作一些小变化，这些变化是由 A_T 上的增量 dT_i、V 中的 dF_i 和 A_u 上的 du_i 来表征。那么问题是研究所产生的应力和应变增量 $d\sigma_{ij}$ 和 $d\varepsilon_{ij}$ 是否由所施加的力和位移增量 dT_i、dF_i 和 du_i 惟一决定。如果不是，则一定存在至少两个相对于所施加变化 dT_i、dF_i 和 du_i 的解。这两个解记为（a）和（b）：解（a）由增量 $d\sigma_{ij}^a$ 和 $d\varepsilon_{ij}^a$ 表示，解（b）由增量 $d\sigma_{ij}^b$，$d\varepsilon_{ij}^b$ 表示。

每一个解都满足平衡和协调（几何）要求。即 dT_i、dF_i 和 $d\sigma_{ij}^a$ 构成一个平衡组，而 du_i 和 $d\varepsilon_{ij}^a$ 构成一个协调组。类似地，dT_i、dF_i 和 $d\sigma_{ij}^b$ 在静态上是容许的，du_i 和 $d\varepsilon_{ij}^b$ 在动态上是容许的。由于平衡方程（4.1）具有线性特点，解（a）和（b）两个静态容许组之间的差别也是静态容许的，即相应于 A_T 上的零表面力和 V 中的零体力组 $(d\sigma_{ij}^a - d\sigma_{ij}^b)$ 是一个平衡组。类似地，由于应变-位移关系（式4.2b）具有线性特点，应变 $(d\varepsilon_{ij}^a - d\varepsilon_{ij}^b)$ 和在 A_u 上位移 $(du_i^a - du_i^b)$ 为零，是动态容许的，因此可构成一个协调组，将虚功原理式（4.53）应用到这两个"差别"组上，可得

$$0 = \int_V (d\sigma_{ij}^a - d\sigma_{ij}^b)(d\varepsilon_{ij}^a - d\varepsilon_{ij}^b) dV \qquad (4.142)$$

因为，在 A_T 上 $(dT_i^a - dT_i^b) = 0$，在 A_u 上 $(du_i^a - du_i^b) = 0$，在 V 中 $(dF_i^a - dF_i^b) = 0$。

如果可证明式（4.142）中的被积函数是正定的，则惟一性就被证明了。作为一个例子，考虑处于线性超弹性材料的情况，如将应力和应变状态的"差别"分别以 $d\sigma_{ij}'$ 和 $d\varepsilon_{ij}'$ 表示，即

$$d\sigma_{ij}' = d\sigma_{ij}^a - d\sigma_{ij}^b \qquad (4.143)$$
$$d\varepsilon_{ij}' = d\varepsilon_{ij}^a - d\varepsilon_{ij}^b$$

则式（4.7）的本构关系给出为

$$d\sigma_{ij}' = C_{ijkl} d\varepsilon_{kl}' \qquad (4.144)$$

将这个关系代入式（4.142），结果为

$$\int_V C_{ijkl} d\varepsilon_{kl}' d\varepsilon_{ij}' dV = 0 \qquad (4.145)$$

式（4.145）中的被积函数是正定的二次式，这是因为在不等式（4.29）的限制下，对称张量 C_{ijkl} 中的弹性系数行列式总是正的。所以式（4.145）中的积分仅当 $d\varepsilon_{ij}' = 0$ 时为零，即 $d\varepsilon_{ij}^a = d\varepsilon_{ij}^b$。此外，从式（4.144）的本构关系得出 $d\sigma_{ij}' = 0$，即 $d\sigma_{ij}^a = d\sigma_{ij}^b$；故惟一性得证，并且在物体的每个点上仅可能有一个值，要么是 $d\sigma_{ij}$，要么是 $d\varepsilon_{ij}$。

对于前面章节所述的不同种类的非线性弹性固体，为了证明式（4.142）中被积函数

的正定性，就必须附加一些限制。这促使我们下面要考虑 Drucker 的材料稳定性假设（Drucker）。将可以看到，这个假设为惟一性的证明提供了充分条件。

4.10.2 稳定性假设

考虑如图 4.14（a）所示的材料的体积为 V，表面积为 A，所施加的面力和体力分别记为 T_i 和 F_i，相应引起的位移、应力和应变分别为 u_i、σ_{ij} 和 ε_{ij}，这个力、应力、位移和应变共存的系统，既满足平衡条件，也满足协调条件（几何条件）。

现在考虑一个外力系作用，其完全不同于导致现存应力 σ_{ij} 和应变 ε_{ij} 状态的力系，这个外力系作用施加有附加的面力 $\dot{T}_i$ 和体力 $\dot{F}_i$，对如图 4.14（b）所示的物体将产生由应力 $\dot{\sigma}_{ij}$、应变 $\dot{\varepsilon}_{ij}$ 和位移 $\dot{u}_i$ 组成的附加组。

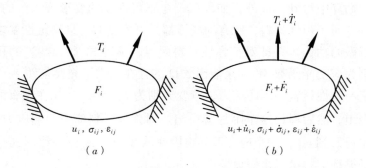

图 4.14 外加力系作用和 Drucker 的稳定性假设
（a）现存系统；（b）现存系统和外加力系作用

稳定的材料定义为满足下列条件（即所谓的 Drucker 稳定性假设）的材料：

（1）在施加附加外力组期间，外加力系作用在其产生的位移改变量上所做的功为正的；

（2）在施加和卸下附加外力系的循环中，附加外力系在其产生的位移改变量上做的净功是非负值。

应强调的是这里指的功仅仅是附加力 $\dot{T}_i$ 和 $\dot{F}_i$ 在其产生的位移 u_i 的"改变量"上做的功，而不是全部力于 $\dot{u}_i$ 上做的功。数学上这两个稳定性要求可表达为

$$\int_A \dot{T}_i \dot{u}_i dA + \int_V \dot{F}_i \dot{u}_i dV > 0 \tag{4.146}$$

$$\oint_A \dot{T}_i \dot{u}_i dA + \oint_V \dot{F}_i \dot{u}_i dV \geqslant 0 \tag{4.147}$$

式中，$\oint$ 指在整个力和应力的附加组施加和卸载的整个循环上的积分。

式（4.146）为第一假设，称为小范围稳定性，而第二假设称为循环稳定性。注意到这些稳定性要求比热力学定律附加了更多的限制，因为热力学定律仅仅要求（已存在）总力 F_i 和 T_i 在 $\dot{u}_i$ 上做的功为非负即可。

对"附加"平衡组 $\dot{F}_i$，$\dot{T}_i$ 和 $\dot{\sigma}_{ij}$ 以及相应的协调组 $\dot{u}_i$ 和 $\dot{\varepsilon}_{ij}$ 应用虚功原理，式（4.146）和式（4.147）中的稳定性条件能简化成下面的不等式（V 是一个任意体积）：

小范围稳定性：
$$\dot{\sigma}_{ij}\dot{\varepsilon}_{ij}>0 \tag{4.148}$$

循环稳定性：
$$\oint \dot{\sigma}_{ij}\dot{\varepsilon}_{ij}\geqslant 0 \tag{4.149}$$

其中，$\oint$ 是指在附加应力组 $\dot{\sigma}_{ij}$ 的一个加载、卸载循环上的积分。

W 和 Ω 的存在性

根据稳定材料的概念，有用的净能量不能从材料和作用其上的力系在一次施加、卸除附加力及位移的循环中得到。此外，如果仅产生不可恢复的变形（永久的或塑性），则必须有能量的输入。对于弹性材料，所有的变形都是可恢复的，且稳定性要求外部作用于这样一个循环中所做的功为零，即对于弹性材料而言，不等式（4.149）的积分总为零。可以证明，这分别为应变能函数 W 和余能函数 Ω 的存在提供了充要条件。

例如，假定一弹性材料体内的应力、应变分别为 σ_{ij}^{*} 和 ε_{ij}^{*}。先在现有的应力状态上施加一个附加应力组，然后释放这个附加应力组。对弹性材料而言，当应力状态返回到 σ_{ij}^{*} 时，应变状态也返回到 ε_{ij}^{*}；一个应变循环也因此从开始于 ε_{ij}^{*} 到最终回到 ε_{ij}^{*} 而完成一个循环。在这样一个循环上，第二个假设要求：

$$\oint (\sigma_{ij}-\sigma_{ij}^{*})\,\mathrm{d}\varepsilon_{ij}=0$$

这是因为没有永久（塑性）应变发生。在选择无应力和无应变的初始状态时，有

$$\oint \sigma_{ij}\mathrm{d}\varepsilon_{ij}=0 \tag{4.150}$$

不管在整个循环中的路径如何，上式必须是成立。因此，式（4.150）中的被积函数必须是一个全微分，这导致了把弹性应变能密度 W 考虑成仅为应变的函数，即

$$W(\varepsilon_{ij})=\int_{0}^{\varepsilon_{ij}}\sigma_{ij}\mathrm{d}\varepsilon_{ij} \quad 和 \quad \sigma_{ij}=\frac{\partial W}{\partial \varepsilon_{ij}}$$

这和以前在 4.7 节中推导的关系式相同。

类似地，无须详细讨论，可证明第二稳定性假设将导致弹性余能密度 Ω 的存在，且 Ω 仅为应力的函数，如前面 4.7 节中所给出的一样。

不仅第二稳定性假设保证了 W 和 Ω 的存在，而且后面我们还会看到，第一假设也能确保对任何基于假设的 W（或 Ω）函数的弹性本构关系模型，我们总可以得到一个惟一的逆本构关系。

稳定性假设和应力-应变的惟一可逆关系间的密切联系用图 4.15 中的 $\sigma-\varepsilon$ 轴曲线来表达是最好的。在这幅图中的 (a) ~ (c) 中，应力 σ 仅由应变 ε 所惟一确定，反过来也是正确的，一个附加应力 $\dot{\sigma}>0$ 产生的附加应变 $\dot{\varepsilon}>0$，以及乘积 $\dot{\sigma}\dot{\varepsilon}>0$。即附加应力 $\dot{\sigma}$ 做正功，这种正功在图中用阴影三角形来表示。从 Drucker 的观点来看，这一类材料的性质是稳定的。

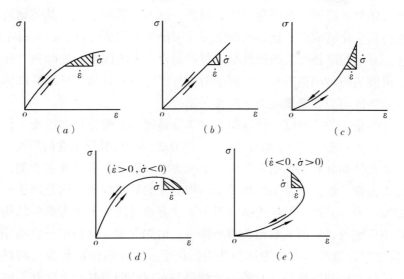

图 4.15 弹性材料的稳定和非稳定应力-应变曲线
(a)、(b)、(c) 稳定材料,$\dot{\sigma}\dot{\varepsilon}>0$；(d)、(e) 非稳定材料 $\dot{\sigma}\dot{\varepsilon}<0$

在图 (d) 中，变形曲线有一个下降段，应变随应力的降低而增加。尽管应力 σ 惟一由应变 ε 所决定，但反过来并不总是正确的。在下降段，附加应力做负功，也就是 $\dot{\sigma}\dot{\varepsilon}<0$，这样的一个应变软化特性是不稳定的。

在图 (e) 中，应变随应力的增加而降低，故应力 σ 不能仅由应变值来决定，并且 $\dot{\sigma}\dot{\varepsilon}<0$，材料是不稳定的，在力学概念上，这种情况是与热力学准则相矛盾的，因为它允许"自由"提取有用功。

基于稳定性假设的惟一性证明

另一方面，结合在 4.1.1 节开头的弹性解法的惟一性，考虑所讨论的 (a)、(b) 两种解法，应力状态 $(d\sigma_{ij}^a - d\sigma_{ij}^b)$ 的"差异"可看作是外力造成的，同时外力也产生了相应的应变 $(d\varepsilon_{ij}^a - d\varepsilon_{ij}^b)$。那么基本的稳定性假设不等式 (4.148) 给出为

$$(d\sigma_{ij}^a - d\sigma_{ij}^b)(d\varepsilon_{ij}^a - d\varepsilon_{ij}^b) > 0 \tag{4.151}$$

即式 (4.142) 中的被积函数总是正的。因此，式 (4.142) 的积分当且仅当被积函数在物体的每一点上都为零时才能是零。所以

$$(d\sigma_{ij}^a - d\sigma_{ij}^b)(d\varepsilon_{ij}^a - d\varepsilon_{ij}^b) = 0 \tag{4.152}$$

当 $d\sigma_{ij}^a = d\sigma_{ij}^b$ 或 $d\varepsilon_{ij}^a = d\varepsilon_{ij}^b$ 时上式成立，但是对于稳定的弹性材料而言，应力（或应变）状态仅由应变（或应力）状态惟一决定。因此，$d\sigma_{ij}^a = d\sigma_{ij}^b$ 即暗示 $d\varepsilon_{ij}^a = d\varepsilon_{ij}^b$ 以及惟一性成立。

上述证明保证了满足 Drucker 稳定性假设的弹性材料在增量意义上的惟一性（小范围惟一性）。可以证明，只要当前值（荷载、位移、应力和应变）为已知，则对应于施加荷载和附加位移的增量变化，应力场和应变场的变化可惟一确定。在施加了增量后，现有值

就要改变,并且随之解决下一个增量问题。因此,解出一系列增量荷载问题后,就能决定材料体对有限荷载变化的响应。故小范围惟一性引出大范围惟一性,因为每个增量步将产生一个惟一解。对于与路径无关的弹性稳定材料而言,大范围惟一性的独立证明就可以成立。但是,这里概述的对小范围稳定性的证明更有广泛性并且能容易地扩展到路径相关本构关系模型(如塑性模型和增量应力 – 应变关系)。

应引起注意的是,前面的惟一性证明成立部分是因为平衡方程和应变 – 位移关系即式(4.1)和式(4.2a)(暗示利用了虚功方程),部分是因为材料稳定性的假设,这样就很方便去区分几何稳定性和材料稳定性了。由于平衡方程和运动方程是非线性的,在一个真实结构中,可能失去惟一性,最常见的例子是结构单元的屈曲现象,这是由于几何变化导致非线性平衡方程。另一方面,线性平衡方程和运动方程可能用于被考虑的结构,而其材料本质上可能是不稳定的,从而其解也变得不惟一。诸如混凝土材料和一些土在特定条件下(例如,处于应变软化阶段)可作为这种性质的例子。早先所作诸假设(材料稳定性假设和平衡方程与运动方程的线性特性)的一个结果是在这些假设基础上而获得的解总是稳定和惟一的,这避免了在数值计算中可能遇到的诸多困难。

4.10.3 材料的稳定性假设在弹性本构关系方面的限制—正交性和外凸性

如前面所讨论,对于弹性材料,第二稳定性假设意指本构关系总是式(4.74)和式(4.79)所描述的 Green(超弹性)型。而且,这些关系还必须满足第一稳定性的要求,即不等式(4.148),其对本构方程的一般形式施加附加条件。

考虑式(4.74)的本构关系,应力增量的分量 $\dot{\sigma}_{ij}$ 通过微分以应变增量 $\dot{\varepsilon}_{ij}$ 来表示,即

$$\dot{\sigma}_{ij} = \frac{\partial \sigma_{ij}}{\partial \varepsilon_{kl}} \dot{\varepsilon}_{kl} = \frac{\partial^2 W}{\partial \varepsilon_{ij} \partial \varepsilon_{kl}} \dot{\varepsilon}_{kl} \tag{4.153}$$

用该式的 $\dot{\sigma}_{ij}$ 代入稳定性条件式(4.148),可得

$$\frac{\partial^2 W}{\partial \varepsilon_{ij} \partial \varepsilon_{kl}} \dot{\varepsilon}_{ij} \dot{\varepsilon}_{kl} > 0 \tag{4.154a}$$

即二次项形式 $(\partial^2 W / \partial \varepsilon_{ij} \partial \varepsilon_{kl}) \dot{\varepsilon}_{kl} \dot{\varepsilon}_{ij}$ 必须对任意的 $\dot{\varepsilon}_{ij}$ 分量值都是正定的。不等式(4.153a)可以用另一种方便的形式重写为

$$H_{ijkl} \dot{\varepsilon}_{ij} \dot{\varepsilon}_{kl} > 0 \tag{4.154b}$$

这里,H_{ijkl} 是一个四阶张量,为

$$H_{ijkl} = \frac{\partial^2 W}{\partial \varepsilon_{ij} \partial \varepsilon_{kl}} \tag{4.155}$$

很容易从式(4.154)中所见,张量 H_{ijkl} 满足对称条件(ε_{ij} 是对称的)

$$H_{ijkl} = H_{jikl} = H_{ijlk} = H_{ijlk} = H_{klij}$$

因此,在 H_{ijkl} 中仅有 21 个独立元素。

在数学上,$H_{ijkl} = \partial^2 W / \partial \varepsilon_{ij} \partial \varepsilon_{kl}$ 的分量的矩阵为所谓的 W 函数的 Hessian 矩阵。当 ε_{ij} 采用式(4.31)中所定义的带有 6 个分量的矢量形式表示时,W 的 Hessian 矩阵的元素写为

$$[H] = \begin{bmatrix} \dfrac{\partial^2 W}{\partial \varepsilon_x^2} & \dfrac{\partial^2 W}{\partial \varepsilon_x \partial \varepsilon_y} & \dfrac{\partial^2 W}{\partial \varepsilon_x \partial \varepsilon_z} & \dfrac{\partial^2 W}{\partial \varepsilon_x \partial \gamma_{xy}} & \dfrac{\partial^2 W}{\partial \varepsilon_x \partial \gamma_{yz}} & \dfrac{\partial^2 W}{\partial \varepsilon_x \partial \gamma_{zx}} \\ & \dfrac{\partial^2 W}{\partial \varepsilon_y^2} & \dfrac{\partial^2 W}{\partial \varepsilon_y \partial \varepsilon_z} & \dfrac{\partial^2 W}{\partial \varepsilon_y \partial \gamma_{xy}} & \dfrac{\partial^2 W}{\partial \varepsilon_y \partial \gamma_{yz}} & \dfrac{\partial^2 W}{\partial \varepsilon_y \partial \gamma_{zx}} \\ & & \dfrac{\partial^2 W}{\partial \varepsilon_z^2} & \dfrac{\partial^2 W}{\partial \varepsilon_z \partial \gamma_{xy}} & \dfrac{\partial^2 W}{\partial \varepsilon_z \partial \gamma_{yz}} & \dfrac{\partial^2 W}{\partial \varepsilon_z \partial \gamma_{zx}} \\ & \text{对称} & & \dfrac{\partial^2 W}{\partial \gamma_{xy}^2} & \dfrac{\partial^2 W}{\partial \gamma_{xy} \partial \gamma_{yz}} & \dfrac{\partial^2 W}{\partial \gamma_{xy} \partial \gamma_{zx}} \\ & & & & \dfrac{\partial^2 W}{\partial \gamma_{yz}^2} & \dfrac{\partial^2 W}{\partial \gamma_{yz} \partial \gamma_{zx}} \\ & & & & & \dfrac{\partial^2 W}{\partial \gamma_{zx}^2} \end{bmatrix} \quad (4.156)$$

条件式（4.154b）要求 $[H]$ 必须是正定的。

另一方面，不等式（4.148）能用 Ω 和 σ_{ij} 写出。故用式（4.79）并遵循类似上述的程序，最终可得

$$H'_{ijkl} \dot{\sigma}_{ij} \dot{\sigma}_{kl} > 0 \quad (4.157)$$

其中

$$H'_{ijkl} = \frac{\partial^2 \Omega}{\partial \sigma_{ij} \partial \sigma_{kl}} \quad (4.158)$$

对于 Ω 的 Hessian 矩阵的元素和式（4.156）对 W 的矩阵中的元素具有完全相同的形式，只是 W、ε 和 γ 分别用 Ω、σ 和 τ 代替之。

Drucker 材料稳定性假设所施加的限制以及它们的影响现总结如下：

（1）应变能函数 W 和余能函数 Ω 存在且总是正定的。这一点可分别由它们的 Hessian 矩阵 $[H]$ 和 $[H']$ 的正定性中直接推导出来，并且符合热力学准则的要求。

（2）此外，$[H]$ 和 $[H']$ 的正定性保证了本构关系总是存在惟一可逆关系，即对于任何一个基于假设的 W 函数的本构关系 $\sigma_{ij} = F(\varepsilon_{ij})$，总可以找到一个惟一可逆的关系 $\varepsilon_{ij} = F'(\sigma_{ij})$。

（3）在应变和应力空间中，分别对应于常数 W 和 Ω 的表面都是外凸的。这可以由下面的数学推导来证明。在九维应力空间中考虑两个不同的应力矢量 σ_{ij}^a 和 σ_{ij}^b，差值 $\Omega(\sigma_{ij}^b) - \Omega(\sigma_{ij}^a)$ 可以由一个 Taylor 级数展开（忽略高阶项）近似为

$$\Omega(\sigma_{ij}^b) - \Omega(\sigma_{ij}^a) = \left(\frac{\partial \Omega}{\partial \sigma_{ij}}\right)_{\sigma_{ij}^a} \Delta \sigma_{ij} + \frac{1}{2} [H'_{ijkl}]_{\sigma_{ij}^a} \Delta \sigma_{ij} \Delta \sigma_{kl} \quad (4.159)$$

其中 $\Delta \sigma_{ij} = (\sigma_{ij}^b - \sigma_{ij}^a)$。

$[H'_{ijkl}]_{\sigma_{ij}^a}$ 是以 σ_{ij}^a 计算的 Ω 的 Hessian 矩阵。

式（4.159）的右边第二项为正定的，即式（4.157）。故可以写成

$$\Omega(\sigma_{ij}^b) - \Omega(\sigma_{ij}^a) > \left(\frac{\partial \Omega}{\partial \sigma_{ij}}\right)_{\sigma_{ij}^a} (\sigma_{ij}^b - \sigma_{ij}^a) \quad (4.160)$$

这就是 $\Omega(\sigma_{ij}^a)$ 严格外凸性的条件。同样地，$W(\varepsilon_{ij})$ 的外凸性条件也能证明。在

本节的后面，将推出一个关于 Ω 的外凸性的详细讨论及其基于稳定性假设的图解证明。

正 交 性

在我们熟悉的二维或三维笛卡尔直角坐标系空间中，函数 $f(x_i)$ 等于常数正交的含义在图 4.16 中给予了说明，在任何点 x_i 处垂直于 f 为常数的曲线（或曲面）的外法线是一个垂直于切线或切面的矢量 N（或 N_i）。在任意点 x_i 处 f 的梯度 ∇f 或 $\partial f/\partial x_i$ 是在常数 f（1.7 节）的表面的垂直方向上。因此，矢量 N_i 正比于 $\partial f/\partial x_i$，即

$$\frac{N_i}{N_j}=\frac{\partial f/\partial x_i}{\partial f/\partial x_j} \quad 对于\ i, j=1, 2, 3 \tag{4.161}$$

类似地，式（4.79）和式（4.161）一样是一个正交关系式。在给定点 σ_{ij}，常数 Ω 曲面的外法线表示相应于 σ_{ij} 的应变矢量 ε_{ij}。这时，σ_{ij} 在应力坐标轴方向上的每个分量与相应的应变分量成正比。在图 4.17 中，余能密度 Ω = 常数的曲面在九维应力空间中用符号表示，在这一空间中应力 σ_{ij} 的状态由一个点来代表，对应于应力 σ_{ij} 的 ε_{ij} 分量在应力空间中（ε_{11} 作为 σ_{11} 方向上的分量等）绘制成为一个自由矢量，其原点在应力点 σ_{ij}，这个自由矢

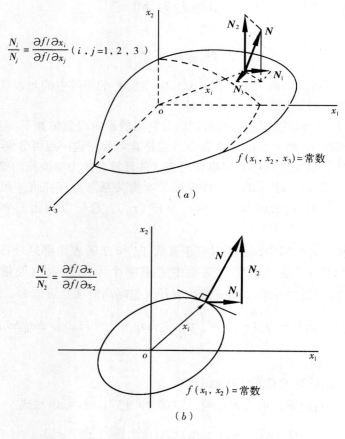

图 4.16　二维和三维空间中 f 的梯度 ($\partial f/\partial x_i$)
对 f 为常数的表面的正交性

量总是在相应的应力点 σ_{ij} 处余能密度垂直于 Ω = 常数的表面。

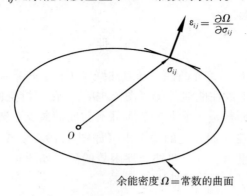

图 4.17 在一般九维应力空间，ε_{ij} 对余能
密度 Ω = 常数的曲面的正交性

正交性对于应力和应变关系的可能形式给出了一个非常强且重要的限制，举例来说，假设余能密度仅为 J_2 的函数，$\Omega = \Omega(J_2)$，那么，基于式（4.79）的正交性条件，得：

$$\varepsilon_{ij} = \frac{\partial \Omega}{\partial \sigma_{ij}} = \frac{\partial \Omega}{\partial J_2} \frac{\partial J_2}{\partial \sigma_{ij}} = F(J_2) s_{ij} \tag{4.162}$$

上式指出了在这种情况下，体积应变总是零。因此，在使用本构方程（4.129），当 F 仅为 J_2 的函数时，必须选择 $\nu = \frac{1}{2}$（不可压缩性）来满足正交性条件。

由于 σ_{ij} 和 ε_{ij} 的对称性，在六维应力空间中作功与在九维空间中作功同样是允许的（和更方便）使用，对六维应力空间 σ_x、σ_y、σ_z、τ_{xy}、τ_{yz} 和 τ_{zx} 的正应变矢量用 ε_x、ε_y、ε_z、γ_{xy}、γ_{yz} 和 γ_{zx} 表示。在这种情况下，正交条件为

$$\varepsilon_x = \frac{\partial \Omega}{\partial \sigma_x}, \quad \gamma_{xy} = \frac{\partial \Omega}{\partial \tau_{xy}} \tag{4.163}$$

其中，Ω 是以 6 个独立的应力分量来表示的。当然，在大部分时间里，处理应力非零分量较少和使用一个六维的子空间。例如，对于各向同性线弹性材料，图 4.18 所示分别代表

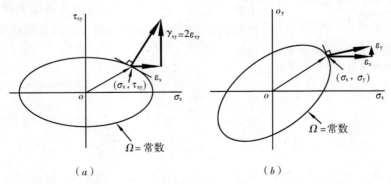

图 4.18 各向同性线弹性材料在二维应力子空间内的正交性
（a）拉应力 σ_x 和剪应力 τ_{xy} 的组合；（b）双轴拉应力 σ_x 和 σ_y

在二维子空间 (σ_x, τ_{xy}) 和 (σ_x, σ_y) 中拉应力 σ_x 和剪应力 τ_{xy} (τ_{yx}) 的组合以及双轴拉应力 σ_x 和 σ_y 组合的情形。

外 凸 性

对于一个二维函数 $f(x_i)$，外凸性意味着曲线 $f(x_1, x_2)=$ 常数上每点的切线都不与曲线相交，但可在曲线上或在曲线外侧（图 4.19a）。在三维空间里，常数 $f(x_1, x_2, x_3)$ 外凸曲面的每个切平面都是一个支撑平面且不与曲面相交，外凸性的另一个定义是，任何连接了常数 f 曲线（或曲面）上的两个点（如图 4.19a 中 A 点、B 点）的线段，都在曲线（或曲面）上或其里面。一个非外凸性函数的例子如图 4.19（b）所示，其中连接 A 点和 B 点的线位于曲线 $f=$ 常数的外边。

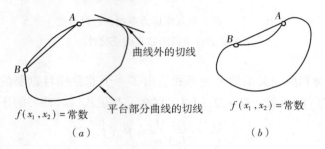

图 4.19 函数 $f(x_i)$ 在二维空间中的外凸性
(a) 外凸；(b) 非外凸

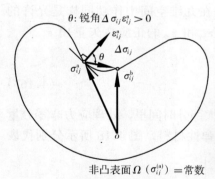

图 4.20 余能密度 $\Omega=$ 常数的非外凸曲面的正交性与稳定性假设矛盾

函数 W 和 Ω 外凸性的一个正式数学证明已在不等式 (4.160) 中给出。而下面将描述基于稳定性和正交性定义的外凸性的图示证明。

考虑任何相应于余能密度 $\Omega(\sigma_{ij}^a)=$ 常数表面的应力 σ_{ij}^a 和应变 ε_{ij}^a 的现存状态。假设这个表面是非外凸的，如图 4.20 所示。那么，总可能通过沿曲面外侧的一条直线路径对 σ_{ij}^a 施加一个应力组 $\Delta\sigma_{ij}$，从而在同一个余能密度 $\Omega(\sigma_{ij}^a)=$ 常数曲面达到应力状态 σ_{ij}^b。稳定性假设要求所施加的应力组在其改变的应变上做的净功为正，即

$$\int_{\sigma_{ij}^a}^{\sigma_{ij}^b}(\varepsilon_{ij}-\varepsilon_{ij}^a)\,d\sigma_{ij}>0 \tag{4.164}$$

上式可重写为

$$\int_0^{\sigma_{ij}^b}\varepsilon_{ij}d\sigma_{ij}-\int_0^{\sigma_{ij}^a}\varepsilon_{ij}d\sigma_{ij}-\varepsilon_{ij}^a\Delta\sigma_{ij}>0 \tag{4.165}$$

前面的两项使 $\Omega(\sigma_{ij}^b)-\Omega(\sigma_{ij}^a)=0$，因为两个应力状态 σ_{ij}^a 和 σ_{ij}^b 位于常数 Ω 的同一曲面之上。因此，不等式 (4.165) 就可简化为

$$\varepsilon_{ij}^a\Delta\sigma_{ij}<0 \tag{4.166}$$

即两矢量 ε_{ij}^a（在 σ_{ij}^a 点垂直于余能密度 Ω = 常数）曲面和 $\Delta\sigma_{ij}$ 间的夹角对于所有 σ_{ij}^b 和 $\Delta\sigma_{ij}$ 都必须是钝角。但是如果表面假设是内凹的，总能发现一个矢量 $\Delta\sigma_{ij}$ 与矢量 ε_{ij}^a 的夹角为锐角（如图 4.20 中的 $\Delta\sigma_{ij}$ 有 $\theta < 90°$），在这种情况下，$\varepsilon_{ij}^a\Delta\sigma_{ij} > 0$ 且违反不等式（4.166）。因此，余能密度 Ω = 常数曲面必须是外凸的。在这种情况下，所有可能的矢量 $\Delta\sigma_{ij}$ 都位于曲面内以满足不等式（4.166）。

对于各向同性线弹性材料，余能密度 Ω 如式（4.47）给出的那样为一个以应力分量表示的正定二次型。在二维空间中（x，y，z 分量中任意一个为零），余能密度 Ω = 常数的每个曲线是一个椭圆。这些椭圆绘于图 4.18（a）和 4.18（b）中，分别对应于 σ_x 与 τ_{xy}、σ_x 与 σ_y 的两种情况。在三维空间里，余能密度 Ω = 常数的每一个曲面都是一个椭球面，这一名称能在全九维应力空间中应用。任何平面对椭球面作的切割面都是椭球面或椭圆。从数学上得知，椭圆和椭球面都是外凸的。连接曲线或曲面上的任何两点的任何直线段都位于内侧。除了在切点外，任何一处的切平面或切线都位于曲面之外。

如上面所证，对于所有的稳定弹性材料，不论材料是如何各向异性和非线性，Ω 都是正定的且应力空间中的余能密度 Ω = 常数曲面是外凸的。然而，这些曲面可能是卵形或圆柱形、棱柱形、圆锥形、或任何比椭圆更不规则的形状，材料的各向同性要求 Ω 是应力不变量的函数，即 Ω(σ_1，σ_2，σ_3)，Ω(I_1，I_2，I_3) 或 Ω(I_1，J_2，J_3)。

【例 4.13】 对于例 4.11 所给的材料模型和加载路径，分析和图解证明，在路径 2 末端处获得的应变分量 ε 和 γ 的结果满足正交性条件式（4.79）。

【解】 由例 4.11 可知，在路径 2 末端的应变分量为

$$\varepsilon = 36 \times 10^{-3}$$

和

$$\gamma = 36 \times 10^{-3}$$

且 Ω 为

$$\Omega = \frac{9}{4} \times 10^{-6} \left(\frac{\sigma^2}{3} + \tau^2\right)^2$$

故关于正交性的解析式（4.79）为

$$\varepsilon = \frac{\partial \Omega}{\partial \sigma} = \frac{9}{2} \times 10^{-6} \left(\frac{\sigma^2}{3} + \tau^2\right)\left(\frac{2\sigma}{3}\right)$$

$$\gamma = \frac{\partial \Omega}{\partial \tau} = \frac{9}{2} \times 10^{-6} \left(\frac{\sigma^2}{3} + \tau^2\right)(2\tau)$$

将在路径 2 末端的 $\sigma = 206.85 \text{MPa}$ 和 $\tau = 68.95 \text{MPa}$ 代入，可获得与上面 ε 和 γ 同样的结果，即正交性条件是满足的。

另一方面，考虑图 4.13（b）的几何图形可用于给出一个正交性的图解证明。在任何点（σ，τ）处，余能密度 Ω = 常数的曲线的切线可由下式获得

$$d\Omega = 0 = \frac{9}{2} \times 10^{-6} \left(\frac{\sigma^2}{3} + \tau^2\right)\left(\frac{2\sigma}{3}d\sigma + 2\tau d\tau\right)$$

或切线的斜率 = $d\tau/d\sigma = -(\sigma/3\tau)$。故在点（206.85，68.95）点处法线 N 的斜率 = $3\tau/\sigma = 1$。图 4.13（b）中画出的应变矢量，在 σ 和 τ 轴向的分量 $\varepsilon = 36 \times 10^{-3}$ 和 $\gamma = 36 \times 10^{-3}$，其原点在应力点（206.85，68.95）。这个矢量的斜率等于 $\gamma/\varepsilon = 1$，即在点

(206.85,68.95) MPa 处，它处于余能密度 $\Omega=$ 常数的曲线的法线 N 方向上。

4.11 各向同性材料的增量应力-应变关系（亚弹性）

4.11.1 一般性推导

如早先在 4.4 节中提及的那样，增量（亚弹性）本构模型用于描述应力状态依靠当前应变状态以及达到这种状态所要依循的路径一类材料的性质。一般来说，这些材料的本构关系由式（4.5）来描述。这个方程以应变率（增量）张量 $\dot{\varepsilon}_{kl}$ 和当前应力张量 σ_{mn} 的分量来表达应力率（增量）张量 $\dot{\sigma}_{ij}$。

对于各向同性材料，张量响应函数 $F_{ij}(\sigma_{mn}, \dot{\varepsilon}_{kl})$ 在整个坐标轴变换下必须是形式不变。即在坐标轴的任意转换 $x'_i = l_{ij} x_j$ 下，函数 F_{ij} 必须满足条件

$$F_{pq}(\sigma'_{ab}, \dot{\varepsilon}'_{cd}) = l_{pi} l_{qj} F_{ij}(\sigma_{mn}, \dot{\varepsilon}_{kl}) \tag{4.167}$$

其中，$l_{ij} = \cos(x'_i, x_j)$ 是变换张量，由旋转（主）坐标轴 x'_i 对原坐标轴 x_i 的方向余弦组成。

$\sigma'_{ab} = l_{am} l_{bn} \sigma_{mn}$ 和 $\dot{\varepsilon}'_{cd} = l_{ck} l_{dl} \dot{\varepsilon}_{kl}$ 分别为旋转坐标轴系中的应力和应变率张量的分量。

可以证明，满足式（4.167）各向同性条件的本构关系式（4.5）的最一般形式可以表达为（例如：Rivlin 和 Ericksen, 1995）

$$\begin{aligned}
\dot{\sigma}_{ij} &= \alpha_0 \delta_{ij} + \alpha_1 \dot{\varepsilon}_{ij} + \alpha_2 \dot{\varepsilon}_{ik} \dot{\varepsilon}_{kj} + \alpha_3 \sigma_{ij} \\
&+ \alpha_4 \sigma_{ik} \sigma_{kj} + \alpha_5 (\dot{\varepsilon}_{ik} \sigma_{kj} + \sigma_{ik} \dot{\varepsilon}_{kj}) \\
&+ \alpha_6 (\dot{\varepsilon}_{ik} \dot{\varepsilon}_{km} \sigma_{mj} + \sigma_{ik} \dot{\varepsilon}_{km} \dot{\varepsilon}_{mj}) \\
&+ \alpha_7 (\dot{\varepsilon}_{ik} \sigma_{km} \sigma_{mj} + \sigma_{ik} \sigma_{km} \dot{\varepsilon}_{mj}) \\
&+ \alpha_8 (\dot{\varepsilon}_{ik} \sigma_{km} \sigma_{mn} \sigma_{nj} + \sigma_{ik} \sigma_{km} \dot{\varepsilon}_{mn} \sigma_{nj})
\end{aligned} \tag{4.168}$$

其中，材料响应系数 $\alpha_0, \alpha_1, \cdots, \alpha_8$，一般来说，是张量 $\dot{\varepsilon}_{kl}$ 和 σ_{mn} 的 6 个独立不变量和下列 4 个结合不变量的多项式函数。

$$\begin{aligned}
Q_1 &= \dot{\varepsilon}_{pq} \sigma_{qp}, \quad Q_2 = \dot{\varepsilon}_{pq} \sigma_{qr} \sigma_{rp} \\
Q_3 &= \dot{\varepsilon}_{pq} \dot{\varepsilon}_{qr} \sigma_{rp}, \quad Q_4 = \dot{\varepsilon}_{pq} \dot{\varepsilon}_{qr} \sigma_{rs} \sigma_{sp}
\end{aligned} \tag{4.169}$$

根据 Cauchy-Hamilton 理论，任何二阶张量 T_{ij} 的正整数次幂可以用系数表示为 δ_{ij}、T_{ij} 和 $T_{ik} T_{kj}$ 与系数的线性组合，该系数为 T_{ij} 的 3 个不变量的函数。因此，在式（4.168）中，无须考虑三次以及所有更高次幂的应力张量 σ_{kl} 和应变率张量 $\dot{\varepsilon}_{mn}$。

对于与时间无关的材料，时间效应必须从本构关系中去除。式（4.168）对时间必须是齐次的，这只通过删除所有包含 2 次及更高次 $\dot{\varepsilon}_{mn}$ 的项来完成。相应地，响应系数 α_2、α_6 和 α_8 必须去除；α_1、α_5 和 α_7 必须与 $\dot{\varepsilon}_{mn}$ 无关且仅为 σ_{kl} 的函数；α_0、α_3 和 α_4 在 $\dot{\varepsilon}_{mn}$ 中必须为一次。对式（4.168）中的响应系数施加了这些限制后，有

$$\begin{aligned}
\dot{\sigma}_{ij} &= \alpha_0 \delta_{ij} + \alpha_1 \dot{\varepsilon}_{ij} + \alpha_3 \sigma_{ij} + \alpha_4 \sigma_{ik} \sigma_{kj} \\
&+ \alpha_5 (\dot{\varepsilon}_{ik} \sigma_{kj} + \sigma_{ik} \dot{\varepsilon}_{kj}) + \alpha_7 (\dot{\varepsilon}_{ik} \sigma_{km} \sigma_{mj} + \sigma_{ik} \sigma_{km} \dot{\varepsilon}_{mj})
\end{aligned} \tag{4.170}$$

其中，响应系数 α_0、α_3 和 α_4 可写成

$$\alpha_0 = \beta_0 \dot{\varepsilon}_{nn} + \beta_1 Q_1 + \beta_2 Q_2$$
$$\alpha_3 = \beta_3 \dot{\varepsilon}_{nn} + \beta_4 Q_1 + \beta_5 Q_2 \quad (4.171)$$
$$\alpha_4 = \beta_6 \dot{\varepsilon}_{nn} + \beta_7 Q_1 + \beta_8 Q_2$$

这里，类似于系数 α_1、α_5 和 α_7，响应系数 β_0，β_1，…，β_8 与 $\dot{\varepsilon}_{nn}$ 无关，仅为应力不变量的函数。故将式（4.171）代入式（4.170）有

$$\begin{aligned}
\dot{\sigma}_{ij} =\ & (\beta_0 \dot{\varepsilon}_{nn} + \beta_1 Q_1 + \beta_2 Q_2)\delta_{ij} + \alpha_1 \dot{\varepsilon}_{ij} \\
& + (\beta_3 \dot{\varepsilon}_{nn} + \beta_4 Q_1 + \beta_5 Q_2)\sigma_{ij} \\
& + (\beta_6 \dot{\varepsilon}_{nn} + \beta_7 Q_1 + \beta_8 Q_2)\sigma_{ik}\sigma_{kj} \\
& + \alpha_5 (\dot{\varepsilon}_{ik}\sigma_{kj} + \sigma_{ik}\dot{\varepsilon}_{kj}) \\
& + \alpha_7 (\dot{\varepsilon}_{ik}\sigma_{km}\sigma_{mj} + \sigma_{ik}\sigma_{km}\dot{\varepsilon}_{mj})
\end{aligned} \quad (4.172)$$

因为式（4.172）中的每一项均包含一个时间导数 d/dt（即在时间上是齐次的），方程两边同乘 dt，得出下列形式：

$$\begin{aligned}
d\sigma_{ij} =\ & (\beta_0 d\varepsilon_{nn} + \beta_1 d\varepsilon_{pq}\sigma_{qp} + \beta_2 d\varepsilon_{pq}\sigma_{qr}\sigma_{rp})\delta_{ij} \\
& + (\beta_3 d\varepsilon_{nn} + \beta_4 d\varepsilon_{pq}\sigma_{pq} + \beta_5 d\varepsilon_{pq}\sigma_{qr}\sigma_{rp})\sigma_{ij} \\
& + (\beta_6 d\varepsilon_{nn} + \beta_7 d\varepsilon_{pq}\sigma_{pq} + \beta_8 d\varepsilon_{pq}\sigma_{qr}\sigma_{rp})\sigma_{ik}\sigma_{kj} \\
& + \alpha_1 d\varepsilon_{ij} + \alpha_5 (d\varepsilon_{ik}\sigma_{kj} + \sigma_{ik}d\varepsilon_{kj}) \\
& + \alpha_7 (d\varepsilon_{ik}\sigma_{km}\sigma_{mj} + \sigma_{ik}\sigma_{km}d\sigma_{mj})
\end{aligned} \quad (4.173)$$

其中，$d\sigma_{ij}$ 和 $d\varepsilon_{ij}$ 分别为应力和应变增量张量。

式（4.173）是各向同性与时间无关的材料增量本构关系的最一般形式。它包含了 12 个为应力不变量多项式函数的响应系数，这些系数应由实验和曲线及拟合试验测试数据的模型来决定。

式（4.173）右边的表达式是应变增量张量 $d\varepsilon_{kl}$ 分量的线性函数。这暗示式（4.173）的本构关系可方便地写成增量线性形式：

$$d\sigma_{ij} = C_{ijkl} d\varepsilon_{kl} \quad (4.174)$$

其中，材料响应张量 $C_{ijkl}(\sigma_{mn})$ 是应力张量 σ_{mn} 分量的函数。这里，材料的各向同性要求对于任意的坐标轴变换 $x'_i = l_{ij}x_j$，根据变换应力 σ'_{ab} 决定的张量 C_{pqrs} 必须与以原应力 σ_{mn} 形式表达的变换张量 C_{ijkl} 保持一样。即

$$C_{pqrs}(\sigma'_{ab}) = l_{pi}l_{qj}l_{rk}l_{sl}C_{ijkl}(\sigma_{mn}) \quad (4.175)$$

其中

$$\sigma'_{ab} = l_{am}l_{bn}\sigma_{mn} \quad (4.176)$$

此外，对于对称张量 $d\sigma_{ij}$ 和 $d\varepsilon_{kl}$，式（4.174）中的 C_{ijkl} 拥有下列对称量 $C_{ijkl} = C_{jikl} = C_{ijlk} = C_{jilk}$。

满足上列条件的 C_{ijkl} 最一般形式可写成

$$\begin{aligned}
C_{ijkl} =\ & A_1 \delta_{ij}\delta_{kl} + A_2(\delta_{ik}\delta_{jl} + \delta_{jk}\delta_{il}) + A_3 \sigma_{ij}\delta_{kl} + A_4 \delta_{ij}\sigma_{kl} \\
& + A_5(\delta_{ik}\sigma_{jl} + \delta_{il}\sigma_{jk} + \delta_{jl}\sigma_{il} + \delta_{jl}\sigma_{ik}) + A_6 \delta_{ij}\sigma_{km}\sigma_{ml} + A_7 \delta_{kl}\sigma_{im}\sigma_{mj} \\
& + A_8(\delta_{ik}\sigma_{jm}\sigma_{ml} + \delta_{il}\sigma_{jm}\sigma_{mk} + \delta_{jk}\sigma_{im}\sigma_{ml} + \delta_{jl}\sigma_{im}\sigma_{mk}) \\
& + A_9 \sigma_{ij}\sigma_{kl} + A_{10}\sigma_{ij}\sigma_{km}\sigma_{ml} + A_{11}\sigma_{im}\sigma_{mj}\sigma_{kl} + A_{12}\sigma_{im}\sigma_{mj}\sigma_{kn}\sigma_{nl}
\end{aligned} \quad (4.177)$$

其中，12个材料系数 A_1，A_2，…，A_{12} 仅依赖于应力张量 σ_{ij} 的不变量。张量 C_{ijkl} 常被称为材料的切线刚度张量。

式（4.174）的逆本构关系常写成

$$d\varepsilon_{ij} = D_{ijkl} d\sigma_{kl} \tag{4.178}$$

其中，D_{ijkl} 为材料的切线柔度张量。这个张量被表示为张量 σ_{ij} 的函数，且具有与式（4.177）中的 C_{ijkl} 相同的形式。

式（4.174）和式（4.178）的本构关系以矩阵形式可写成

$$\{d\sigma\} = [C_t] \{d\varepsilon\} \tag{4.179}$$

和

$$\{d\varepsilon\} = [C_t]^{-1} \{d\sigma\} = [D_t] \{d\sigma\} \tag{4.180}$$

其中，$\{d\sigma\}$ 和 $\{d\varepsilon\}$ 是应力和应变增量向量。$[C_t]$ 和 $[D_t] = [C_t]^{-1}$ 分别为 6×6 的材料切线刚度矩阵和柔度矩阵，一般，$[C_t]$ 和 $[D_t]$ 的元素分别为应力 σ_{ij} 或应变 ε_{ij} 张量的函数。

依据式（4.177）中的 C_{ijkl} 对应力张量分量的依赖程度，可以建立不同阶（或次）各向同性亚弹性模型。例如：假设 C_{ijkl} 是应力张量的线性函数，可得一阶模型（如，A_6 到 $A_{12}=0$，A_1 和 A_2 仅依赖第一应力不变量）。因为 A_1 和 A_2 为第一应力不变量的线性函数，故在这种情况中总共需要7个材料常数。将 A_1 和 A_2 当作常数并忽略 A_3 到 A_{12} 的其他所有系数，将得到一个零阶亚弹性模型。对于各向同性线弹性材料而言，这个模型等同于一个增量虎克定律。对一阶亚弹性模型应用于混凝土和土材料的进一步讨论将在《混凝土和土的本构方程》一书的相关章节中给出。

4.11.2 特性

式（4.173）显示，所有微应变增量的分量的符号反号时，应力增量的所有分量也将反号，而不改变初始应力状态。如果一个材料单元受到一个微应变增量的作用，然后又返回它的初始应变状态，则应力分量在高阶量内将恢复它们的初始值。故亚弹性材料中的微（增量）变形在初始应力条件下是可逆的，这种在增量意义上的可逆性，证明了使用在亚弹性术语中的后缀"弹性"来描述式（4.174）中本构关系是有道理的。

亚弹性模型的特性一般是与路径有关的（应力或应变历史相关）。微分式（4.173）或式（4.174）对不同应力路径和初始条件的积分显然会导致不同的应力-应变关系。

一个由上面描述的亚弹性所展示的重要特性是应力或应变引发的各向异性，可容易地从式（4.177）中看出。切线刚度矩阵 $[C_t]$ 一般与式（4.33）中针对各向同性线弹性模型的刚度矩阵 $[C]$ 的各向同性形式不同。即，所有 $[C_t]$ 中的系数一般是非零的和与应力相关的，包括那些建立正应变增量与剪切应力增量关系的系数，反之亦然。材料的初始各向同性因此被破坏，造成了一个广义各向异性增量刚度。由于所引发的各向异性，体积响应和偏斜作用也就存在耦合（相互作用）。同时，增量应力和应变张量的主方向也是不一致的。由应力引发的各向异性和耦合效应在模拟一些真实材料的性质中具有重要的特性。这些材料例如混凝土和土等，其非弹性膨胀或压缩为主要影响效应。

一般来说，亚弹性模型的材料切线刚度和柔度矩阵是不对称的，例如见式（4.177）。一般在这种情况下，不可能建立惟一性的证明。注意到式（4.148）中的第一稳定性假设

要求 $[C_t]$ 应为正定的，这一条对于非对称矩阵就不能确保了。

最后一个特点是考虑亚弹性公式和 Cauchy 及 Green 型弹性总应力-应变模型间的关系。为了用亚弹性模型去描述弹性性质，增量关系的积分条件就必须建立而不管应力（或应变）的状态如何。例如：对式（4.174）和式（4.177）增量关系的积分条件为

$$\frac{\partial C_{ijkl}}{\partial \varepsilon_{mn}} = \frac{\partial C_{ijmn}}{\partial \varepsilon_{kl}}$$

也可写成

$$\frac{\partial C_{ijkl}}{\partial \sigma_{pq}} \frac{\partial \sigma_{pq}}{\partial \varepsilon_{mn}} = \frac{\partial C_{ijmn}}{\partial \sigma_{rs}} \frac{\partial \sigma_{rs}}{\partial \varepsilon_{kl}}$$

当式（4.177）中的材料系数受到约束，使上列条件对所有应力状态均有效时，亚弹性推导便可简化为一个 Cauchy 型的弹性模型。如果除了这些限制外，对称条件 $C_{ijkl} = C_{klij}$ 也满足，则式（4.173）的增量关系就可描述亚弹性。习题 4.15 为读者提供了一个机会去研究由这些条件施加于一阶亚弹性模型的材料常数上的不同约束，关于这一问题的进一步的讨论可见 Bernsfein（1960）、Coon 和 Evans（1971）的著作。

4.12 基于割线模量的增量关系

最近，各种特殊种类的增量本构关系已广泛用于不同类型材料。例如，混凝土、土壤和岩石材料的真实非线性响应的建模。通常，这些模型用两种不同的途径可以推导出。在第一类公式推导中，增量形式源于在前面章节描述的非线性弹性本构关系。基于这条思路，不同的增量模型被推导出来并在建立混凝土性质的模型中应用。很清楚，由于在全应力-应变公式推导中暗含的路径无关性，这些模型代表了亚弹性准则最受限制的一类，其中率型本构方程是可积的。作为这种公式的一个例子，增量形式源于例 4.14 中基于割线模量 $K_s(\varepsilon_{oct})$ 和 $G_s(\gamma_{oct})$ 的式（4.134）的非线性弹性本构模型，这一点在这一节中将有所描述，其精要说明 Murray 在 1979 年就已给出。

在第二种方法中，增量关系对某一特殊种类的亚弹性模型是单独建立的，在这种模型中，式（4.174）和式（4.178）的材料响应张量 C_{ijkl} 和 D_{ijkl} 假设依赖于不变量，但并不依赖于应力（或应变）张量本身（即：在式（4.177）中，对于 C_{ijkl} 而言，系数 A_3, A_4, …, A_{12} 都为零）。另外，为了在这些后来的模型中考虑真实材料的滞后特性，在初始加载及随后的卸载、再加载中采用材料响应函数的不同形式。即，模型一般是不可逆的，甚至对于增量加载也是如此，这些模型现在称为变模量模型，将在 4.13 节中作详细讨论。

为了书写的便利和简化，在本书下面所有的讨论中，符号 $d\sigma_{ij}$ 或 $\dot\sigma_{ij}$ 以及 $d\varepsilon_{ij}$ 或 $\dot\varepsilon_{ij}$ 分别相互交换来代表应力和应变增量（率）张量。要强调的是这仅仅是一种方便，且时间的导数根本不包括在内。

【例 4.14】 基于割线模量 $K_s(\varepsilon_{oct})$ 和 $G_s(\gamma_{oct})$ 的增量应力-应变关系，考虑式（4.134）的非线性本构关系，并假设 K_s 和 G_s 分别为 ε_{oct} 和 γ_{oct} 的函数，即

$$K_s = K_s(\varepsilon_{oct}) \qquad (4.181a)$$

$$G_s = G_s(\gamma_{oct}) \qquad (4.181b)$$

将式（4.134b）乘上 s_{ij}，并取平方根，同时考虑 τ_{oct} 和 γ_{oct} 的定义（见 2.7 节和 3.5 节），可得

$$\tau_{oct} = G_s \gamma_{oct} \tag{4.182}$$

因为 $\varepsilon_{kk} = 3\varepsilon_{oct}$，$p = \sigma_{oct}$，式（4.134a）可写为

$$\sigma_{oct} = 3K_s \varepsilon_{oct} \tag{4.183}$$

对式（4.182）和式（4.183）取导数，产生的增量方程为

$$\dot{\tau}_{oct} = \left(G_s + \gamma_{oct}\frac{dG_s}{d\gamma_{oct}}\right)\dot{\gamma}_{oct} \tag{4.184a}$$

$$\dot{\sigma}_{oct} = 3\left(K_s + \varepsilon_{oct}\frac{dK_s}{d\varepsilon_{oct}}\right)\dot{\varepsilon}_{oct} \tag{4.184b}$$

这些式子可写成

$$\dot{\tau}_{oct} = G_t \dot{\gamma}_{oct} \tag{4.185a}$$

$$\dot{\sigma}_{oct} = 3K_t \dot{\varepsilon}_{oct} \tag{4.185b}$$

其中切线体积模量 K_t 和剪切模量 G_t 分别定义为

$$K_t = K_s + \varepsilon_{oct}\frac{dK_s}{d\varepsilon_{oct}} \tag{4.186a}$$

$$G_t = G_s + \gamma_{oct}\frac{dG_s}{d\gamma_{oct}} \tag{4.186b}$$

在实际应用中，割线和切线模量 K_s、G_s、K_t 和 G_t 闭合型最近似形式经常被当作 ε_{oct} 和 γ_{oct} 的函数（见图 4.21）。则随即产生的问题是，建立这些模量与式（4.179）的材料切线刚度矩阵 $[C_t]$ 之间的关系。这可以在下列推导中得出。

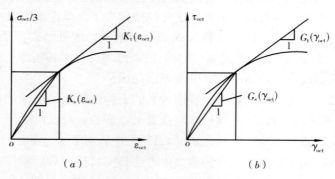

图 4.21 八面体正应力和剪应力的应力－应变关系
(a) 八面体正应力－应变关系；(b) 八面体剪应力－应变关系

应力增量张量 σ_{ij} 可以分解为偏量部分和静水压力部分，分别记 $\dot{s}_{ij}$ 和 $\dot{\sigma}_{oct}\delta_{ij}$，即

$$\dot{\sigma}_{ij} = \dot{s}_{ij} + \dot{\sigma}_{oct}\delta_{ij} \tag{4.187}$$

用式（4.185b）代换 $\dot{\sigma}_{oct}$ 得

$$\dot{\sigma}_{ij} = \dot{s}_{ij} + 3K_t\dot{\varepsilon}_{oct}\delta_{ij} \tag{4.188}$$

由 $\dot{\sigma}_{oct} = \frac{1}{3}\dot{\sigma}_{kk}$，以及 $\dot{\varepsilon}_{oct} = \frac{1}{3}\dot{\varepsilon}_{kk} = \frac{1}{3}\delta_{kl}\dot{\varepsilon}_{kl}$，得出 $\dot{\sigma}_{oct}$ 为

$$\dot{\sigma}_{\text{oct}} = K_{\text{t}} \delta_{kl} \dot{\varepsilon}_{kl} \tag{4.189}$$

偏应力增量 $\dot{s}_{ij}$ 通过对式（4.134b）微分得出

$$\dot{s}_{ij} = 2\left(e_{ij}\frac{dG_{\text{s}}}{d\gamma_{\text{oct}}}\dot{\gamma}_{\text{oct}} + G_{\text{s}}\dot{e}_{ij}\right) \tag{4.190}$$

由式（4.186b）解出 $dG_{\text{s}}/d\gamma_{\text{oct}}$，有

$$\frac{dG_{\text{s}}}{d\gamma_{\text{oct}}} = \frac{G_{\text{t}} - G_{\text{s}}}{\gamma_{\text{oct}}} \tag{4.191a}$$

将关系式 $\gamma_{\text{oct}}^2 = \frac{4}{3}e_{rs}e_{rs}$ 求导，可得

$$\dot{\gamma}_{\text{oct}} = \frac{4}{3}\frac{e_{rs}}{\gamma_{\text{oct}}}\dot{e}_{rs} \tag{4.191b}$$

将式（4.191）代入式（4.190），并提出公因子 $\dot{e}_{rs}$ 后有

$$\dot{s}_{ij} = 2\left[G_{\text{s}}\delta_{ir}\delta_{js} + \frac{4}{3}\frac{G_{\text{t}} - G_{\text{s}}}{\gamma_{\text{oct}}^2}e_{ij}e_{rs}\right]\dot{e}_{rs} \tag{4.192}$$

为了用全应变增量张量写式（4.192），$\dot{e}_{rs}$ 可写成

$$\dot{e}_{rs} = \dot{\varepsilon}_{rs} - \frac{1}{3}\dot{\varepsilon}_{mm}\delta_{rs}$$

上式还可写成

$$\dot{e}_{rs} = \left(\delta_{rk}\delta_{sl} - \frac{1}{3}\delta_{rs}\delta_{kl}\right)\dot{\varepsilon}_{kl} \tag{4.193}$$

将式（4.193）代入式（4.192），且（$e_{kk} = 0$）则有

$$\dot{s}_{ij} = 2\left(G_{\text{s}}\delta_{ik}\delta_{jl} - \frac{G_{\text{s}}}{3}\delta_{ij}\delta_{kl} + \eta e_{ij}e_{kl}\right)\dot{\varepsilon}_{kl} \tag{4.194}$$

其中，为简洁起见，η 定义为

$$\eta = \frac{4}{3}\frac{G_{\text{t}} - G_{\text{s}}}{\gamma_{\text{oct}}^2} \tag{4.195}$$

现在将式（4.189）和式（4.194）代入式（4.187）给出所需的增量应力-应变关系

$$\dot{\sigma}_{ij} = 2\left[\left(\frac{K_{\text{t}}}{2} - \frac{G_{\text{s}}}{3}\right)\delta_{ij}\delta_{kl} + G_{\text{s}}\delta_{ik}\delta_{jl} + \eta e_{ij}e_{kl}\right]\dot{\varepsilon}_{kl} \tag{4.196}$$

上式可写成矩阵形式为

$$\{\dot{\sigma}\} = [C_{\text{t}}]\{\dot{\varepsilon}\} \tag{4.197a}$$

其中

$$\{\dot{\sigma}\} = \begin{Bmatrix} \dot{\sigma}_x \\ \dot{\sigma}_y \\ \dot{\sigma}_z \\ \dot{\tau}_{xy} \\ \dot{\tau}_{yz} \\ \dot{\tau}_{zx} \end{Bmatrix}, \quad \{\dot{\varepsilon}\} = \begin{Bmatrix} \dot{\varepsilon}_x \\ \dot{\varepsilon}_y \\ \dot{\varepsilon}_z \\ \dot{\gamma}_{xy} \\ \dot{\gamma}_{yz} \\ \dot{\gamma}_{zx} \end{Bmatrix} \tag{4.197b}$$

材料的切线刚度矩阵 $[C_{\text{t}}]$ 可表达为

其中

$$[C_t] = [A] + [B] \quad (4.198a)$$

$$[A] = \begin{bmatrix} \alpha & \beta & \beta & 0 & 0 & 0 \\ \beta & \alpha & \beta & 0 & 0 & 0 \\ \beta & \beta & \alpha & 0 & 0 & 0 \\ 0 & 0 & 0 & G_s & 0 & 0 \\ 0 & 0 & 0 & 0 & G_s & 0 \\ 0 & 0 & 0 & 0 & 0 & G_s \end{bmatrix} \quad (4.198b)$$

$$[B] = 2\eta \{e\}\{e\}^T \quad (4.198c)$$

其中

$$\alpha = K_t + \frac{4}{3}G_s \quad (4.199a)$$

$$\beta = K_t - \frac{2}{3}G_s \quad (4.199b)$$

且 $\{e\}^T$ 为偏应变张量 $\{e\}$ 的转置矩阵，即

$$\{e\}^T = \{e_x e_y e_z e_{xy} e_{yz} e_{zx}\} \quad (4.200)$$

应注意的是，对于 $K = K_t$ 和 $G = G_s$ 的各向同性线弹性材料，式（4.198b）中的对称矩阵 $[A]$ 与式（4.33b）的矩阵 $[C]$ 具有一样的各向同性形式。矩阵 $[B]$ 是对称的但一般没有各向同性的形式。它包含了偏应变的乘积，且通过式（4.195）定义的变量 η 依赖于 $G_t - G_s$ 的值。式（4.198c）中偏应变 $\{e\}\{e\}^T$ 的 2 阶值由值 η 来抵消，在式（4.195）的分母中含有二阶 γ_{oct}^2，故相对单位 1 来说商值不一定小。因此，比较矩阵 $[B]$ 中的因式 $8(G_t - G_s)/3$ 和矩阵 $[A]$ 的因子 G_s（见 Marray，1979 年），就可得到一种衡量 $[A]$ 和 $[B]$ 中各项的相关量的尺度。两矩阵相关量的数值比较在下列例子中说明。

【例4.15】对于例 4.12 中叙述的混凝土材料单元，在加载过程中特定瞬时的应变和应力状态分别由式（4.136）和式（4.137c）的值给出，用式（4.196）～式（4.200）的增量关系预测对应于应变增量的应力增量分量 $\dot{\sigma}_{ij}$。

$$\dot{\varepsilon}_{ij} = 10^{-6} \begin{bmatrix} -90 & 30 & 0 \\ 30 & -50 & 0 \\ 0 & 0 & -40 \end{bmatrix} \quad (4.201)$$

【解】使用式（4.135）的 $K_s(\varepsilon_{oct})$ 和 $G_s(\gamma_{oct})$ 表达式，以及由式（4.186）导出的 $K_s(\varepsilon_{oct})$ 和 $G_s(\gamma_{oct})$，故

$$K_t(\varepsilon_{oct}) = K_0\left[a\left(1 + \frac{\varepsilon_{oct}}{c}\ln b\right)(b)^{\varepsilon_{oct}/c} + d\right]$$

$$G_t(\gamma_{oct}) = G_0\left[m\left(1 - \frac{\gamma_{oct}}{r}\ln q\right)(q)^{-\gamma_{oct}/r} - 2n\gamma_{oct} + t\right] \quad (4.202)$$

其中，K_0、G_0、a、b、$\cdots$、t 的值在例 4.12 中给出。

这样，相应于式（4.136）中 ε_{ij} 给出的"当前"应变状态，$\varepsilon_{oct} = -20 \times 10^{-4}$ 和 $\gamma_{oct} = 14.97 \times 10^{-4}$，切线模量由式（4.202）计算出，结果为

$$K_t = 1.39 \times 10^6 \text{kN/m}^2, \quad G_t = 6.61 \times 10^6 \text{kN/m}^2$$

以前计算的 K_s 和 G_s 值为

$$K_s = 6.62 \times 10^6 \text{kN/m}^2, \quad G_s = 10.62 \times 10^6 \text{kN/m}^2$$

式（4.200）的偏应变矢量 $\{e\}$ 的分量，对于式（4.136）给的 ε_{ij} 值可由式（3.44）算得，即

$$\{e\} = 10^{-4} \begin{Bmatrix} -10 \\ 2 \\ 8 \\ 0 \\ 0 \\ 0 \end{Bmatrix}$$

将上面得到的值代入式（4.195）和式（4.199）可得

$$\alpha = 15.55 \times 10^6 \text{kN/m}^2, \quad \beta = -5.69 \times 10^6 \text{kN/m}^2,$$
$$\eta = -238.83 \times 10^{10} \text{kN/m}^2$$

故代入式（4.198b, c），可得式（4.198a）的矩阵 $[A]$ 和 $[B]$ 的值为

$$[A] = 15.55 \times 10^6 \begin{bmatrix} 1 & -0.366 & -0.366 & 0 & 0 & 0 \\ -0.366 & 1 & -0.366 & 0 & 0 & 0 \\ -0.366 & -0.366 & 1 & 0 & 0 & 0 \\ 0 & 0 & 0 & 0.683 & 0 & 0 \\ 0 & 0 & 0 & 0 & 0.683 & 0 \\ 0 & 0 & 0 & 0 & 0 & 0.683 \end{bmatrix}$$

$$[B] = -4.78 \times 10^6 \begin{bmatrix} 1.00 & -0.20 & -0.80 & 0 & 0 & 0 \\ -0.20 & -0.04 & 0.16 & 0 & 0 & 0 \\ -0.80 & 0.16 & 0.64 & 0 & 0 & 0 \\ 0 & 0 & 0 & 0 & 0 & 0 \\ 0 & 0 & 0 & 0 & 0 & 0 \\ 0 & 0 & 0 & 0 & 0 & 0 \end{bmatrix}$$

因此很明显，矩阵 $[B]$ 的元素具有与矩阵 $[A]$ 相同的阶次。显然，如果仅用类似于线弹性模型（不论 α 和 β 由式（4.199）估计，还是由用 G_t 替代的相同方程来估计）形成的矩阵 $[A]$，则结果将有很大错误。

应力增量 $\{\dot{\sigma}\}$ 由下列关系计算

$$\{\dot{\sigma}\} = [[A] + [B]] \{\dot{\varepsilon}\}$$

或

$$\{\dot{\sigma}\} = \begin{bmatrix} 10.77 & -4.73 & -1.87 & 0 & 0 & 0 \\ -4.73 & 15.36 & -6.46 & 0 & 0 & 0 \\ -1.87 & -6.46 & 12.49 & 0 & 0 & 0 \\ 0 & 0 & 0 & 10.62 & 0 & 0 \\ 0 & 0 & 0 & 0 & 10.62 & 0 \\ 0 & 0 & 0 & 0 & 0 & 10.62 \end{bmatrix} \begin{Bmatrix} -90 \\ -50 \\ -40 \\ 60 \\ 0 \\ 0 \end{Bmatrix}$$

$$= \begin{Bmatrix} -658 \\ -84 \\ -9 \\ 637 \\ 0 \\ 0 \end{Bmatrix} (\text{kN/m}^2)$$

因此,"修正"的最终应力张量由下式给出:

$$\sigma_{ij} = \begin{bmatrix} -61610 & 637 & 0 \\ 637 & -35552 & 0 \\ 0 & 0 & -22735 \end{bmatrix} (\text{kN/m}^2)$$

其相应的应变为

$$\varepsilon_{ij} = 10^{-4} \begin{bmatrix} -30.9 & 0.30 & 0 \\ 0.30 & -18.50 & 0 \\ 0 & 0 & -12.40 \end{bmatrix}$$

这些最终值可用于下一个增量解来修正刚度矩阵 $[C_t]$。

结 论

基于上述的讨论和结果,下列结论可用于基于非线性弹性关系的增量模型。

(1) 通常,对于初始各向同性材料,尽管具有变切线模量 K_s 和 G_s 的非线性弹性应力-应变关系,在形式上与各向同性线性模型相类似,但以增量关系的形式这是不正确的。换句话说,对于各向同性线弹性模型,式(4.196a)中的切线刚度矩阵 $[C_t]$ 没有被限制为具有相同于式(4.33)中 $[C]$ 的各向同性形式。故这些模型显现出一种应力(应变)引发的各向异性。但是,需注意的是,这种诱发的各向异性是一种特殊类型,它允许在加载期间主应力和应变轴重合并一起转动,这一点已隐含在式(4.134)的全应力应变关系中予以了暗示。

(2) 如所期待的那样,形式 $K_s(\varepsilon_{oct})$ 和 $G_s(\gamma_{oct})$ 造成了偏响应分量和体积响应分量的完全分离式(4.196)的缩并得 $\dot{\sigma}_{kk} = K_t \dot{\varepsilon}_{kk}$,但是对于更一般模量的假设函数,例如当 K_t 和 G_t 当作 ε_{oct} 和 γ_{oct} 的函数时,这两种响应间将存在相互影响和交叉影响。后一种情况的例子参看《混凝土和土的本构方程》一书的有关章节。

(3) 从式(4.196)可看出,应力和应变增量的主轴一般并不重合,除了在特殊的增量各向同性模型情况下,其矩阵 $[C_t]$ 总有一个如同各向同性线弹性模型的各向同性形式(例如:当忽略 $[B]$ 且 $[C_t] = [A]$ 时)。但是,对于大多数的工程材料,例如金属、混凝土和土等,增量各向同性的假设缺乏实验支持,应变增量的主轴方向最有可能在当前应力主轴的方向上,尤其在临近破坏的高应力水平下,这主要是由于材料单元中由以前应力历史所造成的缺陷优势取向所致。

4.13 变模量增量应力-应变模型

一般而论,由于具有路径无关(可逆)的性质,割线(全)应力-应变的 Cauchy 和

Green类模型仅限于比例加载条件。尽管这种限制在亚弹性公式推导中多少有些放松，在推导中也可考虑路径相关特性，但这些模型的应用仍主要在单调（不一定成比例）加载状况，该状况中无须区分加载和卸载特征。

对于大多数工程材料，在非弹性阶段，卸载与加载有完全不同的路径。当卸载到初始应力状态时，应变将不能完全恢复，并将保留永久应变。因此，为了使基于弹性的模型可用于一般应力历史条件，它们必须作特殊处理以考虑卸载特性。

为此，最普通的方法是引入加载准则，并对加载及卸载特性使用不同的应力-应变关系。本节讨论了这样一个方法并指出它的结果。出于这个目的，特殊类别的模型，如所谓的变模量模型和广泛用于土（Nelson和Baron，1971；Nelson等，1971）的模型是被考虑的。但是，当扩展到包含卸载特性时，关于卸载处理以及相关困难的讨论和评价适合于其他的弹性模型。

4.13.1 模型描述—概述

变模量模型可以考虑为亚弹性公式中的特殊一类，其特性被进一步限制为增量各向同性（即：式（4.177）中所有系数 A_3、A_4，…，A_{12} 都假定为零）。可是，一般来说，在加载和卸载中要应用不同的材料响应系数。因此，变模量材料没有惟一的应力-应变关系，当然是不可逆的，甚至对于增量加载亦是如此。

基于各向同性线弹性模型可直接推导出增量应力-应变关系，简单地用作为应力和（或）应变不变量函数的切线模量代替弹性常数。特别地，在通常使用的切线体积模量和剪切模量 K_t 和 G_t 的表达式中，通常用 K_t 作为静水压应力的函数，而 G_t 一般假定为依赖于静水应力和第二应力不变量 J_2。增量关系可写为

$$\dot{s}_{ij} = 2G_t \dot{e}_{ij} \qquad (4.203a)$$
$$\dot{p} = K_t \dot{\varepsilon}_{kk} \qquad (4.203b)$$

其中，$\dot{s}_{ij}$ 和 $\dot{e}_{ij}$ 分别为偏应力增量和应变增量；$\dot{p}$ 和 $\dot{\varepsilon}_{kk}$ 分别为平均应力和体积应变增量。通常，对于初始加载、随后卸载和重新加载，采用不同的函数 K_t 和 G_t。

当然，将本构关系分成偏量部分和体积部分，尽管从计算的角度来看尤其方便，它自动排除了材料的膨胀（即偏应力增量不会造成体积的改变）。也该注意的是，在这些模型中应力和应变增量的主方向是重合的。

4.13.2 加载—卸载—再加载特性

图4.22说明了变模量材料的一个典型单轴应力-应变关系。对应于点 A，其应变为 ε_A。当应力沿卸载路径 AB 减到它的初始零值时，恢复的应变为 $\varepsilon_A^{(1)}$，永久变形为 $\varepsilon_A^{(2)}$。接下来沿 BC 重新加载至同一应力水平 σ_A，一般会产生与 ε_A 不同的应变 ε_C。

在一个完整的三维构型下，术语"加载"和"卸载"不再具有单轴情况下明确的含义。可能材料在一个方向上是加载，而在另外的方向上却是卸载（例如：正应力分量的增加可能伴随着剪切应力分量的减小）。而且，在一个坐标系内的严格加载可能包含另一坐标系中的卸载。

为了制定一个在任何坐标系下都一样的卸载准则，并避免刚才已举例说明含混的地方，很明显，必须使用对于任何坐标变换都不变的条件，即包含有应力不变量函数，例如，以函数 $f(I_1, J_2, J_3)$ 表达的加载条件就可以利用。这很自然将导致塑性理论中的

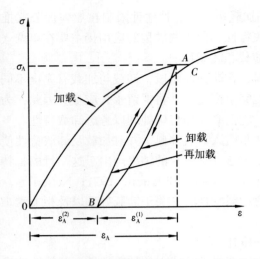

图 4.22 典型变模量模型的单轴应力-应变关系

加载函数的引入。但是,在变模量模型中,对于静水(压力)和偏量(剪切)部分应使用不同准则。

这些准则以静水压应力 p 和第二应力张量不变量 J_2 以及它们的增量 $\dot{p}$ 和 $\dot{J}_2$ 来表示,对于静水压力或偏量部分加载分别由 $\dot{p}>0$ 或 $\dot{J}_2>0$ 来表示;相反,$\dot{p}<0$ 或 $\dot{J}_2<0$ 分别表示静水压应力或偏量应力下的卸载;而 $\dot{p}=0$ 或 $\dot{J}_2=0$ 的特殊情况被定义为中性变载。静水压应力下的再加载由条件 $p<p_{\max}$ 和 $\dot{p}>0$ 来定义,其中 $p_{\max}$ 为材料点上以前压力的最大值。类似地,对于剪切(偏量)应力条件下的再加载以 $J_2<J_{2\max}$ 和 $\dot{J}_2>0$ 为条件。

因此,一般对应于加载、卸载和再加载的模量 K_t 和 G_t 可以写为

$$
\begin{aligned}
K_t &= K_{LD} \quad \text{当} \quad p = p_{\max} \quad \text{和} \quad \dot{p}>0 \\
K_t &= K_{UN} \quad \text{当} \quad p \leqslant p_{\max} \quad \text{和} \quad \dot{p}<0 \\
K_t &= K_{RL} \quad \text{当} \quad p < p_{\max} \quad \text{和} \quad \dot{p}>0
\end{aligned}
\quad (4.204a)
$$

和

$$
\begin{aligned}
G_t &= G_{LD} \quad \text{当} \quad J_2 = J_{2\max} \quad \text{和} \quad \dot{J}_2>0 \\
G_t &= G_{UN} \quad \text{当} \quad J_2 \leqslant J_{2\max} \quad \text{和} \quad \dot{J}_2<0 \\
G_t &= G_{RL} \quad \text{当} \quad J_2 < J_{2\max} \quad \text{和} \quad \dot{J}_2>0
\end{aligned}
\quad (4.204b)
$$

其中,$p_{\max}$ 和 $J_{2\max}$ 为材料点以前最大的 p(或 $I_1/3$)和 J_2 值。

通常,在大多数实际应用中,静水压应力下再加载的体积模量 K_{RL} 被假设为等同于 K_{UN}。但对于剪切中的重加载,有三种方法可提供(见 Nelson 和 Baron,1971)。第一种方法是使 G_{RL} 等同于 G_{LD};第二条途径是假设 G_{RL} 等同于 G_{UN};最后的方法是把 G_{RL} 假定为二个独立剪切模量 G_{LD} 和 G_{UN} 的线性组合,即 $G_{RL} = gG_{LD} + hG_{UN}$,这里 g 和 h 是被当作不变量 p 和 J_2 的函数的参数。

如我们所见,上面给出的条件不能对加载和卸载提供惟一确定性。对于某些应力历

史，材料可能是在剪切下加载（$\dot{J}_2>0$）和同时在压应力下卸载（$\dot{p}<0$）。

然而，更严重的是，模型对于剪切应力下中性加载点上或附近的应力路径不能满足连续性条件，这可以由图4.23来说明。在应力空间中，点A位于$J_2=$常数的表面，考虑两条路径AB和AB'，人为地使两点相互接近，但位于表面的两侧，外侧的一条路径为AB，应用剪切模量G_{LD}，而在AB'上，使用G_{UN}。所以，在应变中存在有限差，甚至当B点和B'无限接近时也是这样。这种处于或临近中性加载上的不连续性在物理上是不可接受的。且在这样的情况下，会限制变模量模型的应用。

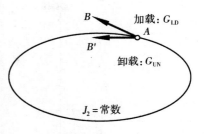

图4.23 变模量模型的连续性条件

最终考虑了加载和卸载模量的相对大小。在所有允许的应力和（或）应变状态下，无限小的应力循环不产生能量的必要条件为

$$K_{UN} \geqslant K_{LD} \geqslant 0 \tag{4.205}$$

$$G_{UN} \geqslant G_{LD} \geqslant 0 \tag{4.206}$$

对于特殊函数K_t和G_t，式（4.205）和式（4.206）限制了某些材料参数的范围。这些条件在某种意义上类似于那些附加在4.10节中的材料稳定性假设的条件（见习题4.14c）。

4.13.3 数值计算例题

下面，将讨论一个变模量模型。

【例4.16】由一个组合应力-应变变模量模型来描述一特定土体材料的特性，即体积模量K_t为体积应变$\varepsilon_v = \varepsilon_{kk}$的函数，且剪切模量$G_t$为$p$和$J_2$的函数；$K_{LD}$和$G_{LD}$的函数形式近似为下列表达式

$$K_{LD} = K_{LD}(\varepsilon_v) = K_0 + K_1\varepsilon_v + K_2\varepsilon_v^2 \tag{4.207a}$$

$$G_{LD} = G_{LD}(p, \sqrt{J_2}) = G_0 + \alpha_1 p + \alpha_2 \sqrt{J_2} \tag{4.207b}$$

对于卸载，K_{UN}和G_{UN}为

$$K_{UN} = K_{OU} = \text{常数} \tag{4.207c}$$

$$G_{UN} = G_0 + \alpha_1 p \tag{4.207d}$$

其中，K_0、K_1、K_2、G_0、α_1、α_2和K_{OU}均为材料常数，都必须由所提供的试验数据来决定。这些常数挑选如下

$$\frac{K_0}{G_0} = 2.17, \quad \frac{K_1}{K_0} = -33.33, \quad \frac{K_2}{K_0} = 444.44, \quad \alpha_1 = 60,$$

$$\alpha_2 = -133.3 \quad \text{和} \quad \frac{K_{UN}}{K_0} = 30$$

为方便起见，压应力和压应变取正值，即静水压力p和体积收缩量（下降）ε_v为$+ve$。

在单轴应变条件下，$\varepsilon_2 = \varepsilon_3 = \dot{\varepsilon}_2 = \dot{\varepsilon}_3 = 0$，对某圆柱体材料试样进行测试，如图4.24所示。由$\sigma_1/K_0 = 0$加载至$\sigma_1/K_0 = 0.6$之后完全卸载至$\sigma_1/K_0 = 0$，要求预测试样在这种情况下的特性。

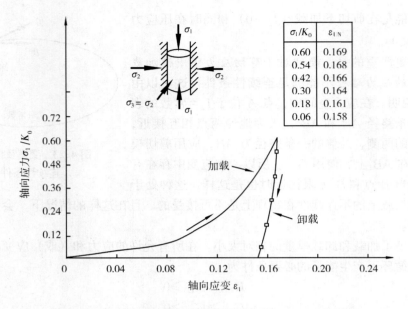

图 4.24 对于变模量模型在单轴应变下的应力-应变关系

【解】

(a) 初始加载 ($\sigma_1/K_0 = 0 \to 0.6$)

对于初始加载,式 (4.203b) 给出

$$\dot{p} = K_{LD}\dot{\varepsilon}_v$$

用式 (4.207a) 代替 K_{LD},可得

$$\dot{p} = (K_0 + K_1\varepsilon_v + K_2\varepsilon_v^2)\dot{\varepsilon}_v \tag{4.208}$$

对式 (4.208) 直接积分可得压力 p

$$p = \int_0^{\varepsilon_v} (K_0 + K_1\varepsilon_v + K_2\varepsilon_v^2)\,d\varepsilon_v = K_0\varepsilon_v + \frac{1}{2}K_1\varepsilon_v^2 + \frac{1}{3}K_2\varepsilon_v^3 \tag{4.209}$$

利用应力的对称性 ($\sigma_2 = \sigma_3$) 并消除二个主应变增量 ($\dot{\varepsilon}_2 = \dot{\varepsilon}_3 = 0$),可看出在单轴应变条件 ($\varepsilon_v = \varepsilon_1$) 下,有

$$\frac{d\sigma_1}{d\varepsilon_v} = M_{LD} = K_{LD} + \frac{4}{3}G_{LD} \tag{4.210}$$

和

$$\sqrt{J_2} = \frac{\sqrt{3}}{2}s_1 = \frac{\sqrt{3}}{2}(\sigma_1 - p) \tag{4.211}$$

其中,M_{LD} 是加载中的约束模量 M (见表 4.1)。

将式 (4.207a,b) 和式 (4.209) 代入式 (4.210),并使用式 (4.211),可导出一个一阶非齐次微分方程

$$\left(\frac{d\sigma_1}{d\varepsilon_v} - \frac{2}{\sqrt{3}}\alpha_2\sigma_1\right) = \left(K_0 + \frac{4}{3}G_0\right) + \left[\frac{4}{3}K_0\left(\alpha_1 - \frac{\sqrt{3}}{2}\alpha_2\right) + K_1\right]\varepsilon_v$$

$$+ \left[\frac{2}{3}K_1\left(\alpha_1 - \frac{\sqrt{3}}{2}\alpha_2\right) + K_2\right]\varepsilon_v^2$$

$$+ \frac{4}{9}K_2\left(\alpha_1 - \frac{\sqrt{3}}{2}\alpha_2\right)\varepsilon_v^3 \tag{4.212}$$

使用初始条件，即应力和应变同时为零，则应力解作为应变的显函数，由式（4.212）的积分来求得，即

$$\sigma_1 = -\left\{\frac{2G_0}{\sqrt{3}\alpha_2} + \frac{\alpha_1}{\alpha_2^2}\left[K_0 + \frac{\sqrt{3}K_1}{2\alpha_2} + \frac{18K_2}{(2\sqrt{3}\alpha_2)^2}\right]\right\}\left[1 - \exp\left(\frac{2}{\sqrt{3}}\alpha_2\varepsilon_1\right)\right]$$

$$-\left\{\frac{2K_0}{\sqrt{3}\alpha_2}\left(\alpha_1 - \frac{\sqrt{3}}{2}\alpha_2\right) + \frac{\alpha_1}{3\alpha_2^2}\left(3K_1 + \frac{9K_2}{\sqrt{3}\alpha_2}\right)\right\}\varepsilon_1$$

$$-\left\{\frac{K_1}{\sqrt{3}\alpha_2}\left(\alpha_1 - \frac{\sqrt{3}}{2}\alpha_2\right) + \frac{\alpha_1}{\alpha_2^2}K_2\right\}\varepsilon_1^2 - \frac{2K_2}{3\sqrt{3}\alpha_2}\left(\alpha_1 - \frac{\sqrt{3}}{2}\alpha_2\right)\varepsilon_1^3 \tag{4.213}$$

其中，$\exp(x)$ 为 x 的指数函数。

对于从 0 至 $\sigma_1/K_0 = 0.6$ 的加载，这个关系（σ_1/K_0 对 ε_1）已绘于图 4.24 中。相应于 $\sigma_1/K_0 = 0.6$ 的 ε_1 最终值为 0.1690。

(b) 卸载（$\sigma_1/K_0 = 0.6 \to 0$）

在这种情况下，使用增量解以代替直接积分。对每一步的增量，都要使用本构关系 $\{\dot{\sigma}\} = [C_t]\{\dot{\varepsilon}\}$（这里 $[C_t]$ 为依赖于模量 K_{UN} 和 G_{UN} 的 3×3 "修正"的切线刚度矩阵）。其过程类似于例 4.15 中所述，甚至更简单，因为此处仅考虑三个应力或应变分量（主应力和应变）。其结果均归纳于图 4.24 的表中，图中也绘出了卸载的应力 – 应变关系。

另一方面，采用直接积分法可证明在卸载的情况下最终给出了以下应力 – 应变关系：

$$\sigma_1 = (K_{UN} + \frac{4}{3}G_0)\varepsilon_1 + \frac{4}{3}\alpha_1\left(\frac{1}{2}K_{UN}\varepsilon_1^2 - 4.66K_0\varepsilon_1\right) + 24.15K_0 \tag{4.214}$$

该式的积分常数由卸载开始时的初始条件来决定。即在 $\sigma_1/K_0 = 0.6$ 处，其相应的值为：$\varepsilon_1 = \varepsilon_v$ 和 p。计算的细节留作练习并在问题 4.14 中给出。

最后，值得一提的是，对于 K_t 和 G_t 的函数形式以及材料常数的值进行的特别选择，通常使模型包含了某些特征和限制。可通过考虑目前例子的变模量模型来说明。对于参数 G_0/K_0、K_1/K_0、α_1、α_2 和 K_2/K_0 而有的某些这种特征和限制可归纳如下：

(1) α_1 为正，α_2 为负时，材料在剪切下随压力的增加而硬化，随剪应力的增加而软化（这是土体的典型特征）。

(2) 不等式（4.205）和式（4.206）的条件要求 G_0 和 K_0 必须为正。体积模量中的高阶项 K_1/K_0 和 K_2/K_0 可能为正，可能为负，但是，相以值受到条件 $K_t > 0$ 的限制。如果如上例所给的那样选择 K_1 为负且 K_2 为正，则最小体积模量为正的要求需要

$$K_2 > \frac{K_1^2}{4K_0} \tag{4.215}$$

(3) 在三轴应力试验中，圆柱体试样受到轴向应力 σ_1，径向应力 σ_2 和切向应力 σ_3，且 $\sigma_2 = \sigma_3$，则 $\sqrt{J_2}$ 和 p 的值为

$$\sqrt{J_2}=\frac{1}{\sqrt{3}}(\sigma_1-\sigma_3) \quad \text{和} \quad p=\frac{1}{3}(\sigma_1+2\sigma_3) \tag{4.216}$$

注意到在三轴试验中,试样的侧表面没有变形不像在单轴应变试验中那样受约束。式(4.207)中的 G_{LD} 表达式可简化为

$$G_{LD}=G_0+\frac{\alpha_1}{3}(\sigma_1+2\sigma_3)+\frac{\alpha_2}{\sqrt{3}}(\sigma_1-\sigma_3) \tag{4.217}$$

当 σ_1 增加时,G_{LD} 减小的一个必要条件是

$$\alpha_1+\sqrt{3}\alpha_2<0 \tag{4.218}$$

它在上面例子中选择 $\alpha_1=60$ 和 $\alpha_2=-133.3$ 时,是成立的。

(4) 如果单轴应变试验中在 $\varepsilon_1=0$ 处的初始曲率为负,则式(4.213)对 ε_1 求导两次后其结果在 $\varepsilon_1=0$ 处要求为负,可知条件

$$\frac{K_1}{K_0}<-4\sqrt{3}\alpha_2\left(2\frac{G_0}{K_0}+\frac{\sqrt{3}\alpha_1}{\alpha_2}\right) \tag{4.219}$$

必须满足。

(5) 对式(4.207b,d)中 G_{LD} 和 G_{UN} 函数进行的特别选择,即 α_2 为负,保证了在同样的 p 和 J_2 值下,材料在剪应力条件下卸载时的刚度比加载时要大,这又反过来保证了剪应力下一个增量加载-卸载循环中存在能量的耗散(稳定性要求)。

上面的讨论说明,在适应所提供的试验数据方面,变模量模型具有很大灵活性。正确选择材料响应参数的函数形式,真实材料所期望的大部分特征都能由模型来获得。

4.13.4 结论

依据以上讨论,就可作出关于变模量模型优点和局限性的结论。

优　　点

(1) 变模量模型完全适合多种可行的试验。例如单轴应变和用于土体的三轴压缩试验。真实材料的大部分突出特征都能由该模型再现;

(2) 变模量模型能适应加载循环中重复的滞后数据。这种能力最近在土力学的地基冲击研究中得到了证明(Nelson 等, 1971)。还没有一个非线性弹性模型具有这种能力;

(3) 变模量模型计算简便。它们特别适合于要求有局部刚度的有限元编程计算;

(4) 尽管可能需要用到试错法,但该模型易于与试验数据相拟合。

局　限　性

(1) 因为本构关系为增量各向同性,而忽略了体积应变和偏增量应力之间的交叉影响,因此,这些模型,就目前公式的推导来看,仅适于没有太大膨胀出现的材料,如某些土质材料,但不适用于如混凝土等类岩石材料;

(2) 对所有应力历史,变模量模型不能全部满足严格的理论要求。例如,该模型不能满足中性加载上或附近的连续性条件。在实际应用中所产生的数值解可能会因此而产生问题;

(3) 该模型假设应变增量主轴总是与应力增量主轴重合(式(4.203a,b)),这仅仅

在低应力水平下是正确的。在高应力下，特别是临近破坏时，就不对了。但是应变增量主轴可能非常靠近应力（不是应力增量）主轴。对于金属，这一点已得到确证，而对于土和混凝土似乎也适合，但是由于目前缺少足够的数据，这方面的完整知识仍然是缺乏的；

（4）如果材料模量和常数不经仔细挑选，对某些应力路径的加载－卸载循环中可能产生能量（违反热力学定律），特别是不等式（4.205）和式（4.206）在所有关心应力水平下得不到满足时，模型就可能出问题。

4.14 总　　结

基于本章的讨论，以弹性为基础的本构模型的基本特征、优点和局限性，可归纳如下：

弹性全应力－应变关系

Cauchy 弹性类型

一般形式：$$\sigma_{ij} = F_{ij}(\varepsilon_{mn}) \quad 或 \quad \varepsilon_{ij} = F'_{ij}(\sigma_{mn})$$

特点：

（1）应力 σ_{ij} 和应变 ε_{ij} 是可逆的和路径无关的；

（2）应变能和余能密度函数 W 和 Ω 的可逆性和路径无关性一般不能总有保证。即，由于模型对某些加载－卸载应力路径可能产生能量，故可能要违反热力学定律（在物理上不可能接受）；

（3）材料的割线刚度和柔度矩阵一般是对称的；

（4）通常，当应力惟一由应变决定或应变惟一由应力决定时，反过来却不一定都成立，因为为了满足热力学定律和应力、应变的惟一性，必须添加附加条件；

（5）这一类型最普遍使用的模型是通过简单地修改基于变割线模量（如：E_s、ν_s、K_s 和 G_s）的各向同性线弹性应力－应变关系而得来。那些模型中的参数与所观察的材料的应力－应变特性常常有很确定的物理关系，且它们能容易地由试验数据确定。

Green（超弹性）类型

一般形式：$$\sigma_{ij} = \frac{\partial W}{\partial \varepsilon_{ij}} \quad 或 \quad \varepsilon_{ij} = \frac{\partial \Omega}{\partial \sigma_{ij}}$$

特点：

（1）应力 σ_{ij} 和应变 ε_{ij} 都是可逆的和与路径无关的；

（2）因为 W 和 Ω 的可逆性及与路径无关性，这些类型的模型满足热力学定律；

（3）尽管基于假设函数 W 和 Ω 的本构关系具有极好的数学特性且可导出不同的通用关系式来，但是其包含的材料常数在大多数情况下没有直接的物理意义，此外，这些常数的确定过程也需要复杂的试验程序；

（4）W 或 Ω 的函数形式可容易假定，以再现所期望的材料特性的物理现象。如非线性、膨胀性和交叉影响和应力或应变引发的各向异性；

（5）已经证明，通过施加能量函数 W 和 Ω 的外凸性约束，在一般的 Green 类材料中，应力和应变的惟一性总可满足（Drucker 稳定性假设）；

（6）材料的割线刚度及柔度矩阵总是对称的。

增量应力－应变关系

亚弹性类型

一般公式：

$$\dot{\sigma}_{ij} = C_{ijkl}(\sigma_{pq})\dot{\varepsilon}_{kl}$$

$$\dot{\sigma}_{ij} = C_{ijkl}(\varepsilon_{pq})\dot{\varepsilon}_{kl}$$

$$\dot{\varepsilon}_{ij} = D_{ijkl}(\varepsilon_{pq})\dot{\sigma}_{kl}$$

$$\dot{\varepsilon}_{ij} = D_{ijkl}(\sigma_{pq})\dot{\sigma}_{kl}$$

其中，C_{ijkl} 和 D_{ijkl} 是所指自变量的一般函数。

特点：

（1）应力状态一般依赖当前应变状态和达到这种状态所经过的应力路径（即路径相关性）；

（2）增量可逆特性（即，亚弹性材料在初始应力下的微小变形是可逆的）；

（3）必须指定初始条件以得到惟一解。不同的应力路径和初始条件将导致不同的应力－应变关系；

（4）通常，亚弹性模型在某些加载—卸载循环中由于可能产生能量，而违反热力学定律；

（5）经典亚弹性模型中材料常数的确定要求复杂的测试程序。而且，在这些常数和所建立的材料性能间没有明显物理关系，任何常数的改变对在材料的应力－应变特性上所产生的改变量之间不存在确定性的关系。模型在拟合所提供的试验数据方面很困难。

变模量类型

一般公式：

$$\dot{p} = K_t \dot{\varepsilon}_{kk}$$

$$\dot{s}_{ij} = 2G_t \dot{e}_{ij}$$

其中，在初始加载、随后的卸载和再加载中一般采用不同的 G 和 K 函数。

特点：

（1）这些模型主要基于曲线拟合技术；

（2）它们代表了一类特殊的各向同性亚弹性材料，其附加有增量各向同性限制；

（3）通常，没有惟一的应力－应变关系存在。这是因为，在加载和卸载中使用不同的材料响应系数；

（4）不像亚弹性材料，变模量材料的特性是不可逆的，甚至于增量加载亦是如此；

（5）这些类型的模型具有许多优点。它们很好地满足许多可提供的试验，且具有拟合循环加载下重复滞后数据的能力，最后，它们计算方便且相对来说更容易拟合试验数据；

（6）该模型对所有应力历史可能不全部满足严格的理论要求（例如，模型在中性变载上或附近不能满足连续性条件）。对某些应力路径在加载－卸载循环中，模型也可能产生能量；

（7）由于模型是增量各向同性的，故静水和偏增量响应分量间的交叉影响不予考虑，这将限制模型的应用性（例如，像类岩石材料就不能很好模拟）；

（8）该模型假设应力和应变增量的主轴有同轴性。这一点缺乏试验支持。

以上所述的许多基于弹性应力－应变关系的特点，要联系到《混凝土和土的本构方程》中，弹性本构模型在颗粒状材料和混凝土材料中的应用来说明。

4.15 习 题

4.1 利用式（4.2a）和各向同性线弹性材料的应力－应变关系，证明平衡方程（4.1b）能写成下列式子（这些方程即所谓的 Navier 方程）：

$$u_{i,jj} + \frac{1}{1-2\nu}u_{j,ji} + \frac{F_i}{G} = 0$$

其中，ν 和 G 分别为泊松比和剪切模量。

4.2 对于各向同性线弹性材料，一点处的应力分量 σ_{ij} 为

$$\sigma_{ij} = \begin{bmatrix} 68.95 & 6.895 & -55.16 \\ 6.895 & -41.37 & 41.37 \\ -55.16 & 41.37 & 137.9 \end{bmatrix} \text{ MPa}$$

材料常数 $E = 2.07 \times 10^8 \text{kN/m}^2$ 和 $\nu = 0.3$。

求：(a) 给定点的偏应变张量 e_{ij}；

(b) 对于给定应力状态求应变能量密度 W 的值和余能密度 Ω 值；

(c) 同一点处的主应变 ε_1、ε_2 和 ε_3。

4.3 证明弹性常数 E, G, ν, K 和 M 间的下列关系（表 4.1）：

$$M = \frac{K(9K+3E)}{9K-E} = \frac{3K(1-\nu)}{1+\nu}$$

$$\nu = \frac{3K/M - 1}{3K/M + 1} = \frac{3K-E}{6K}$$

$$K = \frac{GE}{9G-3E} = M - \frac{4}{3}G$$

4.4 利用各向同性物体的应力和应变主轴重合的特点，并假设应力－应变关系为线性的，使叠加法成立，由 E 和 ν 的定义直接推导式（4.20）。

4.5 对于应变能密度函数如式（4.93）定义的那样，$W = \frac{1}{2}\sigma_{ij}\varepsilon_{ij}$，证明弹性体总的应变能等于由表面拉力 T_i 和体力 F_i 在由无应力状态到应力 σ_{ij} 和应变 ε_{ij} 的平衡状态中所产生的位移 u_i 上所做功的一半。

4.6 证明对于正交各向同性线弹性材料，如果应力主轴垂直于材料对称平面，那么应力和应变主轴重合。

4.7 证明二维（平面应力）状态下的正交各向同性线弹性材料的应力－应变关系可写成下面形式（参照对称的材料轴）：

$$\left\{\begin{array}{c}\sigma_x\\ \sigma_y\\ \tau_{xy}\end{array}\right\}=\frac{1}{(1-\beta^2)}\begin{bmatrix}E_1 & \beta\sqrt{E_1E_2} & 0\\ \beta\sqrt{E_1E_2} & E_2 & 0\\ 0 & 0 & \frac{1}{4}(E_1+E_2-2\beta\sqrt{E_1E_2})\end{bmatrix}\left\{\begin{array}{c}\varepsilon_x\\ \varepsilon_y\\ \gamma_{xy}\end{array}\right\}$$

如果要求剪切模量 G_{12} ($=G_{xy}$) 任意由 (x, y, z) 轴转到新的 (x', y', z) 轴不变 (即关于 z 轴旋转), 其中,

$$\beta^2 = \text{"等价"泊松比} = \nu_1\nu_2$$

且 E_1, $\nu_1=\nu_{xy}$ 和 E_2, $\nu_2=\nu_{yx}$ 分别为杨氏模量和对 x 轴和 y 轴的泊松比。

4.8 对于正交各向异性线弹性材料，在关于材料对称轴的特定点的应力状态为

$$\sigma_{ij}=\begin{bmatrix}5.52 & -0.69 & 0.35\\ -0.69 & 0.55 & 0.83\\ 0.35 & 0.83 & -1.38\end{bmatrix}\text{MPa}$$

式 (4.97) 的材料常数为

$$E_x=15.0\times10^6\text{kN/m}^2, \quad \frac{E_y}{E_x}=0.064, \quad \frac{E_z}{E_x}=0.109$$

$$\frac{G_{xy}}{E_x}=0.041, \quad \frac{G_{yz}}{E_x}=0.017, \quad \frac{G_{zx}}{E_x}=0.057$$

$$\nu_{xy}=0.18, \quad \nu_{yz}=0.12, \quad \nu_{zx}=0.13$$

(a) 求给定点处的应变分量 ε_{ij}；

(b) 求给定点处的主应力 σ_1、σ_2 和 σ_3 以及主应变 ε_1、ε_2 和 ε_3；

(c) 对于给定应力状态计算其应变能密度 W。

4.9 无初始应力和初始应变的材料单元受到一个组合加载历史，产生下列 σ, τ 空间中的连续直线路径 [单位为 MPa (拉应力 σ，剪应力 τ)]：

路径 1: (0, 0) 至 (0, 68.95)

路径 2: (0, 68.95) 至 (206.85, 68.95)

路径 3: (206.85, 68.95) 至 (206.85, -68.95)

路径 4: (206.85, -68.95) 至 (0, 0)

材料单元假设为各向同性非线性弹性，其余能密度 Ω 为

$$\Omega = a\,(J_2^3 + J_3^2)$$

其中, a 为材料常数。简单拉伸下的应力-应变关系为

$$10^9\varepsilon = \left(\frac{\sigma}{1000}\right)^5$$

其中，σ 的单位为 MPa。

(a) 给出在路径 3 末端的轴向伸长和剪切应变；

(b) 求出路径 1 和 2 末端所有正应变和剪应变分量；

(c) 在 σ, τ 空间中画出通过 (206.85, 68.95) 的余能密度 Ω = 常数曲线，分析证明余能密度 Ω = 常数的曲线是外凸的；

(d) 图解证明并分析 (b) 的答案满足正交性条件式 (4.79)；

(e) 将路径 1 转化为主应力空间中的路径，利用以主应力表达的应力-应变关系计算该路径末端的应变，与（b）中以 σ 和 τ 得到的解答进行详细比较；

(f) 列出所有上述所给路径中在主应力空间中为直线路径的路径；

(g) 在正应力空间中画出路径（2）。

4.10 对于例 4.12 中描述的各向同性非线性弹性材料，某点处的应变状态 ε_{ij} 为

$$\varepsilon_{ij} = 10^{-4} \begin{bmatrix} -70 & 40 & 0 \\ 40 & -100 & 0 \\ 0 & 0 & 0 \end{bmatrix}$$

(a) 确定相应的应力状态 σ_{ij}；

(b) 计算相应于给定应变状态的 W 和 Ω 值。

4.11 对于习题 4.10 中的材料，应力-应变关系的增量形式可由例 4.14 得到。假设沿径向应变路径并利用式（4.197）和式（4.198），习题 4.10 中的应变状态可以达到，找出相应于这个应变状态的应力状态。采用三个增量步（相等），每一次都将式（4.198）的矩阵 $[A]$ 和 $[B]$ 中元素的相对量进行比较，将结果同习题 4.10 中的结果进行比较。

4.12 联系例 4.11 中不可压缩的非线性弹性材料，讨论材料的稳定性假设。

4.13 对于以式（4.134）形式给出的各向同性线弹性混凝土材料，假定下列表达式用于割线体积模量 K_s 和割线泊松比 ν_s：

$$K_s = \frac{1}{5.576 \times 10^{-7} + 8.087 \times 10^{-11} I_1}$$

$$\nu_s = 0.199 - 1.525 \times 10^{-5} I_1 + 4.646 \times 10^{-11} I_2 - 7.987 \times 10^{-14} I_1 I_2$$
$$+ 7.731 \times 10^{-10} I_1^2 + 3.427 \times 10^{-18} I_2^2$$

其中，I_1 和 I_2 为应力张量 σ_{ij} 的第一和第二不变量，且压应力为正（应力 σ_{ij} 单位为 MPa），某一材料试样在三轴应力状态下进行测试，在某一特定点可产生下列应力状态：

$$\sigma_{ij} = \begin{bmatrix} 55 & 0 & 0 \\ 0 & 14 & 0 \\ 0 & 0 & 14 \end{bmatrix} \text{MPa}$$

(a) 求给定点处相应的应变分量 ε_{ij}；

(b) 证明对于 K_s 和 ν_s 的表达式，Ω 是与路径有关的。

4.14 对于例 4.16 所述的变模量模型，要求：

(a) 导出单轴应变式（4.214）中卸载应力-应变关系的细节；

(b) 证明三轴试验中的应变偏量 e_1（应力的圆柱状态 σ_1，$\sigma_2 = \sigma_3$，其中 σ_1 为轴向应力，$\sigma_2 = \sigma_3$ 分别为径向应力和切向应力分量）（对于加载）为

$$e_1 = \frac{1}{\alpha_1 + \sqrt{3}\alpha_2} \ln \left[\frac{3G_0 + \sigma_3(2\alpha_1 - \sqrt{3}\alpha_2) + \sigma_1(\alpha_1 + \sqrt{3}\alpha_2)}{3(G_0 + \alpha_1 \sigma_3)} \right]$$

上式写为

$$e_1 = \frac{1}{\alpha_1 + \sqrt{3}\alpha_2} \ln \left[\frac{G}{G_{\text{init}}} \right]$$

其中，G 为剪应力下加载的剪切模量，式（4.207b）和 $G_{\text{init}} = G_0 + \alpha_1 \sigma_3$ 为静水压力条件

($\sigma_1 = \sigma_2 = \sigma_3$ 且 $e_1 = 0$) 下 G 的初始值；

(c) 证明条件式（4.205）和式（4.206）对满足 4.10 节中对于加载－卸载应力循环的稳定性假设是必要的。

4.15 考虑由增量应力－应变关系描述的一阶各向同性亚弹性模型：
$$\dot{\sigma}_{ij} = C_{ijkl}(\varepsilon_{pq}) \dot{\varepsilon}_{kl}$$

其中，$C_{ijkl}(\varepsilon_{pq})$ 为
$$C_{ijkl}(\varepsilon_{pq}) = (b_1 + b_2 \varepsilon_{rr}) \delta_{ij}\delta_{kl} + \frac{1}{2}(b_3 + b_4 \varepsilon_{rr})(\delta_{ik}\delta_{jl} + \delta_{jk}\delta_{il})$$
$$+ b_5 \varepsilon_{ij}\delta_{kl} + \frac{1}{2} b_6 (\varepsilon_{jk}\delta_{li} + \varepsilon_{jl}\delta_{ki} + \varepsilon_{ik}\delta_{lj} + \varepsilon_{il}\delta_{kj})$$
$$+ b_7 \varepsilon_{kl}\delta_{ij}$$

其中，$b_1, b_2, \cdots, b_7$ 为材料常数。

(a) 证明当满足以下可积条件时，该增量定律提供全应力－应变关系。
$$\frac{\partial C_{ijkl}}{\partial \varepsilon_{np}} = \frac{\partial C_{ijnp}}{\partial \varepsilon_{kl}}$$

（提示：对于全应力－应变关系，应力为应变的单值连续函数且关系
$$\frac{\partial^2 \sigma_{ij}}{\partial \varepsilon_{kl} \partial \varepsilon_{np}} = \frac{\partial^2 \sigma_{ij}}{\partial \varepsilon_{np} \partial \varepsilon_{kl}}$$

必须满足）。

(b) 证明为了使上面所述的亚弹性材料成为 Cauchy 弹性材料（应力仅为应变的函数，而非应变历史的函数），(a) 中的可积条件给出了下列条件
$$b_4 = b_5$$

（提示：就 Cauchy 弹性材料的特性而言，可积条件须对所有应变状态都成立）

(c) 证明如果材料特性要求为 Green（超弹性）型，则除条件 (b) 外，条件
$$b_5 = b_7$$

也必须满足。（提示：对于超弹性材料，$C_{ijkl} = C_{klij}$）

注意：
$$\frac{\partial C_{ijnp}}{\partial \varepsilon_{kl}} = b_2 \delta_{np}\delta_{ij}\delta_{kl} + \frac{1}{2} b_4 \delta_{np}(\delta_{ik}\delta_{jl} + \delta_{jk}\delta_{il})$$
$$+ \frac{1}{2} b_5 (\delta_{in}\delta_{jp} + \delta_{ip}\delta_{jn})\delta_{kl} + \frac{1}{4} b_6 (\delta_{jn}\delta_{kp}\delta_{li} + \delta_{jp}\delta_{kn}\delta_{li}$$
$$+ \delta_{jn}\delta_{lp}\delta_{ki} + \delta_{jp}\delta_{ln}\delta_{ki} + \delta_{in}\delta_{kp}\delta_{lj} + \delta_{ip}\delta_{kn}\delta_{lj}$$
$$+ \delta_{in}\delta_{lp}\delta_{kj} + \delta_{ip}\delta_{ln}\delta_{kj}) + \frac{1}{2} b_7 (\delta_{ij}\delta_{nk}\delta_{lp} + \delta_{ij}\delta_{pk}\delta_{ln})$$

(d) 利用 (b) 和 (c) 中的条件，（假设初始应力和应变为零）证明增量定律可进行积分以给出超弹性本构关系为
$$\sigma_{ij} = b_1 \varepsilon_{kk}\delta_{ij} + b_3 \varepsilon_{ij} + \frac{1}{2} b_2 \varepsilon_{kk}^2 \delta_{ij} + b_4 \varepsilon_{kk} \varepsilon_{ij}$$
$$+ b_6 \varepsilon_{ik}\varepsilon_{jk} + \frac{1}{2} b_4 \varepsilon_{kl}\varepsilon_{kl}\delta_{ij}$$

(e) 利用 (d) 的结果，证明应变能密度 W 由下式给出

$$W = \frac{1}{2}b_1\varepsilon_{kk}^2 + \frac{1}{2}b_3\varepsilon_{ij}\varepsilon_{ij} + \frac{1}{6}b_2\varepsilon_{kk}^3 + \frac{1}{2}b_4\varepsilon_{kk}\varepsilon_{ij}\varepsilon_{ij}$$
$$+ \frac{1}{3}b_6\varepsilon_{ik}\varepsilon_{ij}\varepsilon_{jk}$$

(f) 在单轴应变试验中（$\varepsilon_{11} = \varepsilon$，其他 $\varepsilon_{ij} = 0$），对用本构关系（d）描述的材料推导简单的应力－应变关系。

4.16 参考文献

1. Bernstein B. Hypoelasticity and Elasticity. Archives of Relational Mechanics and Analysis, 1960, 6 (90): 90~104
2. Coon M D Evans R J. Recoverable Deformation of Cohesionless Soils. Journal of the Soil Mechanics and Foundations Division, ASCE, February, 1971, 97 (SM2): 375~391
3. Drucker D C. A More Fundamental Approach to Plastic Stress-Strain Relations. Proceedings, 1st U. S. National Gongress on Applied Mechanics, ASME, 1951, 487~491
4. Drucker D C. Introduction to Mechanics of Deformable Solids. New York: McGraw-Hill Book Co, Inc, 1967.
5. Eringen A C. Nonlinear Theory of Continuous Media. New York: McGraw-Hill Book Co, Inc, 1962.
6. Evans R J, Pister K S. Constitutive Equations for a Class Nonlinear Elastic Solids, International Journal of Solids and Structures, 1966, 2 (3): 427~445
7. Fung Y C. Foundations of Solid Mechanics Prentice-Hall, Inc, Englewood Cliffs, N. J., 1965.
8. Green A E, Zerna W. Theoretical Elasticity, Qxford: Claredon Press, 1954.
9. Lekhnitskii S G. Theory of Elasticity of an Anisotropic Elastic Body. Holden-Day, Inc, San Francisco, 1963.
10. Malvern L E. Introduction to Mechanics of a Continuous Medium. Prentice-Hall, Inc, Englewood Cliffs, N. J., 1969.
11. Murray D W. Octahedral Based Incremental Stress-Strain Matrices, Journal of the Engineering Mechanics Division, ASCE, 1979, August, 105 (EM4): 501~513
12. Nelson I, Baron M L. Applications of Variable Moduli Models to Soil Behavior. International Journal of Solids and Structures, 1971 (7): 399~417
13. Nelson I, Baron M L, Sandler I S. Mathematical Models for Geological Materials for Wave Propagation Studies. Shock Waves and the Mechanical Properties of Solids, Syracuse, N. Y.: Syracuse University Press, 1971.
14. Rivlin R S, Ericksen J L. Stress-Deflection Relation for Isotropic Materials. Journal of Rational Mechanics and Analysis, 1955, 4 (1): 323~425
15. Truesdell C. Hypoelasticity. Journal of Relational Mechanics and Analysis, 1955, 4 (1): 83~133

第二篇
塑性力学理论

第 5 章 单轴状态下材料的特征和模型

5.1 引 言

5.1.1 塑性和模型

对金属的塑性破坏过程或破坏机理,一致认为是晶体滑移或错位所致。因此,塑性变形与剪切变形有密切关系。塑性变形不引起体积的改变,而且拉伸和压缩的塑性特征性状几乎一致,对于不同的金属材料,所有这些特征都是相同的。追溯历史,塑性理论的发展和金属特性的研究具有紧密的联系,所以,本章描述的弹塑性材料的应力-应变关系,是在金属材料特征的基础上抽象的理想模型。

其他工程材料,如混凝土、石材、土等,其内部发生的现象与金属材料的微观现象有很大的区别。比如,混凝土材料的非线性特征归于微裂纹的发展,试验结果也明显不同,塑性性状包含体积改变,并且这些材料的拉、压特性也存在很大差别。然而,这些材料在压力荷载作用下的典型应力-应变曲线却展现了与典型弹塑性材料相似的特征,所以,通过作些修正,金属材料塑性理论的概念适用于这类材料,并且已经提出了许多有关这些材料的基于塑性的本构模型(Chen, 1982; Chen 和 Mizuno, 1990),将塑性理论应用于这些材料的一个重要优点就是模型合乎逻辑性、简明,且又不失数学的严密性。

从微观上讲,工程材料并非匀质,而且并非所有单元同时屈服,从弹性到塑性的过渡转变是均匀发生的,这也正是我们发现试验中得到的整个应力-应变曲线呈光滑过渡的原因。然而,从宏观上我们可以认为这些材料为均匀的,材料单元在弹性极限之后屈服并顺着整个应力-应变响应曲线变形。大部分基于塑性的本构模型(包括本书中描述的)正是基于这种均匀响应的概念建立的。

5.1.2 范围

弹塑性材料的大部分特征可从单轴材料特性看出,所以我们就从单轴特性的讨论开始,首先阐述弹塑性材料单轴作用下的基本特征,基于此背景,进而阐述一些弹塑性特性材料的模型。因此,本章提供了塑性理论的基础,由此可直接导出塑性理论的一般公式。

5.2 单轴应力-应变特性

5.2.1 单调加载

图 5.1 (a) 给出了弹塑性材料在单轴荷载作用下的典型应力-应变关系。在初始阶段,直到某一应力水平 σ_0 (P 点),应变 δ 与应力 σ 成正比,变形也是可以完全恢复的,超过 P 点以后,应力和应变关系呈非线性,所以,P 点对应的应力为比例极限。

在 Q 点,材料开始累积永久应变,即使完全卸除荷载弹性变形也不会消失,这种永

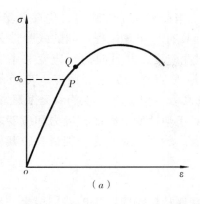 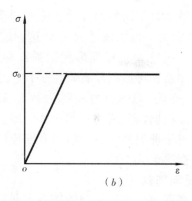

图 5.1 单调加载的应力-应变特性
(a) 一般材料；(b) 理想弹-塑性材料

久应变称为塑性应变。弹性应变与其不同之处在于弹性应变当荷载卸除后能够恢复而完全消失。超过 Q 点，变形中包括弹性和塑性应变，这个过程称为弹塑性变形，或塑性变形或塑性流动，Q 点称为弹性极限或屈服点。P 点和 Q 点间的差别一般很小，精确定义弹性极限是很困难的，所以，尽管已提出过不同的弹性极限定义方式，但一般在特殊应用中却忽略了这种差别，并且在建立本构模型时比例极限一般也被看作弹性极限。对于金属材料，弹性极限对应的应变一般介于 0.1%～0.2% 之间。

超过屈服点，应力-应变曲线斜率随着荷载增大稳定且单调地减小，最后变为负值。在具有正斜率（$d\sigma/d\delta > 0$）阶段，即峰值荷载之前的非线性材料特性称之为强化；反之，当荷载减小而变形增大阶段称为软化。然而，试验中常会发现软化特性与局部的和非均匀的变形有关，比如金属材料的颈缩。因此，应力-应变曲线的软化部分并不总是描述真实材料的反应；因为它还包括结构几何尺寸改变的影响。塑性理论的第一部分将不考虑应力-应变曲线的软化部分。

有些材料，比如结构用钢，具有一种重要且独特的性能，称之为延性。它的应力-应变曲线可以用两条直线表达成理想的形式，见图 5.1 (b)。在屈服点之前，材料处于弹性状态；超过屈服点，产生了塑性流动，而且在应力不增加的情况下应变可以显著增大，这种特性称为理想弹塑性。它在工程实践中很重要，比方说，钢的塑性设计正是基于这种材料特性提出的，并且在建筑结构设计方法中已有了广泛应用（ASCE-WRC，1971）。

在塑性理论的第一部分，我们将研究强化和理想塑性特性。因为理想塑性特性可以看作是强化特性的极限情况，我们将集中讨论强化响应，而对于理想塑性响应仅作简要论述。

5.2.2 卸载和再加载

图 5.2 给出了弹塑性材料在理想卸载和再加载下的特性。如果在弹塑性阶段减小荷载，应变仅仅弹性

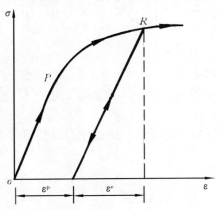

图 5.2 卸载和再加载过程的应力-应变特性

地减小，并且斜率等于初始的弹性反应的斜率。当荷载完全卸除时，仍存在塑性应变 ε^p，而弹性反应 ε^e 消失，再加载至 R 点，这一过程具有与卸载过程相同的线弹性关系，R 点是卸载的起点，超过 R 点的变形包括弹性和塑性应变，并且应力-应变关系遵循单调加载路径，就像卸载和再加载没有发生一样。于是 R 点作为另一屈服点，R 点的应力称为后继屈服应力，而 P 点的应力 σ_0 称为初始屈服应力，相应地 P 点为初始屈服点，而 R 点为后继屈服点。根据以上阐述及图 5.2 可知，对于塑性变形固体，应力和应变之间没有一对一的关系，对于理想弹塑性材料也有同样现象。然而，对于这一类材料，其初始应力和后继屈服应力都等于 σ_0。

5.2.3 反向加载

就单调加载而言，初始荷载的加载方向对金属特性响应产生的差别很小，金属在拉伸和压缩时的特性几乎一致。然而，当强化型的材料受拉超过初始屈服点时，接着在反向施加压力作用下，它将有不同的表现。

设在拉伸与压缩时初始屈服应力分别为 σ_{0T} 和 σ_{0C}，因此，在初始阶段，若应力 σ 在 σ_{0C} 与 σ_{0T} 之间，则材料表现为弹性。对于金属材料，这两个屈服应力的绝对值相同，而其他工程材料则不一定。

现在考虑加载的顺序是：应力从零单调增加到拉伸塑性范围，$\sigma_T \geqslant \sigma_{0T}$，然后减小至压缩状态，如图 5.3 所示，在从 T 点卸载期间，线弹性状态将持续到某些点的应力达到 σ_C，开始出现反方向塑性应变，因而 C 点也可称为压缩后继屈服点，后继拉伸屈服应力 σ_T 和压缩屈服应力 σ_C 分别是后继弹性范围的上、下边界或极限。

后继压缩屈服应力 σ_C，一般不同于初始值 σ_{0C}，特别是 σ_C 在数值上小于初始压缩屈服应力值 σ_{0C}，即 $|\sigma_{0C}| > |\sigma_C|$。这种由于预加塑性拉伸荷载而使压缩屈服应力降低的现象称为 Bauschinger 效应。

正是由于这种特性，塑性变形是一种各向异性过程，Bauschinger 效应是一种由塑性应变引起的特殊的方向各向异性的形式，因为在后继逆向荷载作用下，一个方向的初始塑性变形会减小其反方向的屈服应力。在多轴应力情况下，与这种现象对应的是具有不同方向屈服应力之间的相互影响和横向效应，在多轴应力情况下，某一方向的预加应变达到塑性范围将会改变其所有方向的屈服应力值。因此 Bauschinger 效应对于多维问题更重要，包括荷载方向有明显改变的复杂应力历史，比如应力改变符号和循环荷载的情况。

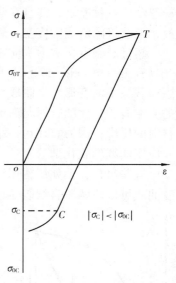

图 5.3 Bauschinger 效应

5.3 单轴状态下的全量应力-应变模型

为了获得塑性变形问题的解答，必须模拟材料应力-应变特性。要达到这一目的，必须在保持本质特征的前提下理想化。下面介绍以全量应力－应变表示的理想模型（这里使用的术语"全量"是为了区别于 5.4 节基于"增量"应力－应变的模型）。本节的讨论限于拉伸变形，对于压缩的情形必须作适当变换，这些模型能比较容易地应用于简单弹塑性问题，就像 5.3.5 节的例题所能见到的。

5.3.1 理想弹塑性模型

如图 5.4（a）所示，对于理想弹塑性材料，当应力达到屈服应力 σ_0 以后，不需要增加任何荷载，变形就能自由增加，因此单轴应力－应变关系可表达为

$$\begin{aligned} \varepsilon &= \frac{\sigma}{E} & \text{对于 } \sigma < \sigma_0 \\ \varepsilon &= \frac{\sigma_0}{E} + \lambda & \text{对于 } \sigma = \sigma_0 \end{aligned} \quad (5.1)$$

其中，E 为杨氏模量；λ 为一正标量。对于结构钢，这一模型得到了广泛应用。

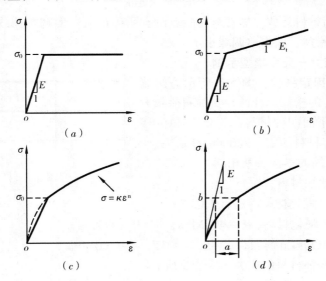

图 5.4　全量应力－应变模型
(a) 理想弹－塑性模型； (b) 弹性－线性强化模型；
(c) 弹性－幂次强化模型； (d) Ramberg－Osgood 模型

5.3.2 弹性－线性强化模型

此模型（见图 5.4b）如同理想塑性模型，连续曲线同两条直线近似，以在屈服点 σ_0 为一突然折断点代替光滑过渡曲线，开始的直线部分的斜率为杨氏模量 E，第二个直线部分以理想化方式描述强化阶段，斜率为 E_t，它比 E 小很多。对于单调拉伸荷载，应力－应变关系有如下形式：

$$\begin{aligned} \varepsilon &= \frac{\sigma}{E} & \text{对于 } \sigma \leq \sigma_0 \\ \varepsilon &= \frac{\sigma_0}{E} + \frac{1}{E_t}(\sigma - \sigma_0) & \text{对于 } \sigma > \sigma_0 \end{aligned} \quad (5.2)$$

作为这一模型的延伸，也可以构造由几个线性部分组成的分段线性模型。

5.3.3 弹性－幂次强化模型

很多材料的强化特性是非线性的（见图5.4c），因此，简单的幂次表达式可以表达为

$$\sigma = E\varepsilon \quad 对于 \sigma \leq \sigma_0$$
$$\sigma = k\varepsilon^n \quad 对于 \sigma > \sigma_0 \tag{5.3}$$

其中，k 和 n 是与所得试验曲线拟合得最好的材料常数，注意 k 和 n 这两个材料常数并不是独立的，因为应力－应变曲线在 $\sigma = \sigma_0$ 点必须连续，也必须满足 $\sigma_0 = k(\sigma_0/E)^n$ 的条件。

5.3.4 Rambery－Osgood 模型

此模型如图5.4(d)所示。下面的非线性应力－应变曲线形式可用于描述弹塑性性质

$$\varepsilon = \frac{\sigma}{E} + a\left(\frac{\sigma}{b}\right)^n \tag{5.4}$$

其中，a、b 和 n 为材料常数。尽管对屈服点没有明确定义，但初始曲线斜率取值为杨氏模量 E，随着应力增加，斜率单调减小。

5.3.5 全量应力－应变模型示例

【例5.1】端点固定杆件：图5.5所示为两端固定，横截面为 A_0 的棱柱形杆件，受轴向荷载 P 作用，试简述对于下面四种材料，荷载 P 和位移 δ 间的关系，令所有材料的 $E = 200000$ MPa，$\sigma_0 = 200$ MPa，拉伸和压缩的本构关系相同。

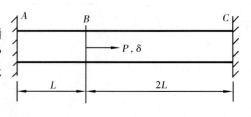

图5.5 杆问题

(a) 理想弹－塑性材料；
(b) 弹性－线性强化材料，$E_t = 0.02E$；
(c) 弹性－幂次强化材料，$k = 400$ MPa，$n = 0.1003$；
(d) Ramberg－Osgood 材料，$a = 5$，$n = 15$，$b = 400$ MPa。

图5.6描述了四种材料的应力－应变反应。

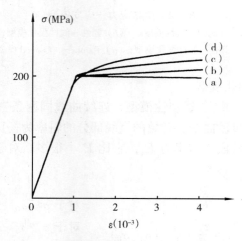

图5.6 四种材料模型的应力－应变曲线

【解】 平衡条件要求:

$$\sigma^{AB} - \sigma^{BC} = \frac{P}{A_0} \tag{5.5}$$

其中,上标 AB 和 BC 分别对应于杆的相应部分 AB 和 BC。为了满足运动条件,则需要

$$\delta = \delta^{AB} = -\delta^{BC} \tag{5.6}$$

应变-位移关系为

$$\varepsilon^{AB} = \frac{\delta^{AB}}{L}, \quad \varepsilon^{BC} = \frac{\delta^{BC}}{2L} \tag{5.7}$$

注意:不管材料性质如何,以上三组方程都必须得到满足。

(a) 初始阶段,整个杆处于弹性状态,则有

$$\sigma^{AB} = E\varepsilon^{AB}, \quad \sigma^{BC} = E\varepsilon^{BC} \tag{5.8}$$

由式 (5.5) 至 (5.8),得

$$\sigma^{AB} = E\frac{\delta}{L}, \quad \sigma^{BC} = -\frac{E}{2}\frac{\delta}{L}, \quad \frac{P}{A_0} = \frac{3E}{2}\frac{\delta}{L} \tag{5.9}$$

式 (5.9) 表明,当满足下式时,σ^{AB} 先达到屈服应力 σ_0。

$$\frac{\delta}{L} = \frac{\sigma_0}{E}, \quad \frac{P}{A_0} = \frac{3}{2}\sigma_0 \tag{5.10}$$

此时

$$\sigma^{AB} = \sigma_0, \quad \sigma^{BC} = -\frac{\sigma_0}{2} \tag{5.11}$$

至此,以上的分析对于前三种材料模型 (a) ～ (c) 是一致的,直到后继阶段这三种材料间的不同性质才明显表现出来,此时有塑性变形产生。

在后继阶段,AB 部分产生塑性流动,平衡方程 (5.5) 变为

$$\sigma_0 - \sigma^{BC} = \frac{P}{A_0} \tag{5.12}$$

联立式 (5.6)、式 (5.7b) 和式 (5.8b),可以得到

$$\sigma^{BC} = -\frac{E}{2}\frac{\delta}{L}, \quad \frac{P}{A_0} = \sigma_0 + \frac{E}{2}\frac{\delta}{L} \tag{5.13}$$

在满足下式时,BC 部分屈服,在此之前,这些方程成立。

$$\frac{\delta}{L} = \frac{2\sigma_0}{E}, \quad \frac{P}{A_0} = 2\sigma_0 \tag{5.14}$$

在这一荷载水平上,杆的变形和流动不再需要进一步增加荷载。

(b) 初始阶段 $(P/A_0) \leqslant (3\sigma_0/2)$,结构反应可从式 (5.9) 得出,在后继阶段,$AB$ 部分的应力-应变关系不同于式 (5.8a),而式 (5.5)～式 (5.7) 仍适用。在这一阶段,由式 (5.2b) 可得新的本构关系为

$$\sigma^{AB} = \sigma_0 + E_t\left(\varepsilon^{AB} - \frac{\sigma_0}{E}\right) \tag{5.15}$$

由式 (5.5)～式(5.7),式 (5.8b) 和式 (5.15) 得到

$$\sigma^{AB} = \sigma_0 + E_t\left(\frac{\delta}{L} - \frac{\sigma_0}{E}\right), \quad \sigma^{BC} = -\frac{E}{2}\frac{\delta}{L},$$

$$\frac{P}{A_0} = \left(E_t + \frac{E}{2}\right)\frac{\delta}{L} + \left(1 - \frac{E_t}{E}\right)\sigma_0 \tag{5.16}$$

满足下式，σ^{BC} 达到 $-\sigma_0$，在此之前，这些方程都是有效的。

$$\frac{\delta}{L} = \frac{2\sigma_0}{E}, \quad \frac{P}{A_0} = \left(2 + \frac{E_t}{E}\right)\sigma_0 \tag{5.17}$$

在下一阶段，整个杆件表现为塑性，所以要用下面的应力 - 应变关系式代替式 (5.8b)

$$\sigma^{BC} = -\sigma_0 + E_t\left(\varepsilon^{BC} + \frac{\sigma_0}{E}\right) \tag{5.18}$$

通过变换式 (5.2b) 来处理压缩变形则可得式 (5.18)，由式 (5.5) ~ 式 (5.7)，式 (5.15) 和式 (5.18)，得到此阶段的结构反应为

$$\frac{P}{A_0} = 2\left(1 - \frac{E_t}{E}\right)\sigma_0 + \frac{3E_t}{2}\frac{\delta}{L} \tag{5.19}$$

(c) 因为弹性反应与前两种材料模型一致，所以只需从第二阶段开始，此时 AB 部分处于塑性阶段。在此阶段，必须以下式替代式 (5.8a)

$$\sigma^{AB} = k\ (\varepsilon^{AB})^n \tag{5.20}$$

那么得到

$$\sigma^{AB} = k\left(\frac{\delta}{L}\right)^n, \quad \sigma^{BC} = -\frac{E}{2}\frac{\delta}{L}, \quad \frac{P}{A_0} = k\left(\frac{\delta}{L}\right)^n + \frac{E}{2}\frac{\delta}{L} \tag{5.21}$$

上式表明，当满足下式时则 BC 部分屈服。

$$\frac{\delta}{L} = \frac{2\sigma_0}{E}, \quad \frac{P}{A_0} = k\left(\frac{2\sigma_0}{E}\right)^n + \sigma_0 \tag{5.22}$$

在下一阶段，用下式替换式 (5.8b)

$$\sigma^{BC} = -k\ (\varepsilon^{BC})^n \tag{5.23}$$

注意，式 (5.23) 为压缩状态下弹性 - 幂次模型的形式，从而可得结构反应为

$$\frac{P}{A_0} = k\left(1 + \frac{1}{2^n}\right)\left(\frac{\delta}{L}\right)^n \tag{5.24}$$

(d) 在这一模型中，整个变形阶段只需考虑下面的应力 - 应变关系：

$$\varepsilon^{AB} = \frac{\sigma^{AB}}{E} + \left(\frac{\sigma^{AB}}{b}\right)^n, \quad \varepsilon^{BC} = \frac{\sigma^{BC}}{E} - \left(\frac{|\sigma^{BC}|}{b}\right)^n \tag{5.25}$$

上述第二式是压缩的 Ramberg - Osgood 模型形式。由运动条件方程 (5.6) 和应力 - 变形关系式 (5.7)，式 (5.25) 可写为

$$\frac{\delta}{L} = \frac{\sigma^{AB}}{E} + \left(\frac{\sigma^{AB}}{b}\right)^n, \quad \frac{-\delta}{2L} = \frac{\sigma^{BC}}{E} - \left(\frac{|\sigma^{BC}|}{b}\right)^n \tag{5.26}$$

接下来的问题就是通过式 (5.5) 和式 (5.26) 构成 δ/L 和 P/A_0 间的关系。然而，由于式 (5.26) 是高次非线性方程，所以建立代数关系并不容易，而必须采用数值方法。

这里，应用了 Newton - Raphson 方法，通过这种方法，对于给定的 δ/L 值，由式 (5.26) 可计算出 σ^{AB} 和 σ^{BC}，那么，对应值 P/A_0 可由式 (5.5) 计算出来。

代入给定的材料常数，可得 (a) ~ (d) 四种情况下的结构反应，如图 5.7 所示。

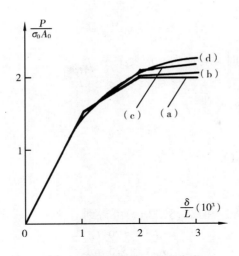

图 5.7 杆的荷载-变形曲线

由许多晶体组成的多晶体金属材料与由很多单元组成的桁架结构类似，事实上，可以通过简单桁架结构的分析来模拟塑性材料的某些特性。为此，接下来讨论这一问题。

【例 5.2】三杆桁架：图 5.8（a）所示由三个等截面杆组成的桁架结构，作用有一竖向荷载 F，所有杆件的横截面积均为 A，且具有相同的材料特性，（见图 5.8b），材料为理想弹塑性材料，若逆向加载，弹性保持到 $-\sigma_0$ 为止，之后则出现理想塑性反应。

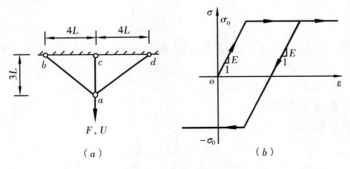

图 5.8 简单桁架模型
（a）桁架；（b）材料

作出桁架结构在单调荷载作用下的荷载-位移曲线，当荷载首次达到其所能达到的最大值后逆向加载。

【解】令 σ^{ij} 和 ε^{ij} 分别代表连结节点 i 和 j 的单元（单元 ij）的应力和应变，由对称性，则节点 a 的静力平衡条件可表示为

$$6\sigma^{ab} + 5\sigma^{ac} = 5\frac{F}{A} \tag{5.27}$$

由变形 U 产生的应变表示为

$$\varepsilon^{ab} = \frac{3}{25}\frac{U}{L}, \quad \varepsilon^{ac} = \frac{1}{3}\frac{U}{L} \tag{5.28}$$

由此则得一致性条件

$$\varepsilon^{ab} = \frac{9}{25}\varepsilon^{ac} \tag{5.29}$$

当 $\sigma^{ab} \leqslant \sigma_0$ 和 $\sigma^{ac} \leqslant \sigma_0$ 时，有应力-应变关系

$$\sigma^{ab} = E\varepsilon^{ab}, \quad \sigma^{ac} = E\varepsilon^{ac} \tag{5.30}$$

由式（5.29）和式（5.30）得到

$$\sigma^{ab} = \frac{9}{25}\sigma^{ac} \tag{5.31}$$

再由式（5.27）和式（5.31）可得

$$\sigma^{ab} = \frac{45}{179}\frac{F}{A}, \quad \sigma^{ac} = \frac{125}{179}\frac{F}{A} \tag{5.32}$$

由式（5.28a）、式（5.30a）和式（5.32a）可得到

$$\frac{F}{\sigma_0 A} = \frac{179}{375}\frac{EU}{\sigma_0 L} \tag{5.33}$$

由式（5.32）和式（5.33）看出，在满足下面条件时，单元 ac 首先达到屈服应力 σ_0，则

$$\frac{F}{\sigma_0 A} = \frac{179}{125}, \quad \frac{EU}{\sigma_0 L} = 3 \tag{5.34}$$

在后继阶段，单元 ac 进入弹塑性变形阶段，由式（5.27）得

$$\sigma^{ab} = \frac{5}{6}\left(\frac{F}{A} - \sigma_0\right) \tag{5.35}$$

由式（5.28a）、式（5.30a）和式（5.35）得到

$$\frac{F}{\sigma_0 A} = 1 + \frac{18}{125}\frac{EU}{\sigma_0 L} \tag{5.36}$$

由式（5.35）和式（5.36）看出，在满足下面条件时，单元 ab 的应力达到屈服应力 σ_0。

$$\frac{F}{\sigma_0 A} = \frac{11}{5}, \quad \frac{EU}{\sigma_0 L} = \frac{25}{3} \tag{5.37}$$

在此荷载下，变形会自由地增大。

假定此时荷载反向，即

$$\frac{F}{\sigma_0 A} = \frac{11}{5}, \quad \frac{EU}{\sigma_0 L} = \frac{EU^*}{\sigma_0 L} \tag{5.38}$$

那么，所有单元再次开始弹性变形，即

$$\Delta\sigma^{ab} = E\Delta\varepsilon^{ab}, \quad \Delta\sigma^{ac} = E\Delta\varepsilon^{ac} \tag{5.39}$$

以式（5.39）代替式（5.30），类似前述推导过程，则有

$$\Delta\sigma^{ab} = \frac{45}{179}\frac{\Delta F}{A}, \quad \Delta\sigma^{ac} = \frac{125}{179}\frac{\Delta F}{A}, \quad \frac{\Delta F}{\sigma_0 A} = \frac{179}{375}\frac{E\Delta U}{\sigma_0 L} \tag{5.40}$$

由此可得到

$$\frac{F}{\sigma_0 A} = \frac{11}{5} + \frac{179}{375}\frac{E(U - U^*)}{\sigma_0 L} \tag{5.41}$$

由式（5.40）和式（5.41）看出，在满足下面条件时，单元 ac 的应力首先达到弹性阶段下限，即 $-\sigma_0$。

$$\sigma^{ab} = \frac{7}{25}\sigma_0, \quad \frac{F}{\sigma_0 A} = -\frac{83}{125}, \quad \frac{EU}{\sigma_0 L} = \frac{EU^*}{\sigma_0 L} - 6 \tag{5.42}$$

在后继阶段，单元 ac 所承受的荷载不再增加，即 $\Delta\sigma^{ac}=0$，根据式（5.35），有

$$\Delta\sigma^{ab}=\frac{5\Delta F}{6A} \tag{5.43}$$

联立式（5.28a）和式（5.39a），则得到

$$\frac{F}{\sigma_0 A}=-\frac{83}{125}+\frac{18}{125}\frac{E(U-U^{**})}{\sigma_0 L} \tag{5.44}$$

此时

$$U^{**}=U^{*}-6\frac{\sigma_0 L}{E} \tag{5.45}$$

在满足下面条件时，单元 ab 也屈服，在此之前，上述方程成立。

$$\frac{F}{\sigma_0 A}=-\frac{11}{5},\ \frac{EU}{\sigma_0 L}=\frac{EU^{*}}{\sigma_0 L}-\frac{50}{3} \tag{5.46}$$

进一步变形不再需要任何多余荷载。

无量纲荷载-位移曲线见图 5.9。

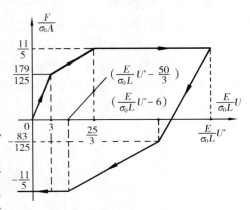

图 5.9　桁架荷载-位移曲线

本例中，对每个单元的材料既没有考虑其自身的强化特性，也没有考虑其 Bauschinger 效应。然而，从图 5.9 可看出，整个结构的反应却体现了与具有 Bauschinger 效应的强化反应类似的特性，很明显，若增加桁架单元数，荷载-位移曲线将趋于更光滑，而且与强化材料的应力-应变关系曲线更相近，由此看出，引起具有 Bauschinger 效应的强化特性的原因之一，就是由晶体组成的多晶体金属在各种荷载水平作用下发生的塑性变形。

5.4　单轴状态下的增量应力-应变模型

前节描述的模型适用于各种弹塑性材料，事实上，很多的分析都已应用了这类模型。然而，对于与加载历史相关的塑性特性，比方说 Bauschinger 效应，这些模型却无法考虑到。所以，这些模型的应用一般限于单调加载问题，尽管如例 5.2 中所示，对于一些简单情况可联系卸载特性，但这些模型的应用一般限于单调加载问题。所以对于那些包含卸载和逆向加载的问题，需要考虑增量方法。

我们可以在亚弹性概念的基础上构造本构模型，以考虑卸载过程，其中的一部分在前两章中已讨论过，然而，这些模型很复杂且应用不广。相反，塑性理论却更多地被参考，因为由此可得到简洁且在数学上严密的公式。

本节将阐述塑性增量理论的基本概念，用它们可很容易地构造应力-应变增量关系，并能把这些本构模型应用于任一单轴加载路径，尽管本节的描述限于单轴性质，但只需将其简单推广即可得塑性理论的完整描述，见下一章的讨论。

5.4.1　基本概念

要描述 5.2 节中的应力-应变特性，必须先弄清楚以下问题：

(1) 所发生的变形类型,特别是必须判断发生的是纯弹性变形还是弹塑性变形。
(2) 若是后者,还必须确定塑性应变的正负符号。
(3) 对于强化响应,必须补充一个弹性范围的估计方法。
(4) 必须记录塑性变形历史,因为塑性变形导致弹性范围的改变。
(5) 此外,在弹塑性变形过程中,必须强调处于弹性范围边界的应力状态条件。

为了完整表示弹塑性反应,以上提出的5点必须用数学式描述。为此,加载准则、流动法则、强化法则、强化参数和相容条件等概念分别与这5点有关,这些在塑性理论中都有介绍。它们是塑性理论框架的真正基础。注意:(3)和(4)——强化法则和强化参数,仅仅适用于强化材料,而与理想塑性材料无关。

5.4.2 加载准则

5.2.2节的阐述表明,通过突然改变荷载方向,通常都能进入弹性阶段,这在图5.10的应力-应变曲线中可概略地反映出来。图中,弹性阶段的上、下边界分别用字母T和C表示,且$\sigma_T > \sigma_C$;σ_C和σ_T是后继屈服应力,可能是相应于C_0和T_0的应力,或者也可能是C_1和T_1等。于是,在塑性加载的任一阶段,建立起弹性范围$\sigma_C < \sigma < \sigma_T$,并且其边界(即$\sigma_T$和$\sigma_C$)假定不变,除非是施加弹性范围以外的应力$\sigma$,即$\sigma > \sigma_T$或$\sigma < \sigma_C$。

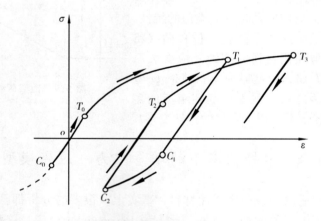

图 5.10 弹性状态、塑性状态、加载准则

我们定义的弹性状态是指存在于弹性阶段的任何应力状态,而塑性状态指处于当前弹性阶段边界的应力状态,如图5.10中的点T_0、C_0、T_1或C_1等。对于弹性应力状态,$\sigma = \sigma_T$或$\sigma = \sigma_C$,可以发现纯弹性响应,任何作用的应力改变只会引起弹性应变的改变。相反,对于一个塑性应力状态,弹性或塑性特性都可能出现。

假设一塑性状态应力σ上施加一应力增量$d\sigma$,如果由于$d\sigma$而使应力状态移出当前弹性阶段,那么称此过程为加载,此时弹性和塑性应变都会改变;相反,如果应力状态退回当前弹性阶段,则称为卸载,此时只有弹性应变产生。区别加载和卸载过程的条件称为加载准则。

为了解弹塑性材料的边值问题,必须将加载准则用数学表达式来描述,为此,我们定义一个函数f,使其满足

$$f<0 \quad \text{弹性状态}$$
$$f=0 \quad \text{塑性状态} \tag{5.47}$$

函数 f 称为屈服函数或加载函数。例如 $\sigma_T = -\sigma_C = k$，f 将具有以下形式：

$$f = \sigma^2 - k^2 \tag{5.48}$$

利用此函数，加载准则可表示为

$$f=0 \text{ 和 } df>0 \quad \text{加载（弹塑性特性）}$$
$$f=0 \text{ 和 } df<0 \quad \text{卸载（弹性特性）} \tag{5.49}$$

其中

$$df = \frac{\partial f}{\partial \sigma} d\sigma \tag{5.50}$$

由式（5.48），有

$$df = 2\sigma d\sigma \tag{5.51}$$

很容易证明准则式（5.49）与式（5.48）和式（5.51）耦合，并把变形过程作了精确分类。

也存在既不是加载也不是卸载的过程，称之为中性变载，由 $f=0$ 或 $df=0$ 来定义。当然，这在单轴的情况下是不重要的，因为不管是应力还是应变都不改变。然而，对于多轴加载的情况，中性变载却是有意义的，后面将会看到。

讨论至此，我们都一直默认材料为强化型。对于理想弹塑性材料，应力永远不会超过初始屈服应力，df 不可能取负值，因此，加载准则式（5.49）失效。在这里应注意到，不太困难就可推导出适用于理想塑性材料的基于应变的加载准则。然而对于多维情况，要构造出根据应变的加载函数并非易事，时至今日，对于不同的材料已提出和发展了多种加载函数，但它们都定义于应力空间，所以，即便是在应变空间发展加载准则，应力空间中的加载函数也应使用。这样的准则确实可能存在，且可由下式给出：

$$f=0 \text{ 和 } dB>0 \quad \text{加载}$$
$$f=0 \text{ 和 } dB=0 \quad \text{中性变载}$$
$$f=0 \text{ 和 } dB<0 \quad \text{卸载} \tag{5.52}$$

其中

$$dB = \frac{df}{d\sigma} E d\varepsilon \tag{5.53}$$

Chen 等（1991 年）已详细叙述了这个准则，式（5.52）适用于强化材料和理想塑性材料，也适用于软化材料。对于强化材料，可以很容易证明式（5.49）和式（5.52）准确地提供了有关变形类型完全相同的结果，因为 $d\sigma d\varepsilon > 0$ 总能满足。

5.4.3 流动法则

当应力状态 σ 与应力增量 $d\sigma$ 之和 $\sigma + d\sigma$ 超出弹性范围时，就会产生塑性应变。试验结果表明，$d\varepsilon^p$ 的符号与 $d\sigma$ 一致，这表明若 $d\varepsilon^p$ 被认为是叠加于应力空间上的塑性应变空间中的一个矢量，那么 $d\varepsilon^p$ 就是在弹性范围边界上的外向矢量（图 5.11）。所以可将塑性应变增量 $d\varepsilon^p$ 表示为

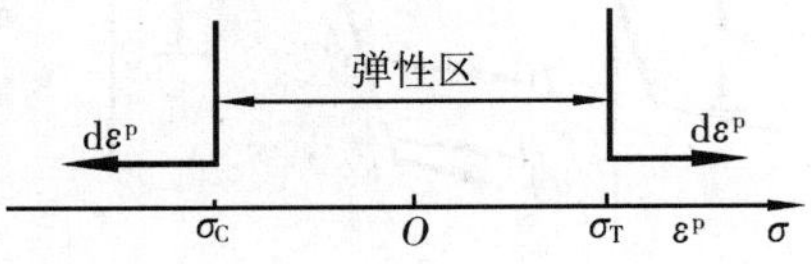

图 5.11 弹性区与塑性应变增量

$$d\varepsilon^p = d\lambda \frac{\partial f}{\partial \sigma} \tag{5.54}$$

其中，dλ 为非负标量。

式（5.54）在形式上与理想流体的流动问题相似，称为流动法则。上面使用了屈服函数 f，但也可用另一个不同于 f 的函数。为了区分这两类流动法则，前者称为关联流动法则，而后者称为非关联流动法则。该流动法则定义了塑性应变增量的符号（方向），但没有给出关于其大小的信息。

尽管上面阐述的内容都是针对强化材料的，但式（5.54）也可用于理想塑性材料，因为 dε^p 对于这类材料也是外向矢量。

5.4.4 强化法则

如图 5.10 所示，当加载的时候，强化材料的弹性区会随应力而改变，因而上、下后继屈服应力或弹性区边界，也必然成为应力历史的函数，但后继屈服应力不会受弹性变形相关的应力历史部分的影响。结果，后继屈服应力仅仅依赖于加载期间的应力历史部分，即塑性加载历史，或者等效地称为塑性变形历史。为了描述材料单元的当前状态，必须完整记录塑性的加载历史，那么问题变为如何用简单且逼真的方式去确定屈服应力与塑性加载历史的函数关系，这也是塑性公式推导的主要内容，现已提出各种模型来描述这种关系，它们称强化法则。

后面我们将阐述一些简单但经常应用于实际的强化法则。为简化起见，假定材料为弹性-线性强化，且拉压初始屈服应力在数值上都等于 σ_0。

假定材料单元的拉伸应力增至 σ_T ($>\sigma_0$)，依据假定的特定的强化法则，所得的后继屈服压应力也会不同。对于极端情况，假定弹性区保持不变，那么在 $\sigma = \sigma_T - 2\sigma_0$ 处发生压缩屈服，这就是我们所知的随动强化法则，因为弹性范围在应力空间仅作刚体移动。图 5.12 中路径 OABCD 正反映了这种强化法则。与随动强化法则有关的加载函数在数学上表达为

$$f(\sigma, \alpha) = (\sigma - \alpha)^2 - \sigma_0^2 \tag{5.55}$$

其中，α 为反应力，它与塑性加载历史有关。运动强化准则体现了理想的 Bauschinger 效应。

另外一种极端情况称为各向同性强化法则，如路径 OABEF 所示。关于产生拉伸强化特性的机理，假定拉伸和压缩的作用相同，那么压缩塑性流动开始于 $\sigma = -\sigma_T$，其中，压缩屈服应力和弹性区在数值上都增大了。这种规则的加载函数在数学上可表述为

$$f(\sigma, k) = \sigma^2 - k^2 \tag{5.56}$$

其中，k 是增（强化）函数，它定义了弹性区的大小。很明显，各向同性强化法则与试验所得的 Bauschinger 效应相斥。

混合型或相关型强化法则类型可假定为这两种极端强化法则的综合，如图 5.12 中路径 OABGH 所示。Bauschinger 效应的不同程度可通过混合强化法则来模拟，这种强化法则的加载函数可表达为

$$f(\sigma, \alpha, k) = [\sigma - (1-M)\alpha]^2 - [(1-M)\sigma_0 + Mk]^2 \tag{5.57}$$

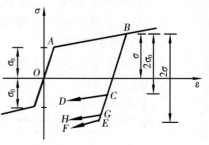

图 5.12 各种强化法则

其中，M 为混合强化参数，从 $0\sim 1$ 变化。注意到，随动强化法则和各向同性强化法则分别相应于 $M=0$ 和 $M=1$。

5.4.5 强化参数

如同前面讨论，需要记录塑性加载历史。本节中，应力历史用强化参数这一标量的当前值来表示，并记为 k，尽管应用于本构模型的强化参数不限于一个，而可以是多个，对于工程应用，很多情况下都只有一个参数。在第一部分，尽管扩展为几个强化参数是直接而且容易做到的，为阐述的简要还是假定一个单一的强化参数。

一个常用于实际中的典型强化参数称为有效塑性应变 ε_p，定义为

$$\varepsilon_p = \int \sqrt{d\varepsilon^p d\varepsilon^p} \tag{5.58}$$

有效塑性应变 ε_p 可看作塑性应变的积累，它的值不会减小，所以整个塑性加载历史就可以表现出来。

另一个常用的强化参数是 W_p，定义为

$$W_p = \int \sigma d\varepsilon^p \tag{5.59}$$

该塑性功 W_p 表示与塑性变形有关的能量耗散，所以，W_p 的值假定为增加的。

对于基于随动强化法则的材料模型，弹性区仅作刚性移动，并且能够完全处于拉伸区，如果在这种情况下塑性变形随着应力的减小而发生，那么 $\sigma d\varepsilon^p$ 为负且 W_p 减小，这与强化参数的要求相矛盾，因为实际上取消了部分塑性加载历史，因而将塑性功 W_p 用作与随动强化法则有关的强化参数就必须仔细斟酌。

强化特性可以称为应变强化或者加工强化，这些命名与应用的强化参数有关，当应用有效塑性应变 ε_p 作为强化参数时，强化特性称为应变强化，而加工强化应用于塑性功 W_p 用作强化参数的情况。

式（5.58）和式（5.59）以及流动法则式（5.54）表明强化参数的增量 $d\kappa$ 一般可表达为

$$d\kappa = h\, d\lambda \tag{5.60}$$

其中，h 为标量函数。特别地，我们注意到：

对于有效塑性应变 ε_p

$$h = \sqrt{\frac{\partial f}{\partial \sigma} \frac{\partial f}{\partial \sigma}} \tag{5.61}$$

对于塑性功 W_p

$$h = \sigma \frac{\partial f}{\partial \sigma} \tag{5.62}$$

式（5.56）中的增长函数 k 的基本作用是定义弹性区的大小，它依赖于塑性加载历史，为此，我们将增长函数用强化参数 κ 表达。对于强化材料，增长函数 k 必然随强化参数 κ 单调增加。

反应力 α 也是塑性加载历史的函数，然而，与增长函数 k 不同，α 的值会随加载方向而波动，所以，α 必须以增量形式表示，可表达为

$$d\alpha = \frac{d\sigma_e}{d\kappa} \frac{d\varepsilon^p}{|d\varepsilon_p|} d\kappa \tag{5.63}$$

其中，σ_e是有效应力，它反映了在加载阶段应力改变的方式，并且应等于k。

k和α的函数形式一般通过下述方式确定，使加载函数尽量接近于描述出在单调加载试验中后继屈服应力或者弹性区边界的演化过程。然后所有的相应于不同强化律的本构模型，用相同的单调加载过程来核定，使得只能在逆向加载的情况下才发现它们的差异，这一点将在例5.3中阐述。

5.4.6 一致性条件

在塑性变形中，保持于弹性区边界上的应力状态，即处于塑性状态。换句话说，当材料单元发生弹塑性变形时，不得不改变弹性区以便使流动应力状态处于弹性区的边界上，这种情况的数学表达式为

$$f(\sigma+d\sigma,\ \kappa+d\kappa)=0 \tag{5.64}$$

以增量形式可重新写为

$$\frac{\partial f}{\partial \sigma}d\sigma + \frac{\partial f}{\partial \kappa}d\kappa = 0 \tag{5.65}$$

这些方程称为塑性理论的一致性条件，该一致性条件有助于确定塑性应变增量的大小。

对于理想塑性材料，因为保持弹性区不变，因而强化参数未出现，甚至不需定义强化参数，通过简单地把式（5.64）和式（5.65）中的与强化参数κ有关的项删掉，可得到理想塑性材料的一致性条件。

5.4.7 增量应力 – 应变关系

材料在弹性状态的特性是纯弹性的，所以，对于这种情况的增量应力 – 应变关系可表示为

$$d\sigma = E d\varepsilon \tag{5.66}$$

其中，E为弹性模量，甚至当材料处于塑性状态时，对于卸载情况式（5.66）仍适用。

在加载阶段，弹性应变和塑性应变都发生。假设应变增量$d\varepsilon$可以分解为弹性应变增量$d\varepsilon^e$和塑性应变增量$d\varepsilon^p$，即

$$d\varepsilon = d\varepsilon^e + d\varepsilon^p \tag{5.67}$$

由于较适合于当荷载完全移走后塑性应变仍存在，可假定应力增量$d\sigma$只与弹性应变增量$d\varepsilon^e$有关，即

$$d\sigma = E d\varepsilon^e \tag{5.68}$$

那么，联立式（5.67）、式（5.68）与关联流动法则式（5.54），可得到

$$d\sigma = E\left(d\varepsilon - d\lambda \frac{\partial f}{\partial \sigma}\right) \tag{5.69}$$

利用此式与式（5.60）及一致性条件（5.65），得到

$$d\lambda = \frac{\dfrac{\partial f}{\partial \sigma}}{\left(\dfrac{\partial f}{\partial \sigma}\right)^2 E - \dfrac{\partial f}{\partial K}h} E d\varepsilon \tag{5.70}$$

将式（5.70）代入式（5.69）得到

$$d\sigma = E_t d\varepsilon \tag{5.71}$$

其中，E_t是切线模量。由下式给出

$$E_\mathrm{t} = E \frac{-\frac{\partial f}{\partial K}h}{\left(\frac{\partial f}{\partial \sigma}\right)^2 E - \frac{\partial f}{\partial K}h} \tag{5.72}$$

用式（5.60）及式（5.65）代替式（5.70），可以得到非负标量 dλ 和应力增量 dσ 的关系为

$$\mathrm{d}\lambda = -\frac{\frac{\partial f}{\partial \sigma}}{\frac{\partial f}{\partial K}h}\mathrm{d}\sigma \tag{5.73}$$

联立上式与式（5.54），可得到塑性应变增量 $\mathrm{d}\varepsilon^\mathrm{p}$ 的相应表达式

$$\mathrm{d}\varepsilon^\mathrm{p} = \frac{\left(\frac{\partial f}{\partial \sigma}\right)^2}{\frac{\partial f}{\partial K}h}\mathrm{d}\sigma \tag{5.74}$$

那么，由式（5.67）、式（5.68）和式（5.74），可将应变增量 dε 表示为应力增量 dσ 的表达式

$$\mathrm{d}\varepsilon = \frac{\mathrm{d}\sigma}{E} + \mathrm{d}\varepsilon^\mathrm{p} = \frac{1}{E_\mathrm{t}}\mathrm{d}\sigma \tag{5.75}$$

其中

$$\frac{1}{E_\mathrm{t}} = \frac{1}{E}\frac{\left(\frac{\partial f}{\partial \sigma}\right)^2 E - \frac{\partial f}{\partial K}h}{-\frac{\partial f}{\partial k}h} \tag{5.76}$$

很显然，通过简单地求式（5.72）的倒数，即得式（5.76），但对于多维情况，这里提出的处理方法会方便得多，因为刚度及柔度为四阶张量，故求其倒数一般较繁琐。

如果将有效塑性应变 ε_p 作为强化参数，那么由相应的强化法则可得

对于随动强化

$$\frac{\partial f}{\partial K} = \frac{\partial f}{\partial \alpha}\frac{\mathrm{d}\sigma_\mathrm{e}}{\mathrm{d}K}\frac{\mathrm{d}\varepsilon^\mathrm{p}}{\mathrm{d}\varepsilon_\mathrm{p}} \tag{5.77}$$

对于各向同性强化

$$\frac{\partial f}{\partial K} = \frac{\partial f}{\partial k}\frac{\mathrm{d}k}{\mathrm{d}\varepsilon_\mathrm{p}} \tag{5.78}$$

其中，$\mathrm{d}\sigma_\mathrm{e}/\mathrm{d}\varepsilon_\mathrm{p}$ 及 $\mathrm{d}k/\mathrm{d}\varepsilon_\mathrm{p}$ 反映了塑性变形阶段应力改变的方式，也可通过单调加载情况的试验数据来确定，这些项称为塑性模量，可表示为 E_p，并有

$$\mathrm{d}\sigma = E_\mathrm{p}\mathrm{d}\varepsilon^\mathrm{p} \tag{5.79}$$

其中，

$$E_\mathrm{p} = \frac{\mathrm{d}\sigma_\mathrm{e}}{\mathrm{d}K} = \frac{\mathrm{d}k}{\mathrm{d}\varepsilon_\mathrm{p}} \tag{5.80}$$

通过式（5.67）、式（5.68）、式（5.71）和式（5.79），很容易证明三种模量之间的下述关系：

$$\frac{1}{E_\mathrm{t}} = \frac{1}{E} + \frac{1}{E_\mathrm{p}} \tag{5.81}$$

上面所讨论的应力-应变关系是对于强化材料而言的。对于理想塑性材料情况，弹性性状可用相同的方式来描述，但在加载过程中，应力和弹性应变保持不变，即 $d\sigma = d\varepsilon^e = 0$，而塑性应变可无限增加。

5.4.8 增量应力-应变模型示例

在应用增量应力-应变关系时，首先要确定材料单元的状态。如果是弹性状态，就用式（5.66）来确立后继变形状态。否则，必须确立是加载阶段还是卸载阶段。对于卸载，可用式（5.66）；对于加载，若是强化材料，可用式（5.71）或式（5.75），而对于理想塑性材料，假设应变无限增加，可用 $d\sigma = 0$。

对于单轴加载情况，确定变形过程类型相当简单，而且解决一维问题不会有困难，这一点将在下面例题中阐明。

【例 5.3】 某种材料简单拉伸的应力-应变关系给定为

$$\begin{aligned} \sigma &= E\varepsilon & \text{对于} \quad \sigma \leqslant \sigma_0 \\ \sigma &= \sigma_0 + m\ (\varepsilon^p)^n & \text{对于} \quad \sigma > \sigma_0 \end{aligned} \tag{5.82}$$

其中，$\sigma_0 = 200\text{MPa}$，$E = 200000\text{MPa}$，$m = 300\text{MPa}$，$n = 0.3$。对下面三种情况，求先施应变至 $\varepsilon^p = 0.002$ 时逆向加载的应力-应变关系。利用式（5.58）定义的有效塑性应变 ε_p 作为强化参数。

(a) 随动强化；
(b) 各向同性强化；
(c) 混合强化，$M = 0.5$。

【解】 式（5.58）表明，积累的塑性应变或者有效塑性应变在初始单调拉伸中的 ε_p 等于总的塑性应变 ε^p，即

$$\varepsilon_p = \varepsilon^p \tag{5.83}$$

因为式（5.82b）给出了简单拉伸的初始应力-塑性应变的关系，可假定

$$\sigma_e = k = \sigma_0 + m\ (\varepsilon_p)^n \tag{5.84}$$

式（5.82b）也直接给出了 $0 < \varepsilon^p \leqslant 0.002$ 时的弹塑性应力-应变关系

$$\begin{aligned} \varepsilon &= \varepsilon^e + \varepsilon^p = \frac{\sigma}{E} + \left[\frac{\sigma - \sigma_0}{m}\right]^{1/n} \\ &= \frac{\sigma}{200000} + \left[\frac{\sigma - 200}{300}\right]^{1/0.3} \end{aligned} \tag{5.85}$$

利用此式及式（5.82b），可得到对应于预加应变 $\varepsilon^p = 0.002$ 的应力和应变。

$$\sigma = 246.5\text{MPa}, \quad \varepsilon = 0.003232 \tag{5.86}$$

(a) 利用式（5.63）、式（5.83）和式（5.84），在变形状态为 $\varepsilon^p = 0.002$ 时的反应力 α 可由下式计算

$$\begin{aligned} \alpha &= \int_0^{0.002} \frac{d\sigma_e}{d\varepsilon_p} d\varepsilon_p = \int_0^{0.002} mn(\varepsilon_p)^{n-1} d\varepsilon_p \\ &= [m\ (\varepsilon_p)^n]_0^{0.002} = 46.5\text{MPa} \end{aligned} \tag{5.87}$$

它反映了此阶段的加载函数为

$$f = (\sigma - 46.5)^2 - (200)^2 \tag{5.88}$$

式（5.88）反映 f 在逆向加载阶段直到 σ 达到 -153.5MPa 时都是负的，因此当 σ 从

246.5MPa 降为 -153.5MPa 时，只有弹性应变改变。当 $\sigma = -153.5$MPa 时，我们发现

$$\varepsilon = 0.003232 + \frac{\Delta\sigma}{E} = 0.00123 \tag{5.89}$$

而 ε_p 和 ε^p 仍保持为 0.002。

因为式（5.55）给出了运动强化材料的加载函数，切线模量 E_t 的表达式可通过式（5.61）、式（5.63）、式（5.72）、式（5.77）和式（5.84）推导为

$$E_t = E \frac{(\sigma-\alpha)mn(\varepsilon_p)^{n-1}\frac{d\varepsilon^p}{|d\varepsilon^p|}|\sigma-\alpha|}{(\sigma-\alpha)^2 E + (\sigma-\alpha)mn(\varepsilon_p)^{n-1}\frac{d\varepsilon^p}{|d\varepsilon^p|}|\sigma-\alpha|} \tag{5.90}$$

因为 $(\sigma-\alpha)$ 和 $d\varepsilon^p/|d\varepsilon^p|$ 取相同的符号，故要求

$$(\sigma-\alpha)\frac{d\varepsilon^p}{|d\varepsilon^p|} = |\sigma-\alpha| \tag{5.91}$$

所以，式（5.90）可重新表达为

$$\frac{1}{E_t} = \frac{1}{E} + \frac{1}{mn\ (\varepsilon_p)^{n-1}} \tag{5.92}$$

尽管可直接应用 E_t 的这个表达式来描述这些材料的弹塑性，但对于当前的问题，可更方便地利用

$$d\varepsilon^p = d\varepsilon - d\varepsilon^e = \frac{d\sigma}{E_t} - \frac{d\sigma}{E} = \frac{d\sigma}{mn\ (\varepsilon_p)^{n-1}} \tag{5.93}$$

或

$$d\sigma = mn\ (\varepsilon_p)^{n-1} d\varepsilon^p \tag{5.94}$$

超过 $\sigma = -153.5$MPa，材料发生压缩弹塑性变形。在这个阶段，保持 $d\varepsilon_p = -d\varepsilon^p$，所以有

$$\varepsilon_p = 0.004 - \varepsilon^p \tag{5.95}$$

然后利用式（5.94）及题设的材料特性，可得到

$$\begin{aligned}\sigma &= -153.5 + \int_{0.002}^{\varepsilon^p} mn(0.004-\varepsilon^p)^{n-1} d\varepsilon^p \\ &= -107 - 300(0.004-\varepsilon^p)^{0.3}\end{aligned} \tag{5.96}$$

这个方程导出下述的应力-应变关系

$$\varepsilon = \varepsilon^e + \varepsilon^p = \frac{\sigma}{200000} - 0.004 - \left(-\frac{\sigma+107}{300}\right)^{1/0.3} \tag{5.97}$$

(b) 当预加应变达到 $\varepsilon^p = 0.002$ 时，从式（5.84）得到

$$k = 246.5\text{MPa} \tag{5.98}$$

对于各向同性强化的加载函数，式（5.56）变为

$$f = \sigma^2 - (246.5)^2 \tag{5.99}$$

所以，在后继的逆向加载过程中，f 的值将在 $\sigma = -246.5$MPa 时变为零；在应力从 246.5MPa 降到 -246.5MPa 的阶段只有弹性应变改变，当 $\sigma = -246.5$MPa 时的应变为

$$\varepsilon = 0.003232 + \frac{\Delta\sigma}{E} = 0.000767 \tag{5.100}$$

利用式（5.56）、式（5.61）、式（5.78）和式（5.84），切线模量 E_t 的表达式从式（5.72）获得

$$E_t = E \frac{kmn(\varepsilon_p)^{n-1}|\sigma|}{\sigma^2 E + kmn(\varepsilon_p)^{n-1}|\sigma|} \tag{5.101}$$

因为在当前的情况下，k 等于 $|\sigma|$，可要求

$$k|\sigma| = \sigma^2 \tag{5.102}$$

那么，式（5.101）可重写为

$$\frac{1}{E_t} = \frac{1}{E} + \frac{1}{mn(\varepsilon_p)^{n-1}} \tag{5.103}$$

上式和式（5.92）相同。

利用与前述随动强化情况相同的步骤，可得到

$$\begin{aligned}\sigma &= -246.5 + \int_{0.002}^{\varepsilon^p} mn(0.004 - \varepsilon^p)^{n-1} d\varepsilon^p \\ &= -200 - 300(0.004 - \varepsilon^p)^{0.3}\end{aligned} \tag{5.104}$$

由上式可得

$$\varepsilon = \varepsilon^e + \varepsilon^p = \frac{\sigma}{200000} + 0.004 - \left(-\frac{\sigma + 200}{300}\right)^{1/0.3} \tag{5.105}$$

(c) 由前面可知，当预应变 $\varepsilon^p = 0.002$ 时，有

$$\alpha = 46.5 \text{MPa}, \quad k = 246.5 \text{MPa} \tag{5.106}$$

与混合强化法则相联系的加载函数由式（5.57）给出。对于此情况，$M = 0.5$，那么有

$$f = (\alpha - 23.25)^2 - (223.25)^2 \tag{5.107}$$

它反映出在逆向加载阶段直到 $\sigma = -200\text{MPa}$，只有弹性应变产生变化，此时总应变为

$$\varepsilon = 0.003232 + \frac{\Delta\sigma}{E} = 0.000100 \tag{5.108}$$

由于前面两种情况的切线模量 E_t 具有相同的形式，所以后继加载阶段的应力-应变关系可由相同的处理方法得到

$$\varepsilon = \frac{\sigma}{200000} + 0.004 - \left[-\frac{\sigma + 153.3}{300}\right]^{1/0.3} \tag{5.109}$$

这里得到的应力-应变关系如图 5.13 所示。

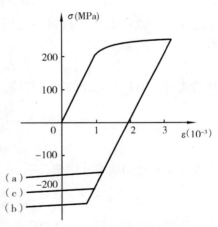

图 5.13 在不同的强化法则下的应力-应变响应

5.5 稳定材料的稳定性假设

Drucker 的稳定塑性材料的定义已为强化材料在单向拉伸试验中的两个简单观测推广，这两个观测可通过图 5.14 中的简单应力-应变曲线来描述。

如图 5.14（a）所示，对于强化特性，我们首先发现在某种应力状态 σ_T 下，应力增量 $d\sigma$ 会产生相同符号的应变增量 $d\varepsilon$，即

$$d\sigma d\varepsilon \geqslant 0 \quad \text{或} \quad d\sigma(d\varepsilon^e + d\varepsilon^p) \geqslant 0 \tag{5.110}$$

其中，等号用于理想塑性材料的塑性流动，即不需应力改变的应变增加。因为符号 $d\sigma d\varepsilon^e$ 描述了弹性应变能的增量，所以总是为正，它表明式（5.110）的充分条件为

$$d\sigma d\varepsilon^p \geqslant 0 \tag{5.111}$$

注意式（5.111）中的等号也可用于强化材料卸载阶段的特性。很显然，对图 5.14（b）中反映的应变软化响应的不稳定特性，式（5.111）将失效。

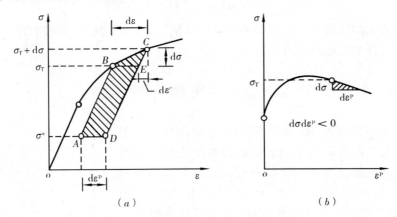

图 5.14 考虑材料的稳定性
（a）稳定；（b）不稳定

第二个观测结果是与耗散于一个循环加载中（如图 5.14（a））的面积 ABCD 的塑性变形功相关的，其中，一个加载循环包括三个阶段：

(1) 从已存在的点 A 的弹性应力状态 σ^*（$<\sigma_T$）到点 B 的 σ_T 的弹性变形，其中 σ_T 为后继屈服应力；

(2) 从 σ_T 到 C 点的 $\sigma_T + d\sigma$ 的弹塑性变形，其中 $d\sigma$ 为由塑性应变增量 $d\varepsilon^p$ 带来的正的应力增量；

(3) $d\sigma$ 的耗散到点 D 初始状态 σ^* 的卸载阶段。进而，我们要求对于稳定性状类型由增加应力在相应应变改变上所做的总功必须是非负的。由于弹性能的可恢复性，在这种应力循环上的总功由图 5.14（a）中的阴影面积 ABCD 表示，它等于面积 ABED 和 BCE 的和，那么可得到

$$(\sigma_T - \sigma^*)d\varepsilon^p + \frac{1}{2}d\sigma d\varepsilon^p \geqslant 0 \tag{5.112}$$

对于 $\sigma_T = \sigma^*$ 的特殊情况，我们又得到了前面式（5.111）提出的第一个条件的优点。

另外，如果 σ^* 不同于 σ_T，那么 $(\sigma_T - \sigma^*)$ 的值与 $d\sigma$ 比较起来可能很大。为了满足不等式（5.112），显然有

$$(\sigma_T - \sigma^*)d\varepsilon^p \geqslant 0 \tag{5.113}$$

注意，由于 $\sigma_T \neq \sigma^*$，上述情况对于强化材料只有当 $d\varepsilon^p = 0$ 时才会是等号，即当施加和卸

去增加的应力时只会发生弹性应变的变化。也可以说，如果循环的初始状态无应力，即 $\sigma^* = 0$，那么不等式（5.113）变为 $\sigma_T d\varepsilon^p \geqslant 0$，它说明消耗的塑性功增量是非负的，最后的这个说法，当然也可以通过热力学原理得到。

不等式（5.111）有时涉及小范围稳定性，而大家知道的不等式（5.113）是表示大范围稳定性。Drucker 就一般的多轴应力状态下稳定材料推广了这两种条件，这就是众所周知的 Drucker 稳定性假设。

$$d\sigma_{ij} d\varepsilon_{ij}^p \geqslant 0 \qquad \text{对于小稳定性} \qquad (5.114)$$

$$(\sigma_{ij} - \sigma_{ij}^*) d\varepsilon_{ij}^p \geqslant 0 \qquad \text{对于大稳定性} \qquad (5.115)$$

这两个假设形成了塑性应力-应变关系发展的基础，提供了边值问题解的惟一性的充分条件。在第七章将详细讨论这几点。

5.6 循环塑性和模型

常用的基于塑性的模型，可以简单而且合理地应用于简单加载的情况，但在描述更加复杂的加载历史的材料性状时却不成功。比如，对于反复加载过程，会形成滞后回线，而且两个相继屈服应力 σ_T 和 σ_T' 不一定相同（图 5.15），基于塑性理论的常用模型不能反映这些试验现象。

20 世纪 60 年代中期，经过人们不懈地努力发展了能用于描述循环塑性的塑性理论，这些非常规理论中的一种就是由 Dafalias 和 Popov（1976）提出的界面模型。关于这类本构模型将在本书第八章、第九章（关于金属）和《混凝土和土的本构方程》一书的相关章节（关于土体）中作详细介绍，本节先对单轴性状的基本概念作简要解释。

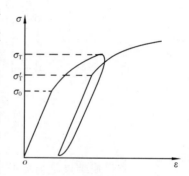

图 5.15 循环塑性下的滞后回线

5.6.1 界面模型

界面理论的基本概念，是由对塑性模量 E_p 的改变方式的观测得到启发的。对于图 5.16 所示的典型 $\sigma - \varepsilon^p$ 曲线，可以发现三个明显的区域，第一部分为弹性区域，此时 E_p 为无限大值，第二部分发生在当应力超过初始屈服应力 σ_0 时，此时 E_p 作为塑性应变 ε^p 的函数急剧减小，然后达到第三部分，E_p 取得近似常值 ε^p，它与边界线 XX' 有关。根据很多的单轴试验，可假定在第三阶段，$\sigma - \varepsilon^p$ 曲线渐近地收敛于边界线 XX'（或 YY'），它一般假定为直线。

为了说明这类性状，必须引入一系列必要的参数，譬如 E_p 应假设为两个参数 δ 和 δ_{in} 的函数（Dafalias 等，1975），形式为

$$E_p = E_0 + h\left(\frac{\delta}{\delta_{in} - \delta}\right) \qquad (5.116)$$

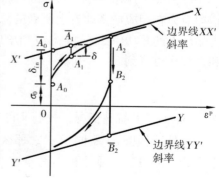

图 5.16 界面模型

其中，δ 和 δ_{in} 由图 5.16 在塑性流动阶段中的特殊状态 A_1 来定义，h 是试验确定的材料形状参数，δ 和 δ_{in} 具有应力的量纲，参数 δ 是特殊塑性应力状态到边界 XX' 上相应点的距离。如在图 5.16 中，A_1 和 $\overline{A}_1$ 间的距离，它们对应于相同的 ε^p 及在塑性加载阶段，参数 δ 连续变化。另外，δ_{in} 指某一方向的塑性加载开始点到相应边界的距离，这一参数为离散记忆参数，因为当加载出现时它只是陡然变化，而且先是弹性变形，并在任一方向沿相同的 $\sigma - \varepsilon^p$ 曲线，且它保持不变，δ 和 δ_{in} 总为非负。

5.6.2 界面模型示例

【例 5.4】 对某一种材料有

$$h = \frac{164E_0}{1 + 46\,(\delta_{in}/\sigma_r)^3} \tag{5.117}$$

其中，$E_0 = 10\text{GPa}$，σ_r 是对应于图 5.16 中的两边界 XX' 和 YY' 间距离的材料常数，也就是 σ_r 是 $\overline{A}_0$ 点应力值的 2 倍并等于 2GPa。$\sigma - \varepsilon^p$ 空间中两边界 XX' 和 YY' 的方程分别表示为

$$\overline{\sigma} = \frac{1}{2}\sigma_r + E_0\varepsilon^p \quad 对于\ XX' \tag{5.118}$$

$$\overline{\sigma} = -\frac{1}{2}\sigma_r + E_0\varepsilon^p \quad 对于\ YY' \tag{5.119}$$

其中，$\overline{\sigma}$ 和 ε^p 是 XX' 或 YY' 上某一点的坐标。初始屈服应力 σ_0 等于 300MPa（拉压相同），弹性模量 E 为 200GPa，假定为随动强化准则。

求循环拉伸加载的 $\sigma - \varepsilon^p$ 和 $\sigma - \varepsilon$ 曲线，其中 ε^p 对首次循环达到 0.002，0.004，0.006，0.008 和 0.01 后应力减至零，利用增量解方法，用 $\Delta\varepsilon^p = 2.0 \times 10^{-8}$，为避免数字上的麻烦，当由式（5.116）所得 E_p 值大于 10^8GPa 时，取 $E_p = 10^8\text{GPa}$。

【解】 初始加载阶段 $d\sigma > 0$，反应力 α 变为

$$\alpha = \sigma - \sigma_0 \tag{5.120}$$

从而，应力达到 σ_T 后加载方向反向，继而发生逆向加载

$$\sigma = \alpha - \sigma_0 = \sigma_T - 2\sigma_0 \tag{5.121}$$

另外，$d\sigma < 0$ 的加载过程中，应力达到 σ_C 之后逆向加载发生。

$$\sigma = \sigma_C + 2\sigma_0 \tag{5.122}$$

据此，我们可以建立如下计算关系 $\sigma = \varepsilon^p$ 的增量解步骤：

第 1 步：$\varepsilon^p \leftarrow 0$；

第 2 步：$\sigma \leftarrow \sigma_0$；

第 3 步：$\delta_{in} \leftarrow \sigma_r/2 + E_0\varepsilon^p - \sigma$；

第 4 步：$h \leftarrow 164E_0 / \{1 + 46\,(\delta_{in}/\sigma_r)^3\}$；

第 5 步：$\delta \leftarrow \sigma_r/2 + E_0\varepsilon^p - \sigma$；

第 6 步：$E_p \leftarrow E_0 + h\delta / (\delta_{in} - \delta)$（如果 $E_p > 10^8$，取 $E_p \leftarrow 10^8$）；

第 7 步：$\sigma \leftarrow \sigma + E_p\Delta\varepsilon^p$；

第 8 步：$\varepsilon^p \leftarrow \varepsilon^p + \Delta\varepsilon^p$；

第 9 步：$\varepsilon^p =$ 指定值 0（否，回到第 5 步）；

第10步：$\sigma \leftarrow \sigma - 2\sigma_0$；

第11步：$\delta_{in} \leftarrow \sigma - (-1/2\sigma_r + E_0\varepsilon^p)$；

第12步：$h \leftarrow 164E_0 / \{1 + 46(\delta_{in}/\sigma_r)^3\}$；

第13步：$\delta \leftarrow \sigma - (-1/2\sigma_r + E_0\varepsilon^p)$；

第14步：$E_p \leftarrow E_0 + h\{\delta/(\delta_{in} - \delta)\}$ （如果 $E_p > 10^8$，取 $E_p \leftarrow 10^8$）；

第15步：$\sigma \leftarrow \sigma - E_p\Delta\varepsilon^p$；

第16步：$\varepsilon^p \leftarrow \varepsilon^p - \Delta\varepsilon^p$；

第17步：$\sigma = 0$？（如果是，取 $\sigma \leftarrow 2\sigma_0$ 并回到第3步；否则回到第13步）上述结果见图5.17（a），只需将 σ/E 加到 ε^p 上去，即得到总应变

$$\varepsilon = \varepsilon^p + \frac{\sigma}{E} \tag{5.123}$$

$\sigma - \varepsilon$ 曲线见图5.17（b），两图中都出现了滞后回线。

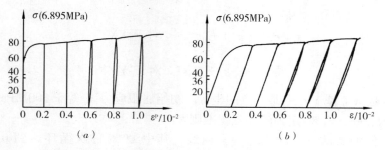

图5.17 几次循环拉伸加载的应力-应变曲线
（a）应力-塑性应变；（b）应力-总应变

5.7 习　　题

5.1 习题图5.1所示结构由四根横截面均为 $A/4$ 的竖直杆及一根水平杆组成。竖杆为理想弹塑性材料，杆1的屈服应力为 σ_{01}，杆2的屈服应力为 σ_{02}，水平杆为刚体，假设杨氏模量为 E，σ_{02} 大于 σ_{01}。

（a）确定在单调加载下的弹性极限荷载 P_e、最大荷载 P_p、相应的变形 u_e 和 u_p。

（b）若各竖杆的应变 u/L 达到 $2\sigma_{02}/E$ 后卸载，确定当 P 完全卸去后各竖杆的残余应力及残余应变。

（c）作用压力荷载 P，试确定在这种逆向的荷载下的弹性极限荷载 P_{-e}、最大压载 P_{-p} 及相应的变形 u_{-e} 和 u_{-p}。

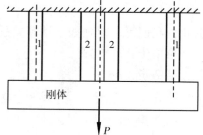

习题图5.1

（d）作出上述（a）到（c）的加载路径的平均应力-应变（$P/A - u/L$）曲线。

5.2 习题图5.2所示平板为理想弹塑性材料。屈服应力 σ_0 随距对称轴的距离而线性

变化：

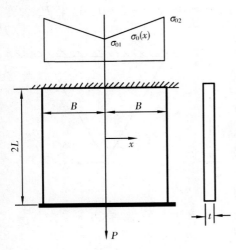

习题图 5.2

$$\sigma_{0(x)} = \sigma_{0(-x)} = \sigma_{01} + \frac{x}{B}(\sigma_{02} - \sigma_{01}) \qquad 0 \leqslant x \leqslant B$$

其中，$\sigma_{01} = 200\text{MPa}$，$\sigma_{02} = 400\text{MPa}$，假定杨氏模量 $E = 200\text{GPa}$，泊松比 $\nu = 0.0$，$L = B = 0.5\text{m}$，平板厚度 $t = 0.01\text{m}$，连接到平板底部的杆件为刚杆。

(a) 确定单调加载时的弹性极限荷载 P_e、最大荷载 P_p 及相应变形 u_e 和 u_p。

(b) 预加应变 $2\sigma_{02}/E$，然后作用压载，确定在此逆向加载下的弹性极限荷载 P_{-e}、最大荷载 P_{-p} 及相应变形 u_{-e} 和 u_{-p}。

(c) 作出上述加载路径的荷载-变形（$P-u$）曲线。

5.3 简单拉伸时材料的应力-应变响应近似为下述线性强化模型

$$\sigma = E\varepsilon \qquad 对于 \sigma_0 \leqslant \sigma$$

$$\sigma = \sigma_0 + m\varepsilon^p \qquad 对于 \sigma_0 < \sigma$$

其中，$m = E/5$。设 $E = 200\text{GPa}$，$\sigma_0 = 200\text{MPa}$，混合强化法则中 $M = 0.25$，利用有效塑性应变为强化参数。

(a) 作出给定应力历史的应力-应变曲线；
$0 \to 220 \to -220 \to 220 \to -220 \to 240$（MPa）

(b) 作出给定应变历史的应力-应变曲线；
$0 \to 0.002 \to -0.002 \to 0.002 \to -0.002 \to 0.004$

5.4 和习题 5.3 中材料相同，应变历史为 $\varepsilon = 0 \to 0.003 \to -0.003 \to 0$，作出下述三种情况下的应力-应变曲线：

(a) 随动强化；
(b) 各向同性强化；
(c) 混合强化，$M = 0.4$。

5.5 利用塑性功作为强化参数，重新解习题 5.3（a）。

5.6 习题图 5.6 所示线性变截面杆，作用一轴力，两端的截面积分别为 A_1 和 A_2，且 $A_2/A_1 = 2$，杆由线弹性强化材料制成，其简单拉伸应力-应变反应为

$$\sigma = E\varepsilon \qquad 对于 \sigma_0 \leqslant \sigma$$

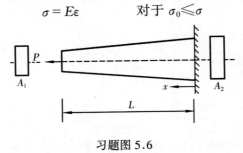

习题图 5.6

$$\sigma = \sigma_0 + m\varepsilon^P \quad 对于 \ \sigma_0 < \sigma$$

其中，$m = E/10$，设为随动强化法则，加载路径为 $P/P_e = 0 \to 2 \to -2 \to 0$，这里 P_e 为弹性极限荷载。

(a) 求 P_e；
(b) 作出荷载 P – 自由端位移 u 曲线；
(c) 求加载结束时的残余应变分布。

5.7 习题图 5.7 所示桁架结构由三根等截面杆组成，各杆具有相同的杨氏模量 E 和屈服应力 σ_0，假设材料为理想塑性，试确定桁架结构的初始弹性极限位置和极限强度的位置。

5.8 设一对称三杆模型作用有总荷载 P，如习题图 5.8（a）所示，杆 1 和杆 2 的横截面积分别为 A_1 和 A_2，假定它均为理想弹塑性材料，有不同的屈服强度 σ_{01} 和 σ_{02}（拉压相同且有 $\sigma_{02} > \sigma_{01}$），但有相同的弹性模量 E（见习题图 5.8（b），习题图 5.8（c））作为混合模型的定性 $\sigma - \varepsilon$ 曲线，$OABC$ 为拉伸加载，CDE 对应于卸

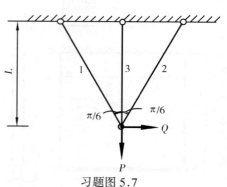

习题图 5.7

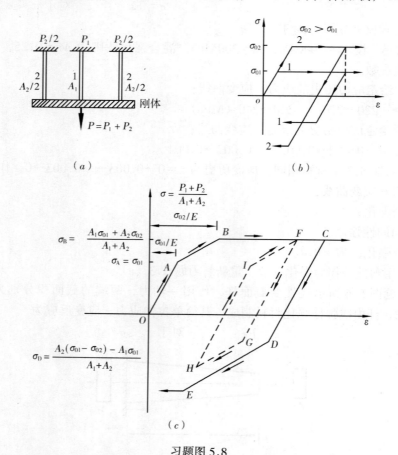

习题图 5.8

（a）对称三杆模型；（b）杆 1 和 2 为理想弹塑性特性；（c）总的 $\sigma - \varepsilon$ 响应

载，FGHIF 对应于卸载 – 逆向加载，再加载循环。尽管单一单元没有反应出 Bauschinger 效应，但模型具有这一效应，试通过一步步的计算确定已给定的 σ-ε 曲线。

5.9 对于习题 5.8，假设 $A_1 = 2/3$，$A_2 = 1/3$，材料参数为 $\sigma_{01} = 137.9$MPa，$\sigma_{02} = 344.75$MPa，$E = 6.895 \times 10^4$MPa。习题图 5.8（c）所示的 C、F 点的应变分别为 $\varepsilon_C = 0.013$，$\varepsilon_F = 0.011$，假定 H 点相应于杆 2 的压应力为 $\sigma_{02}/2$。

(a) 确定沿卸载路径 CD，FG 和再加载路径 HI，$\sigma = 0$ 时杆 1 和杆 2 相应的残余应力；

(b) 确定杆 2 相应于 G 和 I 的应力 σ_2；

(c) 在卸载阶段 FG 和再加载阶段 HI，当杆 1 的应力完全消去（即 $\sigma_1 = 0$）时杆 2 的应力 σ_2 和应变 ε 各为多少？

(d) 对于习题图 5.8（c）中的各 σ-ε 路径，绘出杆应力 σ_1、σ_2 的关系曲线，表示出残余应力 $\sigma = 0$ 的直线。

答案：(a) CD 和 FG：$\sigma_1 = -68.95$MPa，$\sigma_2 = 137.9$MPa，
HI：$\sigma_1 = 11.49$MPa，$\sigma_2 = 22.98$MPa。

(b) G，I 点的应力分别为 $\sigma_2 = 68.95$MPa，103.43MPa。

(c) FG：$\sigma_2 = 206.85$MPa，$\varepsilon = 0.009$。
HI：$\sigma_2 = -34.48$MPa，$\varepsilon = 0.0055$。

5.10 试重新考虑习题 5.8，现假定各杆拉、压屈服应力不同，杆 1 和杆 2 的屈服应力分别为：σ_{01} 和 σ_{02}（拉伸），σ'_{01} 和 σ'_{02}（压缩），取 $A_1 = 2/3$，$A_2 = 1/3$，设 $\sigma_{01} = 2$，$\sigma_{02} = 5$，$E = 1000$（应力单位），作出图 5.8（c）所示加载路径的 σ-ε 曲线，对于下述的各假设，ε_C 和 ε_F 值与习题 5.9 取相同的值。

(a) $\sigma'_{01} = 2$ 和 $\sigma'_{02} = 2$（应力单位），假定 H 点相应的应力为 $\sigma_2 = -1/2\sigma'_{02}$；

(b) $\sigma'_{01} = 12$ 和 $\sigma'_{02} = 4$（应力单位），假定 H 点相应的应力为 $\sigma_1 = -3/4\sigma'_{01}$；

还要对这些加载路径描述杆的应力 σ_1 和 σ_2 的关系。

答案：

(a) A：$\sigma_1 = \sigma_2 = 2$，$\varepsilon = 0.002$，
 B：$\sigma_1 = 2$，$\sigma_2 = 5$，$\varepsilon = 0.005$，
 D：$\sigma_1 = -2$，$\sigma_2 = 1$，$\varepsilon = 0.009$，
 E：$\sigma_1 = \sigma_2 = -2$，$\varepsilon = 0.006$，
 G：$\sigma_1 = -2$，$\sigma_2 = 1$，$\varepsilon = 0.007$，
 H：$\sigma_1 = -2$，$\sigma_2 = -1$，$\varepsilon = 0.005$，
 I：$\sigma_1 = -2$，$\sigma_2 = -3$，$\varepsilon = 0.009$。

(b) D：$\sigma_1 = -7$，$\sigma_2 = -4$，$\varepsilon = 0.004$，
 E：$\sigma_1 = -12$，$\sigma_2 = -4$，$\varepsilon = 0.001$，
 G：$\sigma_1 = -7$，$\sigma_2 = -4$，$\varepsilon = 0.002$，
 H：$\sigma_1 = -9$，$\sigma_2 = -4$，$\varepsilon = 0$，
 I：$\sigma_1 = 0$，$\sigma_2 = 5$，$\varepsilon = 0.009$。

5.11 简单拉伸的应力 – 塑性应变曲线设为

$$\sigma = \sigma_0 + m\,(\varepsilon^p)^n \quad 对于\ \sigma \geqslant \sigma_0$$

其中，σ_0 为初始屈服极限；m 和 n 为材料常数，且满足 $m>0$ 和 $0<n\leqslant 1$，弹性反应为 $\varepsilon^p = \sigma/E$，其中 E 为杨氏模量。

（a）在塑性流动阶段，将塑性功 W_p 和强化模量 E_p 表示为 ε^p 的函数；

（b）对上述 m，n 的限定条件，证明在拉伸屈服阶段，对于增加的应力和塑性应变时为正的单调递减函数；

（c）作出下述情况的拉伸加载 – 卸载的 $\sigma - \varepsilon^p$ 曲线；

（ⅰ）$n=1$，

（ⅱ）$n=1/2$，

（ⅲ）$\sigma_0 = 0$，$n=1$，$1/2$。

（d）对于线性加工强化情况，$n=1$，证明后继拉伸屈服应力可表示为 W_p 的显式：
$$\sigma = (\sigma_0^2 + 2mW_p)^{1/2} \geqslant \sigma_0$$

答案：（a） $\qquad E_p = mn\,(\varepsilon^p)^{n-1}$

5.12 对于习题 5.11 的材料，考虑作为线性应变 – 强化模型的一种特殊情况，$n=1$ 对于简单拉压加载，有数据如下：

$$\sigma_0 = 206.85\text{MPa},\ E = 2.0685 \times 10^5 \text{MPa},\ m = 2.586 \times 10^4 \text{MPa}。$$

（a）某一材料试样首先拉伸达到总应变 $\varepsilon = 0.007$，继而施加压应力使其返回初始无应变状态（$\varepsilon = 0$），确定下述情况下循环加载结束时的最终（当前）应力：

（ⅰ）各向同性强化；

（ⅱ）随动强化。

（b）（a）中确定的最终应力水平描述了当前弹性范围内的下（压缩）屈服极限 σ_B，求对于（a）中每一种理想状态的塑性加载阶段相应的上（拉伸）屈服极限 σ_A；

（c）从初始（无应力和应变）状态开始，材料单元受拉伸荷载作用下直到 $W_p = 5.17\text{N·mm/mm}^3$。对于（a）中每一个强化模型，求其塑性应变阶段的弹性范围边界。

答案：（a）（ⅰ）$\sigma = -429.01\text{MPa}$，（ⅱ）$\sigma = -183.89\text{MPa}$

（b）（ⅰ）$\sigma_A = 429.01\text{MPa}$，（ⅱ）$\sigma_A = 229.81\text{MPa}$；

（c）（ⅰ）$-556.98 \leqslant \sigma \leqslant 556.98$，

（ⅱ）$143.28 \leqslant \sigma \leqslant 557.05$

5.13 和习题 5.12 相同的线性应变强化材料的初始无应力、无应变单元，承受了不同的单轴的荷载历史，其应力路径如下。对于习题 5.12（a）中考虑的每种强化法则，求每一加载路径未获得的最终应变状态 ε 及相应的 ε^p，下述各项中 σ 单位为 MPa。

（ⅰ）$\sigma = 0 \rightarrow 413.7 \rightarrow -413.7 \rightarrow 0$；

（ⅱ）$\sigma = 0 \rightarrow 413.7 \rightarrow -413.7 \rightarrow 0 \rightarrow 413.7 \rightarrow 620.55$；

（ⅲ）$\sigma = 0 \rightarrow 620.55 \rightarrow 0$。

对于每一种情况，简要描述发生于 $\sigma - \varepsilon$ 和 $\sigma - \varepsilon^p$ 空间的应力 – 应变路径。

答案：（ⅰ）在最后加载路径的终点：
$\varepsilon^p = 0.008$（各向同性强化），$\varepsilon^p = -0.008$（随动强化）；

（ⅱ）最后的加载路径的终点：

$\varepsilon^p = 0.016$（各向同性强化），$\varepsilon^p = 0.008$（随动强化）。

5.8 参考文献

1. ASCE - WRC. Plastic Design in Steel. 2nd Edition, American Society of Engineers, 1971.
2. Chen W F. Plasticity in Reinforced Concrete. New York: McGraw - Hill, 1982.
3. Chen W F and Han D J. Plasticity for Structural Engineers. New York: Springer - Verlag, 1988.
4. Chen W F and Zhang H. Structural Plasticity: Theory, Problems, and CAE Software. New York: Springer - Verlag, 1991.
5. Chen W F and Mizuno E. Nonlinear Analysis in Soil Mechanics. New York: Elsevier, 1990.
6. Chen W F, Yamaguchi E and Zhang H. On the Loading Criteria in the Theory of Plasticity. Computers & Structures, 1991, 39 (6): 679~683
7. Dafalias Y F and Popov E P. A Model for Nonlinearly Hardening Materials for Complex Loading. Acta Mechanica, 1975, 21 (3): 173~192
8. Dafalias Y F and Popov E P. Plastic Internal Variables Formalism of Cyclic Plasticity. Journal of Applied Mechanics, 1976, 43: 645~651

第6章 屈服准则

6.1 引　言

在单轴应力状态下，材料的弹性极限由两个屈服应力点来定义，在组合应力状态下，弹性极限成为应力空间中的一条曲线、一个面或超曲面。弹性极限的数学表达式如下：

$$f(\sigma_{ij}) = 0 \tag{6.1}$$

式（6.1）称为屈服准则。

函数 f 的特定形式是与材料有关的，其含有若干个材料常数。函数 f 称为屈服函数，$f=0$ 的面称为屈服面。在硬化阶段，屈服面的大小、形状和位置都可能改变。所以为了明确起见，初始状态的屈服面和屈服函数分别称为初始屈服面和初始屈服函数，而相应硬化阶段的面和函数分别称为后继屈服面和后继屈服函数。应该注意，可以用"加载"这个词来替代"屈服"，比如用加载面替代屈服面。

对于各向同性材料，主应力的方向不重要，因为三个主应力值 σ_1、σ_2、σ_3 已足够确定惟一的应力状态，那么屈服准则可表达为

$$f(\sigma_1, \sigma_2, \sigma_3) = 0 \tag{6.2}$$

或

$$f(I_1, J_2, J_3) = 0 \tag{6.3}$$

其中，I_1、J_2 和 J_3 分别为应力张量 σ_{ij} 的第一不变量、偏应力张量 s_{ij} 的第二和第三不变量。

屈服准则可由试验确定。由金属的一个重要试验发现，静水压力对屈服的影响并不显著，从而忽略静水压力的影响可使屈服函数简化为

$$f(J_2, J_3) = 0 \tag{6.4}$$

这被认为是与静水压力无关的各向同性材料屈服准则的最一般形式。

另一方面，对于各向异性材料，其各方向的材料特性不同，那么主应力的方向起决定性作用，从而各向异性材料的屈服准则必须取式（6.1）的形式。

本章将讨论组合应力状态的屈服准则，阐述几个对基本塑性的本构模型的发展有重大影响的屈服函数，为方便起见，这部分阐述分作三节。前两节处理两类各向同性材料：与静水压力无关的材料和与静水压力相关的材料，这两类材料一般分别称为无摩阻（非摩阻）材料和摩阻材料。通常金属材料列入前一类，而地质材料如土、岩石、混凝土等列入后一类。最后一节简要叙述各向异性材料。

本章所述的大部分模型在《混凝土和土的本构方程》一书关于混凝土的破坏准则的叙述中已作了不同程度的解释。这部分原因是历史上有些准则是作为破坏标准来确定极限承载能力的，而部分原因是塑性流动被视作破坏，也应注意到实践中常常将屈服面当作破坏面。

6.2 与静水压力无关的材料

由于材料的屈服对静水压力不敏感，因而剪切应力肯定控制着这些材料的屈服。这里有几种基于剪切应力的屈服准则。对于金属材料，有两类在工程实践中广泛运用的准则，本节中将予以阐述。

6.2.1 Tresca 屈服准则

第一种用于金属材料组合应力状态的屈服准则由 Tresca 于 1864 年提出。该屈服准则假定，当一点的最大剪切应力达到极限值则发生屈服。若以主应力表达这一准则，则在屈服时三个主应力两两之差值绝对值的一半中的最大值达到 k，这一准则的数学表达式为

$$\max\left(\frac{1}{2}|\sigma_1-\sigma_2|,\ \frac{1}{2}|\sigma_2-\sigma_3|,\ \frac{1}{2}|\sigma_3-\sigma_1|\right)=k \tag{6.5}$$

如果材料常数 k 由单轴试验确定，则可得下述关系

$$k=\frac{\sigma_0}{2} \tag{6.6}$$

其中，σ_0 为单轴加载屈服应力。

为了以图形表示二维空间中的屈服曲线形状，假定一双轴应力状态，其中仅 σ_1 和 σ_2 非零，在 σ_1 轴和第一区间两轴角平分线间的应力顺序为 $\sigma_1>\sigma_2>0$，所以，由式（6.5）导出

$$\frac{\sigma_1}{2}=k \quad \text{或} \quad \sigma_1=\sigma_0 \tag{6.7}$$

对于其他部分作相似处理，可得双轴应力状态的屈服轨迹为图 6.1 所示的六边形 *ABCDEF*。

利用主应力与应力不变量间的关系，可将式（6.5）重新写为

$$f(J_2,\theta)=2\sqrt{J_2}\sin\left(\theta+\frac{1}{3}\pi\right)-2k=0 \quad (0°\leqslant\theta\leqslant 60°) \tag{6.8}$$

其中，θ 为相似角或 Lode 角。如上式中所示，Tresca 准则与 I_1 无关，暗示不依赖于静水压力。

在偏平面上，式（6.8）表示一条直线，它是偏平面上屈服轨迹的一部分，即图 6.2 中的线段 *AB*。其他的五个主应力按大小顺序，它们中的每一个都在偏平面上适当的屈服轨迹区给出一条相似直线，那么即得图 6.2 所示的规则六边形 *ABCDEF* 轨迹。由于 Tresca 准则与 I_1 无关，故可将屈服面演绎成主应力空间的规则平行六面棱柱体（图 6.3）。图 6.1 所示双轴应力状态的屈服轨迹，是此柱状面相应于坐标平面 $\sigma_3=0$ 的横截面。

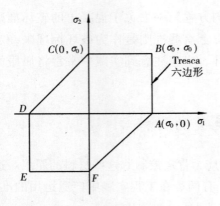

图 6.1 $\sigma_1 - \sigma_2$ 平面上的 Tresca 准则

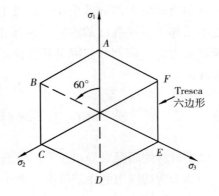

图 6.2 偏平面上的 Tresca 准则

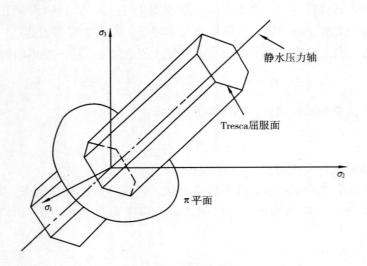

图 6.3 主应力空间中的 Tresca 准则

【例 6.1】 对于 $\sigma_{yy} = -\sigma_0$，0 和 σ_0 三个不同值，作出 Tresca 准则在 $\sigma_{xx} - \tau_{xy}$ 平面上的轨迹，假设为平面应力状态。

【解】 对于平面应力状态（σ_{xx}，σ_{yy}，τ_{xy}），最大剪应力 τ_{max} 为

$$\tau_{max} = \sqrt{\left(\frac{\sigma_{xx} - \sigma_{yy}}{2}\right)^2 + \tau_{xy}^2} \tag{6.9}$$

那么 Tresca 准则变为

$$\sqrt{\left(\frac{\sigma_{xx} - \sigma_{yy}}{2}\right)^2 + \tau_{xy}^2} = k \tag{6.10}$$

或

$$(\sigma_{xx} - \sigma_{yy})^2 + 4\tau_{xy}^2 = 4k^2 = \sigma_0^2 \tag{6.11}$$

式（6.11）描述的是 $\sigma_{xx} - \tau_{xy}$ 平面上的椭圆，其屈服轨迹见图 6.4。

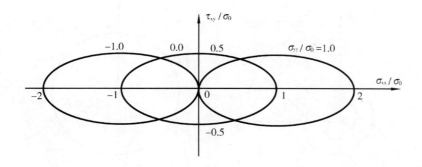

图 6.4　$\sigma_{xx}-\tau_{xy}$ 平面上的 Tresca 准则

6.2.2　von Mises 屈服准则

八面体剪切应力或畸变应变能可以用来代替最大剪切应力，1913 年提出的 von Mises 屈服准则正是基于以下的表达式

$$\tau_{oct}=\sqrt{\frac{2}{3}J_2}=\sqrt{\frac{2}{3}}k \tag{6.12}$$

其中，k 为材料常数，它代表纯剪试验中的屈服应力。与 Tresca 准则不同，该屈服准则也受中间主应力的影响，式（6.12）可以重新写为

$$f(J_2)=J_2-k^2=0 \tag{6.13}$$

或

$$(\sigma_1-\sigma_2)^2+(\sigma_2-\sigma_3)^2+(\sigma_3-\sigma_1)^2=6k^2 \tag{6.14}$$

在单轴拉伸时，屈服发生于 $\sigma_1=\sigma_0$，$\sigma_2=\sigma_3=0$。将这些值代入上述方程，则有

$$k=\frac{\sigma_0}{\sqrt{3}} \tag{6.15}$$

如式（6.13）所示，这种材料的屈服函数不包含 I_1 和 J_3，所以，von Mises 准则可用于对静水压力和相似角或 Lode 角不敏感的材料。屈服面变为主应力空间的圆柱面，其回转轴与 $\sigma_1=\sigma_2=\sigma_3$ 的静水压力轴一致，屈服面与偏平面相交所得的横截面为半径 $\rho=\sqrt{2}k$ 的圆，图 6.5 反映了此准则在主应力空间及偏平面中的轨迹。

von Mises 准则在双向应力状态下的应用，可用圆柱体与坐标面 $\sigma_3=0$ 相交的横截面来描述，其数学表达式为

$$\sigma_1^2+\sigma_2^2-\sigma_1\sigma_2=\sigma_0^2 \tag{6.16}$$

上式描绘的曲线为图 6.6 所示的椭圆。

【例 6.2】 画出 $\sigma_{yy}/\sigma_0=0.0$，0.5 和 1.0 三种不同值下 von Mises 准则在 $\sigma_{xx}-\tau_{xy}$ 平面上的轨迹，假设为平面应力状态。

【解】 对于平面应力状态，有

$$J_2=\frac{1}{3}(\sigma_{xx}^2-\sigma_{xx}\sigma_{yy}+\sigma_{yy}^2)+\tau_{xy}^2 \tag{6.17}$$

则式（6.13）重新写为

$$\frac{1}{3}(\sigma_{xx}^2-\sigma_{xx}\sigma_{yy}+\sigma_{yy}^2)+\tau_{xy}^2=\tau_0^2=\frac{\sigma_0^2}{3} \tag{6.18}$$

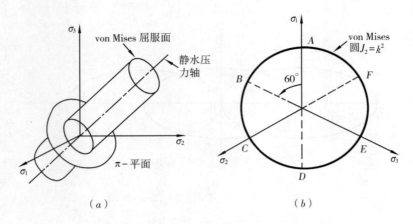

图 6.5 von Mises 准则
(a) 在主应力空间；(b) 在偏平面上

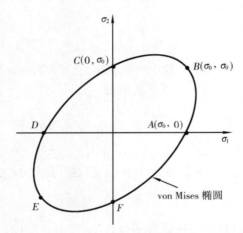

图 6.6 $\sigma_1 - \sigma_2$ 平面上的 von Mises 准则

式(6.18)描述了 $\sigma_{xx} - \tau_{xy}$ 平面上的椭圆，屈服轨迹如图 6.7 所示。

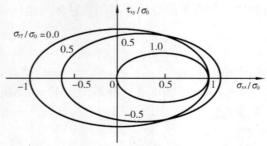

图 6.7 $\sigma_{xx} - \tau_{xy}$ 平面上的 von Mises 准则

【例 6.3】 一种材料在二维主应力空间中进行试验，所得屈服点为 $(\sigma_1, \sigma_2) = (3t, t)$，假定此材料为各向同性，与静水压力无关且拉压屈服应力相等。

(a) 由上述条件推断在 $\sigma_1 - \sigma_2$ 空间中的各屈服点；

(b) 证明 von Mises 准则的屈服曲线通过（a）中所得的所有点。

【解】(a) 由题设，应力点 A_1 $(\sigma_1, \sigma_2, \sigma_3) = (3t, t, 0)$ 为屈服点。由与静水压力无关的条件得出屈服发生在以下各点：

$$(\sigma_1, \sigma_2, \sigma_3) = (3t, t, 0) + (-3t, -3t, -3t)$$
$$= (0, -2t, -3t)$$
$$(\sigma_1, \sigma_2, \sigma_3) = (3t, t, 0) + (-t, -t, -t)$$
$$= (2t, 0, -t)$$

再由于各向同性，很容易看出以下 $(\sigma_1 - \sigma_2)$ 空间中的五个应力点也是屈服点：

$$A_2: (\sigma_1, \sigma_2, \sigma_3) = (t, 3t, 0)$$
$$B_1: (\sigma_1, \sigma_2, \sigma_3) = (-3t, -2t, 0)$$
$$B_2: (\sigma_1, \sigma_2, \sigma_3) = (-2t, -3t, 0)$$
$$C_1: (\sigma_1, \sigma_2, \sigma_3) = (2t, -t, 0)$$
$$C_2: (\sigma_1, \sigma_2, \sigma_3) = (-t, 2t, 0)$$

还有，由于加载方向并不重要，因而可得到 $\sigma_1 - \sigma_2$ 空间中的另外六个屈服点：

$$A_3: (\sigma_1, \sigma_2, \sigma_3) = (-3t, -t, 0)$$
$$A_4: (\sigma_1, \sigma_2, \sigma_3) = (-t, -3t, 0)$$
$$B_3: (\sigma_1, \sigma_2, \sigma_3) = (3t, 2t, 0)$$
$$B_4: (\sigma_1, \sigma_2, \sigma_3) = (2t, 3t, 0)$$
$$C_3: (\sigma_1, \sigma_2, \sigma_3) = (-2t, t, 0)$$
$$C_4: (\sigma_1, \sigma_2, \sigma_3) = (t, -2t, 0)$$

因此，根据所给数据，可推演出 12 个屈服点。

(b) 容易证明式（6.16）的 von Mises 屈服准则 $\sigma_0^2 = 7t^2$，通过以上所有屈服点，过这些屈服点的屈服轨迹如图 6.8 所示。

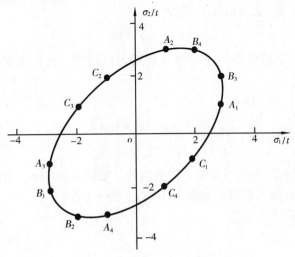

图 6.8 各屈服点及 von Mises 屈服轨迹

6.3 与静水压力相关的材料

6.3.1 最大拉应力准则（Rankine 准则）

最大拉应力准则是由 Rankine 于 1876 年提出的，现在已被普遍接受并用于确定脆性材料是否会发生拉伸破坏。它表明当最大主应力达到拉伸强度 f'_t 时，材料发生拉伸破坏，拉伸强度由简单拉伸试验确定。现在实践中对混凝土拉伸开裂（断裂过程区）起因的判断就是基于此准则（见 Yamaguchi 等，1990）。

与此准则相关的屈服面为

$$\max(\sigma_1, \sigma_2, \sigma_3) = f'_t \tag{6.19}$$

这一准则的几何图形由三个分别垂直于 σ_1、σ_2 和 σ_3 轴的平面组成，如图 6.9 所示，其表面一般称为拉伸破坏面或（简单）拉伸断裂面。

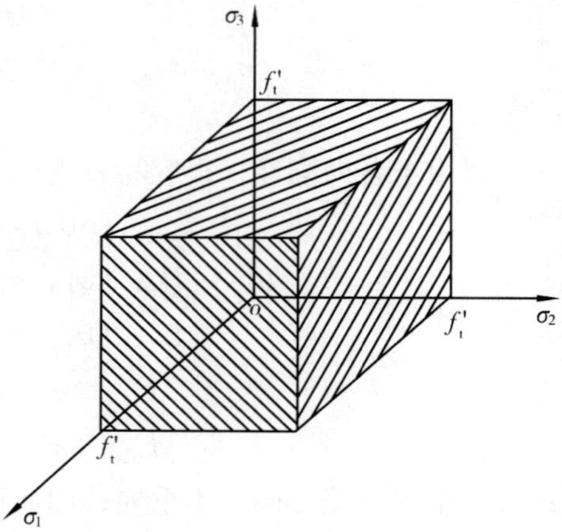

此外这一准则还可表达为

图 6.9 主应力空间中的 Rankine 准则

$$f(I_1, J_2, \theta) = 2\sqrt{3J_2}\cos\theta + I_1 - 3f'_t = 0 \quad (0°\leqslant\theta\leqslant 60°) \tag{6.20}$$

它明显地反映了 Rankine 准则的静水压力相关性。

【例 6.4】 作出 Rankine 准则在下述平面中的轨迹：

(a) π 平面（$I_1=0$）；
(b) 拉（$\theta=0°$）、压（$\theta=60°$）子午面；
(c) $\sigma_1-\sigma_2$ 平面；
(d) $\sigma_{xx}-\tau_{xy}$ 平面。

【解】 (a) 由 $I_1=0$，式 (6.20) 变为

$$2\sqrt{3J_2}\cos\theta - 3f'_t = 0 \tag{6.21}$$

这说明轨迹线在 σ_1 轴上的投影为一个点。利用各向同性，可作出图 6.10 (a) 所示的完整轨迹。

(b) 由式 (6.20) 得

$$2\sqrt{3J_2} + I_1 - 3f'_t = 0 \quad (\theta=0°) \tag{6.22}$$

$$\sqrt{3J_2} + I_1 - 3f'_t = 0 \quad (\theta=60°) \tag{6.23}$$

取 $\xi = I_1/\sqrt{3}$，$\rho = \sqrt{2J_2}$，由此可知二者皆为直线，如图 6.10 (b) 所示。

(c) 由式 (6.19) 很容易得到如图 6.10 (c) 所示的轨迹。

(d) 因为最大主应力 $\sigma_{\max}$ 为

$$\sigma_{\max} = \frac{\sigma_{xx}}{2} + \sqrt{\frac{\sigma_{xx}^2}{4} + \tau_{xy}^2} \tag{6.24}$$

然后由式 (6.19) 得到

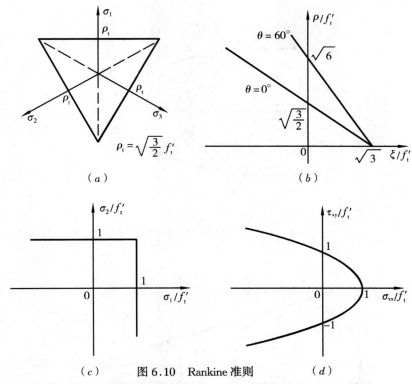

图 6.10 Rankine 准则
(a) π 平面；(b) 拉伸和压缩子午面；(c) $\sigma_1 - \sigma_2$ 平面；(d) $\sigma_{xx} - \tau_{xy}$ 平面

$$\frac{\sigma_{xx}}{f'_t} + \left(\frac{\tau_{xy}}{f'_t}\right)^2 = 1 \tag{6.25}$$

该轨迹如图 6.10(d) 所示。

6.3.2 Mohr–Coulomb 准则

源于 1990 年的 Mohr 准则，是基于最大剪应力为屈服决定性因素的假设。与 Tresca 准则相比，剪应力 τ 的临界值不是一个常数，而是在那一点上同一平面中正应力 σ 的函数。

$$|\tau| = h(\sigma) \tag{6.26}$$

其中，$h(\sigma)$ 是由试验确定的函数。根据应力状态的 Mohr 图表示，式 (6.26) 意味着当最大主圆的半径与包络曲线相接时将发生屈服（图 6.11）。

Mohr 包络线最简单的形式是一条直线，如图 6.12 所示，直线包络线的方程式称为 Coulomb 方程（1773 年），其数学表达式为

$$|\tau| = c - \sigma \tan\varphi \tag{6.27}$$

其中，c 为黏聚力；φ 为内摩擦角；二者皆由试验确定。与式 (6.27) 相关的屈服准则称为 Mohr–Coulomb 准则。对于无摩阻材料的特例，其 $\varphi = 0$，式 (6.27) 退化为 Tresca 准则，其黏聚力等于纯剪切时的屈服应力。因此，Mohr–Coulomb 准则可看作是 Tresca 准则的推广。

由式 (6.27)，当 $\sigma_1 \geqslant \sigma_2 \geqslant \sigma_3$ 时 Mohr–Coulomb 准则可写为

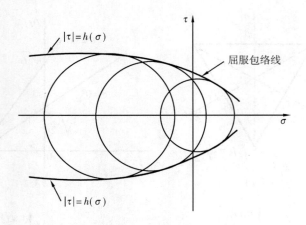

图 6.11 Mohr 准则的图解表示

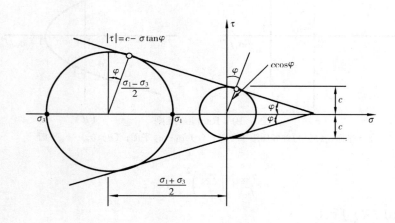

图 6.12 Mohr-Coulomb 准则

$$\frac{1}{2}(\sigma_1 - \sigma_3)\cos\varphi = c - \left[\frac{1}{2}(\sigma_1 + \sigma_3) + \frac{\sigma_1 - \sigma_3}{2}\sin\varphi\right]\tan\varphi \tag{6.28}$$

这一方程可转换为

$$\frac{\sigma_1}{f'_t} - \frac{\sigma_3}{f'_c} = 1 \quad 对于 \ \sigma_1 \geqslant \sigma_2 \geqslant \sigma_3 \tag{6.29}$$

其中

$$f'_t = \frac{2c\cos\varphi}{1+\sin\varphi}, \quad f'_c = \frac{2c\cos\varphi}{1-\sin\varphi} \tag{6.30}$$

式 (6.29) 表明 f'_t 和 f'_c 分别为简单拉伸和压缩强度，有时使用下面的表达式方便得多。

$$m\sigma_1 - \sigma_3 = f'_c \quad 对于 \ \sigma_1 \geqslant \sigma_2 \geqslant \sigma_3 \tag{6.31}$$

其中

$$m = \frac{f'_c}{f'_t} = \frac{1+\sin\varphi}{1-\sin\varphi} \tag{6.32}$$

由式 (6.28)，利用应力不变量可将 Mohr-Coulomb 准则变为

$$f(I_1, J_2, \theta) = \frac{1}{3} I_1 \sin\varphi + \sqrt{J_2} \sin\left(\theta + \frac{\pi}{3}\right) + \frac{\sqrt{J_2}}{\sqrt{3}} \cos\left(\theta + \frac{\pi}{3}\right) \sin\varphi$$
$$- c \cos\varphi = 0 \quad (0° \leqslant \theta \leqslant 60°) \tag{6.33}$$

【例 6.5】 设 $m = 1.0、2.0、5.0$，画出平面应力状态下 Mohr-Coulomb 准则在 $\sigma_1 - \sigma_2$ 平面上的轨迹。

【解】 对于主应力的不同顺序，需要改变式（6.31），完整的轨迹见图 6.13。

图 6.13 $\sigma_1 - \sigma_2$ 平面上的 Mohr-Coulomb 准则

【例 6.6】 当 $\varphi = 0°, 30°, 60°$ 时，画出相应的 Mohr-Coulomb 准则在 π 平面上的轨迹。

【解】 在主应力空间中，它给出的是不规则六面锥体（图 6.14），它与 $\sigma_1 - \sigma_2$ 面相交得截面即为例 6.5 的轨迹。为了画六边形的横截面，即与 π 平面的相交面，需要两个特征长度值，ρ_t 和 ρ_c，它们分别为式（6.33）相应于 $(I_1、\theta) = (0, 0°)$ 及 $(0, 60°)$ 的值，即

$$\rho_t = \frac{2\sqrt{6}c \cos\varphi}{3 + \sin\varphi}, \quad \rho_c = \frac{2\sqrt{6}c \cos\varphi}{3 - \sin\varphi} \tag{6.34}$$

或 $$\rho_t = \frac{\sqrt{6}(1-\sin\varphi)}{3+\sin\varphi} f'_t, \quad \rho_c = \frac{\sqrt{6}(1-\sin\varphi)}{3-\sin\varphi} f'_t \tag{6.35}$$

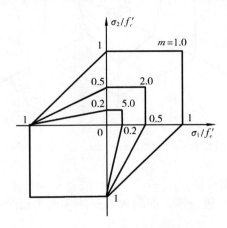

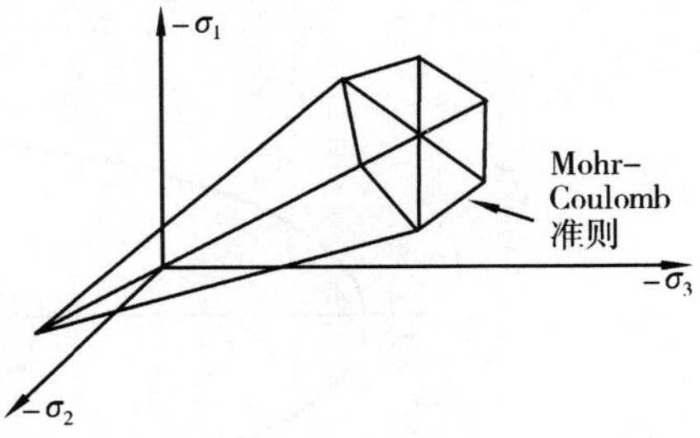

图 6.14 主应力空间中的 Mohr-Coulomb 准则

由于这两个长度的比值为

$$\frac{\rho_t}{\rho_c} = \frac{3 - \sin\varphi}{3 + \sin\varphi} \tag{6.36}$$

而且对于实际的摩擦角 φ，$\sin\varphi$ 不可能为负，故 ρ_c 不可能小于 ρ_t，其轨迹如图 6.15 所示。

【例 6.7】 假设 $m = 1.0, 2.0$ 和 5.0，对于 $\sigma_{yy} = 0$ 的平面应力状态，作出 Mohr-Coulomb

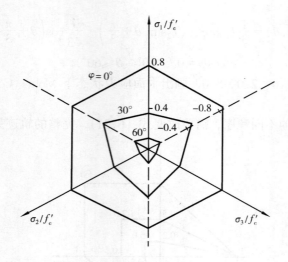

图 6.15 π 平面上的 Mohr–Coulomb 准则

准则在 $\sigma_{xx} - \tau_{xy}$ 平面上的屈服轨迹。

【解】由于中间主应力一般为零，而最大及最小主应力已分别由式（6.24）及下式给出：

$$\sigma_{\min} = \frac{\sigma_{xx}}{2} - \sqrt{\frac{\sigma_{xx}^2}{4} + \tau_{xy}^2} \tag{6.37}$$

故屈服轨迹可表达为

$$\left(\frac{\sigma_{xx}}{f_t'} + \frac{m-1}{2}\right)^2 + \frac{(m+1)^2}{m}\left(\frac{\tau_{xy}}{f_t'}\right)^2 = \frac{(m+1)^2}{4} \tag{6.38}$$

屈服轨迹如图 6.16 所示。

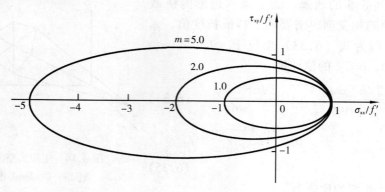

图 6.16 $\sigma_{xx} - \tau_{xy}$ 平面上的 Mohr–Coulomb 准则

【例 6.8】地质材料在侧压力作用下会表现出延性。然而，在拉伸荷载作用下，即便是很低的拉伸作用也会发生脆性破坏，说明 Mohr–Coulomb 准则过高地估计了其抗拉强度。故一般联合运用 Rankine 准则及 Mohr–Coulomb 准则来改进对拉伸特性的预测，这种联合准则称为对于拉伸断裂的 Mohr–Coulomb 准则。

作出联合准则在 $\sigma_1-\sigma_2$ 平面及拉 ($\theta=0°$)、压 ($\theta=60°$) 子午面上的轨迹。假设参数 $m=5$，f_c'/f_t' 的实际比值为 10。

【解】叠加两个准则，可作出联合准则的轨迹如图 6.17 所示。

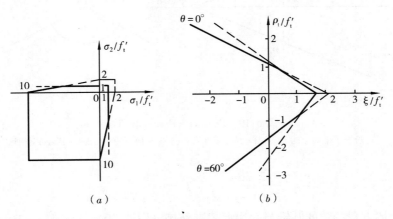

图 6.17 拉伸断裂的 Mohr–Coulomb 准则
（a）$\sigma_1-\sigma_2$ 平面上拉伸断裂的 Mohr–Coulomb 准则；
（b）拉伸和子午面上拉伸断裂的 Mohr–Coulomb 准则

6.3.3 Drucker–Prager 准则

于 1952 年正式提出的 Drucker–Prager 准则，是 von Mises 准则的简单修正，它考虑了静水压力对屈服的影响。这一准则的数学表达式为

$$f(I_1, J_2) = \alpha I_1 + \sqrt{J_2} - k = 0 \tag{6.39}$$

其中，α 和 k 为材料常数。当 α 为零时，则 Drucker–Prager 退化为 von Mises 准则，故 Drucker–Prager 准则也称为广义的 von Mises 准则。

此准则在主应力空间中的屈服面为直立圆锥（图 6.18），它在子午面和在 π 平面的横截面如图 6.19 所示。

Mohr–Coulomb 六边形屈服面是不光滑且有尖角的，而这些六边形尖角可能会导致其应用于塑性理论时数学值计算的困难，因为正如下一章我们会讨论的那样，需要计算屈服面的法线矢量。而 Drucker–Prager 准则正可以被看作 Mohr–Coulomb 准则为避免这些困难而作的光滑近似。而

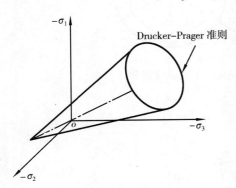

图 6.18 主应力空间中的 Drucker–Prager 准则

且 Drucker–Prager 准则可通过调整圆锥的大小来适应 Mohr–Coulomb 准则。例如，如果 Drucker–Prager 圆与 Mohr–Coulomb 六边形的外顶点相接，即将两个曲面沿压缩子午线 ρ_c 重合，那么 Drucker–Prager 准则中的常数 α 及 k 与 Mohr–Coulomb 准则中的常数 c 及 φ 的关系为

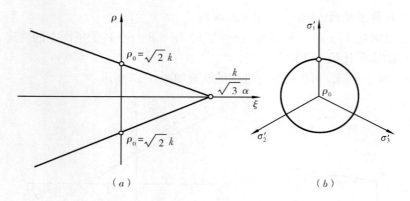

图 6.19 Drucker–Prager 准则

(a)拉压子午面上的 Drucker–Prager 准则；(b)π 平面上的 Drucker–Prager 准则

$$\alpha = \frac{2\sin\varphi}{\sqrt{3}(3-\sin\varphi)}, \quad k = \frac{6c\cos\varphi}{\sqrt{3}(3-\sin\varphi)} \tag{6.40}$$

相应于上述方程参数的圆锥与六边形棱锥外接（图 6.20），Drucker–Prager 圆锥也可以过拉伸子午线 ρ_t 内接 Mohr–Coulomb 六边形。

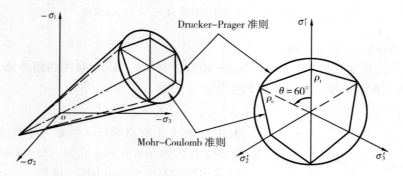

图 6.20 沿压缩子午线重合时的 Drucker–Prager 准则和 Mohr–Coulomb 准则

因此，两个准则的常数有如下关系

$$\alpha = \frac{2\sin\varphi}{\sqrt{3}(3+\cos\varphi)}, \quad k = \frac{6c\cos\varphi}{\sqrt{3}(3+\sin\varphi)} \tag{6.41}$$

双轴应力状态的 Drucker–Prager 准则可由圆锥与 $\sigma_3 = 0$ 坐标面的相交面来描述。将 $\sigma_3 = 0$ 代入式（6.39）可得

$$\alpha(\sigma_1 + \sigma_2) + \sqrt{\frac{1}{3}(\sigma_1^2 - \sigma_1\sigma_2 + \sigma_2^2)} - k = 0 \tag{6.42}$$

或

$$(1-3\alpha^2)(\sigma_1^2 + \sigma_2^2) - (1+6\alpha^2)\sigma_1\sigma_2 + 6k\alpha(\sigma_1+\sigma_2) - 3k^2 = 0 \tag{6.43}$$

上式为图 6.21 所示中心偏移的椭圆。

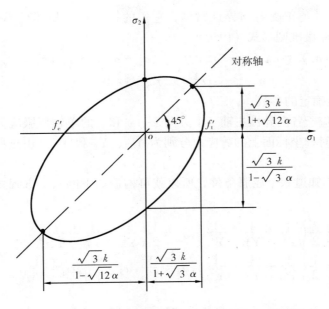

图 6.21 $\sigma_1 - \sigma_2$ 平面上的 Drucker-Prager 准则

【例 6.9】 当 $\sigma_{zz}/k = 0.0$、-0.25、-0.5 时，作出 Drucker-Prager 准则在 $\sigma_{xx} - \tau_{xy}$ 平面上的轨迹。设其他所有应力分量为零，考虑 $\alpha = 0.1$ 及 $\alpha = 0.2$ 的两种情况。

【解】 利用应力分量表示式（6.39）中的应力不变量，可以很容易得出图 6.22 所示的屈服轨迹。正如我们希望的那样，随侧向压应力 σ_{zz} 增大，椭圆的尺寸也会增大，且尺寸变化比例随 α 增大而增大。

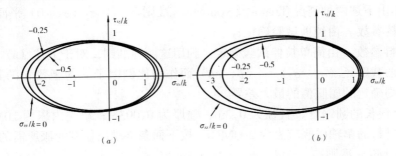

图 6.22 $\sigma_{xx} - \tau_{xy}$ 平面上的 Drucker-Prager 准则
(a) $\alpha = 0.1$；(b) $\alpha = 0.2$

6.4 各向异性屈服准则

严格地讲，尽管大多数材料在某种程度上可看作各向同性，但材料在各方向上的特性并不相同。某些材料的方向相关性很明显，它们必须看作各向异性，这类材料的屈服准则必须用式（6.1）来表达。

正交各向异性材料在每一点上都有三个互相正交的对称面，这些面的交线称为各向异性主轴。对于这样一类正交各向异性材料，它们的拉压响应相同且不受静水压力影响，Hill 提出了下述的屈服准则形式（1950）：

$$f(\sigma_{ij}) = a_1(\sigma_{yy}-\sigma_{zz})^2 + a_2(\sigma_{zz}-\sigma_{xx})^2 + a_3(\sigma_{xx}-\sigma_{yy})^2 \\ + a_4\tau_{yz}^2 + a_5\tau_{zx}^2 + a_6\tau_{xy}^2 - 1 = 0 \tag{6.44}$$

其中，a_i 为由试验确定的参数。

【例 6.10】 相应于各向异性主轴三个方向 x、y 和 z 的单轴屈服应力分别为 Y_{11}、Y_{22} 和 Y_{33}，而且三个对称坐标面上的剪应力分别为 Y_{12}、Y_{23} 和 Y_{31}。由这些试验结果来确定 Hill 准则的系数。

【解】 因为我们知道六个屈服条件，所以就可构造如下的六个方程式来确定六个参数 a_i：

$$a_1 = \frac{1}{2}\left(\frac{1}{Y_{22}^2} + \frac{1}{Y_{33}^2} - \frac{1}{Y_{11}^2}\right), a_2 = \frac{1}{2}\left(\frac{1}{Y_{33}^2} + \frac{1}{Y_{11}^2} - \frac{1}{Y_{22}^2}\right), \\ a_3 = \frac{1}{2}\left(\frac{1}{Y_{11}^2} + \frac{1}{Y_{22}^2} - \frac{1}{Y_{33}^2}\right), a_4 = \frac{1}{Y_{23}^2}, a_5 = \frac{1}{Y_{31}^2}, a_6 = \frac{1}{Y_{12}^2} \tag{6.45}$$

6.5 习 题

6.1 当 $\sigma_3 \neq 0$ 时，作出 Tresca 及 von Mises 准则在 $\sigma_1 - \sigma_2$ 平面上的轨迹。

6.2 某材料简单拉伸时在 σ_0 点屈服，利用下述屈服准则计算纯剪屈服应力 σ_{ps} 及按比例加载时 $\sigma_1 = p$，$\sigma_2 = 2p$，$\sigma_3 = 3p$ 时的屈服值。

(a) Tresca 准则；

(b) von Mises 准则。

6.3 作出下述两种情况 Tresca 及 von Mises 准则在 $\sigma_1 - \sigma_2$（$\sigma_3 = 0$）平面上的轨迹。

(a) 材料参数 k 由纯剪试验确定；

(b) 材料参数 k 由简单拉伸试验确定。利用这两种准则，对于上述（a）、（b）两种情况，确定在加载路径 $(\sigma_1, \sigma_2) = (p, cp)$ 而作为比例因子 c 的函数 p 的屈服值，并找出由两种准则确定的屈服值的最大差异。

6.4 一根长的圆钢管，直径为 0.3m，壁厚为 0.003m，承受内压为 20MPa，管的末端封闭，此材料的单轴屈服应力为 200MPa，按下面条件求出使其屈服所需的扭矩 T。

(a) von Mises 准则；

(a) Tresca 准则；

(c) $f(J_2, J_3) = J_2^3 - 2.25J_3^2 - k^6 = 0$。

6.5 利用 Rankine 准则确定比例加载路径 $(\sigma_{xx}, \sigma_{yy}, \sigma_{zz}, \tau_{xy}) = (2p, 2p, 2p, p)$ 时的屈服值 p。

6.6 设材料满足 $m = 3$ 的 Mohr-Coulomb 准则，确定 $(\sigma_3/f_c' = \pm 0.3)$ 两种情况下在纯剪试验中的屈服应力 σ_{ps}。

6.7 根据式（6.41）的关系，在 $\sigma_1 - \sigma_2$ 及 $\sigma_{xx} - \tau_{xy}$ 平面上绘出 Drucker-Prager 及 Mohr-Coulomb 准则的轨迹。根据以上两准则预测，计算比例加载时 $\sigma_1 - \sigma_2$ 及 $\sigma_{xx} - \tau_{xy}$ 空间中屈服应力的最大差异。

6.8 对于下面两种特殊情况，确定式（6.44）中的 Hill 准则参数间的关系。
(a) 横向各向同性（关于 Z 轴旋转对称）；
(b) 完全各向同性。

6.9 关于某一各向异性主轴 Z 轴旋转对称的各向异性材料进行单轴加载试验。荷载位于 $x-y$ 平面内，加载方向与 x 轴间的夹角为 θ。当 x 方向上的屈服应力 Y_{11} 为 y 方向屈服应力 Y_{22} 的 2 倍时，计算单轴试验的屈服应力，并将其表示为 θ 的函数。

6.10 某试验发现材料在下述的主应力状态下屈服
$$(\sigma_1,\sigma_2,\sigma_3)=(20,0,0) \quad \text{和} \quad (\sigma_1,\sigma_2,\sigma_3)=(21,7,0)$$
假设材料为各向同性，静水压力不影响屈服且没有 Bauschinger 效应，
(a) 画出在 $\sigma_3=0$ 的 σ_1，σ_2 空间中（即平面应力）尽可能多的观察点；
(b) 连接这些点形成的曲线与三维屈服面及 π 平面上的屈服曲线有什么关系？
(c) 估计简单剪切时的屈服应力，并给出此估计值可能误差的极限值。

6.11 含九个材料参数的屈服函数具有如下的一般形式：
$$f(\sigma_{ij})=a_1(\sigma_y-\sigma_z)^2+a_2(\sigma_z-\sigma_x)^2+a_3(\sigma_x-\sigma_y)^2+a_4\tau_{yz}^2+a_5\tau_{zx}^2$$
$$+a_6\tau_{xy}^2+a_7\sigma_x+a_8\sigma_y+a_9\sigma_z-1=0$$
针对下述材料的特殊情况简化该函数：
(a) 各向异性金属；
(b) 横向各向同性金属；
(c) 横向各向同性冰片；
(d) 各向同性冰片。

6.12 证明 $\sigma-\tau$ 空间中的 Tresca 和 von Mises 准则都为椭圆，假定这种金属在简单剪切时荷载为 125Mpa 时屈服，试确定基于两种准则（i）简单拉伸，（ii）等值双向压缩的屈服应力。

6.13 某各向同性薄壁圆管受内压、轴向拉伸和扭矩的组合作用，屈服时，组合应力为 σ_a（轴向）$=82.74$MPa，σ_c（周向）$=124.11$MPa，$\tau=27.58$MPa。
(a) 求主应力 σ_1、σ_2、σ_3 的大小和方向；
(b) 求最大剪应力 τ_{max} 及八面体剪应力 τ_{oct}；
(c) 假设材料为各向同性，拉压性质相同，且对静水压力不敏感，当其中一主应力为零时，列出材料屈服时所有的主应力组合；
(d) 画出（c）中结果在二维应力空间中的图形，估计下述情况的屈服应力：
(i) 简单拉伸；(ii) 纯剪，
并根据外凸性给出估计值的可能误差极限；
(e) 假定比例加载路径 $\sigma_a=2\sigma_c=\tau$，确定下述情况下的屈服应力：
(i) von Mises 准则；(ii) Tresca 准则。

6.14 试验给出精度为 ± 6.895MPa 的屈服应力的结果为
$$\sigma_1=310.275\text{MPa （单独作用）},$$
$$\sigma_2=310.275\text{MPa （单独作用）},$$
$$\tau=179.27\text{MPa （单独作用）},$$
$$\sigma_2=2\sigma_1=330.96\text{MPa},$$

关于由此材料的各向同性及其对静水压力的敏感情况你可得出什么结论？

6.15 已知 $\sigma_1 = 68.95$ MPa，$\sigma_2 = 275.8$ MPa，假定材料为各向同性并与静水压力无关，拉压性质相同。

(a) 确定在 σ_1，σ_2 空间中所有其他双轴应力状态；

(b) 估计屈服应力：

(ⅰ)轴向拉伸，(ⅱ)简单剪切，

并根据其外凸性给出估计值的可能误差极限；

(c) 根据：

(ⅰ) von Mises 准则；

(ⅱ) Tresca 准则；

(ⅲ) $F(J_2, J_3) = J_2^3 - 2.25 J_3^2 - k^6 = 0$，

确定 (b) 中的屈服应力；

(d) 一根长钢圆管，直径为 254mm，壁厚为 3.175mm，作用有内压 3.448MPa，管端封闭，求出使该管屈服所需的扭矩 T。

(ⅰ) 基于 von Mises 准则；

(ⅱ) 基于 Tresca 准则；

(ⅲ) 基于 $F(J_2, J_3) = J_2^3 - 2.25 J_3^2 - k^6 = 0$。

6.16 由下述条件确定 von Mises 及 Tresca 屈服准则。

(a) 一薄平板在其自身平面内沿各个方向均匀拉伸；

(b) x、y 平面内一薄板，在 x 方向受均匀拉力 q 作用，y 方向受均匀压力 p 作用；

(c) 对于情况 (a) 和 (b)，分别求出其最大剪应力作用面的方向。

6.17 某金属屈服的应力状态为

$$\sigma_{ij} = \begin{bmatrix} 60 & 0 & 0 \\ 0 & 0 & 0 \\ 0 & 0 & 20 \end{bmatrix}$$

(a) 假定其为各向同性，与静水压力无关，拉压性质相同，估计其拉伸强度 σ_t 及剪应力 τ_0 的上、下限；

(b) 假定为 von Mises 准则，确定 σ_t 及 τ_0；

(c) 假定为 Tresca 准则，确定 σ_t 及 τ_0。

6.18 在工作荷载作用下某点处的应力状态为

$$\sigma_{ij} = \begin{bmatrix} 25 & 50 & 0 \\ 50 & 100 & 0 \\ 0 & 0 & -50 \end{bmatrix} \text{（MPa）}$$

在 $\sigma_1 = \sigma_2 = -1.5 f'_c$，$\sigma_3 = 0$ 的双轴等值压缩试验条件下发生破坏，其中 $f'_c = 250$MPa 是单轴压缩强度。

(a) 确定 Drucker-Prager 准则的常数 α 和 k；

(b) 求出该应力状态相对破坏的安全因子：

(ⅰ) 当所有应力按比例增加达到破坏面；

(ⅱ) 只有正应力 σ_x 增加在屈服面上达到临界值。

6.6 参考文献

1. Coulomb C A. Sur une application des regles de maximis et minimis a quelques problemes de statique relatifs al'architecture. Acad R Sci. Mem Math Phys par drivers svants, 1973 (7): 343~382
2. Drucker D C and Prager W. Soil Mechanics and Plastic Analysis or Limit Design. Quarterly of Applied Mathematics, 1952 (10): 157~165
3. Hill R. The Mathematical Theory of Plasticity. New York: Oxford University Press, 1950.
4. Tresca H. Sur l'ecoulement des corps solids soumis a de fortes pression. Compt Rend, 1864 (59): 754
5. von Mises R. Mechanik der festen Koerper in Plastisch deformabelm Zustand. Goettinger Nachr Math Phys, K1, 1913, 582~592
6. Yamaguchi E and Chen W F. Cracking Model for Fimite Element Analysis of Concrete Materials. Journal of Engineering Mechanics, ASCE, 1990 (6): 1242~1260

第7章 塑性应力-应变关系

7.1 引 言

在20世纪50年代，经典塑性理论有了很大的发展，表现在：(1) 极限分析的基本定理 (Drucker 等，1952)；(2) Drucker 假设或稳定材料的定义 (Drucker，1951)；(3) 正交性条件的概念或关联流动法则 (Drucker，1960) 等的建立和发展。理想塑性体的极限分析理论产生了能更直接地估计结构和土体承载力的实际方法 (Chen，1975，1982，Chen 和 Lin，1990)。稳定材料的概念提供了一个统一的方法和塑性体的应力-应变关系的广义观点。正交性条件的概念提供了塑性应力-应变关系的屈服准则或加载函数之间的必要联系。所有的这些进展导出了金属塑性经典理论严格的基础，也为后来关于土体和混凝土之类的其他工程材料的更复杂的塑性理论的显著发展打下了基础 (Chen 和 Han，1988，Chen 和 Baladi，1985，Chen 和 Mizuno，1990)。

本章将涉及理想塑性材料和加工强化材料的塑性应力-应变关系的发展。按照 Drucker 统一的方法，在7.2、7.3节中第一次介绍了塑性增量理论的基本概念，关于理想塑性理论 (7.5、7.6节) 和强化塑性理论 (7.7到7.10节) 的发展的详细描述，能够提供处理塑性固体应力历史相关特性的完整描述，这是本章的主题。使这些理论直接适用于有限元分析的数学计算方法和步骤将在第九章介绍。用于计算机进行塑性应力-应变关系的数值计算的方法将在本章末进行简单介绍。

7.2 加载准则

在应力空间上的屈服面确定了当前的弹性区的边界。如果一个应力点在此面的里面，就称之为弹性状态而且只有弹性特性；另一方面，在屈服面上的应力状态为塑性状态，产生弹性或者弹塑性特性。

在数学上，弹性状态和塑性状态作如下定义：

$$f<0 \text{ 时，弹性状态}$$
$$f=0 \text{ 时，塑性状态}$$

这里，f 就是在应力空间定义了屈服面的屈服函数。

对于强化材料，如果应力状态趋向移出屈服面的趋势，则可获得一个加载过程，而且能观察到弹塑性变形；会产生附加的塑性应变且当前的屈服（或加载）面构形也会发生改变，使应力状态总保持在后继加载面上。如果应力状态有移进屈服面以内的趋向，则为卸载过程，此时只有弹性变形发生，加载面仍然保持原样。应力从塑性状态开始改变的另一个可能就是应力点沿着当前屈服面移动，这个过程叫做中性变载，与其相关的变形是弹性的。

区分这些现象的数学表达式就叫做加载准则，可用下列式子来表述：

$$f = 0 \quad \text{且} \quad \frac{\partial f}{\partial \sigma_{ij}} d\sigma_{ij} > 0 \text{ 时}, \quad \text{加载}$$

$$f = 0 \quad \text{且} \quad \frac{\partial f}{\partial \sigma_{ij}} d\sigma_{ij} = 0 \text{ 时}, \quad \text{中性变载} \quad (7.1)$$

$$f = 0 \quad \text{且} \quad \frac{\partial f}{\partial \sigma_{ij}} d\sigma_{ij} < 0 \text{ 时}, \quad \text{卸载}$$

通常，f 函数形式是这样定义的，使得梯度矢量 $\frac{\partial f}{\partial \sigma_{ij}} = n_{ij}^f$ 的方向总是沿着屈服面 $f = 0$ 向外的法线方向。因此，这些加载准则能用图 7.1 作简单的说明。

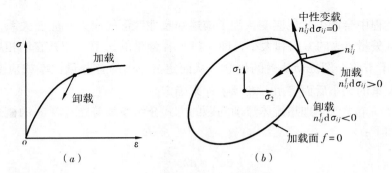

图 7.1 加工强化材料的加载准则
(a) 单轴情况；(b) 多轴情况

对于理想塑性材料，当应力点沿着屈服面移动时，能观察到弹塑性变形。但是，它不总是引起塑性变形而有可能被归到中性变载情况，因此对这种材料的加载准则给出定义如下：

$$f = 0 \quad \text{且} \quad \frac{\partial f}{\partial \sigma_{ij}} d\sigma_{ij} = 0 \text{ 时}, \text{加载或中性变载} \quad (7.2)$$

$$f = 0 \quad \text{且} \quad \frac{\partial f}{\partial \sigma_{ij}} d\sigma_{ij} < 0 \text{ 时}, \text{卸载}$$

这里注意到，加载和中性变载过程不能用上述准则加以区别。

已经有人提出表述加载准则的不同的形式，可以用应变增量代替应力增量作出判断：

$$f = 0 \quad \text{且} \quad \frac{\partial f}{\partial \sigma_{ij}} C_{ijkl} d\varepsilon_{kl} > 0 \text{ 时}, \text{加载}$$

$$f = 0 \quad \text{且} \quad \frac{\partial f}{\partial \sigma_{ij}} C_{ijkl} d\varepsilon_{kl} = 0 \text{ 时}, \text{中性变载} \quad (7.3)$$

$$f = 0 \quad \text{且} \quad \frac{\partial f}{\partial \sigma_{ij}} C_{ijkl} d\varepsilon_{kl} < 0 \text{ 时}, \text{卸载}$$

在这里，C_{ijkl} 是弹性刚度张量。在 Chen 等（1991）的论文中可以找到关于上述加载准则的进一步讨论。对于理想塑性材料来说，这种形式更具普遍性也更适用。如即将在后面的 7.5.1 小节中看到的一样，对理想塑性材料，即使当 $\frac{\partial f}{\partial \sigma_{ij}} d\sigma_{ij} = 0$ 时也能找到塑性应变增量的值为零，就是在下节式（7.4）中定义的 dλ 等于 0。这是在式（7.4）中定义的中性变载过程。

在有限元分析中，需要从给出的或已知的应变增量中算出应力增量。这个计算需要给出或知道发生的变形是哪种形式。式（7.1）和式（7.2）中惯用的准则并不很方便，因为要用它们就必须知道应力增量，而后面式（7.3）中的准则能使我们用很直接的方法去解决这个难点。

7.3 流动法则

在加载过程中会产生塑性应变，为了描述弹塑性变形的应力－应变关系，必须定义出塑性应变增量矢量 $d\varepsilon_{ij}^p$ 的方向和大小，即：（1）各分量的比率；（2）它们相应于应力增量 $d\sigma_{ij}$ 的大小。本节将介绍流动法则的概念，从而定义 $d\varepsilon_{ij}^p$ 的各分量比率或应变增量矢量的方向，这个矢量的大小后面将由一致性条件来确定。

下面将以一个类似于理想流体流动问题的方式介绍塑性势能函数 g 的概念，我们把流动法则规定如下：

$$d\varepsilon_{ij}^p = d\lambda \frac{\partial g}{\partial \sigma_{ij}} \tag{7.4}$$

其中，dλ 是一个贯穿于整个塑性加载历史的非负标量函数。梯度矢量 $\partial g / \partial \sigma_{ij}$ 规定了塑性应变增量矢量 $d\varepsilon_{ij}^p$ 的方向，也就是势能面 $g = 0$ 在当前应力点的法线方向，由于这个原因，该流动法则也称作正交条件。另一方面，塑性应变增量矢量的长度或大小由 dλ 确定。这种确定方法还有一个关键点，对于理想塑性材料情形，将在 7.5 节中讨论，对于加工强化材料情况，将在 7.9 节中讨论。

如果塑性势能面与屈服面有相同的形状，也就是 $g = f$，那么流动法则是与屈服条件相关联的，用下式表示为

$$d\varepsilon_{ij}^p = d\lambda \frac{\partial f}{\partial \sigma_{ij}} \tag{7.5}$$

在这种情况下，塑性应变沿着当前加载面的法线方向产生。

式（7.5）中的正交条件虽很简单，它却在用于以这个基础发展起来的任何应力－应变关系时，对一个给定的边界值问题有惟一解。对于理想塑性材料和强化塑性固体，将分别在后面的 7.6.2 和 7.10.4 小节中讨论。

7.3.1 von Mises 形式的塑性势能函数

von Mises 函数在应力空间中表示圆柱体，其偏截面如图 7.2 所示。这个塑性势能函数表示为

$$g(\sigma_{ij}) = \sqrt{J_2} - k = 0 \tag{7.6}$$

其中，k 为常数。因此，由流动法则可得

$$d\varepsilon_{ij}^p = s_{ij} d\lambda \tag{7.7}$$

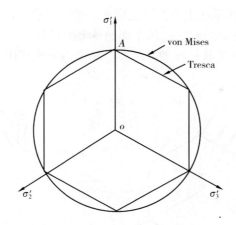

图 7.2 在偏平面上的 Tresca 和 von Mises 准则

此式表明，应力主轴和塑性应变增量张量相应主轴是一致的，从式（7.7）可得到

$$d\varepsilon_{kk}^p = s_{kk}d\lambda = 0 \tag{7.8}$$

所以，对这种类型的材料，体积变化是纯弹性的，不能产生塑性体积变化。

由式（7.7）可推出

$$\frac{d\varepsilon_x^p}{s_x} = \frac{d\varepsilon_y^p}{s_y} = \frac{d\varepsilon_z^p}{s_z} = \frac{d\gamma_{xy}^p}{2\tau_{xy}} = \frac{d\gamma_{yz}^p}{2\tau_{yz}} = \frac{d\gamma_{zx}^p}{2\tau_{zx}} = d\lambda \tag{7.9}$$

上述等量关系就是 Prandtl – Reuss 方程。它是 Prandtl 在 1925 年扩展了原先的 Levy – Mises 方程（式7.10）得到的，而且第一次提出了理想弹塑性材料在平面应变情况下的应力 – 应变关系。Reuss 在 1930 年又把 Prandtl 方程扩展到三维情况并给出式（7.9）的一般形式。

在大塑性流动的问题中，弹性应变可以忽略不计。在这种情况下，材料可以被认为是理想刚性塑性体，总的应变增量 $d\varepsilon_{ij}$ 和塑性应变增量 $d\varepsilon_{ij}^p$ 可认为相等。这种材料的应力 – 应变关系可写成

$$d\varepsilon_{ij} = s_{ij}d\lambda \tag{7.10a}$$

或

$$\frac{d\varepsilon_x}{s_x} = \frac{d\varepsilon_y}{s_y} = \frac{d\varepsilon_z}{s_z} = \frac{d\gamma_{xy}}{2\tau_{xy}} = \frac{d\gamma_{yz}}{2\tau_{yz}} = \frac{d\gamma_{zx}}{2\tau_{zx}} = d\lambda \tag{7.10b}$$

这个等量关系式就是 Levy – Mises 方程。在它们的发展过程中，St. Venant 在1870 年第一个提出了应变增量主轴与应力主轴重合，上面的应力 – 应变关系由 Levy 在 1871 年和 von Mises 在 1913 年分别提出。

7.3.2 Tresca 形式的塑性势能函数

在主应力空间，Tresca 函数表示为由六个平面组成的正六角棱柱体。这个棱柱的偏平面见图7.2。假设主应力的大小次序是 $\sigma_1 > \sigma_2 > \sigma_3$，那么就能定出相应的势能函数为

$$g = \sigma_1 - \sigma_3 - 2k = 0 \tag{7.11}$$

其中，k 为常数。根据式（7.5），与 Tresca 势能函数相关联的主应变增量则为

$$(d\varepsilon_1^p, d\varepsilon_2^p, d\varepsilon_3^p) = d\lambda(1, 0, -1) \tag{7.12}$$

对主应力 σ_1、σ_2 和 σ_3 大小的其他五种代数顺序的组合可得出类似的结果。

在一个如图 7.3（a）所示的主应力（主应变）增量组合空间里，塑性应变增量能用几何图形来阐述。可以看出在 $\sigma_1 > \sigma_2 > \sigma_3$ 的平面 AB 上的任何地方，塑性应变增量的方向都互相平行且垂直于 Tresca 六角棱柱体的 AB 面。对于六角棱柱体的其他平面也能得到类似的关系。

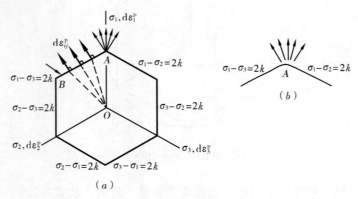

图 7.3　与 Tresca 屈服准则函数相关的流动法则
(a) 塑性应变增量矢量的正则性；(b) 作为光滑面极限的顶点 A

在某些特殊情况下，比如 $\sigma_1 > \sigma_2 = \sigma_3$，情况就更复杂，因为最大剪应力值不仅在平行于 X_2 轴的 45°剪切面上，而且在平行于 X_3 轴的 45°剪切面上与屈服值 k 相等。因此有两种塑性应变增量的可能：

(i) $\sigma_{\max} = \sigma_1$，$\sigma_{\min} = \sigma_3$
$$(d\varepsilon_1^p, d\varepsilon_2^p, d\varepsilon_3^p) = d\lambda_1 (1, 0, -1), \text{对于 } d\lambda_1 \geq 0$$

(ii) $\sigma_{\max} = \sigma_1$，$\sigma_{\min} = \sigma_2$
$$(d\varepsilon_1^p, d\varepsilon_2^p, d\varepsilon_3^p) = d\lambda_2 (1, -1, 0), \text{对于 } d\lambda_2 \geq 0$$

在这种情况下，假定塑性应变增量矢量是前面所给两个增量的线性组合，即

$$(d\varepsilon_1^p, d\varepsilon_2^p, d\varepsilon_3^p) = d\lambda_1(1,0,-1) + d\lambda_2(1,-1,0), \text{对于 } d\lambda_1, d\lambda_2 \geq 0 \quad (7.13)$$

这种假定适合于当前应力状态 σ_{ij} 位于塑性势能面的顶点或奇异点的特殊情况。一般地，塑性应变增量矢量必须位于六边形两相邻边的法线方向之间（图 7.3b）。

一般地，在几个光滑势能面相交的奇异点处，应变增量通常可以表示成，在这点相交的各面的法线方向所确定的增量的线性组合，即

$$d\varepsilon_{ij}^p = \sum_{k=1}^{n} d\lambda_k \frac{\partial g_k}{\partial \sigma_{ij}} \quad (7.14)$$

关于这个问题的更多的知识可以参考 Koiter（1953）的著作。

式（7.13）、式（7.14）表明，在顶点处，塑性应变增量的方向是不确定的，要克服这个难点的一个办法，就是使顶点处光滑而且把 Tresca 势能面看作这个光滑面的极限情况。为此，我们采用 Tresca 函数的另一种形式

$$g = \sqrt{J_2} \sin\left(\theta + \frac{1}{3}\pi\right) - k = 0 \quad (7.15)$$

此处，θ 在 0 与 $\pi/3$ 之间取值。当 $\theta=0$ 或 $\theta=\dfrac{\pi}{3}$ 时，上式简化为

$$\sqrt{J_2}=\dfrac{\sigma_0}{\sqrt{3}} \qquad (7.16)$$

实际上，上式就是 von Mises 准则，而且表明顶点处的塑性应变方向由外接 Tresca 面的 von Mises 面来确定。相反地，塑性势能面的顶点能被看作光滑表面的极限情况，而且对于角点处仍作为光滑面可应用流动法则。如相应于 Tresca 面的光滑面就是 von Mises 面，如图 7.2 和图 7.3（b）中的点 A 所示。

7.4 弹塑性分析的一些简单例题

在下面的两个例子中，我们将详细讨论由弹性－理想弹塑性材料构成的结构特性。一般地，需要借助于数值方法，比如用有限单元法来解决这一类问题。但是有一些简单的问题能用闭合的形式解决而并不麻烦。对这些问题的求解过程的讨论将有助于我们理解结构的基本特征和结构的弹塑性分析的概念，这将在后面讲述。随后还要讲述理想塑性体和加工强化固体的本构关系的发展。

【例 7.1】一个封闭的薄壁长圆筒受内压力 p 作用，如图 7.4（a）所示，半径为 R，壁厚为 t。假设它是理想弹塑性材料，遵守关联流动法则其单轴屈服应力为 σ_0。考虑两种形式的准则：（1）Tresca 准则；（2）von Mises 准则。

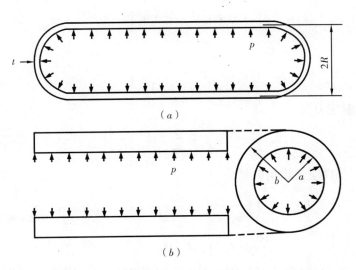

图 7.4 内压作用下的长圆筒
(a) 端部封闭的薄壁圆筒；(b) 端部开口的厚壁圆筒

(a) 用压力 p 表示屈服准则；
(b) 找到圆筒刚好屈服时的弹性极限压力 $p=p_e$；
(c) 当圆筒刚刚屈服时，确定塑性应变增量的比率。

【解】对这个问题，利用柱面坐标 r、θ、z；r 为从圆筒的轴线开始的径向坐标，θ 为

圆周角坐标，z 为距任一与圆筒轴线垂直的平面的轴向距离。

对于这种轴对称的薄壁圆筒问题（$t \ll R$），假设 $\sigma_r = 0$，仅有的两个非零应力 σ_θ 和 σ_z 均为主应力，这些分量可由如下平衡条件得到。

$$\sigma_\theta = \frac{pR}{t}, \quad \sigma_z = \frac{pR}{2t}$$

(1) Tresca 准则

因为 $\sigma_\theta > \sigma_z > \sigma_r = 0$，所以 Tresca 准则可表示为

$$|\sigma_\theta - \sigma_r| = \sigma_0$$

或

$$f = \sigma_\theta - \sigma_r - \sigma_0 = \frac{pR}{t} - \sigma_0 = 0$$

从中得到初始屈服压力为

$$p_e = \frac{\sigma_0 t}{R}$$

式（7.4）给出了塑性应变增量各分量的比率

$$d\varepsilon_{ij}^p = d\lambda \left(\frac{\partial f}{\partial \sigma_r}, \frac{\partial f}{\partial \sigma_\theta}, \frac{\partial f}{\partial \sigma_z} \right) = d\lambda \ (-1, \ 1, \ 0)$$

(2) von Mises 准则

von Mises 准则可表示成

$$J_2 = \frac{1}{6} \left[(\sigma_\theta - \sigma_z)^2 + \sigma_\theta^2 + \sigma_z^2 \right] = \frac{p^2 R^2}{4t^2} = \frac{\sigma_0^2}{3}$$

或

$$f = \frac{p^2 R^2}{4t^2} - \frac{\sigma_0^2}{3} = 0$$

从中得到初始屈服压力为

$$p_e = \frac{2}{\sqrt{3}} \frac{\sigma_0 t}{R}$$

式（7.4）给出了塑性应变增量矢量为

$$d\varepsilon_{ij}^p = d\lambda \left(\frac{\partial f}{\partial \sigma_r}, \frac{\partial f}{\partial \sigma_\theta}, \frac{\partial f}{\partial \sigma_z} \right) = d\lambda \ (s_r, \ s_\theta, \ s_z)$$

$$= \frac{pR}{2t} d\lambda \ (-1, \ 1, \ 0)$$

【例 7.2】一个开口厚壁圆筒受内压力 p，如图 7.4（b）所示，内半径和外半径分别为 a 和 b。假设材料遵守 Tresca 准则，单轴拉伸强度为 σ_0。

(a) 确定弹性极限内压力 p_e；

(b) 确定 $p > p_e$ 时的筒内应力状态，并且得出弹塑性边界和内压力 p 的关系；

(c) 确定整个圆筒屈服时的极限塑性内压力 p_p；

(d) 对于 $b/a = 3$ 的情况，当弹塑性边界 $r = a$，$r = (a+b)/2$，$r = b$ 时，画出 σ_r 和 σ_θ 对 r 的曲线。

【解】 因为这是一个轴对称问题，所以所有的剪应力和剪应变均为零，另外，由开口的条件可推出 $\sigma_z = 0$。平衡方程和应变-位移关系用下式表示为

$$\frac{d\sigma_r}{dr} - \frac{\sigma_\theta - \sigma_r}{r} = 0$$

$$\varepsilon_r = \frac{du_r}{dr}, \quad \varepsilon_\theta = \frac{u_r}{r} \tag{7.17}$$

这些控制方程要利用下面的边界条件联立求解：

$$\sigma_r|_{r=a} = -p, \quad \sigma_r|_{r=b} = 0 \tag{7.18}$$

(a) **弹性情况**

联立式（7.17）和弹性应力-应变关系可得

$$\sigma_r = \frac{A}{r^2} + B, \quad \sigma_\theta = -\frac{A}{r^2} + B \tag{7.19}$$

其中，A 和 B 为任意常数，由式（7.18）确定如下：

$$\sigma_r = \overline{p}\left(1 - \frac{b^2}{r^2}\right), \quad \sigma_\theta = \overline{p}\left(1 + \frac{b^2}{r^2}\right) \tag{7.20}$$

这里

$$\overline{p} = \frac{a^2 p}{b^2 - a^2}$$

因为 $a \leqslant r \leqslant b$，所以 $\sigma_r \leqslant 0$ 且 $\sigma_\theta > 0$，可以观察到

$$\sigma_\theta > \sigma_z = 0 \geqslant \sigma_r$$

因此，在这种情况下的 Tresca 准则有如下形式：

$$\sigma_\theta - \sigma_r = \sigma_0 \tag{7.21}$$

将式（7.20）代入上式得

$$\overline{p} = \frac{\sigma_0 r^2}{2b^2}$$

由上式，令 $r = a$，就可得

$$p_e = \frac{\sigma_0}{2}\left(1 - \frac{a^2}{b^2}\right)$$

使 $t = b - a$ 且 $R = a$，则

$$p_e = \frac{\sigma_0 t}{R} \frac{\left(1 + \dfrac{t}{2R}\right)}{\left(1 - \dfrac{t}{2R}\right)^2}$$

因为 $t/R \ll 1$，则有

$$p_e = \frac{\sigma_0 t}{R}$$

这与前面所讲的薄壁圆筒有同样的结果。

(b) **弹塑性情况**

对于 $p > p_e$ 的情况，会产生塑性变形。用 $r = c$ 表示弹塑性边界时，对于 $a \leqslant r \leqslant c$，圆筒就处于塑性状态。利用式（7.21）中的屈服条件，则式（7.17a）的平衡方程变为

$$\frac{d\sigma_r}{dr} - \frac{\sigma_0}{r} = 0$$

利用式（7.18 左）中 $r=a$ 的边界条件来解这个微分方程得到

$$\sigma_r^{(1)} = \sigma_0 \ln \frac{r}{a} - p, \quad \sigma_\theta^{(1)} = \sigma_0\left(1 + \ln \frac{r}{a}\right) - p \tag{7.22}$$

其中，上标（1）表示塑性区内的应力分量。

在弹性区，$c \leqslant r \leqslant b$，式（7.19）仍然有效。在弹性区的应力状态必须满足 $r=b$ 时的边界条件，式（7.18b）和 $r=c$ 处的连续条件为

$$\sigma_r^{(1)}\big|_{r=c} = \sigma_r^{(2)}\big|_{r=c}$$

其中，上标（2）表示弹性区内的应力分量。式（7.19）中的两个常数可由如下两个条件确定

$$\sigma_r^{(2)} = D\left(\frac{b^2}{r^2} - 1\right), \quad \sigma_\theta^{(2)} = -D\left(\frac{b^2}{r^2} + 1\right) \tag{7.23}$$

其中

$$D = \frac{c^2}{b^2 - c^2}\left(\sigma_0 \ln \frac{c}{a} - p\right)$$

压力 p 和弹塑性边界 c 的位置应该由 $r=c$ 处的屈服条件确定，即

$$\sigma_\theta^{(2)} - \sigma_r^{(2)} = \sigma_0 \tag{7.24}$$

将式（7.23）代入上式，可得

$$p = \sigma_0 \ln \frac{c}{a} + \frac{\sigma_0}{2}\left(1 - \frac{c^2}{b^2}\right) \tag{7.25}$$

因此，式（7.23）可以改写为

$$\sigma_r^{(2)} = -\frac{\sigma_0 c^2}{2}\left(\frac{1}{r^2} - \frac{1}{b^2}\right), \quad \sigma_\theta^{(2)} = \frac{\sigma_0 c^2}{2}\left(\frac{1}{r^2} + \frac{1}{b^2}\right) \tag{7.26}$$

(c) 塑性极限荷载

在式（7.25）中让 $c \to b$，可得塑性极限荷载

$$p_p = \sigma_0 \ln \frac{b}{a}$$

在这个加载水平，圆筒能无限制地变形。

令 $t = b - a$ 和 $R = a$，上式可变为

$$p_p = \sigma_0 \ln\left(1 + \frac{t}{R}\right)$$

对于 $t/R \ll 1$，Taylor 展开式为

$$p_p = \frac{\sigma_0 t}{R}$$

对于一个薄壁圆筒，p_e 和 p_p 之间没有差别。实际上，上面的结果补充了前面薄壁圆筒得到的 p_e 解。

(d) 应力分布

根据式（7.22）、式（7.25）和式（7.26），可得

(i) $c = a$

$$p = 0.444\sigma_0$$

$$\sigma_r = -\frac{\sigma_0}{2}\left(\frac{a^2}{r^2} - \frac{1}{9}\right), \quad \sigma_\theta = \frac{\sigma_0}{2}\left(\frac{a^2}{r^2} + \frac{1}{9}\right), \quad \left(1 < \frac{r}{a} < 3\right)$$

(ii) $c = (a+b)/2$

$$p = 0.971\sigma_0$$

$$\sigma_r = \sigma_0 \ln\frac{r}{a} - p, \quad \sigma_\theta = \sigma_0\left(1 + \ln\frac{r}{a}\right) - p, \quad \left(1 < \frac{r}{a} \leqslant 2\right)$$

$$\sigma_r = -2\sigma_0\left(\frac{a^2}{r^2} - \frac{1}{9}\right), \quad \sigma_\theta = 2\sigma_0\left(\frac{a^2}{r^2} + \frac{1}{9}\right), \quad \left(2 < \frac{r}{a} < 3\right)$$

(iii) $c = b$

这些结果都表示在图 7.5 中。

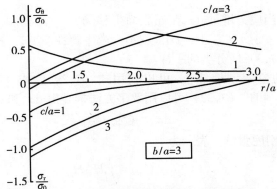

图 7.5 端部开口圆筒在弹塑性膨胀时的应力分布

7.5 理想塑性材料的增量应力-应变关系

理想塑性材料的加载准则要求应力增量矢量 $d\sigma_{ij}$ 相切于屈服面，而流动法则要求塑性应变增量矢量 $d\varepsilon_{ij}^p$ 是在塑性势能面的法线方向。接着确定 $d\varepsilon_{ij}^p$ 的大小，即 $d\lambda$，一旦 $d\lambda$ 确定，就能建立 $d\sigma_{ij}$ 和 $d\varepsilon_{ij}^p$ 之间的关系。本节就着重讲述这个问题。

7.5.1 一般形式

设主应变增量为弹性应变增量与塑性应变增量之和，即

$$d\varepsilon_{ij} = d\varepsilon_{ij}^e + d\varepsilon_{ij}^p \tag{7.27}$$

弹性应力增量与应变增量的关系通过虎克定律确定

$$d\sigma_{ij} = C_{ijkl} d\varepsilon_{kl}^e \tag{7.28}$$

塑性应变从式 (7.4) 中的流动法则可以得到，在式 (7.28) 中，C_{ijkl} 是弹性刚度张量。那么对理想弹塑性材料来说，应力-应变关系可以表示成

$$d\sigma_{ij} = C_{ijkl}\left(d\varepsilon_{kl} - d\lambda \frac{\partial g}{\partial \sigma_{kl}}\right) \tag{7.29}$$

其中，$d\lambda$ 是一个特定的非负标量。

在塑性变形时，应力点停留在屈服面上，这个补充的条件就叫一致性条件。用数学式

子表示成

$$f(\sigma_{ij})=0, f(\sigma_{ij}+\mathrm{d}\sigma_{ij})=f(\sigma_{ij})+\mathrm{d}f(\sigma_{ij})=0 \tag{7.30}$$

或者用增量的形式可写成

$$\mathrm{d}f=\frac{\partial f}{\partial \sigma_{ij}}\mathrm{d}\sigma_{ij}=0 \tag{7.31}$$

正如式（7.2）中所见，在加载或中性变载时上式是满足的。

把弹性应力-应变关系式（7.29）代入式（7.31）中解出 $\mathrm{d}\lambda$ 为

$$\mathrm{d}\lambda=\frac{1}{H}\frac{\partial f}{\partial \sigma_{ij}}C_{ijkl}\mathrm{d}\varepsilon_{kl} \tag{7.32}$$

其中

$$H=\frac{\partial f}{\partial \sigma_{ij}}C_{ijkl}\frac{\partial g}{\partial \sigma_{kl}} \tag{7.33}$$

这个等式表明，即使当应力增量 $\mathrm{d}\sigma_{ij}$ 在屈服面上移动，$(\partial f/\partial \sigma_{ij})\mathrm{d}\sigma_{ij}=0$，$\mathrm{d}\lambda$ 仍能为零，也就是说，只要 $(\partial f/\partial \sigma_{ij})C_{ijkl}\mathrm{d}\varepsilon_{ij}=0$，就不会产生塑性应变，这是理想塑性材料的中性加载过程，正如式（7.3）所分类的一样。

对于一个给定的应变增量 $\mathrm{d}\varepsilon_{ij}$，可以利用式（7.29）、式（7.32）计算出应力增量 $\mathrm{d}\sigma_{ij}$，联立式（7.29）和式（7.32）可以用数字方法推导出 $\mathrm{d}\sigma_{ij}$ 和 $\mathrm{d}\varepsilon_{ij}$ 之间的明确关系。

$$\mathrm{d}\sigma_{ij}=C_{ijkl}^{\mathrm{ep}}\mathrm{d}\varepsilon_{kl} \tag{7.34}$$

这里，C_{ijkl}^{ep} 是弹塑性刚度张量，表示为

$$C_{ijkl}^{\mathrm{ep}}=C_{ijkl}-\frac{1}{H}H_{ij}^{*}H_{kl} \tag{7.35}$$

其中

$$H_{ij}^{*}=C_{ijmn}\frac{\partial g}{\partial \sigma_{mn}}, \quad H_{kl}=\frac{\partial f}{\partial \sigma_{pq}}C_{pqkl} \tag{7.36}$$

注意到，$\partial f/\partial \sigma_{ij}$ 与 $\mathrm{d}\sigma_{ij}$ 和 $\mathrm{d}\varepsilon_{ij}$ 无关，我们可以从式（7.31）中发现，应力增量 $\mathrm{d}\sigma_{ij}$ 的分量之间存在线性关系，因为最终应力状态必须在屈服面上。利用式（7.34）中应力增量 $\mathrm{d}\sigma_{ij}$ 可由应变增量 $\mathrm{d}\varepsilon_{ij}$ 惟一确定。然而，我们不能惟一地建立逆关系，对于一个给定的应力增量 $\mathrm{d}\sigma_{ij}$，只是在待定因子 $\mathrm{d}\lambda$ 范围内才能定义应变增量 $\mathrm{d}\varepsilon_{ij}$。这一点可以通过图 7.6（a）中所示的单轴材料特性很好地解释。

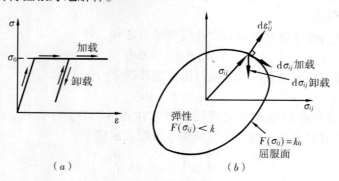

图 7.6 理想弹塑性材料
（a）单轴应力-应变关系；（b）屈服面和加载、卸载准则的几何表示

7.5.2 Prandtl–Reuss 模型（J_2 理论）

在 von Mises 屈服准则和与它关联的流动法则基础上导出的理想弹塑性应力-应变关系，就是大家所熟悉的 Prandtl–Reuss 材料模型。在这种情况下，屈服函数 f 和势能函数 g 定义为

$$f = g = \sqrt{J_2} - k \tag{7.37}$$

其中，k 为常数。这个模型可能是在工程实际中用得最广泛，也许是最简单的理想弹塑性材料的模型。

把式（7.37）代入式（7.35）就可得到 Prandtl–Reuss 模型的完整的应力-应变关系。假设弹性状态是线性的和各向同性的，则有

$$C^{\text{ep}}_{ijkl} = \lambda \delta_{ij}\delta_{kl} + \mu (\delta_{ik}\delta_{jl} + \delta_{il}\delta_{jk}) - \frac{\mu}{k^2} s_{ij} s_{kl} \tag{7.38}$$

其中，λ 和 μ 都是 Lame 常数。

如果我们用矢量的形式表示应力和应变增量，即分别为 $\{\mathrm{d}\sigma\}$ 和 $\{\mathrm{d}\varepsilon\}$，那么就可以用矩阵的形式表示张量 C^{ep}_{ijkl} 为

$$\{\mathrm{d}\sigma\} = [C^{\text{ep}}] \{\mathrm{d}\varepsilon\} \tag{7.39}$$

其中

$$\{\mathrm{d}\sigma\} = \begin{Bmatrix} \mathrm{d}\sigma_x \\ \mathrm{d}\sigma_y \\ \mathrm{d}\sigma_z \\ \mathrm{d}\tau_{xy} \\ \mathrm{d}\tau_{yz} \\ \mathrm{d}\tau_{zx} \end{Bmatrix}, \quad \{\mathrm{d}\varepsilon\} = \begin{Bmatrix} \mathrm{d}\varepsilon_x \\ \mathrm{d}\varepsilon_y \\ \mathrm{d}\varepsilon_z \\ \mathrm{d}\gamma_{xy} \\ \mathrm{d}\gamma_{yz} \\ \mathrm{d}\gamma_{zx} \end{Bmatrix}$$

$$[C^{\text{ep}}] = [C + C^{\text{p}}]$$

$$[C] = \begin{bmatrix} K+\frac{4}{3}G & K-\frac{2}{3}G & K-\frac{2}{3}G & 0 & 0 & 0 \\ & K+\frac{4}{3}G & K-\frac{2}{3}G & 0 & 0 & 0 \\ & & K+\frac{4}{3}G & 0 & 0 & 0 \\ & & & G & 0 & 0 \\ & 对称 & & & G & 0 \\ & & & & & G \end{bmatrix} \tag{7.40}$$

$$[C^{\text{p}}] = -\frac{G}{k^2} \begin{bmatrix} s_x^2 & s_x s_y & s_x s_z & s_x s_{xy} & s_x s_{yz} & s_x s_{zx} \\ & s_y^2 & s_y s_z & s_y s_{xy} & s_y s_{yz} & s_y s_{zx} \\ & & s_z^2 & s_z s_{xy} & s_z s_{yz} & s_z s_{zx} \\ & & & s_{xy}^2 & s_{xy} s_{yz} & s_{xy} s_{zx} \\ & 对称 & & & s_{yz}^2 & s_{yz} s_{zx} \\ & & & & & s_{zx}^2 \end{bmatrix}$$

K 和 G 分别是体积模量和剪切模量。像前面所讨论的一样，应变增量 $d\varepsilon_{ij}$ 不能由应力增量 $d\sigma_{ij}$ 惟一确定。这表明 $[C^{ep}]$ 的逆阵不存在，或者说矩阵 $[C^{ep}]$ 是奇异矩阵。

从式 (7.4) 和式 (7.32)，也可得到

$$d\varepsilon_{ij}^p = \frac{s_{ij}}{2k} d\lambda$$

$$d\lambda = \frac{1}{k} s_{ij} d\varepsilon_{ij} \tag{7.41}$$

这些等式清楚地说明，塑性应变增量 $d\varepsilon_{ij}^p$ 取决于偏应力状态的当前值，而不是达到新的状态所需的应力（应变）增量。

对这种材料可导出

$$dW^p = \sigma_{ij} d\varepsilon_{ij}^p = \sigma_{ij} s_{ij} d\lambda = \frac{J_2}{k} d\lambda \tag{7.42}$$

因此得

$$d\lambda = \frac{dW^p}{K} \tag{7.43}$$

因此，由 $d\lambda$ 确定的塑性应变增量的实际值与在塑性变形功 dW^p 中的实际增量大小有关。把式 (7.41) 代入式 (7.42) 可得

$$dW^p = s_{ij} d\varepsilon_{ij}$$

因此，dW^p 也被看作是由于畸变所产生的塑性功增量，注意到在塑性变形过程中，由于 $de_{ij}^e = ds_{ij}/G$ 和 $dJ_2 = s_{ij} ds_{ij} = 0$，所以 dW^p 也可表示为

$$dW^p = s_{ij} d\varepsilon_{ij}^p$$

【例 7.3】 考察在单轴应变条件下 Prandtl – Reuss 材料的特性。

【解】 在这种条件下，应变增量和应力状态给定如下：

$$d\varepsilon_{ij} = (d\varepsilon_1, 0, 0), \quad de_{ij} = \left(\frac{2}{3} d\varepsilon_1, -\frac{1}{3} d\varepsilon_1, -\frac{1}{3} d\varepsilon_1\right)$$

$$\sigma_{ij} = (\sigma_1, \sigma_2, \sigma_2), \quad s_{ij} = (s_1, s_2, s_2)$$

因此式 (7.37) 变为

$$\frac{1}{\sqrt{3}} |\sigma_1 - \sigma_2| - k = 0 \tag{7.44}$$

在弹性范围内，应力 – 应变增量关系为

$$d\sigma_1 = \left(K + \frac{4}{3} G\right) d\varepsilon_1$$

$$d\sigma_2 = \left(K - \frac{2}{3} G\right) d\varepsilon_1 \tag{7.45}$$

$$dI_1 = 3K d\varepsilon_1$$

从式 (7.44) 和式 (7.45) 可以容易确定初始屈服应力为

$$|\sigma_1| = \frac{\sqrt{3}(3K + 4G)}{6G} k, \quad |\sigma_2| = \frac{\sqrt{3}(3K - 2G)}{6G} k$$

这里有

$$|\varepsilon_1| = \frac{\sqrt{3}}{2G} k$$

当应力状态沿着理想塑性屈服面移动时,施加应变再增大就会既产生弹性应变也会产生塑性应变。从式(7.39)可得

$$d\sigma_1 = \left(K + \frac{4}{3}G\right)d\varepsilon_1 - \frac{G}{k^2}s_1^2 d\varepsilon_1$$

$$d\sigma_2 = \left(K - \frac{2}{3}G\right)d\varepsilon_1 - \frac{G}{k^2}s_1 s_2 d\varepsilon_1$$

可导出

$$dI_1 = 3K\, d\varepsilon_1 \tag{7.46}$$

因此,体积变化 $d\varepsilon_{ii} = d\varepsilon_1$ 是纯弹性的。而且,因为 $S_{ii} = S_1 + 2S_2 = 0$ 和 $k^2 = J_2 = \frac{1}{2}(S_1^2 + 2S_2^2)$,所以可容易地证明

$$ds_1 = d\sigma_1 - \frac{1}{3}dI_1 = \left(\frac{4}{3} - \frac{s_1^2}{k^2}\right)G d\varepsilon_1 = 0$$

$$ds_2 = -\frac{1}{2}ds_1 = 0$$

而得到

$$d\sigma_1 = ds_1 + \frac{1}{3}dI_1 = \frac{1}{3}dI_1$$

$$d\sigma_2 = ds_2 + \frac{1}{3}dI_1 = \frac{1}{3}dI_1 \tag{7.47}$$

因此在单轴应变试验中,初始屈服之后的应力改变纯属静水压力形式。把式(7.46)代入式(7.47)得

$$d\sigma_1 = K\, d\varepsilon_1$$

$$d\sigma_2 = K\, d\varepsilon_1$$

材料的这些性状都表示在图7.7中。

在单轴应力状态下,理想塑性在应力-应变图形中表现为一个平台(图7.6a)。然而就如本例所表示的,在多轴应力状态下,理想塑性材料中的应力分量值可能会变化(图7.7a)。

【例7.4】对以下的两种状态,用杨氏模量 E 和泊松比 ν 显式描述本构关系:

(a) 平面应变;
(b) 平面应力。

【解】(a) 对平面应变情况,三个应变分量 ε_z、γ_{yz} 和 γ_{zx} 都为0,所以通过式(7.39)和弹性常数(见表4.1)之间的关系可以导出简单的形式如下:

$$\begin{Bmatrix} d\sigma_x \\ d\sigma_y \\ d\gamma_{xy} \end{Bmatrix} = \left\{ \frac{E}{(1+\nu)(1-2\nu)} \begin{bmatrix} 1-\nu & \nu & 0 \\ & 1-\nu & 0 \\ 对称 & & \frac{1-2\nu}{2} \end{bmatrix} \right.$$

$$\left. -\frac{1}{k^2}\frac{E}{2(1+\nu)} \begin{bmatrix} s_x^2 & s_x s_y & s_x s_{xy} \\ & s_y^2 & s_y s_{xy} \\ 对称 & & s_{xy}^2 \end{bmatrix} \right\} \begin{Bmatrix} d\varepsilon_x \\ d\varepsilon_y \\ d\gamma_{xy} \end{Bmatrix}$$

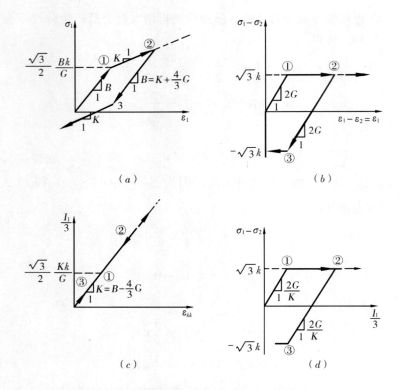

图 7.7 单轴应变条件下的 Prandtl-Reuss 材料的特性
(a) 竖向应力-应变关系；(b) 主应力差与主应变差的关系；
(c) 压力-体应变关系；(d) 主应力差与压力的关系（应力路径）

(b) 对平面应力情况，有 $d\sigma_z = d\tau_{yz} = d\tau_{zx} = 0$，但应变分量 $d\varepsilon_z$ 不为 0，只有剪应变分量 $d\gamma_{yz}$ 和 $d\gamma_{xz}$ 为 0。在 $d\sigma_z = 0$ 的条件下，利用式 (7.39) 中的第三个方程解出 $d\varepsilon_z$，把所得到的 $d\varepsilon_z$ 表达式代入式 (7.39) 中的第一和第二个方程中，就可得到平面应力情况下的弹塑性刚度矩阵，但是这样得到的 $[C^{ep}]$ 的表达式会很复杂。这里采取另一种方法。

对于在平面应力状态下的 Prandtl-Reuss 材料来说，$d\sigma_{ij} = C_{ijkl} d\varepsilon^e_{kl}$ 的关系表示为

$$\begin{Bmatrix} d\sigma_x \\ d\sigma_y \\ d\gamma_{xy} \end{Bmatrix} = \frac{E}{1+\nu^2} \begin{bmatrix} 1 & \nu & 0 \\ & 1 & 0 \\ 对称 & & \frac{1-\nu}{2} \end{bmatrix} \left\{ \begin{Bmatrix} d\varepsilon_x \\ d\varepsilon_y \\ d\gamma_{xy} \end{Bmatrix} - d\lambda \begin{Bmatrix} s_x \\ s_y \\ 2s_{xy} \end{Bmatrix} \right\} \qquad (7.48a)$$

或者

$$\begin{Bmatrix} d\sigma_x \\ d\sigma_y \\ d\gamma_{xy} \end{Bmatrix} = \frac{E}{1-\nu^2} \begin{bmatrix} 1 & \nu & 0 \\ & 1 & 0 \\ 对称 & & \frac{1-\nu}{2} \end{bmatrix} \begin{Bmatrix} d\varepsilon_x \\ d\varepsilon_y \\ d\gamma_{xy} \end{Bmatrix} - d\lambda \begin{Bmatrix} t_x \\ t_y \\ t_{xy} \end{Bmatrix} \qquad (7.48b)$$

其中

$$t_x = \frac{E}{1-\nu^2}(s_x + \nu s_y), \quad t_y = \frac{E}{1-\nu^2}(\nu s_x + s_y), \quad t_{xy} = \frac{E}{1+\nu}s_{xy}$$

式（7.31）的一致性条件要求

$$0 = \frac{\partial f}{\partial \sigma_{ij}} d\sigma_{ij} = s_{ij} d\sigma_{ij} = [s_x, \ s_y, \ 2s_{xy}] \begin{Bmatrix} d\sigma_x \\ d\sigma_y \\ d\gamma_{xy} \end{Bmatrix} \tag{7.49}$$

将式（7.48b）代入式（7.49）得到

$$d\lambda = \frac{1}{s}[t_x, \ t_y, \ t_{xy}] \begin{Bmatrix} d\varepsilon_x \\ d\varepsilon_y \\ d\gamma_{xy} \end{Bmatrix} \tag{7.50}$$

其中

$$s = t_x s_x + t_y s_y + 2 t_{xy} s_{xy}$$

考虑到式（7.48b）和式（7.50）可得

$$\begin{Bmatrix} d\sigma_x \\ d\sigma_y \\ d\gamma_{xy} \end{Bmatrix} = \left\{ \frac{E}{1-\nu^2} \begin{bmatrix} 1 & \nu & 0 \\ & 1 & 0 \\ \text{对称} & & \frac{1-\nu}{2} \end{bmatrix} - \frac{1}{s} \begin{bmatrix} t_x^2 & t_x t_y & t_x t_{xy} \\ & t_y^2 & t_y t_{xy} \\ \text{对称} & & t_{xy}^2 \end{bmatrix} \right\} \begin{Bmatrix} d\varepsilon_x \\ d\varepsilon_y \\ d\gamma_{xy} \end{Bmatrix} \tag{7.51}$$

7.5.3 Drucker－Prager 模型

这里讨论具有关联流动法则的 Drucker－Prager 材料模型。Drucker－Prager 屈服函数 f 采用下面的形式：

$$f = \alpha I_1 + \sqrt{J_2} - k$$

其中，α 和 k 均为正常数。正如第六章所描述的，在主应力面中的屈服 $f = 0$ 面是一个正圆锥，其轴与每一个坐标轴的倾斜相同而且顶点在静水轴上。

对于线性各向同性 $f = g = 2I_1 + \sqrt{J_2} - k$ 的理想弹塑性材料，根据式（7.35）有

$$C_{ijkl}^{\text{ep}} = \left(K - \frac{2G}{3}\right)\delta_{ij}\delta_{kl} + G(\delta_{ik}\delta_{jl} + \delta_{il}\delta_{jk}) - \frac{1}{9k\alpha^2 + G} H_{ij} H_{kl} \tag{7.52}$$

其中

$$H_{ij} = 3K\alpha \delta_{ij} + \frac{G}{\sqrt{J_2}} s_{ij}$$

弹塑性本构矩阵为

$$[C^{\text{ep}}] = \begin{bmatrix} K+\frac{4}{3}G & K-\frac{2}{3}G & K-\frac{2}{3}G & 0 & 0 & 0 \\ & K+\frac{4}{3}G & K-\frac{2}{3}G & 0 & 0 & 0 \\ & & K+\frac{4}{3}G & 0 & 0 & 0 \\ & & & G & 0 & 0 \\ & \text{对称} & & & G & 0 \\ & & & & & G \end{bmatrix}$$

$$-\frac{1}{9K\alpha^2+G}\begin{bmatrix} H_{11}^2 & H_{11}H_{22} & H_{11}H_{33} & H_{11}H_{12} & H_{11}H_{23} & H_{11}H_{31} \\ & H_{22}^2 & H_{22}H_{33} & H_{22}H_{12} & H_{22}H_{23} & H_{22}H_{31} \\ & & H_{33}^2 & H_{33}H_{12} & H_{33}H_{23} & H_{33}H_{31} \\ & & & H_{12}^2 & H_{12}H_{23} & H_{12}H_{31} \\ \text{对称} & & & & H_{23}^2 & H_{23}H_{31} \\ & & & & & H_{31}^2 \end{bmatrix}$$

根据流动法则可得

$$d\varepsilon_{ij}^p = \left(\alpha\delta_{ij} + \frac{s_{ij}}{2\sqrt{J_2}}\right)d\lambda \tag{7.53}$$

这里利用式 (7.32), 可把 $d\lambda$ 表示为

$$d\lambda = \frac{1}{9K\alpha^2+G}\left(3K\alpha d\varepsilon_{kk} + \frac{G}{\sqrt{J_2}}s_{kl}d\varepsilon_{kl}\right) \tag{7.54}$$

由式 (7.53) 导出

$$d\varepsilon_{kk}^p = 3\alpha d\lambda \tag{7.55}$$

因为, α 和 $d\lambda$ 在塑性变形时均为正值, 所以这个等式显示了塑性状态的一个非常重要的特性, 即塑性变形伴随着体积的增大, 这个特性就是剪胀性。它是与静水压力有关的屈服函数的推论。对于一种在静水轴的负方向上屈服面张开和具有关联流动法则的材料来说, 塑性体积膨胀就会在屈服时发生, 这在图 7.8 中说明。

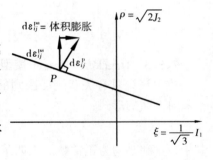

图 7.8 与 Drucker-Prager 屈服面相关的塑性体积膨胀

【例 7.5】 考察前面讨论过的在单轴应变条件下的材料特性。

【解】 在这种条件下, 应变增量和应力状态如下:

$$d\varepsilon_{ij} = (d\varepsilon_1, 0, 0), \quad de_{ij} = \left(\frac{2}{3}d\varepsilon_1, -\frac{1}{3}d\varepsilon_1, -\frac{1}{3}d\varepsilon_1\right)$$

$$\sigma_{ij} = (\sigma_1, \sigma_2, \sigma_2), \quad s_{ij} = (s_1, s_2, s_2)$$

因此屈服准则简化为

$$\alpha(\sigma_1 + 2\sigma_2) + \frac{1}{\sqrt{3}}|\sigma_1 - \sigma_2| - k = 0 \tag{7.56}$$

在弹性范围内, 应力-应变增量关系给定如下:

$$d\sigma_1 = \left(K + \frac{4}{3}G\right)d\varepsilon_1$$

$$d\sigma_2 = \left(K - \frac{2}{3}G\right)d\varepsilon_1 \tag{7.57}$$

$$dI_1 = 3K d\varepsilon_1$$

从式 (7.56) 和式 (7.57) 可以很容易地确定初始屈服应力为

$$|\sigma_1| = \frac{\sqrt{3}(3K+4G)}{6G \pm 9\sqrt{3}K\alpha}k, \quad |\sigma_2| = \frac{\sqrt{3}(3K-2G)}{6G \pm 9\sqrt{3}K\alpha}k \tag{7.58}$$

这里有

$$d\varepsilon_1 = \frac{3\sqrt{3}}{6G \pm 9\sqrt{3}K\alpha}k$$

在上面的等式中，正号对应于单轴拉伸情况，负号对应于单轴压缩的情况。因此，对于达到屈服面的单轴应变-应力路径，α 必须满足下面的条件：

$$0 < \alpha < \frac{2G}{3\sqrt{3}K} \tag{7.59}$$

注意到由于 α 总是正值，所以第一个条件总是满足的。从式（7.58）可以看出，α 在屈服应力上的影响，就是在单轴拉伸试验（上面的正号）中降低屈服时垂直应力 σ_1 的值；在单轴压缩试验（下面的负号）中增加屈服时 σ_1 的值。

超出这个应力状态，材料既有弹性变形也有塑性变形。从式（7.52）中得到弹-塑性关系如下：

$$d\sigma_1 = K + \frac{(1 \pm 2\sqrt{3}\alpha)^2}{1 + 9\alpha^2 K/G} d\varepsilon_1, \quad d\sigma_2 = -K \frac{(6\alpha \mp \sqrt{3})(3\alpha \pm \sqrt{3})}{3(1 + 9\alpha^2 K/G)} d\varepsilon_1$$

其中上面的正号对应于 $d\varepsilon_1 > 0$，而下面的负号对应于 $d\varepsilon_1 < 0$ 的情况。因为 α 是正值，所以在塑性变形时 $\sigma_1 - \varepsilon_1$ 曲线的斜率在 $d\varepsilon_1 > 0$ 时大于 $d\varepsilon_1 < 0$ 时的斜率。图 7.9 中描述了单轴应变-压缩试验中 Prandtl-Reuss 和 Drucker-Prager 材料模型的特性。对于 Prandtl-Reuss 模型（图 7.9a），在应力与 k 成比例情况下，达到屈服条件之前该曲线是弹性的。在塑性区域，斜率就是体积模量 K。卸载也是弹性的，直到达到屈服面的对立面为止，然后又变为塑性，斜率为 K。当压缩应力过程完成时，也就留下一个永久（压）应变。对于

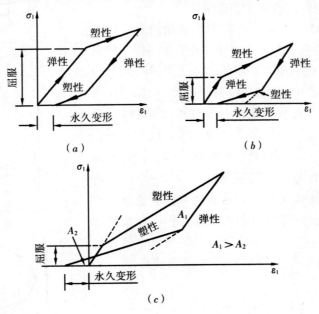

图 7.9 Prandtl-Reuss、Drucker-Prager 模型的单轴应变
(a) Prandtl-Reuss, 弹塑性，k 大；(b) Drucker-Prager, 应力小；
(c) Drucker-Prager, 应力大

加载不远离弹性区域的情况，Drucker – Prager 模型情况是类似的（图 7.9b）。但是若材料加载超过弹性区域之外（图 7.9c），则残余变形是伸长的，这就可以被看做是三维膨胀现象的一维情况。

利用式（7.54）和式（7.55），可得到单轴应变条件下的膨胀或塑性体积应变增量如下：

$$d\varepsilon_{kk}^p = \frac{9K\alpha}{9K\alpha^2 + G}\left(\alpha \pm \frac{2G}{3\sqrt{3}K}\right)d\varepsilon_{11}$$

其中的正号对应于 $d\varepsilon_1 > 0$，而负号对应于 $d\varepsilon_1 < 0$，注意到式（7.59），可以发现塑性体积应变总是在增加。

7.6 关于理想塑性材料的几点评述

在 7.3 节中介绍了流动法则或正交条件。从一个循环中的塑性变形上所做的功总为正的物理要求也可推导出关联流动法则，这就是塑性变形的不可逆条件，这一点也限制了屈服面的形状，更重要的是，这个物理要求使边界值问题有惟一解，本节我们将讨论这个问题。

塑性概念已经应用到非金属工程材料，比如混凝土和土，对于这些材料，相关流动法则常不适用。作为一种扩展，可以采纳非关联流动法则，该法则假设塑性势能函数 g 不同于屈服函数 f，但下面将不讨论建立在非相关联流动法则基础上的塑性理论。

7.6.1 屈服面的外凸性和正交性法则

考虑材料的一个体积单元，在它的屈服面内有一个均布状态的应力 σ_{ij}^*（图 7.10（a））。假设外部作用使一个应力点沿着该面内的路径 ABC 移动直到它到达屈服面上的应力状态 σ_{ij}，这个过程中只有弹性功；假设这个外部作用使屈服面上的应力状态 σ_{ij} 保持很小一段时间，塑性流动必然产生，而且在流动过程中只作塑性功，然后这个外部作用释放了 σ_{ij}，并使应力状态沿着弹性路径 DA 回到 σ_{ij}^*。因为所有的纯弹性变化是完全可逆的并且与从 σ_{ij}^* 到 σ_{ij} 再回到 σ_{ij}^* 的路径 ABCDA 无关，所以所有的弹性能量是恢复了。在这个加载和卸载的循环过程中，外部作用所做的塑性功是应力矢量 $\sigma_{ij} - \sigma_{ij}^*$ 和塑性应变增量矢量 $d\varepsilon_{ij}^p$ 的标量积。由于塑性变形的不可逆特征，这个塑性功必须是正的，即

$$dW^p = (\sigma_{ij} - \sigma_{ij}^*)d\varepsilon_{ij}^p > 0 \quad (7.60)$$

下面将给出上式的几何解释。如果把塑性应变坐标叠加到应力坐标上，如图 7.10（a）所示，则正的标量积要求应力矢量 $\sigma_{ij} - \sigma_{ij}^*$ 和应变增量矢量 $d\varepsilon_{ij}^p$ 之间为一个锐角。因为

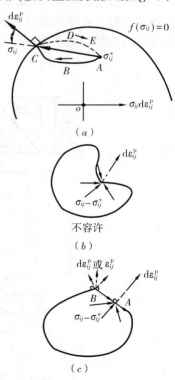

图 7.10 屈服面的外凸性和塑性流动的正交性

所有可能的应力矢量 $\sigma_{ij} - \sigma_{ij}^*$，必须满足式（7.60），这就不可避免地导致下面的结果：

(1) 外凸性：屈服面必须为外凸的。如果不是外凸，而是如图 7.10（b）所示的内凹状，那么部分 $\sigma_{ij} - \sigma_{ij}^*$ 和 $d\varepsilon_{ij}^p$ 形成一个钝角，这点违背了式（7.60），所以曲面一定是外凸的。

(2) 正交性：塑性应变增量矢量 $d\varepsilon_{ij}^p$ 在一个光滑点处必须是屈服面的外法线，在一个尖角处位于相邻法线之间，如图 7.10（c）所示。如果在 A 点表面是外凸的且是光滑的，则 $d\varepsilon_{ij}^p$ 必定与该面正交，否则就总会使 $\sigma_{ij} - \sigma_{ij}^*$ 和 $d\varepsilon_{ij}^p$ 形成一个钝角。如果这个面在 B 点有一个角，那么 $d\varepsilon_{ij}^p$ 的方向就有些随意性，但这个矢量必须在这个角相邻点的法线之间，这样才能满足式（7.60）。

正交性法则直接导致了关联流动，则

$$d\varepsilon_{ij}^p = d\lambda \frac{\partial f}{\partial \sigma_{ij}} \tag{7.61}$$

梯度 $\partial f/\partial \sigma_{ij}$ 是与屈服面正交的矢量。一般，屈服函数 f 采取 $\partial f/\partial \sigma_{ij}$ 向外的形式。因此，为了满足式（7.60），当产生塑性流动时乘子 $d\lambda$ 必须是正值。

从式（7.60）和式（7.61）可得到

$$dW^p = d\lambda (\sigma_{ij} - \sigma_{ij}^*) \frac{\partial f}{\partial \sigma_{ij}} \tag{7.62}$$

因此，乘子 $d\lambda$ 与塑性功增量 dW^p 的大小有关。

7.6.2 解的惟一性

考虑一个处于平衡的物体，现在给它加一个体积力增量 dF_i，在 A_T 上的张力增量 dT_i，A_T 是边界面的一部分，在它上面边界条件可以用外部力（表面张力）以及在 A_u 上的位移增量 dU_i 的形式表示，A_u 为剩下的边界面，其上的边界条件用位移的形式表示。随后会证明在这个问题中的应力增量 $d\sigma_{ij}$ 和应变增量 $d\varepsilon_{ij}$ 的变化是惟一的。

为此，首先假设边值问题允许有两个解：$d\sigma_{ij}^{(a)}$，$d\varepsilon_{ij}^{(a)}$ 和 $d\sigma_{ij}^{(b)}$，$d\varepsilon_{ij}^{(b)}$ 均相应于 A_T 上的 dT_i 和 A_u 上的 dU_i，以及 V 上的 dF_i。因为平衡方程和应变-位移关系都是线性的，它遵循两个应力状态之间的差 $d\sigma_{ij}^{(a)} - d\sigma_{ij}^{(b)}$ 是一个平衡组，应变状态之间的差 $d\varepsilon_{ij}^{(a)} - d\varepsilon_{ij}^{(b)}$ 是一个相容组，相应于 A_T 上的 $dT_i = 0$ 和 A_u 上的 $dU_i = 0$ 以及 V 上的 $dF_i = 0$。利用这两组方程得虚功方程。

$$\int_V (d\sigma_{ij}^{(b)} - d\sigma_{ij}^{(a)})(d\varepsilon_{ij}^{(b)} - d\varepsilon_{ij}^{(a)}) dV = 0 \tag{7.63}$$

现在，我们来考察方程中的被积函数。把应变增量分解为弹性和塑性部分，且利用弹性的应力-应变关系可以得到

$$(d\sigma_{ij}^{(b)} - d\sigma_{ij}^{(a)})(d\varepsilon_{ij}^{(b)} - d\varepsilon_{ij}^{(a)}) = C_{ijkl}(d\varepsilon_{ij}^{e(b)} - d\varepsilon_{ij}^{e(a)})(d\varepsilon_{kl}^{e(b)} - d\varepsilon_{kl}^{e(a)})$$
$$+ (d\sigma_{ij}^{(b)} - d\sigma_{ij}^{(a)})(d\varepsilon_{ij}^{p(b)} - d\varepsilon_{ij}^{p(a)}) \tag{7.64}$$

右边第一项是正定的，如前面第四章所示，采用式（7.5）中的关联流动法则和式（7.31）中的一致性条件可以证明第二项为零，因此有

$$(d\sigma_{ij}^{(b)} - d\sigma_{ij}^{(a)})(d\varepsilon_{ij}^{(b)} - d\varepsilon_{ij}^{(a)}) = C_{ijkl}(d\varepsilon_{ij}^{e(b)} - d\varepsilon_{ij}^{e(a)})(d\varepsilon_{kl}^{e(b)} - d\varepsilon_{kl}^{e(a)}) \geqslant 0$$
$$\tag{7.65}$$

因为式（7.63）中的标量积的被积函数必定为零，所以由式（7.65）可导出
$$d\sigma_{ij}^{(a)} = d\sigma_{ij}^{(b)} \quad \text{或} \quad d\varepsilon_{ij}^{(a)} = d\varepsilon_{ij}^{(b)}$$
因为从一个给定的应变增量 $d\varepsilon_{ij}$，可惟一地确定应力增量 $d\sigma_{ij}$，所以从式（7.34）中有 $d\varepsilon_{ij}^{(a)} = d\varepsilon_{ij}^{(b)}$ 和 $d\sigma_{ij}^{(a)} = d\sigma_{ij}^{(b)}$。因此，一个理想弹塑性材料的边值问题满足解的惟一性。

7.7 强化法则

在加载过程中，屈服面不断改变它的形状以使应力点总是位于它上面，然而，有无数个屈服面的演化形式可以满足这个条件，因而不是一个简单地确定加载面如何发展的问题，实际上，这是一个塑性加工强化理论中的主要问题之一，这个控制加载面发展的规则被称为强化法则。在前面的塑性分析中提出了几个这样的法则，在初期屈服之后材料响应会很不相同，这取决于所使用的特定的强化法则。本节我们将详细讨论三个简单强化法则。

7.7.1 各向同性强化

这个法则建立在以下假设的基础上，假设加载过程中的屈服面均匀膨胀，没有畸变和移动，如图 7.11 所示。因此屈服面的数学表达式可以写为如下形式：
$$f(\sigma_{ij}, \kappa) = f_0(\sigma_{ij}) - k(\kappa) = 0 \quad (7.66)$$
其中，$k(\kappa)$ 是一个强化函数或增函数，用来确定屈服面的大小，κ 是一个强化参数，它的值表示了材料的塑性加载历史。

例如，对于 von Mises 材料，$f_0(\sigma_{ij})$ 可以作为 J_2，那么可以把屈服面表示为
$$f(\sigma_{ij}, k) = J_2 - k(\kappa) = 0 \quad (7.67)$$

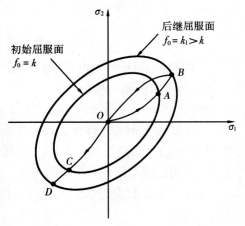

图 7.11 各向同性强化材料的后继屈服面

【例 7.6】利用具有初始单轴屈服应力 $\sigma_0(>0)$ 的 von Mises 模型，随后的加载试验过程为
$$(\sigma, \tau) = (0, 0) \rightarrow (2\sigma_0, 0) \rightarrow (0, 2\sigma_0) \rightarrow (2\sigma_0, 2\sigma_0)$$

假设这种材料的性质遵守各向同性强化法则，画出初始屈服面和在加载路径结束时在 $\sigma-\tau$ 空间中的后继屈服面。注意在每一个加载步骤中均为比例加载。

【解】初始屈服面：
$$f = \frac{1}{3}\sigma^2 + \tau^2 - \frac{1}{3}\sigma_0^2 = 0 \quad (7.68)$$

后继屈服面：
$$f = \frac{1}{3}\sigma^2 + \tau^2 - \frac{4}{3}\sigma_0^2 = 0 \quad \text{在} \ (2\sigma_0, 0)$$

$$f = \frac{1}{3}\sigma^2 + \tau^2 - 4\sigma_0^2 = 0 \quad \text{在} \ (0, 2\sigma_0)$$

$$f = \frac{1}{3}\sigma^2 + \tau^2 - \frac{16}{3}\sigma_0^2 = 0 \quad 在\ (2\sigma_0,\ 2\sigma_0)$$

这些面表示在图 7.12 中。

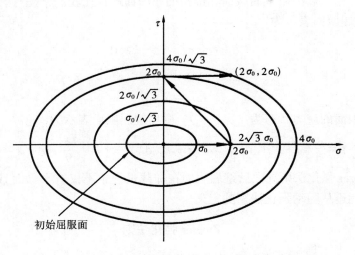

图 7.12 在三个加载路径末的后继屈服面

7.7.2 随动强化

随动强化法则假设在塑性变形过程中，加载面在应力空间作刚体移动而没有转动，因此初始屈服面的大小、形状和方向仍然保持不变。归功于 Prager，这个强化法则提供了一个考虑 Bauschinger 效应的简单方法，并用图 7.13 说明。

一个随动强化材料的屈服面一般表示为

$$f(\sigma_{ij}, \alpha_{ij}) = f_0(\sigma_{ij} - \alpha_{ij}) - k = 0 \tag{7.69}$$

其中，k 是一个常数，α_{ij} 被称为反应力，它给出加载面中心的坐标。反应力在塑性加载过程中是变化的，以便说明强化响应，连同随动强化法则，经常为了方便起见而用折减应力 $\overline{\sigma}_{ij} = \sigma_{ij} - \alpha_{ij}$。

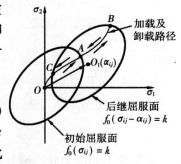

图 7.13 随动强化材料的后继屈服面

Prager 强化法则

随动强化法则的关键就是确定反应力 α_{ij}。最简单的方法就是假设 $d\alpha_{ij}$ 与 $d\varepsilon_{ij}^p$ 线性相关，这就是所谓 Prager 强化法则，其简单形式（Prager，1995，1956）为

$$d\alpha_{ij} = c\,d\varepsilon_{ij}^p \tag{7.70}$$

这里，c 为材料常数，说明一个给定材料的性质，也可能是状态变量的函数，如 κ 的函数。

如 7.3 节中所讨论的，如果使用相关流动法则，$d\varepsilon_{ij}^p$ 平行于应力空间中屈服面上的当前应力点的法线矢量。在这种情况下，Prager 强化法则等于假设矢量 $d\alpha_{ij}$ 是屈服面的法线，当 Prager 强化法则用在应力子空间时就会产生一些矛盾，这一点可在下面的例题中看出。

【例7.7】对于遵守相关流动法则和Prager强化法则的von Mises材料，在$\sigma-\tau$空间把塑性变形刚开始之后的后继屈服面和最初的屈服面进行比较。

【解】初始屈服面表示为
$$f = \frac{1}{3}\sigma^2 + \tau^2 - k = 0$$

根据式（7.70）可得
$$d\alpha_{ij} = s_{ij}c d\lambda$$

令刚好达到屈服面的应力状态为(σ_a, τ_a)，则后继屈服面表示为
$$f = \frac{1}{3}\left(\sigma - \frac{2\sigma_a}{3}c d\lambda\right)^2 + (\tau - \tau_a c d\lambda)^2 - \left(k - \frac{2\sigma_a^2}{9}c^2 d\lambda^2\right) = 0$$

结果表明，Prager强化法则导致后继屈服面在加载过程中不仅有平移而且大小也改变，因此这个法则不能遵从随动强化法则的定义。

Ziegler强化法则

为了得到在子空间中也有效的随动强化法则，Ziegler（1959）修改了Prager强化法则，假设以如下形式沿折减应力矢量$\overline{\sigma}_{ij} = \sigma_{ij} - \alpha_{ij}$方向平移。
$$d\alpha_{ij} = d\mu (\sigma_{ij} - \alpha_{ij}) \tag{7.71}$$

其中，$d\mu$是一个正的比例系数，其与所经历的变形历史有关，为简单起见，这个系数可假设有如下的简单形式
$$d\mu = a d\kappa \tag{7.72}$$

其中，a是正的标量，表示给定材料的性质，也可能是状态变量的函数，比如κ的函数。

【例7.8】用Ziegler强化法则代替Prager法则解例7.7中的问题。

【解】初始屈服可表示为
$$f = \frac{1}{3}\sigma^2 + \tau^2 - k = 0$$

令屈服面上的应力状态刚好达到$(\sigma_a - \tau_a)$，采用式（7.71），则后继屈服面表示为
$$f = \frac{1}{3}(\sigma - \sigma_a d\mu)^2 + (\tau - \tau_a d\mu)^2 - k = 0$$

这些结果表明，利用Ziegler强化法则时，屈服面的中心移动了应力点$(\sigma_a d\mu, \tau_a d\mu)$，但初始屈服面的大小、形状和方向均不变。

7.7.3 混合强化

如果把随动强化和各向同性强化结合起来就会得出一个更具一般性的法则，称为混合强化法则（Hodge，1957）：
$$f(\sigma_{ij}, \alpha_{ij}, \kappa) = f_0(\sigma_{ij}, \alpha_{ij}) - k(\kappa) = 0 \tag{7.73}$$

在这种情况下，加载面既有均匀膨胀又有平移，前者用$k(\kappa)$度量，后者用α_{ij}确定（图7.14）。但它仍

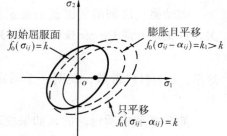

图7.14 混合强化模型的后继屈服面

然保持最初的形状。采用混合强化法则，就可以通过调整 $k(\kappa)$ 和 α_{ij} 两个参数来模拟 Bauschinger 效应的不同程度。

在结合两种强化法则的同时，把塑性应变增量分为两个共线的分量

$$d\varepsilon_{ij}^p = d\varepsilon_{ij}^{pi} + d\varepsilon_{ij}^{pk} \tag{7.74}$$

其中，$d\varepsilon_{ij}^{pi}$ 与屈服面的膨胀有关，$d\varepsilon_{ij}^{pk}$ 与屈服面的平移有关。假设这两个应变分量为

$$d\varepsilon_{ij}^{pi} = M d\varepsilon_{ij}^p, \quad d\varepsilon_{ij}^{pk} = (1-M) d\varepsilon_{ij}^p \tag{7.75}$$

其中，M 为混合强化参数，其大小范围为 $0 \leq M \leq 1$。M 的值就是调节两种强化法则的贡献和模拟 Bauschinger 效应的不同程度。当 $M = 0$ 时恢复为随动强化；而当 $M = 1$ 时，恢复为各向同性强化。

7.8 有效应力和有效塑性应变

在产生塑性变形的过程中可观察到强化反应，强化程度取决于塑性加载的历史。为了描述强化性质，需要：①记录塑性加载的历史；②描述强化与塑性加载历史的关系。对于前者，已经引进了强化或者增长函数 k，而对后者，已经引进了被称为强化参数 κ 的单调增长标量。强化函数 κ 是关于强化参数 κ 的函数，它的函数形式是与材料有关的。

最普通的材料试验是单轴加载的试验，我们经常通过这类试验来识别在一般加载条件下描述强化性质的必要参数。因此，为了方便，我们定义有效应力 σ_e 和有效塑性应变 ε_p，它们是分别折算为单轴应力试验中的应力和塑性应变。强化函数 κ 与有效应力 σ_e 有关，有效塑性应变 ε_p 可能被取为强化参数 κ 本身，σ_e 是 ε_p 的函数，函数的具体形式是决定于单轴试验数据。

7.8.1 有效应力

对于一个各向同性强化材料，屈服函数的展开式用式 (7.66) 表示，换言之，此式与强化特性相关，因此很自然地利用 $f_0(\sigma_{ij})$ 以如下形式来定义有效塑性应力 σ_e，即

$$f_0(\sigma_{ij}) = A\sigma_e^n$$

其中，A 和 n 由 σ_e 折算为单轴试验中应力 σ_1 的条件来确定。

比如，对于 von Mises 材料，可以假设 $f_0(\sigma_{ij}) = J_2$，则有

$$J_2 = A\sigma_e^n$$

对于在 X_1 方向的单轴加载试验，σ_e 等于 σ_1，而其他应力分量都为零，从这个条件可得 $A = 1/3$ 和 $n = 2$，因此

$$\sigma_e = \sqrt{3J_2}$$

因为在塑性变形中，$f_0 - k = 0$，对这种材料的强化函数 k 用 σ_e 表示为

$$k = \frac{1}{3}\sigma_e^2 \tag{7.76}$$

【例 7.9】 求出 Drucker–Prager 材料的 σ_e 的表达式。

【解】 因为 $f_0(\sigma_{ij}) = \alpha I_1 + \sqrt{J_2}$，所以有

$$\alpha I_1 + \sqrt{J_2} = A\sigma_e^n$$

因为 Drucker–Prager 模型经常用于地质材料比如土，塑性变形一般都与压缩加载有

关。因此，要确定 A 和 n 两个常数，就要使 σ_e 折算成单轴压缩试验的应力。那么有

$$A = \alpha - \frac{1}{\sqrt{3}}, \quad n = 1$$

从这里得到

$$\sigma_e = \frac{\sqrt{3}\,(\alpha I_1 + \sqrt{J_2})}{\sqrt{3}\alpha - 1}, \quad k = \left(\alpha - \frac{1}{\sqrt{3}}\right)\sigma_e \tag{7.77}$$

在随动强化和混合强化准则中，我们不仅要涉及应力张量 σ_{ij} 也要涉及折算应力张量 $\bar{\sigma}_{ij}$。因此折减有效应力 $\bar{\sigma}_e$ 也是必需的，且定义为

$$f_0(\bar{\sigma}_{ij}) = A\,(\bar{\sigma}_e)^n$$

其中，A 和 n 两个常数简单取为关于 σ_e 时一样的那些值，例如，对于 von Mises 材料有 $A = 1/3$，$n = 2$。注意到折减有效应力与屈服面的膨胀有关。

7.8.2 有效塑性应变

为记录（变形）历史提出两个假设：一个是假设强化依赖于塑性功 W^p，即屈服的抗力取决于在材料上所做的总塑性功 W^p，这被称为加工强化假设；另一个假设称作应变强化假设，假设强化与总的塑性变形有关，同时塑性变形经常被表示为所谓的有效塑性应变 ε_p。符合这两个假设的材料被分别称为加工强化材料和应变强化材料。W^p 和 ε_p 这两个参数均可称为强化参数，通常由 κ 来表示。

从实用的观点来看，用 ε_p 比 W^p 更容易，因此在弹塑性分析中，ε_p 比 W^p 用得更多。下面给予简单说明。

有效塑性应变 ε_p 用塑性应变增量的简单组合来确定，ε_p 的值总是正的和增大的。最简单的形式是

$$d\varepsilon_p = C\sqrt{d\varepsilon_{ij}^p d\varepsilon_{ij}^p} \tag{7.78}$$

其中，正常数 C 将由 $d\varepsilon_p$ 折算为在 X_1 方向单轴加载试验的 $d\varepsilon_{11}^p$ 的绝对值的条件来确定。

利用流动法则，得到

$$d\varepsilon_{11}^p = \frac{\partial g}{\partial \sigma_{11}} d\lambda, \quad d\varepsilon_p = C\sqrt{\frac{\partial g}{\partial \sigma_{ij}}\frac{\partial g}{\partial \sigma_{ij}}} d\lambda \tag{7.79}$$

在轴向加载条件下，按定义 $d\varepsilon_p$ 等于 $d\varepsilon_{11}^p$，因此从式（7.79）中可得

$$C = \frac{\dfrac{\partial g}{\partial \sigma_{11}}}{\sqrt{\dfrac{\partial g}{\partial \sigma_{ij}}\dfrac{\partial g}{\partial \sigma_{ij}}}} \tag{7.80}$$

这里各项都应取轴向加载条件下的值。

【例 7.10】 采用关联流动法则求出 von Mises 和 Drucker–Prager 模型的 ε_p 的表达式。

【解】 考虑 X_1 方向的单轴加载试验，这里 σ_{11} 是惟一一个非零应力分量。von Mises 模型：$f = g = J_2 - k$

由式（7.80）导出

$$C = \frac{s_{11}}{\sqrt{2J_2}}$$

对于单轴试验有

$$C = \sqrt{\frac{2}{3}} \tag{7.81}$$

Drucker-Prager 模型：$f = g = \alpha I_1 - \sqrt{(J_2)} - k$

类似地，从式（7.80）有

$$C = \frac{|(\alpha - 1/\sqrt{3})\sigma_{11}|}{\sqrt{(3\alpha^2 + 1/2)\sigma_{11}^2}}$$

对于单轴压缩试验，有

$$C = \frac{|\alpha - 1/\sqrt{3}|}{\sqrt{3\alpha^2 + 1/2}} \tag{7.82}$$

注意到上式在 $\alpha = 0$ 时就退化为式（7.81）。

在混合强化法则中，如式（7.74）所述，我们把塑性应变总的增量分解为两部分，$d\varepsilon_{ij}^{pi}$ 和 $d\varepsilon_{ij}^{pk}$。塑性应变增量的各向同性部分 $d\varepsilon_{ij}^{pi}$ 与屈服面膨胀有关，用它来定义折算有效塑性应变 $d\overline{\varepsilon}_p$ 为

$$d\overline{\varepsilon}_p = C\sqrt{d\varepsilon_{ij}^{pi} d\varepsilon_{ij}^{pi}}$$

将式（7.75 左）代入上式得

$$d\overline{\varepsilon}_p = M d\varepsilon_p \tag{7.83}$$

对这种形式的材料，强化函数 k 是关于折减的有效塑性应变 $d\overline{\varepsilon}_p$ 的函数。

同样地，塑性应变增量的随动部分 $d\varepsilon_{ij}^{pk}$ 与屈服面的平移有关，被用来定义随动强化法则。因此，考虑到式（7.75 右）和（7.83），可以把式（7.70）和式（7.71）重新表示为

对 Prager 法则

$$d\alpha_{ij} = c\, d\varepsilon_{ij}^{pk} = c(1-M)\, d\varepsilon_{ij}^{p} \tag{7.84}$$

对 Ziegler 法则

$$d\alpha_{ij} = a(\sigma_{ij} - \alpha_{ij})(d\varepsilon_p - d\overline{\varepsilon}_p) = a(1-M)(\sigma_{ij} - \alpha_{ij})d\varepsilon_p \tag{7.85}$$

7.8.3 有效应力-有效塑性应变关系

有效应力-有效应变关系表示了弹塑性材料强化过程的特性，现在用单轴应力试验来标定，它的一般形式为

$$\sigma_e = \sigma_e(\varepsilon_p) \tag{7.86}$$

微分法给出增量关系

$$d\sigma_e = H_p d\varepsilon_p \tag{7.87}$$

其中，$H_p = d\sigma_e / d\varepsilon_p$ 称为塑性模量。对各向同性强化材料，H_p 表示屈服面的膨胀率。

对于混合强化材料，σ_e 的变化归因于屈服面的膨胀和平移。假设屈服面的膨胀由折减的有效应力-应变关系来决定

$$\overline{\sigma}_e = \overline{\sigma}_e(\overline{\varepsilon}_p) \tag{7.88}$$

对上面的方程进行微分可得到屈服面的膨胀率

$$d\overline{\sigma}_e = \overline{H}_p d\overline{\varepsilon}_p = M\overline{H}_p d\varepsilon_p \tag{7.89}$$

其中，$\overline{H}_p$ 为与屈服面的膨胀有关的塑性模量。

$\sigma_e(\varepsilon_p)$（或者塑性模量 H_p）的函数形式将由试验数据来确定。对于一个混合强化材料，$\bar{\sigma}_e(\bar{\varepsilon}_p)$（或 $\bar{H}_p$）的函数形式和混合强化参数 M 也需要确定。但是，这里应该注意到 $\bar{\sigma}_e(\bar{\varepsilon}_p)$ 和 M 并不是相互独立的，如果 M 给定，就能根据 $\sigma_e(\varepsilon_p)$ 来建立函数 $\bar{\sigma}_e(\bar{\varepsilon}_p)$。

为了证明这一点，首先令

$$d\bar{\sigma}_e = d\sigma_e - B(1-M)d\varepsilon_p \tag{7.90}$$

其中，系数 B 取决于随动强化法则和塑性势能函数的类型。对于某些材料 B 的特殊形式将在例 7.11 中讨论。由此式和式 (7.87)、式 (7.89) 容易导出

$$H_p = M(\bar{H}_p - B) + B \tag{7.91}$$

塑性模量 H_p 能够由单调加载的试验结果确定。但是，只是进行单调加载试验的话，控制在反向加载试验中观察的 Bauschinger 效应程度的混合强化参数 M 则是不确定或者说是任意的，因此 M 的值不应该影响 H_p 的值。那么式 (7.91) 要求

$$B = H_p, \quad H_p = \bar{H}_p \tag{7.92}$$

利用式 (7.87) 和式 (7.89)，可以把 σ_e 和 $\bar{\sigma}_e$ 表示为

$$\sigma_e = \sigma_0 + \int_0^{\varepsilon_p} H_p d\varepsilon_p, \quad \bar{\sigma}_e = \sigma_0 + \int_0^{\bar{\varepsilon}_p} \bar{H}_p d\bar{\varepsilon}_p \tag{7.93}$$

其中，σ_0 是在单轴加载试验中的屈服应力。根据式 (7.83) 式 (7.92 右)，可以把式 (7.93 右) 重新表示为

$$\bar{\sigma}_e = \sigma_0 + M\int_0^{\varepsilon_p} H_p d\varepsilon_p \tag{7.94}$$

考虑到式 (7.93 左) 和式 (7.94)，可得

$$\bar{\sigma}_e = \sigma_0 + M(\sigma_e - \sigma_0) \tag{7.95}$$

此式显然表明，$\bar{\sigma}_e$ 和 M 并不互相独立。一旦 $\sigma_e(\varepsilon_p)$ 的函数形式和混合强化参数 M 由单轴试验数据确定了，$\bar{\sigma}_e$ 也就能通过式 (7.95) 得到。

【例 7.11】 采取 von Mises 材料和关联流动法则，对于 Prager 强化法则和 Ziegler 强化法则，找出式 (7.90) 中系数 B 的表达式。

【解】 对这种材料有

$$f = g = \bar{J}_2 - k(\bar{\varepsilon}_p), \quad (\bar{\sigma}_e)^2 = 3\bar{J}_2 \tag{7.96}$$

其中，$\bar{J}_2 = \bar{S}_{ij}\bar{S}_{ij}/2 = S_{ij}S_{ij}/2$ 和 $\bar{S}_{ij} = \bar{\sigma}_{ij} - \delta_{ij}\bar{\sigma}_{kk}/3$。

Prager 法则：

从式 (7.84) 和式 (7.96 右) 可得

$$d\alpha_{ij} = c(1-M)\frac{\partial g}{\partial \sigma_{ij}}d\lambda = c(1-M)\bar{s}_{ij}d\lambda$$

因此，在 X_1 方向的单轴拉力作用下，有

$$\alpha_{22} = \alpha_{33} = -\frac{\alpha_{11}}{2}, \quad \alpha_{12} = \alpha_{23} = \alpha_{31} = 0$$

则式 (7.96 右) 导出

$$(\bar{\sigma}_e)^2 = (\sigma_{11} - \frac{3}{2}\alpha_{11})^2$$

从此式可得

$$d\bar{\sigma}_e = d\sigma_{11} - \frac{3}{2} d\alpha_{11}$$

采用式（7.84）并注意到在单轴拉力作用下 $d\sigma_{11} = d\sigma_e$ 和 $d\varepsilon_{11}^p = d\varepsilon_p$，最后得到

$$d\bar{\sigma}_e = d\sigma_e - B(1-M)d\varepsilon_p$$

其中

$$B = \frac{3}{2}c$$

这个结果和式（7.92）中表示 Prager 法则的材料参数 c 和 H_p 有如下关系：

$$c = \frac{2}{3}H_p \tag{7.97}$$

Ziegler 法则：

在单轴拉力作用下，可由式（7.96）导出

$$(\bar{\sigma}_e)^2 = (\sigma_{11} - \alpha_{11})^2$$

因此，结合式（7.85）可得

$$d\bar{\sigma}_e = d\sigma_{11} - a(1-M)\bar{\sigma}_{11}d\varepsilon_p$$

因为在单轴拉力作用下，$d\sigma_{11} = d\sigma_e$ 和 $\bar{\sigma}_{11} = \bar{\sigma}_e$，所以有

$$d\bar{\sigma}_e = d\sigma_e - B(1-M)d\varepsilon_p$$

其中

$$B = a\bar{\sigma}_e$$

由这个结果和式（7.92）给出

$$a = \frac{H_p}{\bar{\sigma}_e} \tag{7.98}$$

这个推导结果表明，Ziegler 法则的 B 对任何形式的屈服函数都适合。

【例 7.12】对于一个处于简单拉伸状态下的材料，其应力-应变曲线为

$$\varepsilon = \frac{\sigma}{E} \qquad 对于 \sigma \leq \sigma_0$$

$$\varepsilon = \frac{\sigma}{E} + \frac{(\sigma - \sigma_0)^2}{A^2} \qquad 对于 \sigma > \sigma_0 \tag{7.99}$$

画出这种材料的 $\sigma_e - \varepsilon_p$、$\bar{\sigma}_e - \varepsilon_p$ 和 $\bar{\sigma}_e - \bar{\varepsilon}_p$ 关系图。

【解】根据式（7.99）有

$$\varepsilon_p = \frac{(\sigma_e - \sigma_0)^2}{A^2} \tag{7.100}$$

利用式（7.95），从式（7.100）中消去 σ_e 得

$$\varepsilon_p = \frac{1}{M^2}\frac{(\bar{\sigma}_e - \sigma_0)^2}{A^2} \tag{7.101}$$

考虑到式（7.83）和式（7.101），可得

$$\bar{\varepsilon}_p = \frac{1}{M}\frac{(\bar{\sigma}_e - \sigma_0)^2}{A^2} \tag{7.102}$$

通过这些式子表示的三个关系见图 7.15。

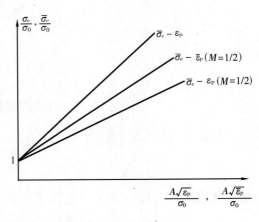

图 7.15 有效应力和有效塑性应变关系

$\bar{\sigma}_e - \sigma_0$ 表示由各向同性强化引进的应力改变,这是由总应力改变 $\sigma_e - \sigma_0$ 的部分引起的。图 7.15 描述了混合强化参数 M 的物理意义,即可归因于各向同性强化的部分,这实际上是式（7.95）所隐含的一个事实。由图中得另一个观察结果,即 $\sigma_e - \varepsilon_p$ 和 $\bar{\sigma}_e - \bar{\varepsilon}_p$ 在形状上是完全一致的,这是式（7.92 右）的自然结果。

7.9 对于加工强化材料的增量应力 - 应变关系

在这一节中,将推导强化材料的增量应力和应变关系。特别地,将讨论两种强化法则:各向同性强化和混合强化。因为前者经常在加载路径变化不大的实际应用中用到。为了方便读者,尽管后者可以把前者当作特殊情况包括进去,但书中还是将两者分开讨论。对于每一个强化法则,将得到两组本构方程:(1) 一个是用应力增量 $d\sigma_{ij}$ 的形式表示应变增量 $d\varepsilon_{ij}$;(2) 另一个是用应变增量 $d\varepsilon_{ij}$ 的形式表示应力增量 $d\sigma_{ij}$。

在 7.5 节中我们已经推导出了理想塑性材料的应力 - 应变增量关系。这里所采取的方法基本上是一样的。我们将利用式（7.4）（流动法则）,式（7.27）（应变分解式）和式（7.28）或式（7.29）（虎克定律）。但一致性条件有点不同于式（7.31）。实际上,对不同的材料它采用的形式不同,因此这里没有给出它的数学表达式,而将它放在后面讨论。另外,和理想塑性材料不同,应变增量 $d\varepsilon_{ij}$ 可以由应力增量 $d\sigma_{ij}$ 惟一确定。因此除式（7.28）之外,还需要虎克定律的如下形式:

$$d\varepsilon_{ij}^e = D_{ijkl} d\sigma_{ij} \tag{7.103}$$

其中,D_{ijkl} 是弹性柔度张量。

7.9.1 各向同性强化

一致性条件要求在塑性变形过程中应力点总是位于屈服面上。因此对于各向同性强化材料,以下两个方程也必须满足:

$$f(\sigma_{ij}, \varepsilon_p) = 0, \quad f(\sigma_{ij} - d\sigma_{ij}, \varepsilon_p + d\varepsilon_p) = 0 \tag{7.104}$$

利用式（7.66）、式（7.79 右）和式（7.87）,得到应力增量形式的表达式:

$$\frac{\partial f}{\partial \sigma_{ij}} d\sigma_{ij} - h\, d\lambda = 0 \tag{7.105}$$

其中

$$h = \frac{dk}{d\sigma_e} H_p C \sqrt{\frac{\partial g}{\partial \sigma_{ij}} \frac{\partial g}{\partial \sigma_{ij}}} \tag{7.106}$$

以应力增量表示的应变增量

根据式（7.105）有

$$d\lambda = \frac{1}{h} \frac{\partial f}{\partial \sigma_{ij}} d\sigma_{ij} \tag{7.107}$$

把上式代入式（7.4）和式（7.79 右）则导出

$$d\varepsilon_{ij}^p = \frac{1}{h} \frac{\partial f}{\partial \sigma_{kl}} d\sigma_{kl} \frac{\partial g}{\partial \sigma_{ij}}, \quad d\varepsilon_p = \frac{C}{h} \sqrt{\frac{\partial g}{\partial \sigma_{ij}} \frac{\partial g}{\partial \sigma_{ij}}} \frac{\partial f}{\partial \sigma_{kl}} d\sigma_{kl} \tag{7.108}$$

考虑到式 (7.27)、式 (7.103) 和式 (7.108 左)，得到应变增量的表达式

$$d\varepsilon_{ij} = D_{ijkl}d\sigma_{kl} + \frac{1}{h}\frac{\partial f}{\partial \sigma_{kl}}d\sigma_{kl}\frac{\partial g}{\partial \sigma_{ij}} \tag{7.109}$$

或

$$d\varepsilon_{ij} = D_{ijkl}^{ep}d\sigma_{kl} \tag{7.110}$$

其中，D_{ijkl}^{ep}是弹塑性柔度张量，表示为

$$D_{ijkl}^{ep} = D_{ijkl} + \frac{1}{h}\frac{\partial g}{\partial \sigma_{ij}}\frac{\partial f}{\partial \sigma_{kl}} \tag{7.111}$$

利用式 (7.109) 或式 (7.110) 连同式 (7.108 左)，可以根据给定的应力路径计算出应变路径。

【**例 7.13**】一种弹塑性材料受到法向应力 σ_x 和剪应力 τ_{xy} 组合作用。这种材料的弹性反应是各向同性线性的，且 $E=210$GPa 和 $\nu=0.3$，而它的塑性反应属 von Mises 各向同性强化类型，适用关联流动法则。在简单拉伸作用下的应力-应变曲线如下：

$$\varepsilon = \varepsilon^e + \varepsilon^p = \frac{\sigma}{2.1\times 10^5} + \frac{1}{3\times 10^6}\left(\frac{\sigma}{7}\right)^3$$

这里，σ 的单位为 MPa，注意到上式第二项所表示的塑性应变在加载刚开始时就产生了。

(a) 以 σ_x、τ_{xy}、$d\sigma_x$ 和 $d\tau_{xy}$ 的分量形式用显式组合形式写出增量的应力-塑性应变关系。

(b) 找出应变的弹性和塑性分量和图 7.16 所示的每一次加载结束时后继屈服面的表达式。

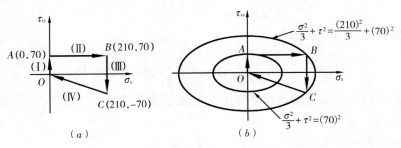

图 7.16 von Mises 各向同性材料承受加载路径 O—A—B—C—D（单位 MPa）

【**解**】(a) 对于这种材料，利用式 (7.76) 有

$$f = g = J_2 - \frac{1}{3}\sigma_e^2$$

这个问题的陈述表明

$$\varepsilon_p = \frac{1}{3\times 10^6}\left(\frac{\sigma_e}{7}\right)^3 \quad \text{或} \quad \sigma_e = 1.01\times 10^3 \varepsilon_p^{\frac{1}{3}}$$

因此有

$$H_p = \frac{d\sigma_e}{d\varepsilon_p} = \frac{343\times 10^6}{\sigma_e^2}$$

由式（7.76）导出

$$\frac{dk}{d\sigma_e} = \frac{2}{3}\sigma_e$$

注意到在塑性变形时，$f = J_2 - \sigma_e^2/3 = 0$。由上式和式（7.81）、式（7.106）可得

$$h = \frac{2\sigma_e}{3}\frac{343 \times 10^6}{\sigma_e^2}\sqrt{\frac{2}{3}}\sqrt{s_{ij}s_{ij}} = 1.524 \times 10^8$$

根据式（7.108）有

$$d\varepsilon_{ij}^p = \frac{1}{1.524 \times 10^8}s_{kl}d\sigma_{kl}s_{ij} = \frac{1}{1.524 \times 10^8}s_{ij}dJ_2$$

在 σ_x 和 τ_{xy} 的应力场中有

$$dJ_2 = \frac{2}{3}\sigma_x d\sigma_x + 2\tau_{xy}d\tau_{xy}$$

偏应力的非零分量为

$$s_x = \frac{2}{3}\sigma_x, \quad s_y = s_z = -\frac{1}{3}\sigma_x, \quad s_{xy} = \tau_{xy}$$

因此，塑性应变增量的非零分量为

$$d\varepsilon_x^p = \frac{1}{3.43 \times 10^8}(\sigma_x^2 d\sigma_x + 3\sigma_x\tau_{xy}d\tau_{xy})$$

$$d\varepsilon_y^p = d\varepsilon_z^p = \frac{-1}{6.86 \times 10^8}(\sigma_x^2 d\sigma_x + 3\sigma_x\tau_{xy}d\tau_{xy}) = -\frac{1}{2}\varepsilon_x^p$$

$$d\gamma_{xy}^p = \frac{1}{3.43 \times 10^8}(3\sigma_x\tau_{xy}d\sigma_x + 9\tau_{xy}^2 d\tau_{xy})$$

类似地，根据式（7.108 右）有

$$d\varepsilon_p = \frac{1}{1.32 \times 10^8}\sqrt{\frac{\sigma_x^2}{3} + \tau_{xy}^2}\left(\frac{2}{3}\sigma_x d\sigma_x + 2\tau_{xy}d\tau_{xy}\right)$$

ε_p 值的计算对于确定后继屈服面是必要的，也就是说通过 ε_p 可以得到 σ_e，然后确定后继屈服面的表达式。

(b) 弹性应力－应变关系是惟一的，非零分量为

$$\varepsilon_x^e = \frac{\sigma_x}{E} = \frac{\sigma_x}{2.1 \times 10^5}$$

$$\varepsilon_y^e = \varepsilon_z^e = -\frac{\nu}{E}\sigma_x = -\frac{\sigma_x}{7 \times 10^5}$$

$$\gamma_{xy}^e = \frac{2(1+\nu)}{E}\tau_{xy} = \frac{2.6}{2.1 \times 10^5}\tau_{xy}$$

（i）路径 OA：$(\sigma_x, \tau_{xy}) = (0, 0) \to (0, 70)$

沿着这个路径，有 $\sigma_x = d\sigma_x = 0$，以致所有的法向应变分量在 A 点均为零

$$\gamma_{xy}^e = \frac{2.6}{2.1 \times 10^5} \times 70 = 8.67 \times 10^{-4}$$

$$\gamma_{xy}^p = \frac{9}{3.43 \times 10^8}\int_0^{70}\tau_{xy}^2 d\tau_{xy} = 3.00 \times 10^{-3}$$

$$\varepsilon_{\mathrm{p}} = \frac{2}{1.32 \times 10^8} \int_0^{70} \tau_{xy}^2 \mathrm{d}\tau_{xy} = 1.73 \times 10^{-3}$$

那么，后继屈服面为

$$f = J_2 - \frac{1}{3}[1.01 \times 10^3 \times (1.73 \times 10^{-3})^{\frac{1}{3}}]^2 = J_2 - 4900 = 0$$

在 A 点 (0, 70) 的应力状态应该满足此式。

(ii) 路径 AB：(0, 70) → (210, 70)

沿着这个路径，有 $\mathrm{d}\tau_{xy} = 0$，因此，弹性剪应变没有变化。如图7.16所示，沿着应力路径产生塑性变形。

$$\varepsilon_x^e = \frac{210}{2.1 \times 10^5} = 1.00 \times 10^{-3}$$

$$\varepsilon_y^e = \varepsilon_z^e = -\frac{210}{7 \times 10^5} = -3.00 \times 10^{-4}$$

$$\gamma_{xy}^e = 8.67 \times 10^{-4}$$

$$\varepsilon_x^p = \frac{1}{3.43 \times 10^8} \int_0^{210} \sigma_x^2 \mathrm{d}\sigma_x = 9.00 \times 10^{-3}$$

$$\varepsilon_y^p = \varepsilon_z^p = -\frac{1}{2}\varepsilon_x^p = -4.50 \times 10^{-3}$$

$$\gamma_{xy}^p = 3 \times 10^{-3} + \frac{1}{3.43 \times 10^8} \int_0^{210} 3\sigma_x \tau_{xy} \mathrm{d}\sigma_x = 1.65 \times 10^{-2}$$

$$\varepsilon_{\mathrm{p}} = 1.73 \times 10^{-3} + \frac{2}{1.32 \times 10^8 \times 3} \int_0^{210} \sqrt{\frac{\sigma_x^2}{3} + 70^2}\, \sigma_x \mathrm{d}\sigma_x$$

$$= 1.386 \times 10^{-2}$$

在应力路径末端的屈服面为

$$f = J_2 - \frac{1}{3}[1.01 \times 10^3 \times (1.386 \times 10^{-2})^{\frac{1}{3}}]^2 = J_2 - 19600 = 0$$

容易证明应力点 B (210, 70) 是在这个屈服面上。

(iii) 路径 BC：(210, 70) → (210, -70)

图7.16很明显地表示沿着这个应力路径的变形是纯弹性的。因此，塑性应变分量的值保持不变。除此之外，由于 $\mathrm{d}\sigma_x = 0$，弹性法向应变分量也没有改变。

$$\varepsilon_x^e = 1.00 \times 10^{-3}$$

$$\varepsilon_y^e = \varepsilon_z^e = -3.00 \times 10^{-4}$$

$$\gamma_{xy}^e = \frac{2.6}{2.1 \times 10^5} \times (-70) = -8.67 \times 10^{-3}$$

$$\varepsilon_x^p = 9.00 \times 10^{-3}$$

$$\varepsilon_y^p = \varepsilon_z^p = -4.50 \times 10^{-3}$$

$$\gamma_{xy}^p = 1.65 \times 10^{-2}$$

因为没有塑性变形产生，所以屈服面也未改变。

(iv) 路径 CO：(210, -70) → (0, 0)

这又是一个卸载过程，且没有塑性应变产生。在这个应力路径的末端，材料不受荷载作用。因此，在应力点 O，所有的弹性应变消失，而所有的塑性应变沿着这条路径保持不变。

以应变增量表示的应力增量

考虑到式（7.29）和式（7.105），可得

$$\frac{\partial f}{\partial \sigma_{ij}} C_{ijkl} \left(\mathrm{d}\varepsilon_{kl} - \mathrm{d}\lambda \frac{\partial g}{\partial \sigma_{kl}} \right) - h \, \mathrm{d}\lambda = 0$$

在这里可以把 $\mathrm{d}\lambda$ 和应变增量联系起来，则有

$$\mathrm{d}\lambda = \frac{1}{H} \frac{\partial f}{\partial \sigma_{ij}} C_{ijkl} \mathrm{d}\varepsilon_{kl} \tag{7.112}$$

其中

$$H = h + \frac{\partial f}{\partial \sigma_{ij}} C_{ijkl} \frac{\partial g}{\partial \sigma_{kl}} \tag{7.113}$$

从式（7.4）、式（7.79）和式（7.112）可得到

$$\mathrm{d}\varepsilon_{ij}^{\mathrm{p}} = \frac{1}{H} \frac{\partial f}{\partial \sigma_{pq}} C_{pqrs} \mathrm{d}\varepsilon_{rs} \frac{\partial g}{\partial \sigma_{ij}}, \quad \mathrm{d}\varepsilon_{\mathrm{p}} = \frac{C}{H} \sqrt{\frac{\partial g}{\partial \sigma_{ij}} \frac{\partial g}{\partial \sigma_{ij}}} \frac{\partial f}{\partial \sigma_{pq}} C_{pqrs} \mathrm{d}\varepsilon_{rs} \tag{7.114}$$

把式（7.114 左）代入式（7.29）得到应力-应变增量关系为

$$\mathrm{d}\sigma_{ij} = C_{ijkl} \left(\mathrm{d}\varepsilon_{kl} - \frac{1}{H} \frac{\partial f}{\partial \sigma_{pq}} C_{pqrs} \mathrm{d}\varepsilon_{rs} \frac{\partial g}{\partial \sigma_{kl}} \right) \tag{7.115}$$

或

$$\mathrm{d}\sigma_{ij} = C_{ijkl}^{\mathrm{ep}} \mathrm{d}\varepsilon_{kl} \tag{7.116}$$

在这里，C_{ijkl}^{ep} 是弹塑性刚度张量，表示为

$$C_{ijkl}^{\mathrm{ep}} = C_{ijkl} - \frac{1}{H} H_{ij}^* H_{kl} \tag{7.117}$$

其中

$$H_{ij}^* = C_{ijmn} \frac{\partial g}{\partial \sigma_{mn}}, \quad H_{kl} = \frac{\partial f}{\partial \sigma_{pq}} C_{pqkl} \tag{7.118}$$

利用式（7.115）或式（7.116），连同式（7.114 右），可以对一个给定的应变路径计算应力路径。

【**例 7.14**】对于有 $f = g = J_2 - (\sigma_{\mathrm{e}})^2/3$ 的 von Mises 型材料，求出式（7.114）和式（7.117）的显式形式。假设弹性刚度张量为

$$C_{ijkl} = \frac{\nu E}{(1+\nu)(1-2\nu)} \delta_{ij}\delta_{kl} + \frac{E}{2(1+\nu)} (\delta_{ik}\delta_{jl} + \delta_{il}\delta_{jk})$$

【**解**】

$$\mathrm{d}\varepsilon_{ij}^{\mathrm{p}} = \frac{1}{H} \frac{E}{1+\nu} (s_{rs}\mathrm{d}\varepsilon_{rs}) s_{ij}$$

$$\mathrm{d}\varepsilon_{\mathrm{p}} = \frac{1}{H} \frac{4E}{3(1+\nu)} \sigma_{\mathrm{e}} (s_{rs}\mathrm{d}\varepsilon_{rs})$$

$$C_{ijkl}^{\mathrm{ep}} = \frac{\nu E}{(1+\nu)(1-2\nu)} \delta_{ij}\delta_{kl} + \frac{E}{2(1+\nu)} (\delta_{ik}\delta_{jl} + \delta_{il}\delta_{jk})$$

$$- \frac{1}{H} \frac{E^2}{(1+\nu)^2} s_{ij} s_{kl}$$

其中

$$H = \frac{2}{3}\sigma_e^2 \left(\frac{2}{3} \frac{d\sigma_e}{d\varepsilon_p} + \frac{E}{1+\nu} \right)$$

7.9.2 混合强化

正如前面在 7.7.3 和 7.8.3 节所讨论的，对于混合强化材料的屈服面表示为

$$f(\sigma_{ij}, \alpha_{ij}, \overline{\varepsilon}_p) = f_0(\sigma_{ij}, \alpha_{ij}) - k(\overline{\varepsilon}_p) = 0 \tag{7.119}$$

在塑性变形时，一致性条件要求

$$f(\sigma_{ij}, \alpha_{ij}, \overline{\varepsilon}_p) = 0, \quad f(\sigma_{ij} + d\sigma_{ij}, \alpha_{ij} + d\alpha_{ij}, \overline{\varepsilon}_p + d\overline{\varepsilon}_p) = 0 \tag{7.120}$$

考虑到式（7.79 右）、式（7.89）、式（7.92 右）和式（7.119），并注意到强化函数 k 用折减有效应力 $\overline{\sigma}_e$ 的形式给出，可得到以增量形式表示的一致性条件。

$$\frac{\partial f}{\partial \sigma_{ij}} d\sigma_{ij} + \frac{\partial f}{\partial \alpha_{ij}} d\alpha_{ij} - \frac{dk}{d\overline{\sigma}_e} H_p MC \sqrt{\frac{\partial g}{\partial \sigma_{ij}} \frac{\partial g}{\partial \sigma_{ij}}} d\lambda = 0 \tag{7.121}$$

反应力增量 $d\alpha_{ij}$ 与塑性变形相关。如果用 Prager 强化法则式（7.84），则有

$$d\alpha_{ij} = c(1-M) d\varepsilon_{ij}^p = c(1-M) \frac{\partial g}{\partial \sigma_{ij}} d\lambda \tag{7.122}$$

或者，如果用 Ziegler 强化法则式（7.85），则有

$$d\alpha_{ij} = a(1-M)(\sigma_{ij} - \alpha_{ij}) d\varepsilon_p = a(1-M)(\sigma_{ij} - \alpha_{ij}) C \sqrt{\frac{\partial g}{\partial \sigma_{kl}} \frac{\partial g}{\partial \sigma_{kl}}} d\lambda \tag{7.123}$$

因此，在两者中的任一情况下，可写出

$$d\alpha_{ij} = (1-M) A_{ij} d\lambda \tag{7.124}$$

其中，对 Prager 法则，有

$$A_{ij} = c \frac{\partial g}{\partial \sigma_{ij}} \tag{7.125}$$

对 Ziegler 法则，有

$$A_{ij} = a(\sigma_{ij} - \alpha_{ij}) C \sqrt{\frac{\partial g}{\partial \sigma_{kl}} \frac{\partial g}{\partial \sigma_{kl}}} \tag{7.126}$$

把式（7.124）代入式（7.121）导出

$$\frac{\partial f}{\partial \sigma_{ij}} d\sigma_{ij} - h^m d\lambda = 0 \tag{7.127}$$

其中

$$h^m = -\frac{\partial f}{\partial \alpha_{ij}}(1-M) A_{ij} + \frac{dk}{d\overline{\sigma}_e} H_p MC \sqrt{\frac{\partial g}{\partial \sigma_{ij}} \frac{\partial g}{\partial \sigma_{ij}}} \tag{7.128}$$

以应力增量表示的应变增量

我们可以按前面章节中讲述的各向同性强化情况同样推导得到

$$d\alpha_{ij} = \frac{1}{h^m}(1-M) A_{ij} \frac{\partial f}{\partial \sigma_{kl}} d\sigma_{kl} \tag{7.129}$$

$$d\varepsilon_{ij}^{p} = \frac{1}{h^{m}} \frac{\partial f}{\partial \sigma_{kl}} d\sigma_{kl} \frac{\partial g}{\partial \sigma_{ij}} \tag{7.130}$$

$$d\bar{\varepsilon}_{p} = M \frac{C}{h^{m}} \sqrt{\frac{\partial g}{\partial \sigma_{ij}} \frac{\partial g}{\partial \sigma_{ij}}} \frac{\partial f}{\partial \sigma_{kl}} d\sigma_{kl} \tag{7.131}$$

$$d\varepsilon_{ij} = D_{ijkl}^{ep} d\sigma_{kl} \tag{7.132}$$

$$d\varepsilon_{ij} = D_{ijkl} d\sigma_{kl} + \frac{1}{h^{m}} \frac{\partial f}{\partial \sigma_{kl}} d\sigma_{kl} \frac{\partial g}{\partial \sigma_{ij}} \tag{7.133}$$

其中

$$D_{ijkl}^{ep} = D_{ijkl} + \frac{1}{h^{m}} \frac{\partial g}{\partial \sigma_{ij}} \frac{\partial f}{\partial \sigma_{kl}} \tag{7.134}$$

【例7.15】考虑与例7.13相同的材料，但采用不同的强化法则。这里，不采用各向同性强化，而采用Ziegler的混合强化法则，且 $M=0.8$。

（a）写出 σ_x 和 τ_{xy} 的组合应力状态下材料的增量应力-塑性应变关系；

（b）找出应变的弹性和塑性分量以及如图7.17所示的每一次比例加载路径末端的后继屈服面表达式。

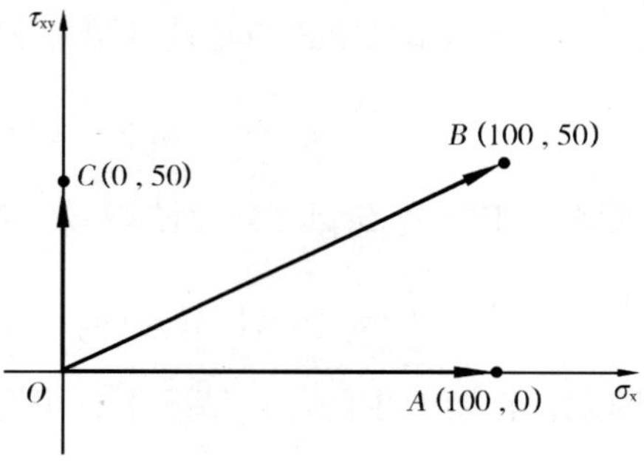

【解】（a）对于这种材料模型，有 $f = g = \bar{J}_2 - (\bar{\sigma}_e)^2/3$，由式（7.81）、式（7.98）和式（7.126）给出

$$A_{ij} = \frac{2}{3} H_p \bar{\sigma}_{ij}$$

因此，由式（7.128）导出

$$h^m = \frac{4}{9} H_p (\bar{\sigma}_e)^2$$

图7.17 von Mises混合强化材料承受的三个比例加载路径

从式（7.129）到式（7.131）中，得到

$$d\alpha_{ij} = \frac{3(1-M)}{2} \frac{\bar{\sigma}_{ij}}{(\bar{\sigma}_e)^2} \bar{s}_{kl} d\sigma_{kl}$$

$$d\varepsilon_{ij}^p = \frac{9}{4H_p (\bar{\sigma}_e)^2} \bar{s}_{ij} \bar{s}_{kl} d\sigma_{kl}$$

$$d\bar{\varepsilon}_p = \frac{3M}{2} \frac{1}{\bar{H}_p \bar{\sigma}_e} \bar{s}_{kl} d\sigma_{kl}$$

利用所给的材料性质，对这种加载条件，可得出

$$d\alpha_{ij} = \frac{0.3\bar{\sigma}_{ij}}{(\bar{\sigma}_x)^2 + 3(\bar{\tau}_{xy})^2} \left(\frac{2}{3} \bar{\sigma}_x d\sigma_x + 2\bar{\tau}_{xy} d\tau_{xy} \right)$$

$$d\varepsilon_{ij}^p = \frac{\bar{s}_{ij}}{1.524 \times 10^8} \frac{(\sigma_x)^2 + 3(\tau_{xy})^2}{(\bar{\sigma}_x)^2 + 3(\bar{\tau}_{xy})^2} \left(\frac{2}{3} \bar{\sigma}_x d\sigma_x + 2\bar{\tau}_{xy} d\tau_{xy} \right)$$

$$d\bar{\varepsilon}_p = \frac{1}{2.858 \times 10^8} \frac{(\sigma_x)^2 + 3(\tau_{xy})^2}{\sqrt{(\bar{\sigma}_x)^2 + 3(\bar{\tau}_{xy})^2}} \left(\frac{2}{3} \bar{\sigma}_x d\sigma_x + 2\bar{\tau}_{xy} d\tau_{xy} \right)$$

注意 $d\alpha_y = d\alpha_z = d\alpha_{yz} = d\alpha_{zx} = d\varepsilon_{yz}^p = d\varepsilon_{zx}^p = 0$ 和 $d\varepsilon_y^p = d\varepsilon_z^p$。

(b) 对于图 7.17 所示的加载路径，通常可以写出
$$(\sigma_x, \tau_{xy}) = (k_1 f, k_2 f)$$

其中，比如对路径 OA，k_1 和 k_2 分别取为 1.0 和 0.0，而 f 从 0 到 100MPa 变化。

对于此时的加载条件有
$$d\alpha_x = k_1 b_1 df, \quad d\alpha_{xy} = k_2 b_1 df$$

$$d\varepsilon_x^p = \frac{k_1 b_2}{2.286 \times 10^8} f^2 df, \quad d\varepsilon_y^p = d\varepsilon_z^p = -\frac{k_1 b_2}{4.573 \times 10^8} f^2 df$$

$$d\gamma_{xy}^p = \frac{k_2 b_2}{7.622 \times 10^7} f^2 df, \quad d\bar{\varepsilon}_p = \frac{b_3}{2.858 \times 10^8} f^2 df$$

这里
$$b_1 = \frac{3 b_2}{10 \ (k_1^2 + 3k_2^2)}, \quad b_2 = \frac{2}{3} k_1^2 + 2k_2^2, \quad b_3 = b_2 \sqrt{k_1^2 + 3k_2^2}$$

给定材料的性质表明
$$\varepsilon_p = \frac{1}{3 \times 10^6} \left(\frac{\sigma_e}{7} \right)^3$$

考虑到式（7.84）和式（7.94），当 $\sigma_0 = 0$ 时，有
$$\bar{\sigma}_e = 870.0 \ (\bar{\varepsilon}_p)^{\frac{1}{3}}$$

因此，屈服函数表示为
$$f = \bar{J}_2 - \frac{1}{3} (\sigma_e)^2 = \bar{J}_2 - 2.523 \times 10^5 \ (\bar{\varepsilon}_p)^{\frac{2}{3}}$$

（i）路径 OA：$(\sigma_x, \tau_{xy}) = (0, 0) \rightarrow (100, 0)$

因为 $k_1 = 0$，$k_2 = 0$，$f = 0 \rightarrow 100$，得到 $b_1 = 0.3$，$b_2 = 2/3$，$b_3 = 2/3$，因此得到
$$\alpha_x = 20, \quad \alpha_{xy} = 0$$
$$\varepsilon_x^p = 9.72 \times 10^{-4}, \quad \varepsilon_y^p = \varepsilon_z^p = -4.86 \times 10^{-4}$$
$$\gamma_{xy}^p = 0, \quad \bar{\varepsilon}_p = 7.78 \times 10^{-4}$$

屈服面变为
$$f = \frac{1}{3} (\sigma_x - 20)^2 + (\tau_{xy})^2 - 2133 = 0$$

A 点的应力状态满足此等式。

（ii）路径 OB：$(0, 0) \rightarrow (100, 50)$

因为 $k_1 = 1$，$k_2 = 0.5$，$f = 0 \rightarrow 100$，得到 $b_1 = 0.2$，$b_2 = 7/6$，$b_3 = 7\sqrt{7}/12$，因此有
$$\alpha_x = 20, \quad \alpha_{xy} = 10$$
$$\varepsilon_x^p = 1.70 \times 10^{-3}, \quad \varepsilon_y^p = \varepsilon_z^p = -8.51 \times 10^{-4}$$
$$\gamma_{xy}^p = 2.55 \times 10^{-3}, \quad \bar{\varepsilon}_p = 1.80 \times 10^{-3}$$

屈服面变为
$$f = \frac{1}{3} (\sigma_x - 20)^2 + (\tau_{xy} - 10)^2 - 3733 = 0$$

B 点的应力状态满足上式。

（iii）路径 OC：$(0, 0) \rightarrow (0, 50)$

因为 $k_1=0$, $k_2=0.5$, $f=0\to 100$, 得到 $b_1=0.2$, $b_2=0.5$, $b_3=\sqrt{3}/4$, 因此有

$$\alpha_x = 0, \quad \alpha_{xy} = 10$$

$$\varepsilon_x^p = \varepsilon_y^p = \varepsilon_z^p = 0$$

$$\gamma_{xy}^p = 1.09 \times 10^{-3}, \quad \bar{\varepsilon}_p = 5.05 \times 10^{-4}$$

屈服面变为

$$f = \frac{1}{3}\sigma_x^2 + (\tau_{xy} - 10)^2 - 1600 = 0$$

C 点的应力状态满足此式。

以应变增量表示的应力增量

推导与各向同性强化材料相同，最终表达式为

$$d\alpha_{ij} = \frac{1}{H^m}(1-M)A_{ij}\frac{\partial f}{\partial \sigma_{pq}}C_{pqrs}d\varepsilon_{rs} \tag{7.135}$$

$$d\varepsilon_{ij}^p = \frac{1}{H^m}\frac{\partial f}{\partial \sigma_{pq}}C_{pqrs}d\varepsilon_{rs}\frac{\partial g}{\partial \sigma_{ij}} \tag{7.136}$$

$$d\bar{\varepsilon}_p = \frac{MC}{H^m}\sqrt{\frac{\partial g}{\partial \sigma_{ij}}\frac{\partial g}{\partial \sigma_{ij}}}\frac{\partial f}{\partial \sigma_{pq}}C_{pqrs}d\varepsilon_{rs} \tag{7.137}$$

其中

$$d\sigma_{ij} = C_{ijkl}^{ep}d\varepsilon_{kl} \tag{7.138}$$

$$H^m = h^m + \frac{\partial f}{\partial \sigma_{ij}}C_{ijkl}\frac{\partial g}{\partial \sigma_{kl}} \tag{7.139}$$

$$C_{ijkl}^{ep} = C_{ijkl} - \frac{1}{H^m}H_{ij}^* H_{kl} \tag{7.140}$$

注意，h^m，H_{ij}^* 和 H_{kl} 由式 (7.128) 和式 (7.118) 给出。

【例 7.16】 对于有 $f = g = \bar{J}_2 - (\bar{\sigma}_e)^2/3$ 和 Ziegler 强化法则的 von Mises 混合强化材料，求出式 (7.135) 到式 (7.137)、式 (7.139) 和式 (7.140) 的显式。假定取弹性刚度张量为

$$C_{ijkl} = \frac{\nu E}{(1+\nu)(1-2\nu)}\delta_{ij}\delta_{kl} + \frac{E}{2(1+\nu)}(\delta_{ik}\delta_{jl} + \delta_{il}\delta_{jk})$$

【解】

$$d\alpha_{ij} = \frac{4G}{3H^m}(1-M)H_p\bar{\sigma}_{ij}(\bar{s}_{rs}d\varepsilon_{rs})$$

$$d\varepsilon_{ij}^p = \frac{1}{H^m}\frac{E}{1+\nu}(\bar{s}_{rs}d\varepsilon_{rs})\bar{s}_{ij}$$

$$d\bar{\varepsilon}_p = \frac{1}{H^m}\frac{2E}{3(1+\nu)}\bar{\sigma}_e(s_{rs}d\varepsilon_{rs})$$

$$C_{ijkl}^{ep} = \frac{\nu E}{(1+\nu)(1-2\nu)}\delta_{ij}\delta_{kl} + \frac{E}{2(1+\nu)}(\delta_{ik}\delta_{jl} + \delta_{il}\delta_{jk})$$

$$-\frac{1}{H^m}\frac{E^2}{(1+\nu)^2}\bar{s}_{ij}\bar{s}_{kl}$$

其中

$$H^{\mathrm{m}} = \frac{2}{3}(\bar{\sigma}_e)^2 \left(\frac{2}{3} H_{\mathrm{p}} + \frac{E}{1+\nu} \right)$$

7.10 关于塑性强化的几点评述

7.10.1 Drucker 稳定性假设

Drucker 稳定性假设已在前面第四章中讨论过，这里我们将讨论一种表现弹塑性的稳定材料。满足下面条件（即称之为 Drucker 稳定性假设）的材料定义为稳定材料：

（1）在施加附加力系的过程中，外力在所产生的位移变化上做正功；

（2）在附加力系施加和卸除的一个完全循环中，外力所做的净功和由此产生位移的变化为非负值。

这里要强调的是，上面所涉及的功只是附加外力系 $\mathrm{d}T_i$ 和 $\mathrm{d}F_i$ 在它所产生的位移"变化" $\mathrm{d}u_i$ 上所做的功，并非总外力在 $\mathrm{d}u_i$ 上所做的功。数学上这两个稳定条件可表示为

$$\int_A (\mathrm{d}T_i \mathrm{d}u_i)\mathrm{d}A + \int_V (\mathrm{d}F_i \mathrm{d}u_i)\mathrm{d}V > 0 \tag{7.141}$$

$$\oint_A (\mathrm{d}T_i \mathrm{d}u_i)\mathrm{d}A + \oint_V (\mathrm{d}F_i \mathrm{d}u_i)\mathrm{d}V \geqslant 0 \tag{7.142}$$

其中，$\oint$ 表示在加上和移去附加外力和附加应力系的一个循环上的积分。

第一个假设，式（7.140）称为小范围稳定，而第二个假设，式（7.141）称为循环稳定。注意到这些稳定条件比热力学定律更严格，而热力学定律只要求存在的总力 F_i 和 T_i 在 $\mathrm{d}u_i$ 上所做的功是非负的。

把增加的 $\mathrm{d}F_i$、$\mathrm{d}T_i$ 和 $\mathrm{d}\sigma_{ij}$ 的平衡方程组和相应相容的 $\mathrm{d}u_i$ 和 $\mathrm{d}\varepsilon_{ij}$ 代入虚功方程，因为 V 是任意体积，所以式（7.141）和式（7.142）中的稳定条件可以简化为下面的不等式。

$$\mathrm{d}\sigma_{ij}\mathrm{d}\varepsilon_{ij} > 0 \qquad \text{小范围稳定} \tag{7.143}$$

$$\oint \mathrm{d}\sigma_{ij}\mathrm{d}\varepsilon_{ij} \geqslant 0 \qquad \text{循环稳定} \tag{7.144}$$

注意到

$$\mathrm{d}\sigma_{ij}\mathrm{d}\varepsilon_{ij} = C_{ijkl}\mathrm{d}\varepsilon_{ij}^{\mathrm{e}}\mathrm{d}\varepsilon_{kl}^{\mathrm{e}} + \mathrm{d}\sigma_{ij}\mathrm{d}\varepsilon_{ij}^{\mathrm{p}} \tag{7.145}$$

因为式子右边第一项是正定的，所以从式（7.143）和式（7.145）导出如下的充分条件

$$\mathrm{d}\sigma_{ij}\mathrm{d}\varepsilon_{ij}^{\mathrm{p}} \geqslant 0 \tag{7.146}$$

当没有塑性变形产生时，上式中用等号。我们可以要求稳定的弹塑性材料满足式（7.146）。

考虑一个材料单元体受均匀状态的应力 σ_{ij}^*，这个应力在屈服面上或面内（图 7.18）。假设一个外力沿着路径 ABC 增加应力，AB 在屈服面内，点 B 刚好在屈服面上。这个应力继续向外移动，引起屈服面扩展直至到达 C 点，然后附去外力，应力状态沿着弹性路径 CDA 回到 σ_{ij}^*。因此，在这个循环过程中外力所做的功为

$$\Delta W = \int_{\mathrm{ABCDA}} (\sigma_{ij} - \sigma_{ij}^*)\,\mathrm{d}\varepsilon_{ij}$$

$$= \int_{\mathrm{ABCDA}} (\sigma_{ij} - \sigma_{ij}^*)\,\mathrm{d}\varepsilon_{ij}^{\mathrm{e}} + \int_{\mathrm{BC}} (\sigma_{ij} - \sigma_{ij}^*)\,\mathrm{d}\varepsilon_{ij}^{\mathrm{p}} \tag{7.147}$$

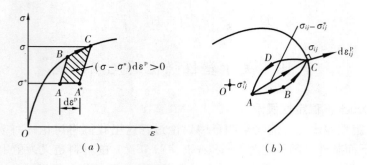

图 7.18 循环稳定
(a) 屈服面内 (A 点) 的应力状态；(b) 由外力产生的应力路径 ABC

因为弹性变形全部可逆，并与从 σ_{ij}^* 到 σ_{ij} 又回到 σ_{ij}^* 的路径无关，所以所有的弹性能都是可恢复的。在加载循环完成之后只有塑性功作为外力所做的净功保留下来，得到

$$\Delta W = \int_{BC} (\sigma_{ij} - \sigma_{ij}^*) \, d\varepsilon_{ij}^p \tag{7.148}$$

式（7.144）表明 $\Delta W \geqslant 0$。考虑到路径 BC 是任意的，我们得到循环稳定条件的数学表达式为

$$(\sigma_{ij} - \sigma_{ij}^*) \, d\varepsilon_{ij}^p \geqslant 0 \tag{7.149}$$

7.10.2 外凸性和正交性

如果把塑性应变坐标与应力坐标叠加起来，如图 7.18 所示，则式（7.149）可以用几何的方式表示为应力增量矢量 $(\sigma_{ij} - \sigma_{ij}^*)$ 和应变增量矢量 $d\varepsilon_{ij}^p$ 的标量积。一个正的标量积表示这两个矢量之间夹角为锐角。所以稳定性假设导出了对于加工强化材料的如下结论（Drucker，1960）：

外凸性：初始屈服面和所有的后继加载面必须是外凸的；

正交性：塑性应变增量矢量 $d\varepsilon_{ij}^p$ 在一个光滑点必须与屈服面或加载面 $f(\sigma_{ij}, \varepsilon_{ij}^p, k) = 0$ 正交：

$$d\varepsilon_{ij}^p = d\lambda \frac{\partial f}{\partial \sigma_{ij}}$$

而且该点在一个拐角处并在相邻法线之间。

对于理想弹塑性材料的外凸性和正交性条件已在 7.6.1 节中讨论了，对于加工强化材料这里也可发现其理论是合理的。

7.10.3 线性和连续性

正如在式（7.109）和式（7.133）中看到的，通过利用正交性条件（关联流动法则）和一致性条件，通常可以把塑性应变增量 $d\varepsilon_{ij}^p$ 和应力增量 $d\sigma_{ij}$ 的关系表示如下：

$$d\varepsilon_{ij}^p = H_{ijkl} \, d\sigma_{kl} \tag{7.150}$$

其中

$$H_{ijkl} = \frac{1}{h^m} \frac{\partial f}{\partial \sigma_{ij}} \frac{\partial f}{\partial \sigma_{kl}} \tag{7.151}$$

注意到 H_{ijkl} 只取决于应力 σ_{ij} 和有效塑性应变 ε_p，因此塑性应变增量与应力增量线性相关，

把式（7.150）代入式（7.146）可得

$$d\sigma_{ij}d\varepsilon_{ij}^p = d\sigma_{ij}H_{ijkl}d\sigma_{kl} > 0$$

因此，对于稳定的弹塑性材料，H_{ijkl} 是一个正定张量。

式（7.1）中的加载准则说明当 $\partial f = (\partial f/\partial \sigma_{ij})d\sigma_{ij} > 0$ 时，产生 $d\varepsilon_{ij}^p$；而当 $\partial f \leq 0$ 时，$d\varepsilon_{ij}^p = 0$。因此，如果 $d\varepsilon_{ij}^p$ 不与 ∂f 成比例，那么，当 $d\sigma_{ij}$ 的方向如图7.19所示变化时，$d\varepsilon_{ij}^p$ 就会是跳跃地或者说是不连续的。但如式（7.150）所示，$d\varepsilon_{ij}^p$ 与 ∂f 是成比例的，因此满足连续条件。

线性条件使弹塑性本构模型对于边值问题的应用成为合理，而连续性是在试验中应遵守的必要条件。

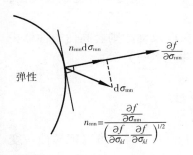

图7.19 应变增量的 $d\varepsilon_{ij}^p$ 大小与应力增量 $d\sigma_{ij}$ 在法线 n_{ij} 上的投影成比例，即 $n_{ij}d\sigma_{ij} = n_{mn}d\sigma_{mn}$

7.10.4 解的惟一性

假设一个物体受表面张拉力 T_i、体积力 F_i、位移 u_i、应力 σ_{ij} 和应变 ε_{ij}。如果让外力产生一个微小变化，则在 A_T 上有 dT_i，在 V 上有 dF_i 和在 A_u 上有位移 du_i 加在物体上，惟一性则要求应力变化量 $d\sigma_{ij}$ 和应变变化量 $d\varepsilon_{ij}$ 由外力和位移的改变量惟一确定。

为了证明惟一性，假设对同一荷载，A_T 上的 dT_i，V 上的 dF_i 和 A_u 上的位移 du_i 有两个解 $d\sigma_{ij}^a$，$d\varepsilon_{ij}^a$ 和 $d\sigma_{ij}^b$，$d\varepsilon_{ij}^b$ 存在，利用虚功方程，有

$$\int_V (d\sigma_{ij}^a - d\sigma_{ij}^b)(d\varepsilon_{ij}^a - d\varepsilon_{ij}^b) dV = 0 \tag{7.152}$$

应变增量分解为弹性和塑性部分，被积函数写为

$$(d\sigma_{ij}^a - d\sigma_{ij}^b)(d\varepsilon_{ij}^{ea} - d\varepsilon_{ij}^{eb}) + (d\sigma_{ij}^a - d\sigma_{ij}^b)(d\varepsilon_{ij}^{pa} - d\varepsilon_{ij}^{pb})$$
$$= (d\sigma_{ij}^a - d\sigma_{ij}^b)D_{ijkl}(d\sigma_{kl}^a - d\sigma_{kl}^b) + (d\sigma_{ij}^a - d\sigma_{ij}^b)H_{ijkl}(d\sigma_{kl}^a - d\sigma_{kl}^b)$$

因为 D_{ijkl} 和 H_{ijkl} 均为正定张量，所以只要 $d\sigma_{ij}^a \neq d\sigma_{ij}^b$，式（7.152）中的被积函数就总是正的，因此要使式（7.152）成立，必须在物体内任一处满足 $d\sigma_{ij}^a = d\sigma_{ij}^b$。而 D_{ijkl} 和 H_{ijkl} 的正定性也保证了 $d\varepsilon_{ij}^a = d\varepsilon_{ij}^b$ 和惟一性的确立。

7.10.5 非关联流动法则

前面已说明关联流动（正交性）法则、屈服面的外凸性、增量应力－应变关系的连续性和边值问题解的惟一性，都是 Drucker 稳定假设的结果，这是塑性理论的基点。

但是，注意到稳定假设是一个充分非必要的准则。换句话说，这个假设在弹塑性材料的任何流动法则的一般公式中并非必要（Morz，1963）。业已证明，对于弹塑性加工强化材料，惟一性允许产生并不满足 Drucker 稳定假设的非关联流动法则。此外，因为对于给定的加载历史，应力和应变的轨迹存在惟一性，这个材料可被看作局部稳定，所以，惟一性的条件而不是稳定条件当作是在建立弹塑性应力－应变关系中的基本准则。根据惟一性，加于塑性势能函数上的一些条件已由 Morz（1963）导出。

非关联流动法则的一般形式由式（7.4）给出，式（7.150）变为

$$d\varepsilon_{ij}^p = H_{ijkl}^* d\sigma_{kl} \tag{7.153}$$

其中

$$H^*_{ijkl} = \frac{1}{h^m} \frac{\partial g}{\partial \sigma_{ij}} \frac{\partial f}{\partial \sigma_{kl}} \tag{7.154}$$

显然，对于遵守非关联流动法则的材料模型，在应力增量中，塑性应变增量也是线性的，而且满足连续性条件。

对于有些地质材料，比如岩石、土和混凝土，已发现，关联流动法则会高估塑性体积膨胀的值，因此，对于这类材料经常采用非关联流动法则来建立本构关系。

7.11 应力引发的各向异性

当塑性势能函数 g 具有最一般的各向同性形式 $g(I_1, J_2, J_3)$ 时，可以把塑性应变增量描述为

$$d\varepsilon^p_{ij} = \left[P(I_1, J_2, J_3) \frac{\partial g}{\partial I_1} + Q(I_1, J_2, J_3) \frac{\partial g}{\partial J_2} + R(I_1, J_2, J_3) \frac{\partial g}{\partial J_3} \right] \partial f \tag{7.155}$$

对 ∂f 成正比表明，当应力沿着当前屈服面或中性变载变化时，塑性应变的任何分量都无变化（连续性条件）。

事实上，这种理论是各向同性的，因为主应力可以相对固定在材料中坐标轴有任意方向。然而，它是各向异性的，因为塑性应变增量的主方向与应力增量主方向不重合。这种各向异性是由应力状态引起的，而不是内部固有的，卸去荷载，材料回到通常意义上的各向同性。类似地，材料中的应力状态旋转也会导致材料出现各向异性。如果写出应力-应变关系的分量，那么，这些特征就能很明确地描述出来。用应力增量显式表示时，它们看起来像高度各向异性增量的广义虎克定律的形式。

$$d\varepsilon_x = G_1 d\sigma_x + G_2 d\sigma_y + G_3 d\sigma_z + G_4 d\tau_{xy} + G_5 d\tau_{yz} + G_6 d\tau_{zx} \tag{7.155}$$

其中这里，G_s 是应力状态的函数且与弹性和塑性性质有关，剪应力增量可以产生伸长或者收缩，类似地，法向应力增量可以产生剪应变。然而，如前所述，各向异性是由存在的应力状态产生且不是内部固有的。

这里的讨论将是针对强化材料的。但是，对理想塑性材料应力引发的各向异性，也是存在的且可以类似地讨论。

7.12 数值计算

因为弹塑性材料的本构关系仅仅以一个增量的形式给出，所以除一些简单的情况之外，不能解析地得到相应于一定的应变（应力）状态的应力（应变）状态，一般地，我们需要借助于数值方法。在本节中，我们将简单地讨论一下从增量关系中来计算应力-应变关系的算法。关于本构关系的有限元应用的更详细的讨论将在第九章进行。

为此，我们将首先以矩阵的形式写出增量的本构关系，然后介绍当应变给定时计算应力的几个方法。这里描述的步骤十分通用，但是为了简单明了，这里假设具有各向同性强化性质，而且具有光滑屈服面和势能面。

7.12.1 概述

以矩阵的形式，应力增量 $\{d\sigma\}$ 可以用弹性应变增量 $\{d\varepsilon^e\}$ 或者总应变增量 $\{d\varepsilon\}$

的形式表示为

$$\{d\sigma\} = [C]\{d\varepsilon^e\} = [C^{ep}]\{d\varepsilon\} \tag{7.156}$$

这里，$[C]$ 和 $[C^{ep}]$ 分别为弹性和弹塑性本构矩阵。

塑性应变增量 $\{d\varepsilon^p\}$ 一般表示为

$$\{d\varepsilon^p\} = d\lambda \left\{\frac{\partial g}{\partial\{\sigma\}}\right\} \tag{7.157}$$

其中，$\{\partial g/\partial\{\sigma\}\}$ 是塑性势能函数 $g(\sigma_{ij}, \varepsilon_p)$ 的梯度矢量。正的标量 $d\lambda$ 表示为

$$d\lambda = \frac{L}{H} \tag{7.158}$$

其中，L 是式（7.3）中的加载准则函数

$$L = \left\{\frac{\partial f}{\partial\{\sigma\}}\right\}^T [C]\{d\varepsilon\} \tag{7.159}$$

其中，$\{\partial f/\partial\{\sigma\}\}$ 是屈服函数 $f(\sigma_{ij}, \varepsilon_p)$ 的梯度，在式（7.113）中定义的正标量函数 H 为

$$H = \frac{dk}{d\sigma_e} H_p C \sqrt{\left\{\frac{\partial g}{\partial\{\sigma\}}\right\}^T \left\{\frac{\partial g}{\partial\{\sigma\}}\right\}} + \left\{\frac{\partial f}{\partial\{\sigma\}}\right\}^T [C]\left\{\frac{\partial g}{\partial\{\sigma\}}\right\} \tag{7.160}$$

这个函数是与加载历史相关的，也就是，它与 ε_p 有关，其增量由式（7.79）给出为

$$d\varepsilon_p = C\sqrt{\left\{\frac{\partial g}{\partial\{\sigma\}}\right\}^T \left\{\frac{\partial g}{\partial\{\sigma\}}\right\}} d\lambda \tag{7.161}$$

或

$$d\varepsilon_p = \frac{C}{H}\sqrt{\left\{\frac{\partial g}{\partial\{\sigma\}}\right\}^T \left\{\frac{\partial g}{\partial\{\sigma\}}\right\}} L \tag{7.162}$$

最后，弹塑性刚度矩阵 $[C^{ep}]$，式（7.117）表示为

$$[C^{ep}] = [C] - \frac{1}{H}[C]\left\{\frac{\partial g}{\partial\{\sigma\}}\right\}\left\{\frac{\partial f}{\partial\{\sigma\}}\right\}^T [C] \tag{7.163}$$

很显然，当用非关联流动法则时，矩阵 $[C]^{ep}$ 是不对称的。

接下来，考虑这样一种情况：所有状态变量在上一步，例如第 m 步都已知的条件下，对于给定应变增量 $\{\Delta\varepsilon\}$ 计算应力增量 $\{\Delta\sigma\}$，像前面一样，假设弹性反应是线性各向同性的，且 $[C]$ 是常数矩阵，在前面的塑性理论的讨论中，我们已经用了符号"d"表示增量，但现在我们利用"Δ"，这个变化是因为在数学研究中，我们必须采用"有限增量"代替"无穷小增量"。

首先定义试探应力增量 $[\Delta\sigma^e]$ 为

$$\{\Delta\sigma^e\} = [C]\{\Delta\varepsilon\} \tag{7.164}$$

假设在第 m 步中，应力状态为弹性状态满足 $f(\{\sigma^{(m)}\}, \varepsilon_p^{(m)}) < 0$，在第 $(m+1)$ 步进入塑性状态，即 $f(\{\sigma^{(m)}\} + \{\Delta\sigma^e\}, \varepsilon_p^{(m)}) > 0$。在这种情况下，存在一个比例系数 r，它使

$$f(\{\sigma^{(m)}\} + r\{\Delta\sigma^e\}, \varepsilon_p^{(m)}) = 0 \tag{7.165}$$

相应地，应变增量可以分为两部分，$r\{\Delta\varepsilon\}$ 和 $(1-r)\{\Delta\varepsilon\}$。第一部分相应于一个纯弹性反应，第二部分相应于弹塑性反应，因此，得到应力增量为

$$\{\Delta\sigma\} = \int_{\{\varepsilon^{(m)}\}}^{\{\varepsilon^{(m+1)}\}} [C](\{d\varepsilon\} - \{d\varepsilon^p\})$$

$$= \int_{\{\varepsilon^{(m)}\}}^{\{\varepsilon^{(m)}\}+r\{\Delta\varepsilon\}} [C](\{d\varepsilon\}) + \int_{\{\varepsilon^{(m)}\}+r\{\Delta\varepsilon\}}^{\{\varepsilon^{(m+1)}\}} [C](\{d\varepsilon\} - \{d\varepsilon^p\})$$

$$= r\{\Delta\sigma^e\} - \int_{\{\varepsilon^{(m)}\}+r\{\Delta\varepsilon\}}^{\{\varepsilon^{(m+1)}\}} [C](\{d\varepsilon\} - \{d\varepsilon^p\})$$

$$= r\{\Delta\sigma^e\} - [C](\{\Delta\varepsilon\} - \int_{\{\varepsilon^{(m)}\}+r\{\Delta\varepsilon\}}^{\{\varepsilon^{(m+1)}\}} \{d\varepsilon^p\}) \tag{7.166}$$

或

$$\{\Delta\sigma\} = r\{\Delta\sigma^e\} + \int_{\{\varepsilon^{(m)}\}+r\{\Delta\varepsilon\}}^{\{\varepsilon^{(m+1)}\}} [C^{ep}]\{d\varepsilon\} \tag{7.167}$$

为了计算应力增量，式（7.166）或式（7.167）均可采用。式（7.166）的优点在于，可以相对容易地把不同的算法公式化，而且，因为式（7.158）中的加载准则函数 L 可以用于 $\{d\varepsilon^p\}$ 和 $d\varepsilon_p$ 的计算，采用式（7.166）可以得出比式（7.167）导出的效率更高的计算程序，因为在式（7.167）中建立更新的弹塑性刚度矩阵 $[C^{ep}]$ 是必需的。一旦获得 $\{\Delta\sigma\}$，就可以将应力状态更新为

$$\{\sigma^{(m+1)}\} = \{\sigma^{(m)}\} + \{\Delta\sigma\} \tag{7.168}$$

7.12.2 加载状态的确定

应力计算的第一步是确定应变增量 $\{\Delta\varepsilon\}$，它只与弹性变形相关还是只与塑性变形相关。只有当发生塑性情况时，弹塑性本构关系将被用来计算应力增量。在这里，我们将讨论两种不同的情况：一种是在第 m 步中应力状态是弹性状态；另一种是已经处于塑性状态。

如果应力状态在第 m 步中是弹性状态，即 $f(\{\sigma^{(m)}\}, \varepsilon_p^{(m)}) < 0$，那么，将采用式（7.164）中定义的试探应力增量 $\{\Delta\sigma^e\}$ 能被用来确定在第 $(m+1)$ 步中是否属弹塑性状态。如果 $f(\{\sigma^{(m)}\} + \{\Delta\sigma^e\}, \varepsilon_p^{(m)}) \leqslant 0$，在第 $m+1$ 步应力状态将保持弹性状态，而且有

$$\{\Delta\sigma\} = \{\Delta\sigma^e\} \tag{7.169}$$

应该注意到，屈服面的外凸性在这个议题中起很重要的作用。因为如屈服面是凹的，那么就有这样一种情况：当应力由 $\{\sigma^{(m)}\}$ 变化到 $\{\sigma^{(m)}\} + \{\Delta\sigma^e\}$ 时，应力点可以移出屈服面，然后又进入屈服面。因此，在这种情况下，即使得到 $f(\{\sigma^{(m)}\} + \{\Delta\sigma^e\}, \varepsilon_p^{(m)}) \leqslant 0$ 时，也不能说其中没有含有塑性变形。

如果 $f(\{\sigma^{(m)}\} + \{\Delta\sigma^e\}, \varepsilon_p^{(m)}) > 0$，在这个加载阶段，应力状态进入塑性状态，而且有一个由式（7.165）确定的比例系数 r，r 的含义在图 9.10（第九章）中说明，我们需要求解式（7.165）来求系数 r，一旦 r 确定，就能对式（7.166）进行积分，则可得到 $\{\Delta\sigma\}$ 的值。

式（7.165）中的系数 r 通常是非线性的，如果屈服函数以应力不变量的简单形式表示，比如 von Mises 准则，那么，我们就能解析地解出式中的 r，这个结果由第九章式（9.90）给出。

对于有些屈服函数，式（7.165）可以导出 r 的强非线性形式，而且必须借助于数值方法。最简单的方法就是以 Taylor 级数的形式展开此式，略去高次项，得到

$$f(\{\sigma^{(m)}\}+r\{\Delta\sigma^e\},\varepsilon_p^{(m)})=f(\{\sigma^{(m)}\},\varepsilon_p^{(m)})+\left\{\frac{\partial f}{\partial\{\sigma\}}\right\}^T\bigg|_{\sigma^{(m)}}\{\Delta\sigma^e\}r=0 \qquad (7.170)$$

这样导出 r 的近似值为（Nayak 和 Zienkiewicz，1972）：

$$r=\frac{-f(\{\sigma^{(m)}\},\varepsilon_p^{(m)})}{\left\{\dfrac{\partial f}{\partial\{\sigma\}}\right\}^T\bigg|_{\sigma^{(m)}}\{\Delta\sigma^e\}} \qquad (7.171)$$

也可以保留 Taylor 级数展开式中的二次项而且得到关于 r 的二次方程，解出这个方程可以得到 r 的更精确值。

但是，除非 r 足够小，通过这种步骤得到的 r 值都有不可忽略的误差。如果要想得到 r 的更精确结果，那么就要用到更复杂的方法来求解这个代数方程，比如试位法和 Newton–Raphson 方法。

在第 m 步中当应力状态处于塑性状态时，即 $f(\{\sigma^{(m)}\},\varepsilon_p^{(m)})=0$，我们就能用加载准则函数 L 来区分变形种类。对于给定的应变增量 $\{\Delta\varepsilon\}$，可计算 L 为

$$L=\left\{\frac{\partial f}{\partial\{\sigma\}}\right\}^T[C]\{\Delta\varepsilon\} \qquad (7.172)$$

如果 $L\leqslant 0$，那么该过程要么是卸载，要么是中性变载，而且要利用弹性本构关系，因此，我们能简单地利用式（7.168）；如果 $L>0$，这个过程就是加载，而且式（7.166）的积分必须令 $r=0$ 来得出 $\{\Delta\sigma\}$。

7.12.3 积分技巧

当含有塑性变形时，应力状态的计算需要计算式（7.166）中的下列积分：

$$\{\Delta\varepsilon^p\}=\int_{\{\varepsilon^{(m)}\}+r\{\Delta\varepsilon\}}^{\{\varepsilon^{(m+1)}\}}\{d\varepsilon^p\} \qquad (7.173)$$

根据式（7.157）到式（7.159），可以把 $\{d\varepsilon^p\}$ 与 $\{d\varepsilon\}$ 的关系表示为

$$\{d\varepsilon^p\}=[P]\{d\varepsilon\} \qquad (7.174)$$

其中

$$[P]=\frac{1}{H}\left\{\frac{\partial g}{\partial\{\sigma\}}\right\}\left\{\frac{\partial f}{\partial\{\sigma\}}\right\}^T[C] \qquad (7.175)$$

因为 $\{\sigma\}$ 由 $[C]$ 与 $(\{\varepsilon\}-\{\varepsilon^p\})$ 的乘积给出，在目前情况下，我们把 $[P]$ 看作是 $\{\varepsilon^p\}$、$\{\varepsilon\}$ 和 $\{\varepsilon_p\}$ 的函数，在作式（7.173）的积分时，我们还必须更新有效塑性应变 ε_p。式（7.159）和式（7.162）给出

$$d\varepsilon_p=[Q]\{d\varepsilon\} \qquad (7.176)$$

这里

$$[Q]=\frac{C}{H}\sqrt{\left\{\frac{\partial g}{\partial\{\sigma\}}\right\}^T\left\{\frac{\partial g}{\partial\{\sigma\}}\right\}}\left\{\frac{\partial f}{\partial\{\sigma\}}\right\}^T[C] \qquad (7.177)$$

$[Q]$ 也取决于 $\{\varepsilon^p\}$，$\{\varepsilon\}$ 和 $\{\varepsilon_p\}$。因此，我们需要在计算式（7.173）的同时计算下式的积分，而且同时更新所有的状态变量值

$$\Delta\varepsilon_p = \int_{\{\varepsilon^{(m)}\}+r\{\Delta\varepsilon\}}^{\{\varepsilon^{(m+1)}\}} d\varepsilon_p \tag{7.178}$$

实际上，这些积分的计算是一个初值问题，因为在某一阶段中，即在第 m 步中，所有的状态变量都已知，而且对于一个给定的应变增量 $\{\Delta\varepsilon\}$，我们需要去更新它们的值，对于这一类问题实际上已经有深入研究而且提出了很多解这类问题的方法。这些方法分为两类：一类建立在显式技巧上的；另一类是建立在隐式技巧上的。如果利用显式方法，那么应力状态就是从一个应变增量进入另一个应变增量来计算的。另一方面，如果用隐式方法，那么就要通过解一组非线性方程组来得到每一个增量末端的应力状态。对于这两类方法，为了得到所需积分的精度，给定的应变增量 $\{\Delta\varepsilon\}$ 可以进一步分为足够多的增量项，例如 n 项，各次应变增量 $\{\Delta\varepsilon_s\}$ 为

$$\{\Delta\varepsilon_s\} = \frac{(1-r)\{\Delta\varepsilon\}}{n} \tag{7.179}$$

在 9.5.3 节中，我们将讨论对各次增量 $\{\Delta\varepsilon_s\}$ 的积分，假定对于给定的应变增量 $\{\Delta\varepsilon\}$，要经过 n 次循环完成所需的计算。

【例 7.17】 有一种遵守关联流动法则，即 $f = g = J_2 - k$，其中 $k = \sigma_e^2/3$ 的 von Mises 材料，其材料常数为

$$E = 200\text{GPa}, \quad \nu = 0.25, \quad \sigma_0 = 200\text{MPa}$$

其单轴性质为

$$\varepsilon = \frac{\sigma}{E} \qquad 对于 \sigma \leqslant \sigma_0$$

$$\varepsilon = \frac{\sigma}{E} + \left(\frac{\sigma - 100}{1000}\right)^2 - 0.01 \qquad 对于 \sigma > \sigma_0 \tag{7.180}$$

现在，这种材料受到双轴应变状态 $(\varepsilon_x, \varepsilon_y) = (0.001, 0.001)$ 的作用，再加上比例应变增量 $(\Delta\varepsilon_x, \Delta\varepsilon_y) = (0.0018, -0.0002)$。

在附加变形时，材料进入塑性状态。通过利用 (i) 式 (9.90b) 和 (ii) 式 (7.171) 得出式 (7.165) 所定义的比例系数 r。

【解】 这个问题中，不包含剪切变形，下面的计算只需法向变形分量。

这个材料的弹性反应为

$$\sigma_x = \frac{E}{(1+\nu)(1-2\nu)} \left[(1-\nu)\varepsilon_x + \varepsilon_y\right] = 80000(3\varepsilon_x + \varepsilon_y)$$

$$\sigma_y = 80000(\varepsilon_x + 3\varepsilon_y)$$

$$\sigma_z = \nu(\sigma_x + \sigma_y) = 0.25(\sigma_x + \sigma_y)$$

利用这些式子得到下述结果。

当前应力状态：

$$(\sigma_x, \sigma_y, \sigma_z) = (320, 320, 160)(\text{MPa})$$

弹性应力增量：

$$(\Delta\sigma_x^e, \Delta\sigma_y^e, \Delta\sigma_z^e) = (416, 96, 128)(\text{MPa})$$

接着，可以容易地计算出下述结果。

当前偏应力状态：

$$(s_x, s_y, s_z) = (160, 160, -320)/3 \text{ (MPa)}$$

弹性偏应力增量：
$$(\Delta s_x^e, \Delta s_y^e, \Delta s_z^e) = (608, -352, -256)/3 \text{ (MPa)}$$

此外，在当前状态，由于 $\varepsilon_p = 0$，注意到
$$k = \frac{\sigma^2}{3} = \frac{(100 + 1000\sqrt{0.01})^2}{3} = \frac{40000}{3}$$

（i）式（9.90b）给出准确结果为
$$r = 0.230593$$

（ii）
$$f(\{\sigma\} + \{\Delta \sigma^e\}, \varepsilon_p) = \frac{1}{2}(\{s\} + \{\Delta s^e\})^T(\{s\} + \{\Delta s^e\}) - k$$
$$= -\frac{14400}{3}$$
$$\left\{\frac{\partial f}{\partial\{\sigma\}}\right\}^T\{\Delta\sigma^e\} = \frac{69760}{3}$$

那么由式（7.171）得出
$$r = 0.206422$$

这里含有 12% 的误差。

7.13 习 题

7.1 证明塑性功增量 dW^p 可以用有效应力 $\sigma_e = \sqrt{3J_2}$ 与有效应变 $d\varepsilon_p = \sqrt{(2/3)\,d\varepsilon_{ij}^p d\varepsilon_{ij}^p}$ 表示为下列简单形式
$$dW^p = s_{ij}d\varepsilon_{ij}^p = \sigma_e d\varepsilon_p$$

7.2 给定全应变增量 $d\varepsilon_{ij}$、加载函数 $f(\sigma_{ij}, \varepsilon_{ij}^p, \sigma_e)$ 和弹性刚度张量 C_{ijkl} 之后，确定塑性应力-应变关系的一般形式 $d\varepsilon_{ij}^p = d\lambda \dfrac{\partial f}{\partial \sigma_{ij}}$ 中的标量函数 $d\lambda$。

7.3 关于 von Mises 或 J_2 各向同性应力-强化的塑性应力-应变关系
$$d\varepsilon_{ij}^p = \frac{9}{4}\frac{dJ_2}{\sigma_e^2 H}s_{ij}$$

(a) 这是否表示应力增量 $d\sigma_{ij}$ 与塑性应变增量 $d\varepsilon_{ij}^p$ 之间的各向同性关系？请说明理由；
(b) 对于给定的 σ_{ij} 和 $d\sigma_{ij}$，示出 $d\varepsilon_{ij}^e$、$d\varepsilon_{ij}^p$、$d\varepsilon_{ij}$ 和 ε_{ij}^e 的主方向。

7.4 讨论超弹性理论和塑性增量理论的异同。

7.5 若有一根初始条件下无应力-应变的薄壁圆管受到轴向拉力与扭矩的共同作用：
(a) 假定圆管先伸长达到初始屈服点 σ_0，然后增加扭矩而拉应力保持 σ_0 值不变。另外，H'（强化率）为已知常数。
(i) 求出 τ 和 γ 以及 τ 和 ε 之间的一般关系；
(ii) 证明圆管的初始扭转刚度等于 G；
(b) 假定圆管先扭转至屈服点，然后将其沿纵向拉长，而且扭转角保持不变。此时设

强化率为零或 $H'=0$。

(i) 请求出 σ 和 ε 之间的一般关系;

(ii) 证明圆管的初始轴向刚度等于 E。

7.6 当加载面为 $f=(s_{ij}-c\varepsilon_{ij}^{\mathrm{p}})(s_{ij}-c\varepsilon_{ij}^{\mathrm{p}})-k$ 时,求出下列公式中的强化函数

$$\mathrm{d}\varepsilon_{ij}^{\mathrm{p}}=g\frac{\partial f}{\partial \sigma_{ij}}\partial f$$

7.7 简单拉伸条件下材料的 $\sigma-\varepsilon$ 关系曲线用线性加工强化模型近似表示为

$$\sigma=\begin{cases}E\varepsilon, & 0<\varepsilon<\varepsilon_0\ (=\sigma_0/E)\\ \sigma_0+m\varepsilon^{\mathrm{p}}, & \varepsilon_0<\varepsilon\end{cases}$$

其中,常数 $m=E/9$。材料单元经历了如下单轴应力历史:

$$\sigma=0\rightarrow\sigma_1\rightarrow 0\rightarrow -\sigma_1$$

其中,$\sigma_1=(1+\alpha)\sigma_0$,$0<\alpha<1$。试确定随动强化法则下的相应应变历史。

7.8 以 Drucker–Prager 准则作为屈服函数 $f(\sigma_{ij})$,以 von Mises 准则作为下式中塑性势能函数 $g(\sigma_{ij})$

$$\mathrm{d}\varepsilon_{ij}^{\mathrm{p}}=\mathrm{d}\lambda\frac{\partial g}{\partial \sigma_{ij}}$$

试推出标量系数 $\mathrm{d}\lambda$ 的表达式。

7.9 (a) 简要列出并简要说明增量塑性公式与超弹性公式的主要异同之处,塑性增量公式表示为如下形式

$$\mathrm{d}\varepsilon_{ij}^{\mathrm{p}}=\mathrm{d}\lambda\frac{\partial f}{\partial \sigma_{ij}}\quad \text{或}\quad \mathrm{d}\varepsilon_{ij}^{\mathrm{p}}=\mathrm{d}\varepsilon_{ij}^{\mathrm{e}}-\mathrm{d}\varepsilon_{ij}^{\mathrm{p}}=D_{ijkl}\mathrm{d}\sigma_{kl}$$

而超弹性公式为

$$\varepsilon_{ij}=\frac{\partial \Omega}{\partial \sigma_{ij}}\quad \text{或}\quad \mathrm{d}\varepsilon_{ij}=\frac{\partial^2\Omega}{\partial \sigma_{ij}\partial \sigma_{kl}}\mathrm{d}\sigma_{kl}=D_{ijkl}\mathrm{d}\sigma_{kl}$$

当两式都以显式表示为如下的一般增量形式时,所得最终形式几乎相同

$$\mathrm{d}\varepsilon_{\mathrm{x}}=D_1\mathrm{d}\sigma_{\mathrm{x}}+D_2\mathrm{d}\sigma_{\mathrm{y}}+D_3\mathrm{d}\sigma_{\mathrm{z}}+D_4\mathrm{d}\tau_{\mathrm{xy}}+D_5\mathrm{d}\tau_{\mathrm{yz}}+D_6\mathrm{d}\tau_{\mathrm{zx}}$$

其中,D_s 是应力状态的函数,且涵盖了弹性与塑性性能。

(b) 对于理想弹塑性材料而言,标量系数 $\mathrm{d}\lambda$ 的物理意义是什么?请写出确定它的大致过程。

7.10 如习题图 7.10 所示,一根半径为 R,壁厚为 t 的薄壁圆形长管受内部压力 p 作用。针对以下三种端部条件运用 Tresca 准则:(1) 自由端;(2) 固定端;(3) 封闭端。

(a) 用压力 p 表示 Tresca 准则;

(b) 求出圆管屈服时的极限压力 $p=p_{\mathrm{y}}$;

(c) 求出圆管屈服时的塑性应变增量率。

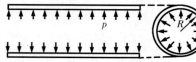

习题图 7.10

7.11 运用 von Mises 准则再解题 7.10。

7.12 如习题图 7.12 所示,一根平均直径为 D,壁厚为 t 的薄壁圆形管受内部压力 p_1 和外部压力 p_2 作用。假定 p_2 对轴向应力并无影响,且设 $p_2=rp_1$,$r\geqslant 0$。长管在

$p_1 = p_0$，$p_2 = 0$ 时屈服。

(a) 分别按照 von Mises 准则和 Tresca 准则求出圆管刚屈服时的极限压力 $p_1 = p_y$，要求用 p_0 和 r 表示，$r > 0$；

(b) 绘出两种准则下 p_y 与 r 的关系曲线；

(c) 求出两种准则下极限压力差异最大时的 r 值，并做出说明。

设两种准则在纯剪切屈服点是一致的。

7.13 如习题图 7.13 所示，一根端部开口（$\sigma_z = 0$）的厚壁圆形长管，受内部压力 p 作用。其内径与外径分别为 a 和 b，假定圆管由混凝土制成，且单轴拉伸强度为 σ_t，运用 Rankine 准则。

(a) 确定弹性极限压力 p_e；

(b) 对于 $p > p_e$ 的情况，确定弹塑性边界和内部压力 p 之间的关系；

(c) 确定塑性极限压力 p_p；

(d) 若 $b/a = 2$，分别绘出 $c = a$，$c = (a+b)/2$ 和 $c = b$ 时弹塑性边界处 σ_r 和 σ_θ 与 r 的关系曲线。

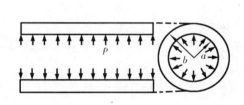

习题图 7.13　　　　习题图 7.14

7.14 如习题图 7.14 所示，一个半空间岩体中半径为 a 的垂直圆洞受内部压力 p 作用，试运用 Tresca 准则以及单轴拉伸强度 σ；确定塑性区半径与内部压力之间的关系。

答案：$p = \dfrac{\sigma_0}{2} + \sigma_0 \ln \dfrac{c}{a}$

7.15 运用 Rankine 准则以及单轴拉伸强度 σ_t 再解题 7.14。

7.16 试推导关于 Mohr-Coulomb 材料的有效应力与有效塑性应变的表达式。

假定 $\sigma_1 \geqslant \sigma_2 \geqslant \sigma_3$，且不考虑 Mohr-Coulomb 面上的奇点。

7.17 简单拉伸条件下材料的应力-应变关系表示为

$$\varepsilon = \varepsilon^e + \varepsilon^p = \frac{\sigma}{E}\left[1 + \left(\frac{\sigma}{\sigma_0}\right)^m\right]$$

其中，σ_0 是初始屈服拉应力，m 是材料常数，运用 von Mises 各向同性面，试推导纯剪切应力状态下 $d\tau/d\gamma$ 的表达式。

7.18 如习题图 7.18 所示，一根直径为 D，壁厚为 t 的薄壁长钢管受内部压力 p_1 和外部压力 p_2 作用，钢管两端封闭，假定外部压力不影响圆管的轴向应力分量，材料适用 von Mises 加载函数和各向同性强化法则，有效应力与有效应变有下列关系

$$\varepsilon_p = a\sigma_e^3$$

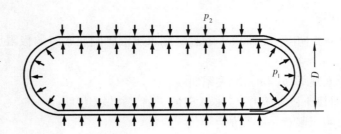

习题图 7.12 和习题图 7.18

其中，a 是常数，请确定下列三条加载路径终点的塑性应变 $(\varepsilon_a^p, \varepsilon_c^p)$：

(a) $(p_1, p_2) = (0, 0) \rightarrow (P_1, RP_1)$

(b) $(p_1, p_2) = (0, 0) \rightarrow (0, RP_1) \rightarrow (P_1, RP_1)$

(c) $(p_1, p_2) = (0, 0) \rightarrow (P_1, 0) \rightarrow (P_1, RP_1)$

其中，ε_a^p 和 ε_c^p 分别是轴向和环向的塑性应变；P_1 和 R 是常数，$R=3/2$。请在 (σ_a, σ_c) 空间绘出屈服面与加载路径，并说明上述三种加载情况下的结果。

7.19 设 von Mises 加载函数具有各向同性强化条件，运用有效应力和有效塑性应变之间的关系

$$\varepsilon_p = a\sigma_e^2$$

其中，a 是常数。材料单元在主应力空间 $(\sigma_1, \sigma_2, \sigma_3)$ 中经历以下三种加载路径：

(a) $(\sigma_1, \sigma_2, \sigma_3) = O(0,0,0) \rightarrow A(\sigma_0, \sigma_0, 0) \rightarrow C(\sigma_0, \sigma_0, 3\sigma_0)$；

(b) $(\sigma_1, \sigma_2, \sigma_3) = O(0,0,0) \rightarrow B(0,0,3\sigma_0) \rightarrow C(\sigma_0, \sigma_0, 3\sigma_0)$；

(c) $(\sigma_1, \sigma_2, \sigma_3) = O(0,0,0) \rightarrow C(\sigma_0, \sigma_0, 3\sigma_0)$。

其中，σ_0 是常数，三种情况下都有 $\sigma_1 = \sigma_2$。试确定各加载路径终点的相应塑性应变。

答案：(a) $\varepsilon_1^p = \varepsilon_2^p = -3a\sigma_0^3$，$\varepsilon_3^p = 6a\sigma_0^3$

(b) $\varepsilon_1^p = \varepsilon_2^p = -\dfrac{27}{2}\sigma_0^3$，$\varepsilon_3^p = 27a\sigma_0^3$

(c) $\varepsilon_1^p = \varepsilon_2^p = -4a\sigma_0^3$，$\varepsilon_3^p = 8a\sigma_0^3$

7.20 设非线性强化材料模型中，从初始状态 $(\sigma = \varepsilon^p = 0)$ 起的首次拉伸时单轴 $\sigma - \varepsilon^p$ 关系为

$$\sigma = \sigma_0 + m \ (\varepsilon^p)^n$$

拉力状态下的初始屈服应力数值大小都取为 σ_0，材料常数取为：$\sigma_0 = 150 \text{MPa}$，$m = 750 \text{MPa}$，$n = 0.30$，杨氏模量 $E = 70000 \text{MPa}$。采用独立的拉伸和压缩的强化法则，进一步假定拉伸和压缩塑性流动时的独立塑性（强化）模量为 E_{pt} 和 E_{pc}，它们分别是单一强化参数 κ^t 和 κ^c 的函数，即

$$E_{pt} = E_{pt} \ (\kappa^t)$$
$$E_{pc} = E_{pc} \ (\kappa^c)$$

其中，κ^t 和 κ^c 分别是拉伸和压缩单轴累积塑性应变的量度，可表示为

$$\kappa^t = \int \alpha (d\varepsilon^p d\varepsilon^p)^{1/2}$$

$$\kappa^c = \int \beta(d\varepsilon^p d\varepsilon^p)^{1/2}$$

其中，积分沿应变路径进行，α 和 β 是值为 0 或 1 的"分解"参数。只有当拉伸塑性流动产生时（沿习题图 7.20 的 AB 或 A_1B_1 塑性流动）$\alpha=1$，其他情况下 $\alpha=0$。类似地，只有当压缩塑性流动产生时（沿习题图 7.20 的 CD 塑性流动）$\beta=1$，其他情况下 $\beta=0$。设以 κ^t 表达的 E_{pt} 函数形式与以 κ^c 表达的 E_{pc} 函数形式相同，这一形式将由给定的单轴拉伸 $\sigma-\varepsilon^p$ 关系确定。

(a) 分别推导出用 κ^t 表示的 E_{pt} 以及用 κ^c 表示的 E_{pc}；

(b) 习题图 7.20 中的加载程序 O—A—B—C—D—A_1—B_1 的特征点定义如下：A 和 A_1 在拉伸塑性流动的起点，C 在压缩屈服的起点，B 和 D 在卸载的起点，B_1 在最终状态；

试求出：

(i) 沿 CD 和 A_1B_1 的 $\sigma-\varepsilon^p$ 曲线的方程式；

(ii) C，D 以及 A_1 点的应力状态；

(iii) 最终状态 B_1 的屈服上限和屈服下限；

(iv) B_1 点的塑性模量。

(c) 在达到最终状态 B_1 时施加的全拉伸应变增量 $d\varepsilon=0.002$。试计算最终的应力增量 $d\sigma$ 与相应塑性应变增量 $d\varepsilon^p$ 的值。

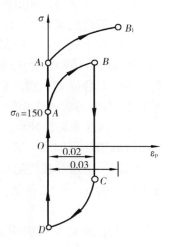

习题图 7.20

7.21 单向拉伸条件下金属的应力-应变关系近似于 Ramberg-Osgood 方程

$$\varepsilon = \varepsilon^e + \varepsilon^p = \frac{\sigma}{E} + \left(\frac{\sigma}{b}\right)^n$$

其中，b 和 n 是材料常数（$b>0$，$n \geqslant 1$）。

(a) 试推导出用应力水平 σ 表示的切线（弹-塑性）模量 E_t 和塑性（强化）模量 E_p；

(b) 导出用塑性应变 ε^p 表示的函数 E_p；

(c) 写出由应力 σ 和塑性应变 ε^p 表示的在简单拉伸时消耗的塑性功，$W_p = \int \sigma d\varepsilon^p$（对应变路径积分）；

(d) 证明拉伸塑性流动（σ 和 ε^p 增加）时 E_p 恒为正数且单调减少（或为常数）；

(e) 解出由 W_p 表示的拉伸屈服（流动）应力和塑性模量；

(f) 该材料首次加载（拉力）时的弹性极限是多少？

(g) 在 $n=1$ 的特殊情况下，完全卸载至无应力状态时之后再拉伸的 $\sigma-\varepsilon$ 曲线的形状是什么样子？

(h) 在 $n=5$ 的特殊情况下，对应于永久变形 $\varepsilon^p=0.1\%$ 和 0.2% 的偏移拉伸屈服应力之间的比值是多少？

(i) n 趋向于无限时拉伸 $\sigma-\varepsilon$ 曲线的形状如何？

答案：(b) $E_p = \frac{b}{n}(\varepsilon^p)^{1/n-1}$，(f) $\sigma_0 = 0$，(h) $\frac{\sigma_{0.1}}{\sigma_{0.2}} = 0.87$

7.22 按下列常数考虑题 7.21 中的材料（单位是 MPa）：
$$E = 68950 \text{MPa}, \quad b = 689.5 \text{MPa}, \quad n = 3$$
若拉伸－压缩性能由各向同性强化法则表示，并进一步假定在塑性流动的任一阶段 E_p 只是全塑性功 W_p 的函数。

(a) 考虑这样一个加载过程，材料单元先拉伸至 $W_p = 11.4 \times 10^4 \text{N·m/m}^3$，随后卸载，再施加压力，找出逆向塑性流动的起点的（压缩屈服刚开始时）：

(i) 应力状态，和对应的全应变和塑性应变的值 ε 和 ε^p；

(ii) 塑性模量 E_p。

(b) 在上述（a）的最终应力状态，按顺序施加两个压缩应力增量，二者均为 2.0685MPa，请确定合成的塑性应变增量和最终全应变。**提示**：对每一应力增量 $d\sigma$，计算出得到的合成 ε^p，然后求出变化的塑性功 dW_p，再求 W_p 的修正值或新值，随后，利用题 7.21 推出的表达式和塑性功的新值对 E_p 进行修正。

(c) 通过施加拉伸应力分量得出（b）中的最终压缩应力状态。这一过程延续至拉伸开始时的塑性再加载。这一瞬间的 E_p 和 σ 各是多少？

7.23 考虑非线性随动强化材料模型，其中自初始状态（$\sigma = \varepsilon^p = 0$）起的单调拉伸加载过程中的 $\sigma - \varepsilon^p$ 关系是
$$\sigma = \sigma_0 + m(\varepsilon^p)^n \quad \text{对于} \quad \sigma \geqslant \sigma_0$$
拉伸与压缩的初始屈服应力大小都为 σ_0，材料参数 σ_0、m 和 n 以及弹性模量 E 取为：$\sigma_0 = 150 \text{MPa}$，$m = 750 \text{MPa}$，$n = 0.30$，$E = 70000 \text{MPa}$，此外，假定与历史相关的塑性模量 E_p 仅取决于一个单一强化参数 κ，即 $E_p = E_p(\kappa) \cdot \kappa$ 有两种不同的选择值：

(i) $\kappa = \int (d\varepsilon^p d\varepsilon^p)^{1/2} =$ 累积的单轴塑性应变或单轴塑性应变轨迹的长度；

(ii) $\kappa = \varepsilon^p =$ 工作的或流动的塑性应变值（当 $\varepsilon^p \geqslant 0$ 时成立）。

一个材料单元拉伸（由初始状态起）进入塑性范围，直到特定的拉伸状态 A（$\sigma = \sigma_A$ 和 $\varepsilon^p = \varepsilon^p_A$），因此继续施加压应力增量直至再出现压缩屈服。压缩时接近塑性流动的材料状态称为状态 B（$\sigma = \sigma_B$ 和 $\varepsilon^p = \varepsilon^p_B = \varepsilon^p_A$）。

(a) 对于 κ 按上面给出的两种取值情况，绘出由状态 B 开始的逆向（压缩）塑性加载的 $\sigma - \varepsilon^p$ 曲线；

(b) 在首次加载（拉伸）至 $\sigma_A = 400 \text{MPa}$ 的特殊情况下，按上述情况（i）和（ii），分别简单画出拉伸加载、卸载以及逆向塑性加载时 $\sigma - \varepsilon^p$ 曲线的形状；

(c) 按照（i）和（ii）的假定；在逆向（压缩）塑性加载过程中，当 $\varepsilon^p = 0$ 时，求出相应于（b）的应力 σ 和应变 ε；

(d) 按照（b）和（c）的结果，根据你自己对诸如金属等实际材料的"典型"单轴应力－应变关系曲线的了解，简要地讨论上述关于 κ 的两个假定，及其用于近似表示"实际"卸载－逆向加载的性质的预测值的有效性和适当性，（假设给定 $\sigma - \varepsilon^p$ 首次施加拉力时的曲线是"真实"曲线）。

答案：(c) 对于 (i) $\sigma = 42.2 \text{MPa}$，对于 (ii) $\sigma = 150.06 \text{MPa}$

7.24 对于上面题 7.23 中的非线性随动强化模型，改用全塑性功 W_p 作为强化参数

的一种选择

$$\kappa = W_\mathrm{p} = \int \sigma \mathrm{d}\varepsilon^\mathrm{p}; \quad E_\mathrm{p} = E_\mathrm{p}(W_\mathrm{p})$$

讨论在题 7.23（b）的特殊情况下，也就是先拉伸加载至 $\sigma_A = 400\mathrm{MPa}$，$\sigma_A > 2\sigma_0$，拉伸加载、卸载和逆向塑性加载过程中关于 $\sigma - \varepsilon^\mathrm{p}$ 曲线的上述假设的含义，只需定性分析即可。试比较这种情况与题 7.23 中（i）和（ii）的假设下的情况，卸载–逆向加载性质并与典型金属的"实际"曲线作比较。

7.25　结合题 7.23 的相关数据讨论题 7.24。

（a）同题 7.23（b）一样，预加拉伸荷载至 $\sigma_A = 400\mathrm{MPa}$，然后运用简单增量程序得到在压缩时的逆向塑性流动中的 $\sigma - \varepsilon^\mathrm{p}$ 曲线；绘出加载、卸载以及逆向塑性加载的完整的 $\sigma - \varepsilon^\mathrm{p}$ 曲线；对每一增量 $\mathrm{d}\varepsilon^\mathrm{p}$，计算得出最终的 $\mathrm{d}\sigma$ 和塑性功的变化 $\mathrm{d}W_\mathrm{p} = \sigma \mathrm{d}\varepsilon^\mathrm{p}$。因而，修正 W_p 并确定用于下一增量步骤相应的新值 E_p。**提示**：对于随动强化模型，W_p 在拉伸–压缩塑性流动时并非单调增加，换而言之，增量 dW_p 可能为正，也可能为负。

（b）在逆向（压缩）屈服过程中，当 $\varepsilon^\mathrm{p} = 0$ 时，相应于（a）情况求出应力 σ 和应变 ε。将其与题 7.23（c）结果作比较。

答案：$\sigma \approx 19.9\mathrm{MPa}$

7.26　讨论与题 7.23 相同的材料，其在首次施加拉力时 $\alpha = m(\varepsilon^\mathrm{p})^n$。设 E_p 仅与强化参数 κ 有关，定义为

$$\kappa = \int (\sigma - \alpha) \mathrm{d}\varepsilon^\mathrm{p}$$

它与全塑性功 W_p 不同。试推导逆向（压缩）塑性流动过程（如题 7.23）中的 $\sigma - \varepsilon^\mathrm{p}$ 的关系式。证明这一关系式就是题 7.23（i）的假设。**提示**：本题中 κ 的拉伸–压缩屈服时总是增加的。由材料状态 B 起，在逆向压缩流动中对任一点 ε^p，有 $\kappa = \sigma_0(2\varepsilon_B^\mathrm{p} - \varepsilon^\mathrm{p})$。

7.27　对于呈现混合各向同性–随动强化的单轴材料模型，初始弹性区域在应力路径上同时平移和膨胀。引入弹性区域"中心"的概念，把后继屈服上、下限表示为

$$\sigma - \alpha = \pm k$$

正、负号分别适用于屈服上限（拉伸），屈服下限（压缩）。假设 α 和 k 同塑性模量 E_p 一样，都是单一强化参数 κ 的函数，κ 是累积单轴塑性应变。这里用到了 Prager 随动强化法则

$$\mathrm{d}\alpha = c \mathrm{d}\varepsilon^\mathrm{p}$$

其中

$$c = c(\kappa) \quad \text{和} \quad k = k(\kappa)$$

而

$$\kappa = \int (\mathrm{d}\varepsilon^\mathrm{p} \mathrm{d}\varepsilon^\mathrm{p})^{1/2}$$

考虑与题 7.23 相同的材料，其在初次拉伸时的 $\sigma - \varepsilon^\mathrm{p}$ 关系式

$$\sigma = \sigma_0 + m(\varepsilon^\mathrm{p})^n, \quad \text{对于} \quad \sigma \geqslant \sigma_0$$

其中，σ_0 是初始屈服极限（假定拉压值相等），m 和 n 是材料常数，且 $m > 0$，$0 < n \leqslant 1$，弹性关系为 $\varepsilon^\mathrm{e} = \sigma/E$。

为计算混合强化，用了下列"分解"的各向同性–随动强化形式

$$\sigma - (1-M) \ m \ (\varepsilon^p)^n = \sigma_0 + Mm \ (\varepsilon^p)^n$$

利用这一单轴拉伸关系和这种情况的 $\kappa = \varepsilon^p$,证明 $c(\kappa)$ 和尺寸参数 $k(\kappa)$ 的增量变化 $\mathrm{d}k$ 给定为

$$c(\kappa) = (1-M)E_p$$
$$\mathrm{d}k = ME_p \mathrm{d}\kappa$$

其中

$$E_p = E_p(\kappa) = mn(\kappa)^{n-1}$$

7.14 参考文献

1. Chen W F. Limit Analysis and Soil Plasticity. Elsevier, Amsterdam, 1975, 638
2. Chen W F. Plasticity in Reinforced Concrete. New York: McGrawHill, 1982.
3. Chen W F, Baladi G Y. Soil Plasticity: Theory and Implementation. Elsevier, Amsterdam, 1985, 231
4. Chen W F, Han D J. Plasticity for Structural Engineers. New York: SpringerVerlag, 1988, 600
5. Chen W F, Zhang H. Structural Plasticity: Theory, Problems and CAE Software. New York: Springer-Verlag, 1990, 250
6. Chen W F, Liu X L. Limit Analysis in Soil Mechanics. Elsevier, Amsterdam, 1990, 477
7. Chen W F, Mizuno E. Nonlinear Analysis in Soil Mechanics. Elsevier, Amsterdam, 1990, 661
8. Chen W F, Yamaguchi E and Zhang H. On the Loading Criteria in the Theory of Plasticity. Computers and Structures, 1991, 39 (6): 679~683
9. Drucker D C. A More Fundamental Approach to Plastic Stress-Strain Relations. Proceedings of the 1st U. S. National Congress on Applied Mechanics, ASME. 1951, 487~491
10. Drucker D C, Prager W and Greenberg. Extended Limit Design Theorems for Continuous Media. Quarterly of Applied Mathematics, 1952 (9): 381~389
11. Drucker D C. Plasticity In: J N Goodier and N J Hoff (Eds). Plasticity in Structural Mechanics, London: Pergamon Press, 1960, 407~455
12. Hencky H Z. Zur Theorie Plastischer Deformationen und der hierdurch im Material hervorgerufenen Nachspannungen. Z Angew, Math Mech, 1924 (4): 323~334
13. Hill R. The Mathematical Theory of Plasticity. London: Oxford University Press, 1950.
14. Hodge PGJr. Discussion [of Prager (1956)]. Journalof Applied Mechanics, 1957 (23): 482~484
15. Koiter W T. Stress-Strain Relations, Uniqueness and Variational Theorems for Elastic-Plastic Materials with a Singular Yield Surface. Quart Appl Math, 1953 (11): 350~354
16. Levy M. Memoire sur les equations generales des mouvements interieurs des corps solides ductile au dela limites ou l'elasticite pourrait les ramener a leur premier etat. Compt Rend, 1871 (70): 1323~1325
17. Mroz Z. Non-associated Flow Laws in Plasticity. Journal de Mecanique, Paris, 1963, 2 (1): 21~42
18. Nayak G C, Zienkiewicz O C. Elastic-Plastic Stress Analysis: A Generalization for Various Constitutive Relations Including Strain Softening. International Journal of Numerical Methods in Engineering, 1972 (5): 113~135
19. Prager W. The Theory of Plasticity: A Survey of Recent Achieve ments (James Clayton Lecture). Proceedings of Institution of Mechanis Engineering, 1955, 69 (41): 3~19
20. Prager W., A New Method of Analyzing Stress and Strains in WorkHardening Solids. Journal of Applied

Mechanics. ASME, 1956 (23): 493~496

21 Prandtl L. Spannungsverteilung in plastischen Koerpern. Priceedings of the 1st International Congress on Applied Mechanics. Delft, Technische Boekhandel en Druckerij, J Waltmann, Jr, 1925, 43~54

22 Reuss E. Beruecksichtigung der elastischen Formaenderungen in der Plastizitaetstheorie. Z Angew, Math Mech, 1930 (10): 266~274

23 Saint-Venant B. Memoire sur l'establissement des equations differentielles des mouvements interieurs operes dans les corps solides ductiles au dela des limites ou l'elasticite pourrait les ramener a leur premier etat. Compt Rend, 1870 (70): 473~480

24 Von Mises R. Mechanik der festen Koerper in Plastisch deformabelm Zustand, Goettinger Nachr. Math Phys, K1, 1913, 582~592

25 Ziegler H. A Modification of Prager's Hardening Rule. Journal of Applied Mechanics, 1959 (17): 55~65

第8章 金属的塑性理论

8.1 引言

在下面的各节中,将首先描述在单轴加载、比例加载或周期性加载情况下金属的力学特性,以此作为建立与发展塑性模型的基础,接着再介绍著名的金属经典屈服准则,如 Tresca 和 von Mises 模型。接下来再解释形变理论和流动理论(或增量型)的经典塑性理论。然后以张量形式写出 Prandtl-Reuss 应力-应变增量关系和广义的应力-应变增量关系。最后,将阐述周期荷载下的塑性模型,如混合的强化 J_2-模型和界面模型。

8.2 单轴塑性

在这一节中,将比较详细地介绍单轴荷载下金属的应力-应变特性及其理想化模型,作为模拟在通常三轴应力状态下金属特性的基础。特别地,我们将证明金属材料永久(塑性)变形的分析由以下三个基本特性来表征:

(1) 塑性变形与能量耗散有关,因此这个过程是不可逆的,并与加载历史有关;
(2) 在塑性理论中,塑性变形对其速率不敏感且与时间无显式关系;
(3) 金属的塑性变形对静水压力不敏感,塑性体积变化是不可压缩的。

8.2.1 金属的典型特性

成正比增长的特性

从金属简单拉伸试验中观察到典型的名义应力-常规应变 σ-ε 曲线,如图 8.1 所示。在一定状态下,应力和应变的关系不再是线性的,线性关系的极限状态叫比例极限 σ_p。在比例极限范围内,金属的变形特性总是线性的,与加载或卸载条件无关。卸载后变形总能完全恢复到初始状态的极限称为弹性极限 σ_e。由于比例极限非常接近于弹性极限,因此,为了方便起见,在金属塑性的理论研究中,一般把比例极限就当作弹性极限。

一旦所施加的应力超过了弹性极限,即使当应力完全恢复为零时,仍有一部分变形保留,能恢复的应变称为弹性应变 ε^e,而不可恢复的应变或永久变形称为非弹性应变。一部分非弹性应变最终将随时间而恢复,这种现象称为弹

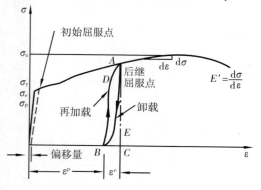

图 8.1 金属典型的 σ-ε 曲线

性后效。所以，保留的那部分非弹性应变则称为永久应变或残余变形。一般地，金属的弹性后效可以忽略，非弹性应变可作为永久应变，这种永久变形称为塑性变形 ε^p。当塑性应变显而易见时的极限状态称之为屈服点。对大多数金属，屈服点不很明显，通常用残余变形法定义，即把对应于残余应变 0.2% 的应力作为屈服应力，见图 8.2（a）；或用切线法来定义，见图 8.2（b）。在许多情况下，在理论研究上把 σ_y、σ_e 和 σ_p 当作是相同的。随着应变的进一步增加，当应力向着最大应力或极限应力 σ_u 增加时，$\sigma - \varepsilon$ 曲线的斜率（应变强化模量 $E' = d\sigma/d\varepsilon$）变得平缓得多，超过应力峰值后，应力和应变状态将不再像简单的拉伸试验那样均匀，而是出现颈缩现象。

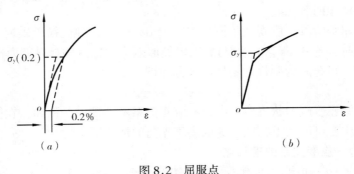

图 8.2　屈服点
(a) 残余变形法；(b) 切线法

超过屈服点后的卸载和再加载特性

参照图 8.1，超过初始屈服应力后的卸载和再加载将导致后继屈服点应力值高于最初的屈服点应力值 σ_y。一般认为卸载和再加载是弹性的，被滞后回线 $AEBD$ 包围的部分表示每循环机械能的损失值，在小应变范围内它通常很小，可以忽略不计。然而，在大应变范围内，滞后回线的面积变大。并且在连续发生多次循环作用之后机械能损失尤为突出，例如振动就有这种情况。

如图 8.3 所示，在拉伸和压缩中，新的屈服点出现不等同的现象称为 Bauschinger 效

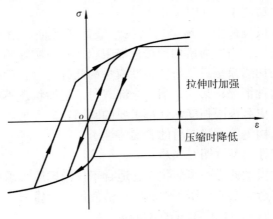

图 8.3　Bauschinger 效应

应。它的特点在于，重新拉伸时，加载使材料强化或屈服点升高，而在应力转向或重新压缩时，加载使材料软化或屈服点降低。卸载和重新加载特性的模拟，包括材料循环加载特性在内，将在界面模型中（8.8节）进一步讨论。

基本特性的观测

从简单的 $\sigma-\varepsilon$ 曲线上可看出下面的五个基本特性：

（1）在弹性阶段，应力-应变关系完全可由广义虎克定律来描述。在这些区域，杨氏模量 E 是一个常数。对于钢，$E = 207 \times 10^6 \text{kN/m}^2$；对于铜，$E = 117.22 \times 10^6 \text{kN/m}^2$；对于铝，$E = 72.40 \times 10^6 \text{kN/m}^2$。

（2）在后继屈服阶段，应变强化模量 $E'(= d\sigma/d\varepsilon)$ 比弹性杨氏模量 E 小许多。

（3）再加载时，若 $d\sigma d\varepsilon > 0$，则材料后继屈服点增高，这种材料行为称为加工强化。

（4）总应变 ε 可分解为弹性和塑性两部分，即

$$\varepsilon = \varepsilon^e + \varepsilon^p = \sigma/E + \varepsilon^p \tag{8.1}$$

（5）超过初始屈服应力状态后，应力-应变关系不再惟一。例如，在同样水平的应力状态下，相应的应变可以大不相同，这取决于先前的加载历史。

8.2.2 应力-应变关系的理想化

图 8.4（a）~（f）描述总共有六种理想化的 $\sigma-\varepsilon$ 曲线，它们是：（a）线弹性；（b）非线性弹性；（c）线弹性-理想塑性；（d）刚性-理想塑性；（e）线弹性-线性加工强化；（f）刚性-线性加工强化。

这些理想化的理论模型中的每个模型，在特定的应用条件下，可对某些金属特性作出最佳描述。下面简要地描述每种理想模型，并介绍能使用这种模型的实例。

（a）线弹性模型（图 8.4a）

这是所有理想化模型中最简单的一种。假定材料性质符合虎克定律的线弹性，对于工作应力低于屈服应力的大多数设计问题，广泛采用这种模型。而涉及应力集中和确定极限强度等问题时，此模型不适用。

（b）非线性弹性模型（图 8.4b）

对于橡胶类材料，其性质为非线性弹性，图 8.4（b）所示的理想化模型最为合适。

（c）线弹性-理想塑性模型（图 8.4c）

这种理想化模型可以反映出下述金属的三个最重要特征：第一，在较低的应力水平下，弹性响应明显；第二，当应力增加到接近极限状态时，实际的应力-应变曲线明显弯曲，以致在这个阶段的切线模量只是最初弹性模量的几分之一，理想的塑性模型是假定用模量为零来简单描述这种情况；第三，当完全卸载时，塑性状态不可恢复，残余变形仍旧保持对于应力、应变历史和极限强度估计都重要的问题，该理想化模型提供了一个简单模型，以描述诸如低碳结构钢等大量钢材的真实特性。

（d）刚性-理想塑性模型（图 8.4d）

这是对先前理想化模型的进一步简化，它适合于仅考虑最大承载能力的问题。如在结构的极限分析、机械锻造、金属成型等领域广泛地使用这种模型。

（e）线弹性-线性加工强化模型（图 8.4e）

这种理想模型考虑了正应力-应变（$\sigma-\varepsilon$）曲线中的加工强化部分及应力历史和它的

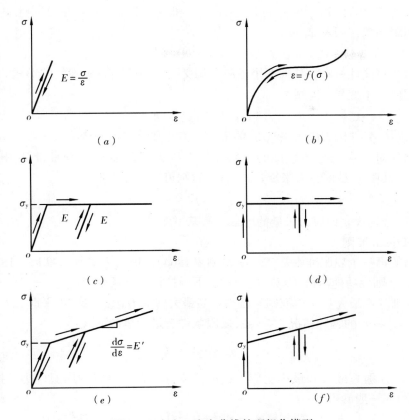

图 8.4 应力－应变曲线的理想化模型
(a) 线弹性；(b) 非线性弹性；(c) 线弹性－理想塑性；
(d) 刚性－理想塑性；(e) 线弹性－线性加工强化；(f) 刚性－线性加工强化

极限值。它通常用来预测铝合金的性能。

(f) 刚性－线性加工强化模型（图 8.4f）

对于应力历史不是很重要的问题，这种模型用起来很方便。

8.3 屈服准则

这一节中，我们讨论在外部荷载下，材料开始屈服时的应力状态。如前所述，在单轴荷载作用下的屈服条件是最简单的，通常，可根据一般应力状态 σ_{ij} 把初始屈服条件写成

$$f(\sigma_{ij}, k) = 0 \tag{8.2}$$

其中，f 称为屈服函数，k 是与材料有关的常数。

金属材料的塑性理论涉及永久（塑性）变形的分析。这些变形的性质可由下列三个基本假设来表征：

(1) 各向同性：在材料任一点的任何方向上，其初始的力学性能是相同的；
(2) 不可压缩性：在塑性变形过程中塑性体积的改变很小，并可以被忽略；
(3) 静水压力的不敏感性：静水压力对材料的塑性变形没有很大的影响。

由于一般的应力状态 σ_{ij} 能用主应力 σ_1、σ_2 和 σ_3 表示，对于各向同性材料，像式 (8.2) 中的屈服函数 f 可写成

$$f(\sigma_1, \sigma_2, \sigma_3) = k \tag{8.3}$$

另外，对各向同性材料，任何两个主应力的交换将不改变屈服函数的形式。因此，式 (8.3) 也可用应力不变量改写成

$$f(I_1, I_2, I_3) = k \tag{8.4}$$

其中，I_1、I_2、I_3 分别代表应力张量 σ_{ij} 的第一、第二和第三不变量。

像金属这种对静水压力不敏感的材料，静水压力部分能从应力张量 σ_{ij} 中扣除，即 $\sigma_{ij} - p\delta_{ij} = s_{ij}$，其中 s_{ij} 是偏应力张量，式 (8.4) 则可写成如下形式：

$$f(J_2, J_3) = k \tag{8.5}$$

其中，J_2 和 J_3 分别代表偏应力张量的第二、第三不变量。

8.3.1 Tresca 准则

对于金属的第一个屈服准则是 Tresca 准则（1864），即最大剪应力准则。1870 年圣维南利用 Tresca 准则成功地求解了双轴应力状态下圆柱体的塑性变形应力。

Tresca 准则（或最大剪应力准则）认为：当最大剪应力达到临界水平时，材料达到屈服。对于 $\sigma_1 \geqslant \sigma_2 \geqslant \sigma_3$ 的特殊情况，Tresca 屈服条件有最简单的形式：

$$\frac{1}{2}(\sigma_1 - \sigma_3) = k \tag{8.6}$$

其中，σ_1 和 σ_3 分别为最大和最小主应力；k 为纯剪状态下材料的屈服应力。换句话说，式 (8.6) 可写成一般的形式：

$$[(\sigma_1 - \sigma_2)^2 - 4k^2][(\sigma_2 - \sigma_3)^2 - 4k^2][(\sigma_3 - \sigma_1)^2 - 4k^2] = 0 \tag{8.7}$$

或根据应力不变量 J_2 和 J_3，上式可写成

$$f - f_c = 4J_2^3 - 27J_3^2 - 36k^2J_2^2 + 96k^4J_2 - 64k^6 = 0 \tag{8.8}$$

图 8.5 (a) 所示为主应力空间上的 Tresca 准则的三维视图，式 (8.7) 或式 (8.8) 表示一个棱柱体表面，它的母线平行于静水压力轴 ($\sigma_1 = \sigma_2 = \sigma_3$)，其横截面形状为正六边形。

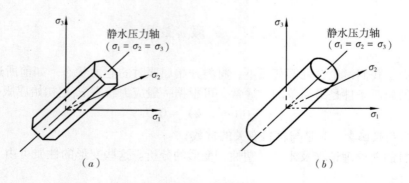

图 8.5 金属经典的屈服准则
(a) Tresca 准则；(b) von Mises 准则

8.3.2 von Mises 准则

1913 年，von Mises 提出了一种新的金属屈服准则，称为 von Mises 屈服准则（或八面体剪切或畸变能准则）。

von Mises 屈服准则（或最大剪切能量准则）认为：当畸变能达到某一临界限值时，材料开始出现塑性性质。由于屈服之前弹性剪切变形作用，储存在材料中的单位体积畸变能 W_d

$$W_d = \frac{1+\nu}{E} J_2 \tag{8.9}$$

其中，ν，E 分别代表泊松比和弹性模量。由于畸变能 W_d 与偏应力张量的第二不变量 J_2 有关，所以 von Mises 准则也称为 J_2-理论或八面体剪应力准则，它有一个简单的形式：

$$J_2 - k^2 = 0 \tag{8.10a}$$

或采用一般应力状态的分量，得到

$$\frac{1}{6}\left[(\sigma_{11}-\sigma_{22})^2 + (\sigma_{22}-\sigma_{33})^2 + (\sigma_{33}-\sigma_{11})^2 + 6\sigma_{12}^2 + 6\sigma_{23}^2 + 6\sigma_{31}^2\right] - k^2 = 0 \tag{8.10b}$$

其中，k 为纯剪状态下材料的屈服应力。这个准则有一个与通常各向同性材料假定一致的最简单数学形式。在主应力空间中，von Mises 屈服准则的三维视图如图 8.5(b) 所示。式 (8.10) 表示了一个母线与静水压力轴平行的圆柱体，它在 π 平面上的横截面形状是一个圆。

考虑在最简单的拉伸试验中屈服应力 $\sigma_1 = \sigma_y$、$\sigma_2 = \sigma_3 = 0$，把这些值代入 Tresca 准则中可推出

$$\sigma_y = 2k \tag{8.11}$$

而类似地考虑 von Mises 准则有

$$\sigma_y = \sqrt{3} k \tag{8.12}$$

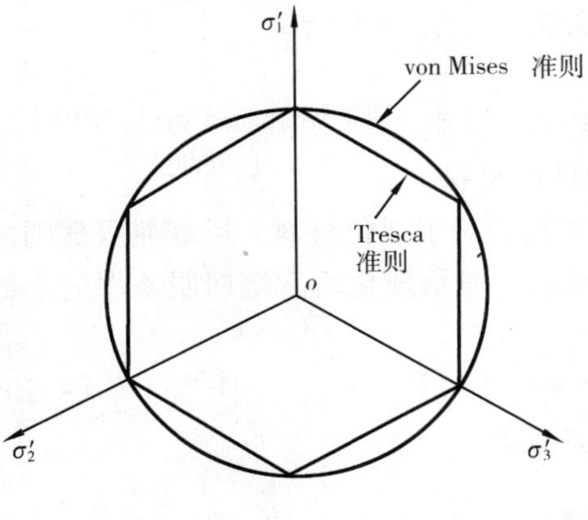

如果在简单的拉伸时这两个准则的屈服应力 σ_y 具有相同的值，则在纯剪状态下，由 von Mises 准则与 Tresca 准则预测的屈服应力 k 的比值为 $2/\sqrt{3} = 1.15$，这种情况下，圆柱体外接于 Tresca 六边形棱柱（见图 8.6）。因而 Tresca 和 von Mises 准则预测值最大的差别不超过 15%。若对纯剪试验两准则一致，则 von Mises 圆内接于 Tresca 六边形。

von Mises 准则考虑了中间主应力对屈服强度有影响，而 Tresca 准则忽略了这个主应力，仅考虑最大剪应力对其有影响。由于 Tresca 六边形边界处转角的数值处理上要求很复杂，故 von Mises 准则的数学表达式在实际应用中要方便些。

图 8.6 π 平面上的 Tresca 准则和 von Mises 准则

【例 8.1】证明 Tresca 准则和 von Mises 准则：(a) 在 $\sigma_1 - \sigma_2$ 空间中分别代表一个六边

形和一个椭圆；(b) 在 $\sigma_{11}-\sigma_{12}$ 空间中是两个椭圆。

【解】(a) Tresca 准则在主应力空间的一般形式为

$$[(\sigma_1-\sigma_2)^2-4k^2][(\sigma_2-\sigma_3)^2-4k^2][(\sigma_3-\sigma_1)^2-4k^2]=0 \qquad (8.13)$$

把 $\sigma_3=0$ 代入得

$$[(\sigma_1-\sigma_2)^2-4k^2][\sigma_2^2-4k^2][\sigma_1^2-4k^2]=0 \qquad (8.14)$$

下列条件下式 (8.14) 成立

$$\sigma_1-\sigma_2=\pm 2k \qquad (8.15a)$$
$$\sigma_1=\pm 2k \qquad (8.15b)$$
$$\sigma_2=\pm 2k \qquad (8.15c)$$

这些条件描述了在双轴应力空间中材料的屈服，如图 8.7 中的六边形（虚线）所示。式 (8.10) 给出的 von Mises 准则（或 J_2-理论）简化成双轴应力状态（$\sigma_3=0$）。

$$\sigma_1^2-\sigma_1\sigma_2+\sigma_2^2=3k^2 \qquad (8.16)$$

式 (8.16) 为一椭圆方程，如图 8.7 所示（实曲线）。

(b) 用 Mohr 圆求解应力状态 (σ_{11}, σ_{12})，最大剪应力 $\tau_{\max}$ 的值为

$$\tau_{\max}=\sqrt{\frac{1}{4}\sigma_{11}^2+\sigma_{12}^2} \qquad (8.17)$$

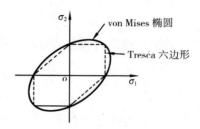

图 8.7 在 $\sigma_1-\sigma_2$ 应力空间中的屈服线

根据在 Tresca 屈服条件，$\tau_{\max}=k$，得出

$$\sigma_{11}^2+4\sigma_{12}^2=4k^2 \qquad (8.18)$$

此式在 $\sigma_{11}-\sigma_{12}$ 空间中是一个椭圆（图 8.8 中的虚线）。

另一方面，把 σ_{11}，σ_{12} 和 $\sigma_{22}=\sigma_{33}=\sigma_{23}=\sigma_{31}=0$ 代入 von Mises 准则方程 (8.10)，导出

$$\sigma_{11}^2+3\sigma_{12}^2=3k^2 \qquad (8.19)$$

上式在 $\sigma_{11}-\sigma_{12}$ 空间内也是一个椭圆（见图 8.8 的实曲线）。

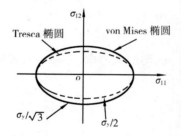

图 8.8 $\sigma_{11}-\sigma_{12}$ 空间中的屈服曲线

8.3.3 加载函数

一旦应力状态 σ_{ij} 的增长超过了 von Mises 或 Tresca 准则的初始屈服条件，塑性变形就产生了。对于理想塑性的材料，在整个屈服阶段，屈服准则保持为一个常数。另一方面，对于强化材料，后继屈服准则由应力状态 σ_{ij}、塑性应变 ε_{ij}^p 状态和塑性应变历史 k 确定，表示强化后后继屈服条件的函数称为加载函数 f，一般形式为

$$f(\sigma_{ij}, \varepsilon_{ij}^p, k)=0 \qquad (8.20)$$

式 (8.20) 表示的屈服曲面称为加载面或后继屈服面。

8.3.4 强化法则

从试验现象中了解到，通常在塑性变形增加的过程中，加载曲面的尺寸、形状和位置都在改变，控制这种性质的法则称为强化法则，它定义了建立后继加载面的方法。强化条件在数学上一般用随塑性加载历史改变的参数（记忆）来表示，强化参数的形式可随材料不同发生改变。对金属来说，强化参数常常是塑性轨迹或全部塑性功的函数。

有几个强化法则在描述应变-强化（或软化）材料的后继加载面的形成时已提出过（第七章）。某一特定强化法则的选用主要取决于它能否被容易地采用，以及表现某一特定材料的强化特性的能力。一般地，有三种强化法则在金属中得到普遍应用。它们是：
(1) 各向同性强化；
(2) 随动强化；
(3) 混合强化。

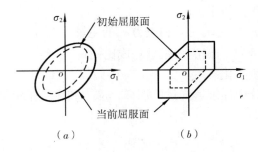

图 8.9　各向同性强化-初始屈服面的均匀膨胀
(a) von Mises；(b) Tresca

对于图 8.9 所示的各向同性强化法则，假定初始屈服面均匀地膨胀（或收缩），没有随塑性流动而发生畸变。另一方面，随动强化法则假定：在整个塑性变形过程中，加载面在应力空间作为刚性平移而没有转动，即尺寸和形状均保持与初始屈服面相同（图 8.10）。这法则为解释 Bauschinger 效应提供了一种工具，把这种效应归于一种由塑性变形引起的定向的各向异性的特殊模型，即一个方向的初始塑性变形使相反方向抵抗后继塑性变形的能力减小。因此，与随动强化法则相结合的塑性模型，特别适合于具有明显 Bauschinger 效应的金属以及在循环荷载和反向加载作用下的金属。

各向同性和随动强化两种法则的组合导致了更为一般的强化法则，称为混合强化法则。对于混合（组合）强化法则，加载面在所有方向都发生平动和膨胀（收缩），Bauschinger 效应在不同程度上都可加以模拟。或与随动强化模型结合、或与混合强化模型结合的此类塑性模型，就是众所周知的各向异性强化模型。

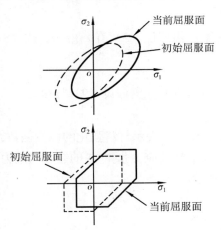

图 8.10　随动强化-初始屈服面
平动时无膨胀或无旋转

8.4　经典塑性理论

在前面章节中，已详细讨论了在弹性范围内的极限值问题，在这个范围内金属的应力和应变用虎克定律联系起来。一旦金属应力状态达到了满足 Tresca 或 von Mises 准则规范的屈服极限，金属既发生弹性变形也发生塑性变形。在经典的金属塑性理论中，金属在塑性变形中的应力－应变关系可以形变形式表示也可以增量形式表示。下面，较详细地解释这两种形式的理论。

8.4.1 形变理论

在许多工程应用中，物理非线性比不可逆性和历史相关性更为重要。因此，Hencky（1925）根据非线性弹性理论提出了一个名叫塑性变形理论的最简单塑性理论，它使用方便。这个理论基于下列三个假定：

(1) 塑性应变张量 ε_{ij}^p 的主轴总是和应力 σ_{ij} 的主轴重合；
(2) 塑性偏应变张量 e_{ij}^p 与偏应力张量 s_{ij} 成比例；
(3) 不发生塑性体积变化。

正如本书中第一部分中详细解释过的那样，应力和应变张量均可分解为偏应力和静水压力部分。

$$\sigma_{ij} = s_{ij} + \frac{1}{3}\sigma_{kk}\delta_{ij} \tag{8.21}$$

$$\varepsilon_{ij} = e_{ij} + \frac{1}{3}\varepsilon_{kk}\delta_{ij} \tag{8.22}$$

其中，σ_{kk} 和 ε_{kk} 分别表示应力、应变的第一不变量。

由于应变可分成弹性和塑性部分：

$$\varepsilon_{ij} = \varepsilon_{ij}^e + \varepsilon_{ij}^p = e_{ij}^e + e_{ij}^p + \frac{1}{3}(\varepsilon_{kk}^e + \varepsilon_{kk}^p)\delta_{ij} \tag{8.23}$$

由假设（3）有 $\varepsilon_{kk}^p = 0$，式（8.23）变为

$$\varepsilon_{ij} = e_{ij}^e + e_{ij}^p + \frac{1}{3}\varepsilon_{kk}^e\delta_{ij} \tag{8.24}$$

另一方面，由假设（2）导得

$$e_{ij}^p = \phi s_{ij} \tag{8.25}$$

其中，ϕ 表示材料强化的标量函数，它在加载过程中为正，在卸载时为零。式（8.25）也表示塑性应变张量 ε_{ij}^p 的主轴与应力张量 σ_{ij} 的主轴重合（假设（1））。应力与弹性应变的关系为

$$e_{ij}^e = \frac{1}{2G}s_{ij} \tag{8.26a}$$

$$\varepsilon_{kk}^e = \frac{1}{3K}\sigma_{kk} \tag{8.26b}$$

其中，G 和 K 分别表示剪切模量和 Bulk 模量。

把式（8.25）、式（8.26）代到式（8.24），导出了金属的 Hencky 应力－应变关系。

$$\varepsilon_{ij} = \left(\frac{1}{2G} + \phi\right)s_{ij} + \frac{1}{9K}\sigma_{kk}\delta_{ij} \tag{8.27}$$

在塑性形变理论中，对于强化的材料假定只要塑性变形继续，应力状态 σ_{ij}（s_{ij} 和 σ_{kk}）就惟一确定应变状态 ε_{ij}，所以只要不发生卸载，它们就与割线型的非线性弹性应力－应变关系相一致。

【例 8.2】 建立式（8.27）中的标量函数 ϕ 的一般形式，以便推广到多向应力状态下

应用。

【解】 用简单的拉伸试验中得到的单向应力-应变关系来寻求一般的函数 ϕ。为做到这一点，需找到一个变量或多个变量，来把单轴应力状态与多向应力状态联系起来，并用这些变量来表示函数 ϕ。

为此，我们选取两种最常用的变量：(1) 等效或有效应力 σ_e；(2) 等效或有效塑性应变 ε_p。对于一般的工程材料，这些变量在第七章中已作了进一步讨论。

如使用 Mises 屈服条件，则继 Hill (1950) 之后，有效应力和有效塑性应变可分别定义为

$$\sigma_e = \frac{1}{\sqrt{2}} \left[(\sigma_{11} - \sigma_{22})^2 + (\sigma_{22} - \sigma_{33})^2 + (\sigma_{33} - \sigma_{11})^2 \right.$$
$$\left. + 6(\sigma_{12}^2 + \sigma_{23}^2 + \sigma_{31}^2) \right]^{\frac{1}{2}} \tag{8.28}$$

和

$$\varepsilon_p = \frac{\sqrt{2}}{3} \left[(\varepsilon_{11}^p - \varepsilon_{22}^p)^2 + (\varepsilon_{22}^p - \varepsilon_{33}^p)^2 + (\varepsilon_{33}^p - \varepsilon_{11}^p)^2 \right.$$
$$\left. + 6(\varepsilon_{12}^p)^2 + 6(\varepsilon_{23}^p)^2 + 6(\varepsilon_{31}^p)^2 \right]^{\frac{1}{2}} \tag{8.29}$$

对单向拉伸试验，在 x_1 方向，式 (8.28) 和式 (8.29) 分别简化成

$$\sigma_e = \sigma_{11} \tag{8.30a}$$

和

$$\varepsilon_p = \varepsilon_{11}^p \tag{8.30b}$$

或者，有效应力和有效塑性应变可分别表示为

$$\sigma_e = \frac{3}{\sqrt{2}} \tau_{\text{oct}} = \sqrt{3J_2} = \sqrt{\frac{3}{2} s_{ij} s_{ij}} \tag{8.31}$$

和

$$\varepsilon_p = \sqrt{\frac{2}{3} \varepsilon_{ij}^p \varepsilon_{ij}^p} = \sqrt{\frac{2}{3} e_{ij}^p e_{ij}^p} \tag{8.32}$$

利用有效应力 σ_e 和有效塑性应变增量 $d\varepsilon_p$，我们能求出所要求的函数 ϕ。为此，将式 (8.25) 代入到式 (8.32)，并使用式 (8.31)，得到

$$\varepsilon_p = \sqrt{\frac{2}{3} \phi^2 s_{ij} s_{ij}} = \frac{2}{3} \phi \sigma_e \tag{8.33}$$

从上式能求出函数 ϕ 为

$$\phi = \frac{3}{2} \frac{\varepsilon_p}{\sigma_e} \tag{8.34}$$

函数 ϕ 能看做是有效塑性应变与有效应力之比。

【例 8.3】 从所给的单轴应力-应变曲线求出函数 ϕ。

【解】 图 8.11 表示从简单的拉伸试验中得出的单轴应力 σ_{11} 与应变 ε_{11} 的关系图，其中 OA 和 ABC 分别为弹性阶段和强化阶段，弹性应变 $\varepsilon^e = \varepsilon_{11}^e$ 和塑性

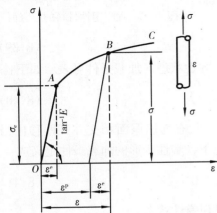

图 8.11 非线弹性加工强化的材料模型

应变 $\varepsilon^p = \varepsilon_{11}^p$ 能表示成

$$\varepsilon_{11}^e = \sigma_{11}/E \quad (8.35a)$$

和

$$\varepsilon_{11}^p = h(\sigma_{11}) \quad (8.35b)$$

由于有效应力 σ_e 和有效应变 ε_p 可分别简化成 $\sigma = \sigma_{11}$ 和 $\varepsilon = \varepsilon_{11}^p$，式（8.34）中的 ϕ 变成

$$\phi = \frac{3}{2}\frac{\varepsilon_{11}^p}{\sigma_{11}} = \frac{3}{2}\frac{h(\sigma_{11})}{\sigma_{11}} = \frac{3}{2}\frac{h(\sigma)}{\sigma} \quad (8.36)$$

从式（8.36）中可以看出，ϕ 能通过一个简单的拉伸试验的结果求得。

8.4.2 流动理论（增量理论）

在推导应力增量-应变增量关系的过程中，总的应变增量 $d\varepsilon_{ij}$ 可假设为弹性应变增量 $d\varepsilon_{ij}^e$ 和塑性应变增量 $d\varepsilon_{ij}^p$ 的和，即

$$d\varepsilon_{ij} = d\varepsilon_{ij}^e + d\varepsilon_{ij}^p \quad (8.37)$$

弹性应变增量可用带有两个材料参数，如体积模量 K 和剪切模量 G 的增量虎克定律来完全定义。另一方面，塑性应变增量是基于下列三个基本假设得到的：

(1) 存在一个屈服面；
(2) 具有相应的强化法则；
(3) 有确定应力和塑性应变增量关系的一般形式的流动法则。

加 载 准 则

首先考虑双轴应力空间的屈服曲面 f。对于一种理想塑性材料，屈服面在应力空间是固定的。因此，仅在应力路径中的屈服面上移动时才发生塑性变形（图 8.12）。所以塑性流动的加载条件可写成

$$f = f_c \text{ 和 } df = \frac{\partial f}{\partial \sigma_{ij}}d\sigma_{ij} = 0 \quad (8.38)$$

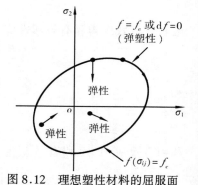

图 8.12 理想塑性材料的屈服面

另一方面，如果在一个应力增量之后，出现的是弹性性质，新的应力状态仍在弹性范围内，即

$$f < f_c \quad (8.39)$$

对于应力路径的起点在屈服面上的这种特殊情况，弹性状态的加载条件可表示如下：

$$f = f_c \text{ 和 } df = \frac{\partial f}{\partial \sigma_{ij}}d\sigma_{ij} < 0 \quad (8.40)$$

另一方面，如图 8.13 所示，对强化材料，如果应力状态与屈服面相交并试图移出当前的曲面边界，则弹-塑性状态就会出现。在这种情况下，塑性变形的加载条件定义成

$$f = 0 \quad \text{和} \quad df = \frac{\partial f}{\partial \sigma_{ij}}d\sigma_{ij} > 0 \quad (8.41)$$

类似地，对于理想塑性材料，在如下的条件下将出现弹性状态。

$$f < 0 \quad \text{或} \quad f = 0$$

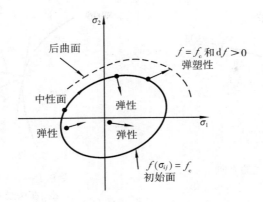

图 8.13 强化材料的屈服面

和
$$df = \frac{\partial f}{\partial \sigma_{ij}} d\sigma_{ij} < 0 \tag{8.42}$$

然而应注意到,当初始应力和后继应力发生在同一屈服面,并沿当前的曲面($f=0$ 和 $df=0$)移动时,会产生中性变载。在这种中性变载情况下,变形假定是纯弹性的。

流 动 法 则

对于受进一步加载的已屈服的单元,流动法则定义了塑性应变增量 $d\varepsilon_{ij}^p$ 的下一个增量和当前的应力状态 σ_{ij} 间的关系。在一定的程度上,这种关系和粘性流体的应力-应变关系类似,并且使用了塑性势能函数 g 的概念。在一般的塑性理论中,塑性应变增量的方向是通过塑性势能函数 g 以下面的形式定义的。

$$d\varepsilon_{ij}^p = d\lambda \frac{\partial g}{\partial \sigma_{ij}} \tag{8.43}$$

其中,$d\lambda$ 是与当前应力状态和加载历史有关的正比例的标量。假如势能面和屈服面重合($f=g$),则流动法则为关联型,否则为非关联型。从式(8.43)可以看到,塑性应变增量的矢量 $d\varepsilon_{ij}^p$ 的方向在当前应力点 σ_{ij} 处垂直于塑性势能 g 的曲面,图 8.14 表示了这种正交条件。$d\varepsilon_{ij}^p$ 的大小可进一步通过求解图 8.15 中的几何图形确定,图中假设 $d\lambda$ 的大小与应力增量 $d\sigma_{ij}$ 在法线 n_{ij} 上的投影成正比,即 $n_{ij}d\sigma_{ij}$,这样就可把 $d\lambda$ 写成

$$d\lambda = \frac{1}{H'} \frac{\partial f}{\partial \sigma_{mn}} d\sigma_{mn} \tag{8.44}$$

其中,H' 称为强化模量,一般与应力、应变和加载历史有关。把式(8.44)代入式(8.43)推出

$$d\varepsilon_{ij}^p = \frac{1}{H'} \left(\frac{\partial f}{\partial \sigma_{mn}} d\sigma_{mn} \right) \frac{\partial g}{\partial \sigma_{ij}} \tag{8.45}$$

这个假设的优点是当中性变载发生时,$df = (\partial f/\partial \sigma_{mn}) d\sigma_{mn} = 0$,得到一个纯弹性响应,即 $d\varepsilon_{ij}^p = 0$,这正是塑性增量理论所要求的。简单地用 f 替换函数 g,可以得出基于关联流动法则的本构方程。

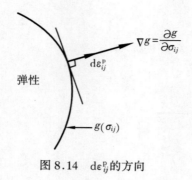

图 8.14 $d\varepsilon_{ij}^p$ 的方向

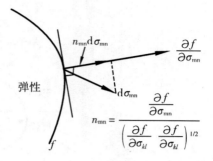

图 8.15 $d\varepsilon_{ij}^p$ 的大小与应力增量 $d\sigma_{ij}$ 在法线 n_{ij} 方向上的投影成比例，即 $n_{ij}d\sigma_{ij}=n_{mn}d\sigma_{mn}$

8.5 Prandtl–Reuss 应力–应变增量关系

Prandtl–Reuss 流动理论基于以下三个假设：

(1) 塑性应变增量 $d\varepsilon_{ij}^p$ 的主轴与当前应力 σ_{ij} 的主轴重合；

(2) 塑性应变增量的偏量 de_{ij}^p 与偏应力张量 s_{ij} 成正比例；

(3) 无塑性体积变化发生。

与形变理论相比较，流动理论中的应力–应变关系是以增量形式给出的。这里与形变理论式（8.25）相同的方式，给出塑性（偏）应变增量为

$$d\varepsilon_{ij}^p = de_{ij}^p = d\lambda s_{ij} \tag{8.46}$$

其中，$d\lambda$ 是一个正的标量因子，式（8.46）表示的关系称为 Prandtl–Reuss 关系。对于弹性部分，假设一个线性各向同性的关系为

$$d\varepsilon_{ij}^e = \frac{1}{2G}ds_{ij} + \frac{1}{9K}d\sigma_{kk}\delta_{ij} \tag{8.47}$$

因此，总的应力–应变增量关系可写成

$$d\varepsilon_{ij} = \frac{1}{2G}ds_{ij} + d\lambda s_{ij} + \frac{1}{9K}d\sigma_{kk}\delta_{ij} \tag{8.48}$$

对于刚塑性材料，弹性应变增量 $d\varepsilon_{ij}^e$ 与塑性应变增量 $d\varepsilon_{ij}^p$ 相比较是很小的，式（8.48）可简化为

$$d\varepsilon_{ij} = d\lambda s_{ij} \tag{8.49}$$

这个关系称为 Levy–Mises 关系（Levy，1870）。

【例 8.4】 确定理想弹–塑性 J_2 模型材料的正标量因子 $d\lambda$。

【解】 对理想弹–塑性 J_2 模型材料，有效应力 σ_e 是个常数，从式（8.31）得到

$$s_{ij}s_{ij} = \frac{2}{3}\sigma_e^2 = \frac{2}{3}\sigma_y^2 \tag{8.50}$$

对式（8.50）两边求导，推出

$$2s_{ij}ds_{ij} = 0 \tag{8.51}$$

另一方面，偏应变增量 de_{ij} 可写成

$$de_{ij} = \frac{1}{2G}ds_{ij} + d\lambda s_{ij} \tag{8.52}$$

式 (8.52) 两边同乘以 s_{ij} 并求和有

$$s_{ij}de_{ij} = \frac{1}{2G}s_{ij}ds_{ij} + d\lambda s_{ij}s_{ij} = d\lambda s_{ij}s_{ij} \tag{8.53}$$

由于式 (8.51) 有 $s_{ij}ds_{ij} = 0$，再把式 (8.50) 代入式 (8.53) 导出

$$s_{ij}de_{ij} = \frac{2}{3}\sigma_y^2 d\lambda \tag{8.54}$$

于是有

$$d\lambda = \frac{3}{2}s_{ij}de_{ij}/\sigma_y^2 \tag{8.55}$$

将式 (8.55) 代到式 (8.52)，求出 ds_{ij} 为

$$ds_{ij} = 2G\left(de_{ij} - \frac{3}{2}s_{kl}de_{kl}\frac{s_{ij}}{\sigma_y^2}\right) \tag{8.56}$$

然后，得到理想弹塑性 J_2 材料的应力-应变增量关系为

$$d\sigma_{ij} = 2G\left(de_{ij} - \frac{3}{2}s_{kl}de_{kl}\frac{s_{ij}}{\sigma_y^2}\right) + Kd\varepsilon_{kk}\delta_{ij} \tag{8.57}$$

【例 8.5】确定弹-塑性各向同性强化 J_2 材料的正标量因子 $d\lambda$。

【解】和理想弹性塑性材料不一样，弹-塑性材料的有效应力 σ_e 不是常数，而是一个与塑性功 W_d 或塑性应变 ε_{ij}^p 有关的函数。对于与塑性功 $W_p \left(= \int \sigma_{ij}d\varepsilon_{ij}^p\right)$ 有关的情形称为加工强化材料。则各向同性强化材料加载函数具有的一般形式为

$$f[\sigma_{ij}, k(W_p)] = 0 \tag{8.58}$$

另一方面，对于与有效塑性应变 $\varepsilon_p \left(= \int d\varepsilon_p\right)$ 相关的情形，其中 $d\varepsilon_p$ 是有效塑性应变增量，称为应变强化的材料。此时的加载函数为

$$f[\sigma_{ij}, k(\varepsilon_p)] = 0 \tag{8.59}$$

这里，有效塑性应变增量 $d\varepsilon_p$ 定义为

$$d\varepsilon_p = \sqrt{\frac{2}{3}de_{ij}^p de_{ij}^p} \tag{8.60}$$

将式 (8.46) 两边平方推出：

$$de_{ij}^p de_{ij}^p = d\lambda^2 s_{ij}s_{ij} \tag{8.61}$$

利用式 (8.50) 和式 (8.60)，式 (8.61) 可改写为

$$\frac{3}{2}(d\varepsilon_p)^2 = \frac{2}{3}\sigma_e^2 d\lambda^2 \tag{8.62}$$

因此，$d\lambda$ 能从式 (8.62) 中得到

$$d\lambda = \frac{3}{2}\frac{d\varepsilon_p}{\sigma_e} \tag{8.63}$$

对于式 (8.59) 给出的 J_2 型材料的加载函数 f，应变强化参数 k 有如下形式：

$$\sqrt{s_{ij}s_{ij}} = k(\varepsilon_p) \tag{8.64}$$

故，有效应力 $\sigma_e \left[= \sqrt{\dfrac{3}{2} s_{ij} s_{ij}} \right]$ 为

$$\sigma_e = \sqrt{\dfrac{3}{2}} k(\varepsilon_p) = H(\varepsilon_p) \tag{8.65}$$

从上式得到

$$d\sigma_e = H'(\varepsilon_p) d\varepsilon_p \quad \text{或} \quad d\varepsilon_p = \dfrac{d\sigma_e}{H'(\varepsilon_p)} \tag{8.66}$$

其中，$H' = d\sigma_e/d\varepsilon_p$，代式（8.66）到式（8.63）导出

$$d\lambda = \dfrac{3}{2}\left(\dfrac{1}{H'}\right)\left(\dfrac{d\sigma_e}{\sigma_e}\right) \tag{8.67}$$

【例 8.6】如图 8.16 所示，一薄壁环形筒的表面单元承受拉应力 σ 和剪应力 τ，材料的单轴应力-应变关系（见图 8.17）给出为

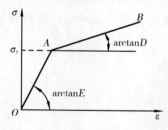

图 8.16 在轴向力及扭矩共同作用下的薄壁筒试验

$$\text{对于 } \sigma < \sigma_y, \quad \varepsilon = \sigma/E$$
$$\text{对于 } \sigma > \sigma_y, \quad \varepsilon = \sigma_y/E + (\sigma - \sigma_y)/D \tag{8.68}$$

其中，E，D 和 σ_y 分别是杨氏模量、强化模量和屈服应力。利用各向同性强化的 von Mises 准则，如图 8.18 所示的三种应力路径：(a) $O \to A \to C$；(b) $O \to B \to C$；(c) $O \to C$，用流动理论求解最终状态下相应的轴向应变。

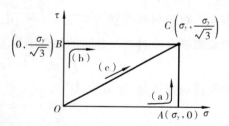

图 8.17 弹性-线性加工
强化模型

图 8.18 三条应力路径
(a)和(b)是非比例加载；(c)是比例加载

【解】应变 ε 可分解成弹性应变 ε^e 和塑性应变 ε^p，由式（8.68）有

$$\varepsilon^e = \sigma/E \tag{8.69a}$$

$$\varepsilon^p = \dfrac{\sigma_y}{E} + \dfrac{\sigma - \sigma_y}{D} - \dfrac{\sigma}{E} = (\sigma - \sigma_y)\left(\dfrac{1}{D} - \dfrac{1}{E}\right) \tag{8.69b}$$

由于有效应力 σ_e 和有效塑性应变增量 $d\varepsilon_p$ 分别与单轴应力 σ 和轴向塑性应变增加 $d\varepsilon_p$ 相同，根据式（8.69(b)），$H' = d\sigma_e/d\varepsilon_p$ 可写成

$$H' = \dfrac{d\sigma_e}{d\varepsilon_p} = \dfrac{1}{F} \tag{8.70}$$

其中，$F = \dfrac{1}{D} - \dfrac{1}{E}$。

前面所述，塑性偏应变增量 de_{ij}^p 可通过式（8.46）和式（8.67）表示成

$$de_{ij}^p = \frac{3}{2H'}\left(\frac{d\sigma_e}{\sigma_e}s_{ij}\right) \tag{8.71}$$

其中，有效应力 $\sigma_e = \sqrt{3J_2}$。

下面，将推导与这三种不同应力路径相对应的在最终状态下的轴向应变 ε。

应力路径（a）：在 $\sigma - \tau$ 空间内的初始屈服面可写成

$$\sigma^2 + 3\tau^2 = \sigma_y^2 \tag{8.72}$$

如图 8.19 所示，它是通过 A 和 B 两点的椭圆。

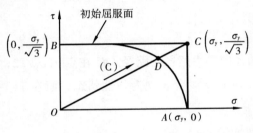

图 8.19　比例加载路径

在加载路径 OA 段，（参看图 8.18）材料表现出完全弹性，而在加载路径 AC 段，则表现出弹-塑性。在最终状态，弹性应变 ε^e 为

$$\varepsilon^e = \sigma_y / E \tag{8.73}$$

另一方面，最终状态的塑性应变 ε^p 是在路径 AC 累积的塑性偏应变，$\sigma - \tau$ 空间的有效应力可化简为

$$\sigma_e = \sqrt{\sigma^2 + 3\tau^2} \tag{8.74}$$

而有效应力增量 $d\sigma_e$ 可写成

$$d\sigma_e = (\sigma d\sigma + 3\tau d\tau)/\sigma_e \tag{8.75}$$

把式（8.74）和式（8.75）代入式（8.71）导出

$$de_{ij}^p = \frac{3}{2}\frac{1}{F}\frac{(\sigma d\sigma + 3\tau d\tau)s_{ij}}{\sigma^2 + 3\tau^2} \tag{8.76}$$

这样，把 $s_{11} = \dfrac{2}{3}\sigma_y$，$\sigma = \sigma_y$，$d\sigma = 0$ 代入式（8.76），塑性偏应变增量 de^p（$= de_{11}^p$）可表示成

$$de^p = \frac{3}{2}\frac{1}{F}\frac{3\tau d\tau}{\sigma_y^2 + 3\tau^2}\frac{2}{3}\sigma_y = \frac{1}{F}\sigma_y\frac{3\tau d\tau}{\sigma_y^2 + 3\tau^2} \tag{8.77}$$

沿途径 AC（$\sigma = \sigma_y =$ 常数，τ 在 0 到 $\sigma_y/\sqrt{3}$ 之间变化）对式（8.77）积分，得到

$$e^p = \int de^p = \frac{1}{F}\sigma_y \int_0^{\sigma_y/\sqrt{3}} \frac{3\tau d\tau}{\sigma_y^2 + 3\tau^2} = \frac{1}{F}\sigma_y \frac{1}{2}\ln(\sigma_y^2 + 3\tau^2)$$

$$= \frac{1}{F}\sigma_y \ln\sqrt{2} \tag{8.78}$$

由在路径 OAC 段上的最终状态的轴向应变 ε 求得为

$$\varepsilon = \varepsilon^e + \varepsilon^p = \frac{\sigma_y}{E} + \frac{1}{F}\sigma_y \ln\sqrt{2}$$

$$= \sigma_y\left(\frac{1}{E} + \frac{1}{F}\ln\sqrt{2}\right) \tag{8.79}$$

应力路径（b）（参看图 8.18）：由于路径 OB 在初始屈服面以内，材料处于弹性状态。至于 BC 段，由于应力路径移到了屈服面之外，材料处于弹塑性状态，再次利用式（8.76），

并把 $s_{11} = \frac{2}{3}\sigma$, $\tau = \sigma/\sqrt{3}$ 和 $d\tau = 0$ 代入,在 BC 段可得的塑性偏应变增量 de^p ($= de^p_{11}$) 如下:

$$de^p = \frac{1}{F} \frac{\sigma^2 d\sigma}{\sigma^2 + \sigma_y^2} \tag{8.80}$$

沿着 BC 段 ($\tau = $ 常数,σ 在 0 到 σ_y 之间变化) 对式 (8.80) 进行积分导出

$$e^p = \int de^p = \frac{1}{F} \int_0^{\sigma_y} \frac{\sigma^2 d\sigma}{\sigma^2 + \sigma_y^2} = \frac{1}{F}\sigma_y\left(1 - \frac{1}{4}\pi\right) \tag{8.81}$$

这样,在路径 OBC 段上把弹性应变 ε^e 加到塑性应变 ε^p 上,最终状态的轴向应变 ε 可由下式给出

$$\begin{aligned}\varepsilon &= \varepsilon^e + \varepsilon^p = \varepsilon^e + e^p \\ &= \frac{\sigma_y}{E} + \frac{1}{F}\sigma_y\left(1 - \frac{1}{4}\pi\right) = \sigma_y\left[\frac{1}{E} + \frac{1}{F}\left(1 - \frac{1}{4}\pi\right)\right]\end{aligned} \tag{8.82}$$

应力路径 (c):这个路径是由 $\sigma/\tau = \sqrt{3}$ 给出的径向应力路径。路径 OC 在点 $D(\sigma_y/\sqrt{2}, \sigma_y/\sqrt{6})$ 达到初始屈服面,如图 8.19 所示。因此,在 OD 段会表现为弹性状态,而在 DC 段表现为弹-塑性状态。

把 $s = \frac{2}{3}\sigma$ 代入方程 (8.76),得出塑性偏应变增量 de^p ($= de^p_{11}$):

$$de^p = \frac{1}{F}\sigma\ (\sigma d\sigma + 3\tau d\tau) / (\sigma^2 + 3\tau^2) \tag{8.83}$$

进一步把 $\tau = \sigma/\sqrt{3}$ 和 $d\tau = d\sigma/\sqrt{3}$ 代入导得

$$de^p = \frac{1}{F}d\sigma \tag{8.84}$$

因而,沿 DC 段 (σ 在 $\sigma_y/\sqrt{2}$ 到 σ_y 之间变化),对式 (8.84) 进行积分得到塑性屈服应变 e^p 为

$$e^p = \int_{\sigma_y/\sqrt{2}}^{\sigma_y} \frac{1}{F}d\sigma = \frac{1}{F}\sigma_y(1 - 1/\sqrt{2}) \tag{8.85}$$

故 C 点的轴向应变 ε 由下式给出:

$$\begin{aligned}\varepsilon &= \varepsilon^e + \varepsilon^p = \varepsilon^e + e^p = \frac{\sigma_y}{E} + \frac{1}{F}\sigma_y\ (1 - 1/\sqrt{2}) \\ &= \sigma_y\left[\frac{1}{E} + \frac{1}{F}\ (1 - 1/\sqrt{2})\right]\end{aligned} \tag{8.86}$$

8.6 广义应力-应变增量关系

由 Prandtl (1924) 和 Reuss (1930) 提出的应力-应变增量关系隐含地利用了在关联流动法则下的 von Mises 屈服函数。本章将用和前面章节完全不同的方法推导了强化塑性模型的弹塑性应力-应变增量关系。

8.6.1 应力-应变增量关系

根据总的应变增量 $d\varepsilon_{ij}$,先求解塑性应变增量 $d\varepsilon^p_{ij}$。由关系 $d\varepsilon_{ij} = d\varepsilon^e_{ij} + d\varepsilon^p_{ij}$ 和各向同性线弹性材料的应力-应变增量关系,可得到

$$d\sigma_{ij} = C_{ijkl}(d\varepsilon_{kl} - d\varepsilon_{kl}^p) \tag{8.87}$$

两边同乘以 $\partial f/\partial \sigma_{ij}$，并在关联流动法则下把 $d\varepsilon_{ij}^p = \frac{1}{H'}(\partial f/\partial \sigma_{mn})d\sigma_{mn}(\partial f/\partial \sigma_{ij})$ 代入得到

$$\frac{\partial f}{\partial \sigma_{ij}}d\sigma_{ij} = \frac{\partial f}{\partial \sigma_{ij}}C_{ijkl}d\varepsilon_{kl} - \frac{1}{H'}\left(\frac{\partial f}{\partial \sigma_{mn}}d\sigma_{mn}\right)\frac{\partial f}{\partial \sigma_{ij}}C_{ijkl}\frac{\partial f}{\partial \sigma_{kl}} \tag{8.88}$$

其中，f 是屈服函数。由式 (8.88) 求解 $(\partial f/\partial \sigma_{ij})d\sigma_{ij}$，得到

$$\frac{\partial f}{\partial \sigma_{ij}}d\sigma_{ij} = \frac{\dfrac{\partial f}{\partial \sigma_{ij}}C_{ijkl}d\varepsilon_{kl}}{1 + \dfrac{1}{H'}\dfrac{\partial f}{\partial \sigma_{ab}}C_{abcd}\dfrac{\partial f}{\partial \sigma_{cd}}} \tag{8.89}$$

把式 (8.89) 代入式 (8.45)，我们找到塑性应变增量为

$$d\varepsilon_{ij}^p = \frac{\dfrac{\partial f}{\partial \sigma_{kl}}C_{klmn}d\varepsilon_{mn}}{H' + \dfrac{\partial f}{\partial \sigma_{ab}}C_{abcd}\dfrac{\partial f}{\partial \sigma_{cd}}}\frac{\partial f}{\partial \sigma_{ij}} \tag{8.90}$$

这样，把式 (8.90) 中的 $d\varepsilon_{ij}^p$ 代入式 (8.88) 导出应力增量 $d\sigma_{ij}$ 和总的应变增量 $d\varepsilon_{kl}$ 间的关系为

$$d\sigma_{ij} = \left[C_{ijkl} - \frac{\dfrac{\partial f}{\partial \sigma_{rs}}C_{ijrs}C_{mnkl}\dfrac{\partial f}{\partial \sigma_{mn}}}{H' + \dfrac{\partial f}{\partial \sigma_{ab}}C_{abcd}\dfrac{\partial f}{\partial \sigma_{cd}}}\right]d\varepsilon_{kl} \tag{8.91}$$

式 (8.91) 是在关联流动法则假设下关于理想塑性、各向同性应变强化和各向异性应变强化材料的弹塑性本构方程的一般形式，式 (8.91) 中的强化模量 H' 在描述材料特性时充当着重要角色，对各种不同的材料，它有不同的形式。下面，将对理想塑性、各向同性强化、随动强化和混合强化材料的强化模量 H' 的求解加以讲述。

8.6.2 理想塑性

在应力空间中理想塑性模型包含一个固定的"破坏包络线"或"屈服曲面"，一般形式为

$$f = f(\sigma_{ij}) \tag{8.92}$$

在塑性变形中，屈服函数 f 将满足一致性条件 $df = 0$，即

$$df = \frac{\partial f}{\partial \sigma_{ij}}d\sigma_{ij} = 0 \tag{8.93}$$

由于 $(\partial f/\partial \sigma_{ij})d\sigma_{ij}$ 等于零，从方程 (8.89) 可得到 H'。这样，我们有

$$H' = 0 \tag{8.94}$$

即，对理想塑性材料，沿着所固定的曲面，强化模量 H' 等于零。

8.6.3 各向同性强化

对于理想塑性材料，固定屈服面的形式为 $F(\sigma_{ij}) = k^2$，k 是常数。另一方面，最简单强化模型是假定屈服曲面均匀膨胀，而不存在由于塑性流动而发生的畸变。屈服面的尺

寸由数值 k^2 控制,k 与有效塑性应变 ε_p 或塑性功 W_d 有关。

若把 von Mises 函数取为 F,那么屈服准则变成

$$J_2 = \frac{1}{2}s_{ij}s_{ij} = k^2 (\varepsilon_p) \tag{8.95}$$

由于加载面均匀地膨胀(或各向同性),不能考虑大多数结构用金属体现的 Bauschinger 效应。实际上,这种强化模型暗示材料表现出压缩屈服应力增量等于拉伸屈服应力增量。当在应力空间考虑复杂加载路径时,包括应力矢量方向明显改变(还不必谈完全反向),这个模型得不出真实结果。

应 变 强 化

各向同性的应变 – 强化模型一般可表示成

$$f = f[\sigma_{ij},\ k(\varepsilon_p)] \tag{8.96}$$

其中,σ_{ij} 和 $k(\varepsilon_p)$ 分别代表应力张量和强化参数,k 是有效塑性应变的函数,$\varepsilon_p = \int C\sqrt{(d\varepsilon_{ij}^p d\varepsilon_{ij}^p)}$,式中参数 C 是与屈服函数有关的一个常数。例如,在 von Mises 屈服函数中 $C = \sqrt{2/3}$。

由一致性条件 $df = 0$,发现

$$df = \frac{\partial f}{\partial \sigma_{ij}} d\sigma_{ij} + \frac{\partial f}{\partial k}\frac{dk}{d\varepsilon_p} d\varepsilon_p = 0 \tag{8.97a}$$

或

$$df = \frac{\partial f}{\partial \sigma_{ij}} d\sigma_{ij} + \frac{\partial f}{\partial k}\frac{dk}{d\varepsilon_p} C\sqrt{d\varepsilon_{ij}^p d\varepsilon_{ij}^p} = 0 \tag{8.97b}$$

把式(8.45)代入式(8.97b),强化模量 H' 能表示成

$$H' = -C\frac{\partial f}{\partial k}\frac{dk}{d\varepsilon_p}\sqrt{\frac{\partial f}{\partial \sigma_{ij}}\frac{\partial f}{\partial \sigma_{ij}}} \tag{8.98}$$

加 工 强 化

现在可考虑把各向同性的加工强化模型的函数表示成

$$f = f[\sigma_{ij},\ k(W_p)] \tag{8.99}$$

其中,k 是塑性功 W_p 的函数,定义为

$$W_p = \int \sigma_{ij} d\varepsilon_{ij}^p \tag{8.100}$$

在这种情况下,一致性条件为

$$df = \frac{\partial f}{\partial \sigma_{ij}} d\sigma_{ij} + \frac{\partial f}{\partial k}\frac{dk}{dW_p} dW_p = 0 \tag{8.101a}$$

或

$$df = \frac{\partial f}{\partial \sigma_{ij}} d\sigma_{ij} + \frac{\partial f}{\partial k}\frac{dk}{dW_p} \sigma_{ij} d\varepsilon_{ij}^p = 0 \tag{8.101b}$$

这样,把式(8.45)中的 $d\varepsilon_{ij}^p$ 代入上式,即可导出塑性强化模型 H' 的形式

$$H' = -\frac{\partial f}{\partial k}\frac{\mathrm{d}k}{\mathrm{d}W_\mathrm{p}}\sigma_{ij}\frac{\partial f}{\partial \sigma_{ij}} \tag{8.102}$$

8.6.4 随动强化

在塑性变形过程中,随动强化模型假设在应力空间中的加载面作为刚体平移,即与初始屈服面保持相同的尺寸、形状和方向。随动强化模型有如下形式:

$$f(\sigma_{ij}, \varepsilon_{ij}^\mathrm{p}, k) = F(\sigma_{ij} - \alpha_{ij}) - k^2 = 0 \tag{8.103}$$

其中,k 是一个常数,α_{ij} 是加载面中心的坐标,k 和 α_{ij} 随着塑性变形的增加而改变。

一致性条件的形式如下:

$$\mathrm{d}f = \frac{\partial f}{\partial \sigma_{ij}}(\mathrm{d}\sigma_{ij} - \mathrm{d}\alpha_{ij}) = 0 \tag{8.104a}$$

或

$$\mathrm{d}f = \frac{\partial f}{\partial \sigma_{ij}}\mathrm{d}\sigma_{ij} - \frac{\partial f}{\partial \sigma_{ij}}\frac{\partial \alpha_{ij}}{\partial \varepsilon_{kl}^\mathrm{p}}\mathrm{d}\varepsilon_{kl}^\mathrm{p} = 0 \tag{8.104b}$$

因此,利用式(8.45),H' 的简单形式为:

$$H' = \frac{\partial f}{\partial \sigma_{ij}}\frac{\partial \alpha_{ij}}{\partial \varepsilon_{kl}^\mathrm{p}}\frac{\partial f}{\partial \sigma_{kl}} \tag{8.105}$$

作为特殊情况,有关 Prager 和 Ziegler 的随动强化法则的塑性强化模型在下面可以得到。

Prager 的强化法则

求解参数 α_{ij} 最简便的方法是假定 $\mathrm{d}\alpha_{ij}$ 与 $\mathrm{d}\varepsilon_{ij}^\mathrm{p}$ 线性相关,这就是 Prager 强化法则 (Prager,1955,1956)。它最简单的形式由下式给出

$$\mathrm{d}\alpha_{ij} = c\mathrm{d}\varepsilon_{ij}^\mathrm{p} \quad 或 \quad \alpha_{ij} = c\varepsilon_{ij}^\mathrm{p} \tag{8.106}$$

其中,c 是加工强化函数,表征所给材料的特性。式(8.106)可当作线性加工强化的定义。

如前面第七章所涉及,在应力子空间上使用 Prager 强化方程时,会引起某些不一致,即,在式(8.103)里,若使一些应力分量为零,例如,$\sigma_{ij}'' = 0$ 与 $\sigma_{ij}' \neq 0$,则式(8.103)可写成

$$F(\sigma_{ij}' - \alpha_{ij}', -\alpha_{ij}'') - k^2 = 0 \tag{8.107}$$

由式(8.106)知,$\mathrm{d}\alpha_{ij}'' = c\mathrm{d}\varepsilon_{ij}^\mathrm{p}$ 不必为零,式(8.107)不再表示在应力空间只有平移的加载面:当 α_{ij}'' 值改变时,它也可以变形。

把关系式(8.106)代入式(8.105)得

$$H' = c\frac{\partial f}{\partial \sigma_{ij}}\frac{\partial f}{\partial \sigma_{ij}} \tag{8.108}$$

Ziegler 的强化法则

为了建立应力子空间有效的随动强化模型,Ziegler(1959)修改了 Prager 的强化法则,并且假定在折减应力矢量 $\overline{\sigma}_{ij} = \sigma_{ij} - \alpha_{ij}$ 方向上发生的移动速率的形式为

$$d\alpha_{ij} = d\mu \, \bar{\sigma}_{ij} = d\mu \, (\sigma_{ij} - \alpha_{ij}) \tag{8.109}$$

其中，$d\mu$ 是一个正的比例因子，其与变形历史有关。为简单起见，该因子假定有简单的形式：

$$d\mu = a \, d\varepsilon_p \tag{8.110}$$

其中，a 是一个正的常数，表征所用材料的特性。

把式（8.109）和（8.110）代入式（8.105）导出

$$H' = aC \frac{\partial f}{\partial \sigma_{ij}} \sqrt{\frac{\partial f}{\partial \sigma_{kl}} \frac{\partial f}{\partial \sigma_{kl}}} \, (\sigma_{ij} - \alpha_{ij}) \tag{8.111}$$

8.6.5 混合强化

各向同性强化和随动强化的组合导出了更为真实的混合-强化模型（Hodge，1957），它的加载函数表示为

$$f(\sigma_{ij}, \varepsilon_{ij}^p, k) = F(\sigma_{ij} - \alpha_{ij}) - k^2(\varepsilon_p) = 0 \tag{8.112}$$

在金属的工程应用中，混合强化的概念是很有用的。这种情况下，加载面发生平动和在各个方向上均匀膨胀，即它保持初始形状。利用混合-强化法则，Bauschinger效应的不同程度可以模拟出来，其一致性条件为

$$df = \frac{\partial f}{\partial \sigma_{ij}} (d\sigma_{ij} - d\alpha_{ij}) + \frac{\partial f}{\partial k} \frac{dk}{d\varepsilon_p} C \sqrt{d\varepsilon_{ij}^p d\varepsilon_{ij}^p} = 0 \tag{8.113a}$$

或

$$df = \frac{\partial f}{\partial \sigma_{ij}} d\sigma_{ij} - \frac{\partial f}{\partial \sigma_{ij}} \frac{\partial \alpha_{ij}}{\partial \varepsilon_{kl}^p} d\varepsilon_{kl}^p + \frac{\partial f}{\partial k} \frac{dk}{d\varepsilon_p} C \sqrt{d\varepsilon_{ij}^p d\varepsilon_{ij}^p} = 0 \tag{8.113b}$$

所以利用式（8.45），强化模量 H' 能从式（8.113b）中解出

$$H' = \frac{\partial f}{\partial \sigma_{ij}} \frac{d\alpha_{ij}}{d\varepsilon_{kl}^p} \frac{\partial f}{\partial \sigma_{kl}} - \frac{\partial f}{\partial k} \frac{dk}{d\varepsilon_p} C \sqrt{\frac{\partial f}{\partial \sigma_{ij}} \frac{\partial f}{\partial \sigma_{ij}}} \tag{8.114}$$

8.7 刚 度 公 式

在本节中，将式（8.91）变成便于直接用于有限元应力分析的形式。为此，将式（8.91）的一般描述用矩阵形式表示。

8.7.1 概述

正如在前节看到的，由于一般的强化模型可写成 $(\sigma_{ij} - \alpha_{ij})$ 的齐次函数，$\partial f / \partial \sigma_{ij}$ 的偏导形式可相应地写成

$$\frac{\partial f}{\partial \sigma_{ij}} = \frac{\partial f}{\partial \bar{\sigma}_{ij}} = \frac{\partial f}{\partial \bar{I}_1} \frac{\partial \bar{I}_1}{\partial \sigma_{ij}} + \frac{\partial f}{\partial \bar{J}_2} \frac{\partial \bar{J}_2}{\partial \sigma_{ij}} + \frac{\partial f}{\partial \bar{J}_3} \frac{\partial \bar{J}_3}{\partial \sigma_{ij}} \tag{8.115}$$

其中，$\bar{\sigma}_{ij}$ 就是由 $(\sigma_{ij} - \alpha_{ij})$ 表示的折减应力张量，$\bar{I}_1 = \bar{\sigma}_{11}$，$\bar{J}_2 = \frac{1}{2} \bar{s}_{ij} \bar{s}_{ij}$，$\bar{J}_3 = \frac{1}{3} \bar{s}_{ij} \bar{s}_{jk} \bar{s}_{kl}$，其中折减的偏应力张量 $\bar{s}_{ij}$ 表示成

$$\bar{s}_{ij} = s_{ij} - \left(\alpha_{ij} - \frac{1}{3}\alpha_{kk}\delta_{ij}\right) \tag{8.116a}$$

或写成

$$\beta_{ij} = \alpha_{ij} - \frac{1}{3}\alpha_{kk}\delta_{ij}$$
$$\bar{s}_{ij} = s_{ij} - \beta_{ij} \tag{8.116b}$$

因为

$$\frac{\partial \bar{I}_1}{\partial \sigma_{ij}} = \delta_{ij} \tag{8.117a}$$

$$\frac{\partial \bar{J}_2}{\partial \sigma_{ij}} = \bar{s}_{ij} \tag{8.117b}$$

$$\frac{\partial \bar{J}_3}{\partial \sigma_{ij}} = \bar{t}_{ij} = \bar{s}_{ik}\bar{s}_{kj} - \frac{2}{3}\bar{J}_2\delta_{ij} \tag{8.117c}$$

式（8.115）能表示成

$$\frac{\partial f}{\partial \sigma_{ij}} = \frac{\partial f}{\partial \bar{\sigma}_{ij}} = \frac{\partial f}{\partial \bar{I}_1}\delta_{ij} + \frac{\partial f}{\partial \bar{J}_2}\bar{s}_{ij} + \frac{\partial f}{\partial \bar{J}_3}\bar{t}_{ij} \tag{8.118}$$

利用式（8.118），并且把 $C_{ijkl} = \lambda\delta_{ij}\delta_{kl} + \mu(\delta_{ik}\delta_{jl} + \delta_{il}\delta_{jk})$ 代入式（8.91），化简后，得到下面的应力应变增量关系

$$\mathrm{d}\sigma_{ij} = C^{ep}_{ijkl}\mathrm{d}\varepsilon_{kl} \tag{8.119}$$

其中，C^{ep}_{ijkl} 是弹塑性张量，由下式给出

$$C^{ep}_{ijkl} = C_{ijkl} - \frac{1}{H}H_{ij}H_{kl} \tag{8.120}$$

其中

$$H = 3A^2(3\lambda + 2\mu) + 2B\mu(2B\bar{J}_2 + 3C\bar{J}_3)$$
$$+ 2C\mu\left(3B\bar{J}_3 + C\bar{s}_{ik}\bar{s}_{kj}\bar{s}_{il}\bar{s}_{lj} - \frac{4}{3}C\bar{J}_2^2\right) + H' \tag{8.121a}$$

$$H_{ij} = A(3\lambda + 2\mu)\delta_{ij} - 2\mu B\bar{s}_{ij} + 2\mu C\bar{t}_{ij} \tag{8.121b}$$

$$A = \frac{\partial f}{\partial \bar{I}_1}, \quad B = \frac{\partial f}{\partial \bar{J}_2}, \quad C = \frac{\partial f}{\partial \bar{J}_3} \tag{8.121c}$$

其中，λ 和 μ 是 Lame 常数。

以一般的三维矩阵形式将式（8.119）展开为

$$\begin{Bmatrix} \mathrm{d}\sigma_{11} \\ \mathrm{d}\sigma_{22} \\ \mathrm{d}\sigma_{33} \\ \mathrm{d}\sigma_{12} \\ \mathrm{d}\sigma_{23} \\ \mathrm{d}\sigma_{31} \end{Bmatrix} = \begin{bmatrix} \lambda - 2\mu & \lambda & \lambda & 0 & 0 & 0 \\ \lambda & \lambda + 2\mu & \lambda & 0 & 0 & 0 \\ \lambda & \lambda & \lambda + 2\mu & 0 & 0 & 0 \\ 0 & 0 & 0 & G & 0 & 0 \\ 0 & 0 & 0 & 0 & G & 0 \\ 0 & 0 & 0 & 0 & 0 & G \end{bmatrix} \begin{Bmatrix} \mathrm{d}\varepsilon_{11} \\ \mathrm{d}\varepsilon_{22} \\ \mathrm{d}\varepsilon_{33} \\ \mathrm{d}\gamma_{12} \\ \mathrm{d}\gamma_{23} \\ \mathrm{d}\gamma_{31} \end{Bmatrix}$$

$$-\frac{1}{H}\begin{bmatrix} H_{11}^2 & H_{11}H_{22} & H_{11}H_{33} & H_{11}H_{12} & H_{11}H_{23} & H_{11}H_{31} \\ H_{22}H_{11} & H_{22}^2 & H_{22}H_{33} & H_{22}H_{12} & H_{22}H_{23} & H_{22}H_{31} \\ H_{33}H_{11} & H_{33}H_{22} & H_{33}^2 & H_{33}H_{12} & H_{33}H_{23} & H_{33}H_{31} \\ H_{12}H_{11} & H_{12}H_{22} & H_{12}H_{33} & H_{12}^2 & H_{12}H_{23} & H_{12}H_{31} \\ H_{23}H_{11} & H_{23}H_{22} & H_{23}H_{33} & H_{23}H_{12} & H_{23}^2 & H_{23}H_{31} \\ H_{31}H_{11} & H_{31}H_{22} & H_{31}H_{33} & H_{31}H_{12} & H_{31}H_{23} & H_{33}^2 \end{bmatrix}\begin{Bmatrix} d\varepsilon_{11} \\ d\varepsilon_{22} \\ d\varepsilon_{33} \\ d\gamma_{12} \\ d\gamma_{23} \\ d\gamma_{31} \end{Bmatrix} \quad (8.122)$$

作为一个例子,在平面应变情况下弹-塑性矩阵可化简为

$$\begin{Bmatrix} d\sigma_{11} \\ d\sigma_{22} \\ d\sigma_{12} \\ d\sigma_{33} \end{Bmatrix} = \begin{bmatrix} \lambda + 2\mu - \frac{1}{H}H_{11}H_{11} & \lambda - \frac{1}{H}H_{11}H_{22} & -\frac{1}{H}H_{11}H_{12} \\ \lambda - \frac{1}{H}H_{22}H_{11} & \lambda - 2\mu - \frac{1}{H}H_{22}H_{22} & -\frac{1}{H}H_{22}H_{12} \\ -\frac{1}{H}H_{12}H_{11} & -\frac{1}{H}H_{12}H_{22} & \mu - \frac{1}{H}H_{12}H_{12} \\ \lambda - \frac{1}{H}H_{33}H_{11} & \lambda - \frac{1}{H}H_{33}H_{22} & -\frac{1}{H}H_{33}H_{12} \end{bmatrix}\begin{Bmatrix} d\varepsilon_{11} \\ d\varepsilon_{22} \\ d\gamma_{12} \end{Bmatrix} \quad (8.123)$$

相似地,平面应力和轴对称情况的刚度矩阵也可从式(8.122)中得到。

注意到上面推导的各向异性强化材料的刚度方程容易适用于各向同性的强化材料,通过简单的替代,分别用 σ_{ij} 和 s_{ij} 替代折算应力张量 $\overline{\sigma_{ij}}$ 和折减的偏应力张量 $\overline{s}_{ij}$,即令 $\alpha_{ij}=0$,并去掉上标"—"即可。

8.7.2 刚度系数

塑性强化模量 H' 和刚度矩阵中的刚度系数 A、B、C 的特定形式将在关联流动法则假设下用 Tresca 和 von Mises 材料模型加以推导。

1. 理想塑性的 Tresca 模型

Tresca 模型用应力不变量表示的一般形式为

$$f - f_c = 4J_2^3 - 27J_3^2 - 36k^2J_2^2 + 96k^4J_2 - 64k^6 = 0 \quad (8.124)$$

这种情况下,有 $\overline{I_1}=I_1$、$\overline{J_2}=J_2$ 和 $\overline{J_3}=J_3$。把式(8.124)对 I_1、J_2、J_3 分别求偏导,能得到刚度系数为

$$A = \frac{\partial f}{\partial I_1} = 0 \quad (8.125a)$$

$$B = \frac{\partial f}{\partial J_2} = 12J_2^2 - 72k^2J_2 + 96k^4 \quad (8.125b)$$

$$C = \frac{\partial f}{\partial J_3} = -54J_3 \quad (8.125c)$$

2. 理想塑性的 von Mises 模型

von Mises 模型的一般形式为

$$f - f_c = \sqrt{J_2} - k = 0 \quad (8.126)$$

其中,k 是常数。与 Tresca 模型类似,得到刚度系数为

$$A = \frac{\partial f}{\partial I_1} = 0, \quad B = \frac{\partial f}{\partial J_2} = \frac{1}{2\sqrt{J_2}} \quad \text{和} \quad C = \frac{\partial f}{\partial J_3} = 0 \quad (8.127)$$

这些应力-应变关系与前面推导的 Prandtl-Reuss 方程中的关系是相同的,注意,在这两种理想塑性模型中塑性强化模量 H' 皆为零。

3. 各向同性强化 von Mises 模型

von Mises (J_2) 各向同性强化模型的一般形式为

$$f = \sqrt{J_2} - k(\varepsilon_p) = 0 \tag{8.128}$$

刚度系数 A、B、C 与理想塑性 J_2 模型的系数相同。然而,从式 (8.98) 中得到的塑性强化模量 H' 为

$$H' = -C\frac{\partial f}{\partial k}\frac{\mathrm{d}k}{\mathrm{d}\varepsilon_p}\sqrt{\frac{\partial f}{\partial \sigma_{ij}}\frac{\partial f}{\partial \sigma_{ij}}} \tag{8.129}$$

把 $\dfrac{\partial f}{\partial k} = -1$,$C = \sqrt{\dfrac{2}{3}}$,$\dfrac{\partial f}{\partial \sigma_{ij}} = \dfrac{s_{ij}}{2\sqrt{J_2}}$ 代入导出

$$H' = \sqrt{\frac{1}{3}}\frac{\mathrm{d}k}{\mathrm{d}\varepsilon_p} \tag{8.130}$$

4. 随动强化 von Mises 模型

给出的随动强化 von Mises 模型的一般形式为

$$f = \sqrt{\frac{1}{2}(s_{ij} - \beta_{ij})(s_{ij} - \beta_{ij})} - k = \sqrt{\overline{J}_2} - k = 0 \tag{8.131}$$

式中,β_{ij} 是在偏平面上加载面移动的中心,这里 k 是一个常数。在这种情况下,刚度系数 A、B、C 分别表示为

$$A = \frac{\partial f}{\partial \overline{I}_1} = 0,\quad B = \frac{\partial f}{\partial \overline{J}_2} = \frac{1}{2\sqrt{\overline{J}_2}},\quad C = \frac{\partial f}{\partial \overline{J}_3} = 0 \tag{8.132}$$

遵循 Prager 强化法则的塑性强化模量 H',可从式 (8.108) 推导出

$$H' = c\frac{\partial f}{\partial \sigma_{ij}}\frac{\partial f}{\partial \sigma_{ij}} \tag{8.133}$$

其中,c 是所给定材料的加工硬化常数。把下面的关系代入方程 (8.133) 得

$$\frac{\partial f}{\partial \sigma_{ij}} = \frac{1}{2\sqrt{\overline{J}_2}}(s_{ij} - \beta_{ij}) = \frac{1}{2\sqrt{\overline{J}_2}}\overline{s}_{ij} \tag{8.134}$$

并有

$$H' = \frac{1}{2}c \tag{8.135}$$

另一方面,按照 Ziegler 强化法则的塑性强化模量 H',从式 (8.111) 中可以导出

$$H' = aC\frac{\partial f}{\partial \sigma_{ij}}\sqrt{\frac{\partial f}{\partial \sigma_{kl}}\frac{\partial f}{\partial \sigma_{kl}}}(s_{ij} - \beta_{ij}) \tag{8.136}$$

式中,给定材料 a 是一个正常数,$C = \sqrt{\dfrac{2}{3}}$。把 $\dfrac{\partial f}{\partial \sigma_{ij}} = \dfrac{\overline{s}_{ij}}{2\sqrt{\overline{J}_2}}$ 和 $S_{ij} - \beta_{ij} = \overline{S}_{ij}$ 代到式 (8.136) 导出

$$H' = a\sqrt{\frac{1}{3}\overline{J}_2} \tag{8.137}$$

5. 混合强化的 von Mises 模型

各向同性强化和随动强化的 von Mises 模型的组合可用数学式表示为

$$f = \sqrt{\frac{1}{2}(s_{ij}-\beta_{ij})(s_{ij}-\beta_{ij})} - k(\varepsilon_p) = \sqrt{\overline{J}_2} - k(\varepsilon_p) = 0 \tag{8.138}$$

其中，k 是有效塑性应变 ε_p 的函数。

塑性强化模量 H'，是各向同性强化和随动强化模型的塑性强化模量的组合。在随动强化部分利用 Prager 的强化法则，混合强化模量 H' 由式（8.130）与（8.135）相加可得，即

$$H' = \frac{1}{\sqrt{3}}\frac{\mathrm{d}k}{\mathrm{d}\varepsilon_p} + \frac{1}{2}c \tag{8.139}$$

类似地，在 Zieglar 的强化法则条件下，由式（8.130）与式（8.137）相加可得 H' 为

$$H' = \frac{1}{\sqrt{3}}\frac{\mathrm{d}k}{\mathrm{d}\varepsilon_p} + a\sqrt{\frac{1}{3}\overline{J}_2} \tag{8.140}$$

【例 8.7】 证明在单轴应力情况下，对 J_2 材料，各向同性、随动和混合强化模型所得的塑性强化模量 H' 是完全一样的。

【解】

(1) 各向同性强化的情况

在单轴应力状态，有

$$\sigma_{ij} = \begin{bmatrix}\sigma_1\\ \sigma_2\\ \sigma_3\end{bmatrix} = \begin{bmatrix}\sigma\\ 0\\ 0\end{bmatrix}, \quad \varepsilon_{ij}^p = \begin{bmatrix}\varepsilon_1^p\\ \varepsilon_2^p\\ \varepsilon_3^p\end{bmatrix} = \begin{bmatrix}\varepsilon^p\\ -\varepsilon^p/2\\ -\varepsilon^p/2\end{bmatrix} \tag{8.141}$$

它可直接由屈服函数（8.128）得出，并对有效塑性应变 ε_p 作如下定义：

$$k(\varepsilon_p) = \sqrt{J_2} = \sqrt{1/3}\sigma \ (= \sigma_e)$$

$$\mathrm{d}\varepsilon_p = \sqrt{(2/3)\,\mathrm{d}\varepsilon_{ij}^p \mathrm{d}\varepsilon_{ij}^p} = \mathrm{d}\varepsilon^p \tag{8.142}$$

式（8.130）中的塑性强化模量 H' 变为

$$H' = \sqrt{\frac{1}{3}}\frac{\mathrm{d}k}{\mathrm{d}\varepsilon_p} = \frac{1}{3}\frac{\mathrm{d}\sigma}{\mathrm{d}\varepsilon^p} \tag{8.143}$$

(2) Prager 的随动强化情况

在单轴应力状态，有

$$\overline{\sigma}_{ij} = \begin{bmatrix}\overline{\sigma}_1\\ \overline{\sigma}_2\\ \overline{\sigma}_3\end{bmatrix} = \begin{bmatrix}\sigma_1\\ 0\\ 0\end{bmatrix} - \begin{bmatrix}\alpha_1\\ \alpha_2\\ \alpha_3\end{bmatrix} = \begin{bmatrix}\sigma_1-\alpha_1\\ \alpha_1/2\\ \alpha_1/2\end{bmatrix} \tag{8.144}$$

式中，$\alpha_2 = \alpha_3 = -\alpha_1/2$ 可直接从式（8.106）和对 J_2 的 von Mises 材料，塑性不可压缩条件为 $\mathrm{d}\varepsilon_{kk}^p = 0$ 得到。因此，把折减有效应力 $\overline{\sigma}_e = \sqrt{3\overline{J}_2}$ 变成

$$\overline{\sigma}_e = \sigma_1 - \frac{3}{2}\alpha_1 \tag{8.145}$$

将式（8.145）微分，并用 Prager 强化法则 $\mathrm{d}\alpha_{ij} = c\mathrm{d}\varepsilon_{ij}^p$ 代替 $\mathrm{d}\alpha_1$，有

$$d\overline{\sigma}_e = d\sigma_1 - \frac{3}{2}c\,d\varepsilon_1^p \tag{8.146}$$

根据屈服函数（8.131），得到

$$k = \sqrt{\overline{J}_2} = \frac{1}{\sqrt{3}}\overline{\sigma}_e \tag{8.147}$$

其中，k 与屈服面的尺寸有关。对随动强化模型，屈服面的尺寸保持不变，因而 $dk = d\overline{\sigma}_e/\sqrt{3} = 0$，从式（8.146）得到

$$c = \frac{2}{3}\frac{d\sigma_1}{d\varepsilon_1^p} = \frac{2}{3}\frac{d\sigma}{d\varepsilon^p} \tag{8.148}$$

式（8.135）中的塑性强化模量 H' 变为

$$H' = \frac{1}{2}c = \frac{1}{3}\frac{d\sigma}{d\varepsilon^p} \tag{8.149}$$

它与各向同性强化情况下的式（8.143）完全相同。

(3) Ziegler 的随动强化情况

在单轴应力状态下，有

$$\overline{\sigma}_{ij} = \begin{bmatrix}\overline{\sigma}_1\\ \overline{\sigma}_2\\ \overline{\sigma}_3\end{bmatrix} = \begin{bmatrix}\sigma_1\\ 0\\ 0\end{bmatrix} - \begin{bmatrix}\alpha_1\\ \alpha_2\\ \alpha_3\end{bmatrix} = \begin{bmatrix}\sigma_1 - \alpha_1\\ 0\\ 0\end{bmatrix} \tag{8.150}$$

其中，$\alpha_2 = \alpha_3 = 0$ 可直接从式（8.109）和随着中心坐标 $d\alpha_2 = d\alpha_3 = 0$ 位置改变的单轴应力条件得到。因此，把折减的有效应力 $\overline{\sigma}_e = \sqrt{3\overline{J}_2}$ 变为

$$\overline{\sigma}_e = \sigma_1 - \alpha_1 \tag{8.151}$$

对式（8.151）微分，并对 α_1 利用 Ziegler 强化法则 $d\alpha_1 = d\mu(\sigma_1 - \alpha_1)$，有

$$d\overline{\sigma}_e = d\sigma_1 - d\mu\overline{\sigma}_e \tag{8.152}$$

由于 $k = \sqrt{\overline{J}_2} = \overline{\sigma}_e/3$ 对随动强化模型是一常数值，因而 $d\overline{\sigma}_e = 0$，且式（8.152）能简化成

$$\overline{\sigma}_e = \frac{d\sigma_1}{d\mu} = \frac{d\sigma_1}{a\,d\varepsilon_p} \tag{8.153}$$

这里，关系 $d\mu = a\,d\varepsilon_p$ 如式（8.110）所示，已用过，用式（8.153）求解 a，并注意到在单轴应力情况下 $\overline{\sigma}_e = \sqrt{3\overline{J}_2}$ 和 $d\varepsilon_p = d\varepsilon^p$，得到

$$a = \frac{1}{\overline{\sigma}_e}\frac{d\sigma_1}{d\varepsilon_p} = \frac{1}{\sqrt{3\overline{J}_2}}\frac{d\sigma}{d\varepsilon^p} \tag{8.154}$$

式（8.137）中的塑性强化模量 H' 变为

$$H' = a\sqrt{\frac{1}{3}\overline{J}_2} = \frac{1}{3}\frac{d\sigma}{d\varepsilon^p} \tag{8.155}$$

(4) 混合强化的情况

总的塑性应变增量现可简便地分为两个共线的分量

$$d\varepsilon_{ij}^p = d\varepsilon_{ij}^i + d\varepsilon_{ij}^k \tag{8.156}$$

295

式中，$d\varepsilon_{ij}^i$ 与屈服面的膨胀有关，$d\varepsilon_{ij}^k$ 与屈服面的移动有关，这两个应变分量可写成

$$d\varepsilon_{ij}^i = M d\varepsilon_{ij}^p \tag{8.157}$$

$$d\varepsilon_{ij}^k = (1-M) d\varepsilon_{ij}^p \tag{8.158}$$

其中，M 是混合强化参数，范围为 $0 \leqslant M \leqslant 1$。

现可用与屈服面膨胀有关的塑性应变增量部分 $d\varepsilon_{ij}^i$ 来定义折减有效塑性应变 $d\overline{\varepsilon}_p$ 为

$$d\overline{\varepsilon}_p = C \sqrt{d\varepsilon_{ij}^i d\varepsilon_{ij}^i} \tag{8.159}$$

从式（9.157）可得到与各向同性强化有关的折减的有效塑性应变 $\overline{\varepsilon}_p$ 和有效塑性应变 ε_p 有如下简单的关系：

$$\overline{\varepsilon}_p = M \int C \sqrt{d\varepsilon_{ij}^p d\varepsilon_{ij}^p} = M\varepsilon_p \tag{8.160}$$

屈服面的移动率 $d\alpha_{ij}$ 由式（8.106）或式（8.109）和式（8.110）给出，它与涉及移动的一部分塑性应变增量 $d\varepsilon_{ij}^k = (1-M) d\varepsilon_{ij}^p$ 有关。因此，在混合强化情况下，计算位移率 $d\alpha_{ij}$ 时，式（8.106）中的 $d\varepsilon_{ij}^p$ 和式（8.110）中的 $d\varepsilon_p$ 必须用 $d\varepsilon_{ij}^k$ 和 $d\varepsilon_p^k = (1-M) d\varepsilon_p$ 代替。

$$d\alpha_{ij} = c d\varepsilon_{ij}^k = c (1-M) d\varepsilon_{ij}^p \quad \text{对 Prager 法则} \tag{8.161}$$

或

$$d\alpha_{ij} = a (1-M) d\varepsilon_p (\sigma_{ij} - \alpha_{ij}) \quad \text{对 Ziegler 法则} \tag{8.162}$$

在式（8.139）和（8.140）中相应的混合塑性强化模量 H' 也被替代成

$$H' = \frac{M}{\sqrt{3}} \frac{dk}{d\varepsilon_p} + \frac{1}{2} (1-M) c \quad \text{对 Prager 法则} \tag{8.163}$$

或

$$H' = \frac{M}{\sqrt{3}} \frac{dk}{d\varepsilon_p} + a(1-M) \sqrt{\frac{1}{3} \overline{J}_2} \quad \text{对 Ziegler 法则} \tag{8.164}$$

两个方程在单轴应力状态下都能导出下面同样的结果。

$$H' = \frac{1}{3} \frac{d\sigma}{d\varepsilon^p} \tag{8.165}$$

8.8 界面模型

前节所述的经典各向同性或随动强化塑性模型，能简单地和相当好地描述简单加载历史（Chen 和 Han，1988）。对于复杂的加载历史，如在塑性阶段循环加载，这些模型已不适合描述所出现的金属的滞回特性。由 Dafalias 和 Popov（1975，1976）提出的界面理论，试图推广传统的流动理论去解释一般材料的循环特性，特别是金属和土，这个界面模型的理论应用，以及有关土力学中的多维界面模型的理论和应用都将在《混凝土和土的本构方程》一书的有关章节中给出，这些模型的更进一步讨论和应用，在最近由 Chen 和 Mizuno（1990）的著作中可以找到。

8.8.1 单轴加载

边界面理论的基本概念已在前面第五章 5.6.1 节中加以描述。考虑图 8.20（或图 5.16）所示的"典型"的 $\sigma - \varepsilon^p$ 曲线，可以发现三个截然不同的区域。如从 A_0 点开始，第一个区域与弹性状态的末端相关，其单轴弹性模量 E_p 是个无穷大值（或者实际上是一

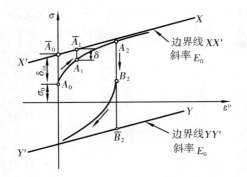

图 8.20 在 $\sigma - \varepsilon^p$ 坐标中边界线的图解表示

个特大值);超出初始屈服点,第二个区域出现这一段中的 E_p,作为塑性应变的一个函数,迅速减少到 E_p 接近为常值,第三个区域中的 E_p 为常值。E_0 与边界线 XX' 有关。基于许多单轴实验数据,可以假设 $\sigma - \varepsilon^p$ 曲线的第三部分落在或渐近地收敛于边界线 XX' 或 YY'。为了简便,经常将边界线假设为有固定距离的两条直线。

界面模型的弹塑性能可用图 8.20 所示的应力-塑性应变曲线解释。观察应力-塑性应变曲线上的 A_1、A_2 两点,E_p 的值在沿 A_1A_2 塑性状态段上是变化的,卸载将沿 A_2 开始的 A_2B_2 段,将 A_2B_2 延伸至 YY' 得 $\overline{B}_2$ 点,在弹性区 A_2B_2 段,塑性模量为无穷大,在 A_1 点 E_p 为一个随 A_2 的过程而减小的有限值,它在到 A_2 的过程中,当 E_p 假定为一个常数值时,$\overline{A}_1X$ 或 $\overline{B}_2Y'$ 段代表塑性行为,因此,应力-应变响应包围在 XX' 和 YY' 这两条直线之间。在多轴应力情况下,边界上的投影点被推广到一个边界面上,故取名为界面模型,这种推广即将在下面给出。

8.8.2 多轴加载

界面模型是由一个边界面和一个加载面组成的双面模型,如图 8.21(a)所示。加载面总是被包围在边界曲面内,加载面内只能看到弹性状态。

加 载 面

加载面定义为

$$f(\sigma_{ij} - \alpha_{ij}, q_n) = 0 \tag{8.166}$$

其中,α_{ij} 是加载面中心的坐标,在图 8.21(a)中以 K 点表示,q_n 是塑性内变量(PIV),如塑性应变。在合适的强化法则假设下,加载面允许移动和变形,它能与边界面接触,但不能贯穿它。在关联流动法则假设的框架内,与加载面有关的广义强化模量 H' 如下:

$$H' = H'(\delta, W_p) \tag{8.167}$$

其中,如图 8.21(a)所示,δ 是加载面上表示当前应力状态 σ_{ij} 的 A 点和表示应力状态 $\overline{\sigma}_{ij}$

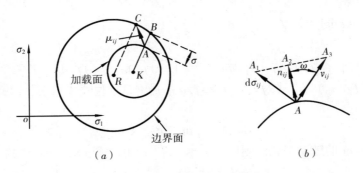

图 8.21 加载面与边界面图解表示和它们运动的说明

的 B 点间的距离。其中 B 是边界面与直线 $K—A$ 的交汇点，W_p 是塑性功，它是塑性变形过程中在应变空间沿加载路径的积分，在当前塑性状态之前，塑性变形已超过弹性变形。

边 界 面

边界面可定义成齐次函数的形式

$$F(\sigma_{ij} - \alpha_{ij}^*, q_n) = 0 \tag{8.168}$$

其中，α_{ij}^* 是边界曲面的中心 R 点，边界面按下面所给的法则在应力空间平移。

$$d\alpha_{ij}^* = \frac{d\sigma}{\cos\omega}\nu_{ij} - \left(1 - \frac{H_0'}{H'}\right)d\sigma\mu_{ij} \tag{8.169}$$

式中，$d\alpha_{ij}^*$ 是边界面中心平移的增量，$(d\sigma/\cos\omega)\nu_{ij}$ 表示由于加载面平移所造成的单位矢量 ν_{ij} 方向上 A 点的增量；H_0' 表示加载面与边界面相接触（$\delta=0$）时的强化模量。$d\sigma_{ij}$ 在 A 点法矢量 n_{ij} 上的投影 $d\sigma$ 和 μ_{ij} 为沿着点 A 与点 C 点的单位矢量，它们的法向矢量相等（见图 8.21（a））。注意到如果加载面像刚体一样移动，式（8.169）中的第一项$(d\sigma/\cos\omega)\nu_{ij}$ 就与加载面中心的平移增量 $d\alpha_{ij}$ 相等。进一步，如果这两个表面相接触，$H' = H_0'$，它们则以相同的速率移动，即

$$d\alpha_{ij}^* = d\alpha_{ij} \tag{8.170}$$

Prager 的随动强化法则

作为一种特殊情况，若把 Prager 随动法则与这个模型结合，$d\alpha_{ij}$ 能表示成

$$d\alpha_{ij} = c\,d\varepsilon_{ij}^p \tag{8.171}$$

其中，c 是材料参数，利用 $\partial f/\partial\alpha_{ij} = -(\partial f/\partial\sigma_{ij})$，式（8.45）和（8.171），一致性条件 $df=0$ 变成

$$\begin{aligned}df &= \frac{\partial f}{\partial \sigma_{ij}}d\sigma_{ij} + \frac{\partial f}{\partial \alpha_{ij}}d\alpha_{ij} \\ &= \frac{\partial f}{\partial \sigma_{ij}}d\sigma_{ij} - \frac{\partial f}{\partial \sigma_{ij}}c\frac{1}{H'}\left(\frac{\partial f}{\partial \sigma_{mn}}d\sigma_{mn}\right)\frac{\partial f}{\partial \sigma_{ij}} = 0\end{aligned} \tag{8.172}$$

由式（8.172）导出

$$c = \frac{H'}{(\partial f/\partial \sigma_{ij})(\partial f/\partial \sigma_{ij})} \tag{8.173}$$

利用式（8.45），并把式（8.173）代入式（8.171），得到

$$\begin{aligned}d\alpha_{ij} = c\,d\varepsilon_{ij}^p &= c\frac{1}{H'}\left(\frac{\partial f}{\partial \sigma_{mn}}d\sigma_{mn}\right)\frac{\partial f}{\partial \sigma_{ij}} \\ &= \frac{(\partial f/\partial \sigma_{mn})\,d\sigma_{mn}}{[(\partial f/\partial \sigma_{kl})(\partial f/\partial \sigma_{kl})]^{1/2}} \frac{(\partial f/\partial \sigma_{ij})}{[(\partial f/\partial \sigma_{rs})(\partial f/\partial \sigma_{rs})]^{1/2}}\end{aligned} \tag{8.174}$$

注意到 $(\partial f/\partial \sigma_{ij})/[(\partial f/\partial \sigma_{kl})(\partial f/\partial \sigma_{kl})]^{1/2}$ 是单位法矢量 n_{mn}，式（8.174）可写成

$$d\alpha_{ij} = n_{mn}d\sigma_{mn}n_{ij} = d\sigma n_{ij} \tag{8.175}$$

由于在 Prager 的随动强化法则中，$\nu_{ij} = n_{ij}$，$\omega = 0$，式（8.169）中的 $d\alpha_{ij}^*$ 变为

$$d\alpha_{ij}^* = d\sigma n_{ij} - d\sigma\left(1 - \frac{H_0'}{H'}\right)\mu_{ij} = d\alpha_{ij} - d\sigma\left(1 - \frac{H_0'}{H'}\right)\mu_{ij} \tag{8.176}$$

在这种情况下，边界面上的平移增量 $d\alpha_{ij}^*$ 就可用 Prager 强化法则描述了。

Ziegler 的随动强化法则

若使用 Ziegler 随动强化法则，则 $d\alpha_{ij}$ 可写成

$$d\alpha_{ij} = d\mu (\sigma_{ij} - \alpha_{ij}) \tag{8.177}$$

其中，$d\mu$ 是比例因子，参照图 8.22，有

$$\sigma_{ij} - \alpha_{ij} = \rho u_{ij} \tag{8.178}$$

其中，u_{ij} 是沿直线 K—A 上的单位矢量，ρ 是 K 和 A 两点间的距离，因此式 (8.177) 可表示成

$$d\alpha_{ij} = d\mu \rho u_{ij} \tag{8.179}$$

用与 Prager 情况相同的方法，一致性条件 $df = 0$ 变为

$$df = \frac{\partial f}{\partial \sigma_{ij}} d\sigma_{ij} - \frac{\partial f}{\partial \sigma_{ij}} d\mu \rho u_{ij} = 0 \tag{8.180}$$

由式 (8.180) 得出

$$d\mu = \frac{(\partial f/\partial \sigma_{ij}) \, d\sigma_{ij}}{\rho (\partial f/\partial \sigma_{kl}) \, u_{kl}} \tag{8.181}$$

或用单位法向量 n_{ij} 表示为

$$d\mu = \frac{n_{ij} d\sigma_{ij}}{\rho n_{kl} u_{kl}} \tag{8.182}$$

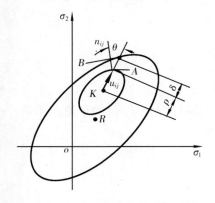

图 8.22　Ziegler 模型的加载面与边界面的图解表示

(Dafalias 和 Popov，1975)

注意到 $n_{ij} d\sigma_{ij} = d\sigma$，$n_{kl} u_{kl} = \cos\theta$（见图 8.22），式 (8.179) 中的 $d\alpha_{ij}$ 变为

$$d\alpha_{ij} = \frac{d\sigma}{\cos\theta} u_{ij} \tag{8.183}$$

把 $\nu_{ij} = u_{ij}$ 和 $\omega = \theta$ 代入 (8.169) 的 $d\alpha_{ij}^*$ 中，导出

$$d\alpha_{ij}^* = \frac{d\sigma}{\cos\theta} u_{ij} - d\sigma\left(1 - \frac{H_0'}{H'}\right)\mu_{ij} = d\alpha_{ij} - d\sigma\left(1 - \frac{H_0'}{H'}\right)\mu_{ij} \tag{8.184}$$

从上面的讨论中可以知道，加载面的任何随动法则和变形法则都能大体上假设成 Dafalias 和 Popov (1975) 提出的界面模型的推广。

Mroz 的双面模型

基于早先用于金属材料的界面概念，最近一些用于土的各向异性应变强化塑性模型已经建立了，这些模型形式上要简单得多。

Mroz 等 (1978，1979) 为黏土材料提出的双曲面模型就属这种类型。在这个模型中，边界面 $F = 0$ 代表土的固结历史；屈服面或加载面 $f = 0$，在边界面（图 8.23）内确定弹性区域。

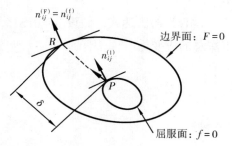

图 8.23　应力空间的屈服面和边界面

边界面是被假设为各向同性膨胀或收缩，而在边界面包围的区域内，屈服面允许移动，膨胀或收缩。

屈服面的移动将由简单的法则控制，即屈服面 f 将沿着图 8.23 中 $P-R$ 向边界面移动。Dafalias 和 Popov（1976）的著作中用内插法则定义加载曲面和边界面间强化模量的变化。屈服面上的强化模量 H'，被看成是屈服面上当前的应力点 P 和边界面上的共轭点 R 间的距离的函数（图 8.23）。这个模型和嵌套模型（或多面模型）以及用于土的分层模型一起将在《混凝土和土的本构方程》第八章中讨论；这些模型在岩土工程问题中的一些有限应用在《混凝土和土的本构方程》第九章给出。

8.9 习　　题

8.1　简单拉伸的应力-应变曲线可表示成
$$10^6\varepsilon = 14.5\sigma + (0.145\sigma)^3$$
其中，σ 的单位为 MPa，$\nu=0.3$。假设此材料满足各向同性强化 J_2 流动理论，求解在 (σ, τ) 空间里，下面两个应力路径的弹性和塑性变形值：
(a)（i）$(0, 0)$ 到 $(68.95, 68.95)$
　　（ii）$(68.95, 68.95)$ 到 $(68.95, 0)$，单位：MPa。
(b) $(0, 0)$ 到 $(68.95, 0)$，单位：MPa。

8.2　简单拉伸的应力-应变曲线假设成
$$\varepsilon = \frac{\sigma}{E}\left[1 + \left(\frac{\sigma}{\sigma_0}\right)^{2n}\right]$$
其中，$E=2(1+\nu)$ 和 $\nu=1/2$；$\sigma_0=$ 屈服拉应力；$n=$ 材料参数。
用简单的各向同性强化 J_2 流动理论，证明
$$2G d\varepsilon_{ij} = ds_{ij} + \frac{(2n+1)}{2}\left(\frac{J_2}{k^2}\right)^{n-1} s_{ij}\left(\frac{dJ_2}{k^2}\right)$$
其中，k 为纯剪切下的屈服应力。

8.3　在简单拉伸试验中材料的应力-应变关系为
$$\varepsilon = \varepsilon^e + \varepsilon^p = \frac{\sigma}{E}\left[1 + \left(\frac{\sigma}{\sigma_0}\right)^3\right]$$
其中，σ_0 为拉伸时的初始屈服应力。假设 $\nu=0.3$，利用增量的 J_2-理论，试推导纯剪应力状态下 $d\tau/d\gamma$ 的表达式。

8.4　在 (σ, τ) 子空间，给定理想塑性的 J_2 材料的屈服条件为
$$f = \sigma^2 + 3\tau^2 - \sigma_0^2 = 0$$
(a) 用 E，σ_0，σ，τ，$d\varepsilon$ 和 $d\gamma$，写出应力增量 $(d\sigma, d\tau)$ 的表达式，假设 $\nu=0.5$；
(b) 按 $\sigma/\tau = \sqrt{3}$ 的比例加载路径，求出在此路径末端总的应变为
$$(\varepsilon, \gamma) = \left(\frac{\sigma_0}{E}, \frac{\sqrt{3}\sigma_0}{E}\right)$$
试确定总应变中的弹性和塑性部分的值。
$$(\varepsilon, \gamma) = (\varepsilon^e + \varepsilon^p, \gamma^e + \gamma^p)$$

8.5　列出以下两者间的主要区别和相似点：
(a) 形变理论和增量理论；

(b) 超弹性理论和形变理论。

8.6 一种金属的特性假定由以 J_2（von Mises）型的各向同性应力强化法则为基础的塑性流动理论所控制，即发生塑性变形时，有

$$d\varepsilon_{ij}^p = g(J_2) s_{ij} dJ_2$$

卸载时，假设为各向同性线弹性状态，材料单元承受在 (σ, τ) 空间产生下列直线应力路径的组合加载历史，单位为 MPa（拉伸、剪切）。

(ⅰ) (0, 0) 到 (68.95, 68.95)；
(ⅱ) (68.95, 68.95) 到 (68.95, 0)；
(ⅲ) (68.95, 0) 到 (206.85, 0)；
(ⅳ) (206.85, 0) 到 (0, 0)。

(a) 确定函数 $g(J_2)$；这种金属首次在拉伸加载时的应力-应变曲线可近似地如下表示（σ 单位为 MPa）：

$$\varepsilon = \varepsilon^p + \varepsilon^e = \frac{\sigma}{68950} + \left(\frac{\sigma}{68.95}\right)^5$$

假定泊松比为 $\nu = 0.3$

(b) 用 σ、τ、$d\sigma$ 和 $d\tau$ 以分量形式显式写出塑性应力-应变关系；
(c) 在每条应力路径的始末端作逐次屈服曲线的示意图，对每条路径单独用一个图表，列出所给应力路径中（塑性）加载和卸载的部分；
(d) 求出每条应力路径末端总的弹性和塑性应变值。

8.7 对金属来说，弹性响应是线性的，塑性则是 von Mises 或 J_2 各向同性的应力强化型。对简单拉伸试验首次加载，应力-应变曲线为

$$10^6 \varepsilon = 14.5\sigma + (0.145\sigma)^3 \quad (\sigma \text{ 单位为 MPa}, \nu = 0.3)$$

14.5σ 项表示弹性或可恢复的响应，$(0.145\sigma)^3$ 项代表塑性响应。

(1) 在 $(\sigma_1, \sigma_2, \tau)$ 空间，用 σ_1、σ_2、τ 和 $d\sigma_1$、$d\sigma_2$、$d\tau$ 以分量形式直接写出应力-应变关系；

(2) 通过计算 $(\sigma_1, \sigma_2, \tau)$ 空间（单位 MPa）中每条路径的改变，逐次求出在下列各条直线路径末端上的弹性和塑性应变分量。

(ⅰ) (0, 0, 0) 到 (0, 0, 68.95)；
(ⅱ) (0, 0, 68.95) 到 (0, 206.85, 68.95)；
(ⅲ) (0, 206.85, 68.95) 到 (206.85, 206.85, 68.95)；
(ⅳ) (206.85, 206.85, 68.95) 到 (206.85, 206.85, -68.95)；
(ⅴ) (206.85, 206.85, -68.95) 到 (0, 0, 0)。

(3) 若 (2) 中的 (ⅰ) 到 (ⅴ) 的路径，用比例加载路径或 (0, 0, 0) 到 (206.85, 206.85, -68.95) 的径向路径所代替，求解其弹性和塑性应变分量。

(4) 条件与 (2) 相同，但路径 (ⅰ) 到 (ⅴ) 被下列直线路径所代替。

(ⅰ) (0, 0, 0) 到 (206.85, 206.85, 0)；
(ⅱ) (206.85, 206.85, 0) 到 (206.85, 206.85, -68.95)；
(ⅲ) (206.85, 206.85, -68.95) 到 (0, 0, 0)。

(5) 按下列每条直线路径的起点、中点和末端逐次作屈服曲线图。

(i) (0, 0, 0) 到 (0, 0, 68.95);
(ii) (0, 0, 68.95) 到 (0, 206.85, 68.95);
(iii) (0, 206.85, 68.95) 到 (0, 206.85, -68.95);
(iv) (0, 206.85, -68.95) 到 (0, 0, 0)。
并根据每条路径末端的计算值 $d\varepsilon_{ij}^p$，证明 $d\varepsilon_{ij}^p$ 与在这些屈服曲线正交。

(6) 与 (5) 要求相同，但加载路径与 (5) 的顺序相反 (-iv), (-iii), (-ii), (-i)，即 (0, 0, 0) 到 (0, 206.85, -68.95) 到 (0, 206.85, 68.95), (0, 0, 68.95) 到 (0, 0, 0)，比较路径 (5) 和 (6) 间的永久变形。

8.8 在主应力 σ_1，σ_2 和 $\sigma_3=0$ 的平面中，根据关联流动法则写出 Tresca 材料在各种状态下的流动方程。

8.9 证明：在 $\sigma_{ij}=[\sigma_1, 0, \sigma_3]$ 定义的平面应力条件下，Prandtl–Reuss 材料中的应力–应变增量关系可表示成（假设 $\nu=0.5$）。

$$d\sigma_1 = 2G(2d\varepsilon_1 + d\varepsilon_3) - \frac{G}{k^2}(\sigma_1^2 d\varepsilon_1 + \sigma_1\sigma_3 d\varepsilon_3)$$

$$d\sigma_3 = 2G(2d\varepsilon_3 + d\varepsilon_1) - \frac{G}{k^2}(\sigma_3^2 d\varepsilon_3 + \sigma_1\sigma_3 d\varepsilon_1)$$

8.10 假定在 Prandtl–Reuss 材料所制的薄板上进行双向拉伸试验，用习题 8.9 中所给的应力–应变增量关系，求解与下面应变曲线相对应的应力历史。

$$[\varepsilon_1, \varepsilon_3] = [0, 0] \to \left[\frac{\sqrt{3}}{2}\varepsilon_0, 0\right] \to \left[\frac{\sqrt{3}}{2}\varepsilon_0, \frac{\sqrt{3}}{2}\varepsilon_0\right]$$

$$\sigma_2 = 0$$

其中，$\varepsilon_0=\sigma_0/E$，$\sigma_0=\sqrt{3}k$ 为单轴拉伸强度。

8.11 对于 $\sigma_3=0$ 的双向应力状态 (σ_1, σ_2)。

(a) 对 J_2-von Mises 各向同性强化材料，以分量形式写出塑性应变增量方程；

(b) 在首次加载简单的剪切试验中应力–应变曲线可近似写成

$$\gamma = \gamma^e + \gamma^p = \frac{\tau}{68950} + \left(\frac{\tau}{689.5}\right)^5$$

τ 的单位是 MPa 假设泊松比为 $\nu=0.3$。求解强化函数 $g(J_2)$。

(c) 求解在各应力路径末端总的弹性和塑性应变值：
(i) (0, 0) 到 (68.95, 68.95)，再到 (137.9, 0);
(ii) (0, 0) 到 (137.9, 0)。

8.12 利用 J_2 材料的塑性形变理论继续做习题 8.11 (c)。

(a) 比较用形变理论和用流动理论所求得习题 8.11 (c) 中的永久应变；

(b) 解释用两种理论预测结果有差别的主要原因。列出两种理论的优点和局限性。

8.13 对 $\nu=1/2$ 的 Prandtl–Reuss 理想塑性材料，求解与比例应变加载路径 $(\varepsilon, \gamma)=(\varepsilon_y, 3\varepsilon_y)$ 对应的平面应力 (σ, τ)。

其中，$\varepsilon_y=\sigma_y/E$。

8.14 参照 8.8.1 节中所述的单轴荷载下的界面模型（图 8.20），假设对某一特定的材料，h 选为（应力单位：MPa）。

$$h = \frac{164 E_0}{1 + 46\,(\delta_{in}/\sigma_r)^3}$$

其中，$E_0 = 8.96 \times 10^3$ MPa，$\sigma_r = 1.03 \times 10^3$ MPa 是材料常数，给出了图 8.20 中的两条边界线 XX' 和 YY' 间的（固定）距离（即，σ_r 是 $\overline{A_0}$ 点应力值的 2 倍）。在 $\sigma - \varepsilon^p$ 空间把边界 XX' 的方程取为

$$\overline{\sigma} = \frac{1}{2}\sigma_r + E_0 \varepsilon^p$$

其中，$\overline{\sigma}$ 和 ε^p 是 XX' 上任一点（即 $\overline{A_1}$）的坐标，初始屈服应力 $\sigma_0 = 248$ MPa（拉伸和压缩相同），弹性模量 $E = 330.96 \times 10^3$ MPa，假定用随动强化法则。

(a) 用增量求解方法，求出 A_0 到 A_2 段上单调加载时的 $\sigma - \varepsilon^p$ 曲线（图 8.20），其中 A_2 点的塑性应变为 $\varepsilon^p_{A_2} = 0.01$。你可使用 10 个增量步，在最初的两步距中 $d\varepsilon^p = 0.0002$，接下的三步中 $d\varepsilon^p = 0.0007$，最后的五步中 $d\varepsilon^p = 0.0015$。在第一步中，为获得一个从弹性到塑性状态的合理转换，用近似平均值 $E_p = 10.34 \times 10^5$ MPa 代替（理论上的）无限值。**提示**：由于求解过程中的"线性化"误差，求得的 $\sigma - \varepsilon^p$ 曲线可能不与边界面光滑地拟合（反而穿过它）。为了避免这一点，一旦 δ 是一个很小的正值或变为负值（在边界面上 $\sigma = 0$），就用极限值 E_0 代替 E_p（即 $\sigma - \varepsilon^p$ 曲线与相应的边界相接触）。（注意：在实际的数值分析应用中，如有限元法，通常通过指定总应变增量 $d\varepsilon$ 来描述加载历史；最终的应力增量 $d\sigma$ 和塑性应变增量 $d\varepsilon^p$ 能通过选用 E_p 在特定的塑性状态下的合适值获得。在这些情况下，任意大的 E_p 值都可在塑性加载开始时毫无困难地使用。然而，为了简便，加载历史用 $d\varepsilon^p$ 给出，故为避免数值计算困难，在屈服开始时，此处将塑性模量取一个"平均值"是必要的，由于求解 $d\sigma$ 时直接利用 $d\sigma = E_p d\varepsilon^p$，其对假定值 E_p 相当敏感）。

(b) 从上面达到状态 A_2 点，假设沿 $A_2 B_2$ 段发生卸载，求出从 B_2 点开始的逆向（压缩）加载时的 $\sigma - \varepsilon^p$ 曲线，在这条加载路径上当 $\varepsilon^p = 0$ 时，所求的应力值为多少？此外，再用 (a) 指定的 10 个增量步求解。**提示**：在此加载阶段，$\delta_{in} = \overline{B_2 B_2}$（图 8.20）。

8.15 用 J_2 塑性变形理论的材料模型描述金属的特性，其塑性应变分量 ε^p_{ij} 给出如下：

$$\varepsilon^p_{ij} = \varepsilon^p_{ij}(\sigma_{kl}) = a J_2 s_{ij}$$

其中，a 是一个（正的）材料常数。

这种初始无应力、无应变的材料单元，在 (σ, τ) 空间受到沿直线应力路径连续组合加载历史的作用，单位为 MPa（拉应力 σ，剪应力 τ，$\nu = 0.25$）。

路径 1：$(0, 0)$ 到 $(0, 68.95)$；
路径 2：$(0, 68.95)$ 到 $(206.85, 68.95)$；
路径 3：$(206.85, 68.95)$ 到 $(206.85, -68.95)$；
路径 4：$(206.85, -68.95)$ 到 $(0, 0)$。

(a) 确定材料常数 E、a，假设在首次加载简单拉伸中的材料应力–应变曲线可近似表示为（σ 单位为 MPa）

$$\varepsilon = \varepsilon^e + \varepsilon^p = \frac{\sigma}{68950} + \left(\frac{\sigma}{689.5}\right)^3$$

(b) 作出在每条应力路径的始末端逐次加载曲线 $f = J_2 = k$ 的示意图，列出产生塑性

加载和卸载时的应力路径部分；

(c) 求解每条应力路径末端（总的）弹性和塑性应变值。

答案：(a) $a = 4.5 \times 10^6$, $E = 68950$ MPa

(c) 路径 1 末端：$\varepsilon^e = 0$, $\varepsilon^e = 0.0025$

$\varepsilon^p = 0$, $\varepsilon^p = 0.0090$

路径 2 末端：$\varepsilon^e = 0.0030$, $\varepsilon^e = 0.0025$

$\varepsilon^p = 0.0360$, $\varepsilon^p = 0.0360$

8.16 假设用上面习题 8.15 中相同的材料模型，在 (σ, τ) 空间加载时，弹-塑性应力-应变增量关系用以下矩阵形式的微分获得

$$\begin{Bmatrix} d\varepsilon \\ d\gamma \end{Bmatrix} = \begin{bmatrix} D_{11} & D_{12} \\ D_{21} & D_{22} \end{bmatrix} \begin{Bmatrix} d\sigma \\ d\tau \end{Bmatrix}$$

(a) 导出切向弹塑性柔度矩阵 $[D^{ep}]$ 中的各元素 $D_{11} \cdots$, D_{22}；

(b) 证明这种材料模型在任何应力状态 (σ, τ) 下和对于组成塑性加载的应力增量 $d\sigma$ 和 $d\tau$ 的任意值，都满足 Drucker 的稳定性假定 $d\sigma_{ij} d\varepsilon_{ij} > 0$。**提示：** 证明表达式 ($d\sigma d\varepsilon + d\tau d\gamma$) 是正定的，或证明对任何 $d\sigma$, $d\tau$, 矩阵 $[D^{ep}]$ 都是正定的。

答案： (a)

$$D_{11} = \frac{1}{E} + \frac{2}{3} a \left(J_2 + \frac{2}{3} \sigma^2 \right)$$

$$D_{22} = \frac{2(1+\nu)}{E} + 2a (J_2 + 2\tau)^2$$

$$D_{12} = D_{21} = \frac{4}{3} a\sigma\tau$$

(b) 整个塑性加载过程中

$$d\sigma d\varepsilon + d\tau d\gamma = \left(\frac{1}{E} + \frac{2}{3} a J_2 \right) (d\sigma)^2 + \left[\frac{2(1+\nu)}{E} + 2a J_2 \right] (\tau)^2$$

$$+ a \left(\frac{2}{3} \sigma d\sigma + 2\tau d\tau \right)^2$$

因为 E, ν, a, $J_2 > 0$, 对任何 σ, $d\sigma$, $d\tau$, τ, 上式皆为正定的。

8.17 变形（或总的应变）模型在中性变载时通常不满足连续性要求，也就是说，如果我们考虑彼此无穷接近的任两个应力增量 $d\sigma_{ij}^{(1)}$ 和 $d\sigma_{ij}^{(2)}$，且 $d\sigma_{ij}^{(1)}$ 产生塑性加载，$d\sigma_{ij}^{(2)}$ 产生卸载。则各自得到的应变增量 $d\varepsilon_{ij}^{(1)}$ 和 $d\varepsilon_{ij}^{(2)}$ 可能有很大区别。为了证明这一点，考虑 8.15 题中假定的材料模型。假设在路径 (2) 的末端应力状态 (206.85, 68.95) 处，应用下列两个接近中性加载 ($J_2 = 0$) 时的应力增量。

$$d\sigma_{ij}^{(1)} = (d\sigma^{(1)}, d\tau^{(1)}) = (0.6895, -0.6826) \text{ MPa}$$

$$d\sigma_{ij}^{(2)} = (d\sigma^{(2)}, d\tau^{(2)}) = (0.6895, -0.6964) \text{ MPa}$$

上面两式分别构成加载和卸载。利用习题 8.16 推导的增量关系，计算最终的应变增量 $d\varepsilon_{ij}^{(1)}$ 和 $d\varepsilon_{ij}^{(2)}$。比较 $d\varepsilon^{(1)}$ 和 $d\varepsilon^{(2)}$, $d\gamma^{(1)}$ 和 $d\gamma^{(2)}$ 的大小。

答案： $d\varepsilon^{(1)} = 1.318 \times 10^4$, $d\gamma^{(1)} = -3.7935 \times 10^4$

$d\varepsilon^{(2)} = 0.1 \times 10^4$, $d\gamma^{(2)} = -0.2525 \times 10^4$

8.18 求解上面的习题 8.15 至 8.17，但现假设：
$$\varepsilon_{ij}^{p} = aJ_2^2 s_{ij}$$

其中，a 为材料常数，在纯剪实验中，材料的响应曲线近似为
$$\gamma = \gamma^e + \gamma^p = \frac{\tau}{27580} + 27\left(\frac{\tau}{689.5}\right)^5$$

（τ 的单位为 MPa，并且 $\nu = 0.25$）。

8.19 求解习题 8.15 的 (b) 和 (c)，但用下列应力路径代替 (1) 到 (4) 的路径：
路径 1：(0, 0) 到 (68.95, 68.95)
路径 2：(68.95, 68.95) 到 (68.95, 0)
路径 3：(68.95, 0) 到 (206.85, 0)
路径 4：(206.85, 0) 到 (0, 0)

提示：利用题 8.16 所推导的塑性应力－应变增量关系，并沿着加载－卸载路径对产生塑性加载的应力路径积分。

答案：(c) 在路径 1 末端：$\varepsilon^p = 0.0040$，$\gamma^p = 0.0120$
在路径 3 末端：$\varepsilon^p = 0.0230$，$\gamma^p = 0.0120$

8.20 假设材料模型有如下形式：
$$\varepsilon_{ij}^{p} = cJ_3 t_{ij}$$

其中，c 是材料常数，张量 t_{ij} 定义如下：
$$t_{ij} = s_{ik}s_{kj} - \frac{2}{3}J_2\delta_{ij}$$

取 $\nu = 0.3$，并假设首次简单拉伸加载时单轴应力－应变曲线近似表示为（σ 单位为 MPa）

$$\varepsilon = \varepsilon^e + \varepsilon^p = \frac{\sigma}{68950} + \left(\frac{\sigma}{689.5}\right)^5$$

利用与题 8.15 中相同的 $f = J_2 = k$ 的加载卸载准则。

求出题 8.19 所示各路径的末端的应变 ε 和 γ 的（总的）弹性和塑性分量。

答案：在路径 1 末端：$\varepsilon^p = 1.375 \times 10^{-4}$，$\gamma^p = 1.65 \times 10^{-4}$
在路径 2 末端：$\varepsilon^p = 22.475 \times 10^{-5}$，$\gamma^p = 1.65 \times 10^{-4}$

8.10 参考文献

1 Chen W F, Han D J. Plasticity for Structural Engineers. New York: Springer-Verlag, 1988, 606
2 Chen W F, Mizuno E. Nonlinear Analysis in Soil Mechanics. Amsterdam: Elsevier, 1990, 661
3 Dafalias Y F, Popov E P. A Model for Nonlinearly Hardening Materials for Complex Loading. Acta Mechanics, 1975, 21 (3): 173~192
4 Dafalias Y F, Popov E P. Plastic Internal Variables Formalism of Cyclic Plasticity. Journal of Applied Mechanics, 1976 (43): 645~651
5 Saint Venant. Memoire sur l'etablissement des equations differentielles des mouvemnents interieurs operes dans les corps solides ductiles au dela des limites ou l'elasticite pourrait les ramener a leur premier etat. Compt. Rend, 1870 (70): 473~480

6 Hencky H. Zur Theorie plastischer Deformationen und der hierdurch im Material hervogerufenen Nebenspannungen. Proceddings of the 1st International Congress on Applied Mechanics, Delft, Technische Boekhandel en Druckerij, J Waltman Jr, 1925, 312~317

7 Hill R. The Mathematical Theory of Plasticity. London: Oxford University Press, 1950, 355

8 Hodge P G Jr. Discussion [of Prager (1956)]. Journal of Applied Mechanics, 1957 (23): 482~484

9 Levy M. Memorie sur les equatons generales des mouvements interieurs des corps solides ductiles au dela des limites ou l'elasticite pourrait les ramener a leur premier etat. Compt. Rend, 1870 (70): 1323~1325

10 Mroz Z, Norris V A, Zienkiewicz O C. An Anisotropic Hardening Model for Soils and Its Application to Cyclic Loading. Journal of Numerical and Analytical Methods in Geomechanics, 1978 (2): 203~231

11 Mroz Z, Norris V A, Zienkiewicz O C. Applications of an Anisotropic Hardening Model in the Analysis of Elastoplastic Deformation of Soils. Geotechnique, 1979, 29 (1): 1~34

12 Prager W. The Theory of Plasticity: A Survey of Recent Achieve ments. (James Clayton lecture). Proceedings of Institution of Mechanical Engineering, 1955, 69 (41): 3~19

13 Prager W. A New Method of Analyzing Stress and Strains in WorkHardening Solids. Journal of Applied Mechanics, ASME. 1956 (23): 493~496

14 Prandtl L. Spannungsverteilung in plastischen Koerpern. Proceedings of the 1st International Congress on Applied Mechanics. Delft, 1924, 43~54

15 Reuss E. Beruecksichtigung der elastischen Formaenderungen in der Plastizitaetstheorie. Z Angew, Math Mech, 1930, (10): 266~274

16 Tresca H. Sur 1 - ecoulement des corps solids soumis a de fortes pression. Comput. Rend, 1984 (59): 754

17 vonMises R. Mechanik der festen Koerper im plastisch deformablen Zustant. Goettinger Nachr, Math - Phys, K1, 1913, 582~592

18 Ziegler H. A Modification of Prager's Hardening Rule. Journal of Applied Mathematics, 1959 (17): 55~65

第 9 章 塑性理论在金属中的应用

9.1 引　言

前面几章已详细地讨论了金属的塑性理论。本章将介绍如何应用塑性理论去解决实际的边值问题或工程问题。已经知道只有少数一些简单的弹性边值问题可以求出精确的解析解，弹塑性边界值问题则很难求出精确的解析解。已求得的一些精确解也只能适用于具有简单的几何形状、很简单的边界条件和大大简化的本构关系等很少的几种情况，想求出较为切合实际的弹塑性工程问题的精确解几乎是不可能的，必须借助于数值方法去获得近似解。

计算机技术的进展刺激了强有力的现代数值计算方法的快速发展，如有限元法，它借助于计算机，可以获得几乎所有的复杂的工程问题的解答。实际上，用有限元方法可以求解任何实际边值问题的增量非弹性分析，这个发展给塑性领域带来了极大的好处，它给经典塑性理论带来了较新的观念，并使之得到更广泛的应用。

本章还将集中讨论用非线性有限元法求解复杂的弹塑性边值问题的数值方法及其进展。9.2 节将讨论适用于弹性分析的有限元法的基本公式及方法。针对弹塑性分析的公式及方法将在 9.3 节描述。因为弹塑性有限元分析方法将带来一个联立非线性方程组，所以 9.4 节将讨论怎样精确和有效率地求解这些非线性联立方程组。9.5 节将专门讨论处理增量弹塑性本构关系数值计算过程的方法，在该数值计算过程中，应变和应力增量不再是无限小的，而是一个有限量，这些数值方法不局限于金属塑性，而且对任何弹塑性材料都适用。在本章中，我们都是以相对较简单如金属这样的材料模型来说明这些方法的应用。对更为复杂材料的模型将在《混凝土与土的本构方程》一书中讲解。

9.2 弹性问题的有限元分析方法

适用于静态弹性分析的有限元法的一般控制方程可以由下述虚功原理推出：

$$\int_V \sigma_{ij} \delta\varepsilon_{ij} \mathrm{d}V = \int_A T_i \delta u_i \mathrm{d}A + \int_V q_i \delta u_i \mathrm{d}V \tag{9.1}$$

其中，δu_i 和 $\delta\varepsilon_{ij}$ 分别是虚位移增量和虚应变增量，并且这些增量形成了一组变形的协调集合：T_i 和 q_i 分别是表面作用力和体力；σ_{ij} 与 T_i 和 q_i 构成了一个平衡集合。以矩阵的形式，式 (9.1) 变成

$$\int_V \{\delta\varepsilon\}^T \{\sigma\} \mathrm{d}V = \int_A \{\delta u\}^T \{T\} \mathrm{d}A + \int_V \{\delta u\}^T \{q\} \mathrm{d}V \tag{9.2}$$

其中，位移矢量 $\{u\}$，应变矢量 $\{\varepsilon\}$ 和应力矢量 $\{\sigma\}$ 定义如下：

$$\{u\}^T = \{u_x, \ u_y, \ u_z\} \tag{9.3a}$$

$$\{\delta u\}^T = \{\delta u_x, \ \delta u_y, \ \delta u_z\} \tag{9.3b}$$

$$\{\varepsilon\}^T = \{\varepsilon_x, \ \varepsilon_y, \ \varepsilon_z, \ \gamma_{yz}, \ \gamma_{zx}, \ \gamma_{xy}\} \tag{9.4a}$$

$$\{\delta\varepsilon\}^T = \{\delta\varepsilon_x, \ \delta\varepsilon_y, \ \delta\varepsilon_z, \ \delta\gamma_{yz}, \ \delta\gamma_{zx}, \ \delta\gamma_{xy}\} \tag{9.4b}$$

$$\{\sigma\}^T = \{\sigma_x, \ \sigma_y, \ \sigma_z, \ \tau_{yz}, \ \tau_{zx}, \ \tau_{xy}\} \tag{9.5}$$

对于小变形分析，有如下关系

$$\{\varepsilon\} = [L]\{u\} \tag{9.6a}$$

$$\{\delta\varepsilon\} = [L]\{\delta u\} \tag{9.6b}$$

其中，$[L]$ 是微分算子矩阵，定义如下：

$$[L] \begin{bmatrix} \dfrac{\partial}{\partial x} & 0 & 0 \\ 0 & \dfrac{\partial}{\partial y} & 0 \\ 0 & 0 & \dfrac{\partial}{\partial z} \\ 0 & \dfrac{\partial}{\partial z} & \dfrac{\partial}{\partial y} \\ \dfrac{\partial}{\partial z} & 0 & \dfrac{\partial}{\partial x} \\ \dfrac{\partial}{\partial y} & \dfrac{\partial}{\partial x} & 0 \end{bmatrix} \tag{9.7}$$

在以位移为基础的有限元法中，可近似地将物体看作是一个由离散的有限单元组成的集合体，这些单元通过在它们边界上的节点相连接，如图9.1所示。节点的编号从1到N，单元的编号从1到M。在给定的坐标系中，物体的位移在整个物体内部是当作分块连续函数近似的，这个函数在每一个单元内部是连续的，在单元的边界上也假定有一定程度的连续性。在一个有限单元体系中，节点位移确定了位移矢量$\{U\}$，

$$\{U\}^T = \{u_1, v_1, w_1, u_2, v_2, w_2, u_3, \cdots, w_N\} \tag{9.8}$$

在一个单元内，如单元 m，位移近似等于

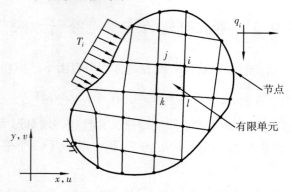

图9.1 在节点处连接的离散有限单元的集合体

$$\{u\}_m = [N]_m \{U\} \tag{9.9}$$

其中，$[N]_m$ 是一个 $3 \times 3N$ 的矩阵，是单元 m 的位移插值函数或形函数的矩阵。如果单元 m 有四个节点，如点 i、j、k、l，那么形状函数矩阵将只在第 i、j、k 和 l 列有 3×3 的非零子矩阵，并可表示如下：

$$[N]_m = [0, \cdots, 0, N_i I, 0, \cdots, 0, N_j I, 0, \cdots,$$
$$0, N_k I, 0, \cdots, 0, N_l I, 0, \cdots, 0] \tag{9.10}$$

其中，$[I]$ 是 3×3 的单位矩阵，$[0]$ 是 3×3 的零阵。把式 (9.9) 代入式 (9.6)，将得到单元 m 的应变矢量，表示如下：

$$\{\varepsilon\}_m = [B]_m \{U\} \tag{9.11a}$$
$$\{\delta\varepsilon\}_m = [B]_m \{\delta U\} \tag{9.11b}$$

其中，$[B]_m$ 称为应变-位移矩阵，并定义如下：

$$[B]_m = [L][N]_m \tag{9.12}$$

把式 (9.11) 和式 (9.9) 代入式 (9.2)，将得到小变形时有限元分析的控制方程，表示如下：

$$\sum_m \int_{V_m} [B]_m^T \{\sigma\} dV = \sum_m \int_{A_m} [N]_m^T \{T\} dA + \sum_m \int_{V_m} [N]_m^T \{q\} dV \tag{9.13}$$

其中，$m = 1, 2, \cdots, M$，或者求和时求遍每一个单元。这个等式也可以写成一个简单形式

$$\int_V [B]^T \{\sigma\} dV = \int_A [N]^T \{T\} dA + \int_V [N]^T \{q\} dV \tag{9.14}$$

其中，是在单元 m 积分时，用 $[B]$ 和 $[N]$ 分别替代 $[B]_m$ 和 $[N]_m$ 的值。令

$$\{R\} = \int_A [N]^T \{T\} dA + \int_V [N]^T \{q\} dV \tag{9.15}$$

代表作用于节点上的等效外力，式 (9.14) 可简写为

$$\int_V [B]^T \{\sigma\} dV = \{R\} \tag{9.16}$$

对于弹性分析，应力-应变关系通常可写成

$$\{\sigma\} = [C]\{\varepsilon\} \tag{9.17}$$

其中，$[C]$ 是弹性本构矩阵。控制方程 (9.16) 可另外写成

$$[K]\{U\} = \{R\} \tag{9.18a}$$
$$[K] = \int_V [B]^T [C][B] dV \tag{9.18b}$$

$[K]$ 称为有限单元的刚度矩阵。式 (9.18) 表示一个线性联立方程组，求出这个方程组就可以确定位移矢量 $\{U\}$，并且每个单元的应变和应力可以通过式 (9.11a) 和式 (9.17) 来确定。

值得一提的是在式 (9.9)、式 (9.11) 和式 (9.12) 中，单元的形函数矩阵 $[N]_m$ 和应变-位移矩阵 $[B]_m$ 是通过整体位移矢量 $\{U\}$ 表示的。如果这两个矩阵用单元位移矢量 $\{U\}_m$ 来表示，则可获得更简洁的形式。对于四个节点的节点号为 i、j、k 和 l 的单元，有

$$\{U\}_m^T = \{u_i^T, u_j^T, u_k^T, u_l^T\} \quad (9.19)$$

其中，每一个分矢量代表节点处的位移矢量。采用 $\{U\}_m$ 的形式，式 (9.9) 和式 (9.10) 可重新写成

$$\{u\}_m = [N]_m \{U\}_m \quad (9.20)$$

$$[N]_m = [N_i I, \ N_j I, \ N_k I, \ N_l I] \quad (9.21)$$

$$[B]_m = [L][N]_m \quad (9.22)$$

在实际的有限元程序计算过程中，这种简洁的形式是通常使用的。刚度矩阵和等效外力矢量是对各个单元单独计算的，然后分别装配成整体刚度矩阵和整体力矢量。

【例 9.1】 二维四节点等参单元的公式。

为构造一个高内插精度值的有限单元，经常要用到等参公式。在等参公式中，单元内的坐标和位移需要用自然坐标或广义坐标表述的相同形状函数进行内插。图 9.2 给出了一个用于内插值的任意形状的和有自然坐标系 r 和 s 的四节点单元。在等参公式化推导中，通常习惯上把单元内的坐标和位移表达为

$$x = \sum_{i=1}^{4} N_i X_i, \ y = \sum_{i=1}^{4} N_i Y_i \quad (9.23)$$

$$u = \sum_{i=1}^{4} N_i U_i, \ v = \sum_{i=1}^{4} N_i V_i \quad (9.24)$$

其中，X_i 和 Y_i 分别是节点的 x、y 坐标；U_i 和 V_i 分别是节点的位移；N_i 是形函数，它们是在自然坐标系 $r-s$ 中定义的。在这个坐标系中，变量 r 和 s 的取值如图 9.2（b）所示，都是从 -1 到 1。形函数 N_i 有一个最基本的性质，它在节点 i 处取值为 1，在其他任何节点处取值均为 0。因此，这个四节点单元，其形函数可确定为

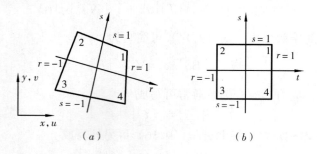

图 9.2 一个任意形状的四节点单元

$$N_1 = \frac{1}{4}(1+r)(1+s)$$
$$N_2 = \frac{1}{4}(1-r)(1+s)$$
$$N_3 = \frac{1}{4}(1-r)(1-s) \quad (9.25)$$
$$N_4 = \frac{1}{4}(1+r)(1-s)$$

用矩阵形式表示，有
$$\{x\} = [N]\{X\}, \quad \{u\} = [N]\{U\}$$
$$[N] = [N_1 I, N_2 I, N_3 I, N_4 I]$$
$$= \begin{bmatrix} N_1 & 0 & N_2 & 0 & N_3 & 0 & N_4 & 0 \\ 0 & N_1 & 0 & N_2 & 0 & N_3 & 0 & N_4 \end{bmatrix} \quad (9.26)$$
$$\{X\}^T = \{x_1, y_1, x_2, y_2, x_3, y_3, x_4, y_4\}$$
$$\{U\}^T = \{u_1, v_1, u_2, v_2, u_3, v_3, u_4, v_4\}$$

为了计算应变 – 位移矩阵 $[B]$，即式 (9.12)，用链式法则

$$\left\{\begin{array}{c} \dfrac{\partial}{\partial r} \\ \dfrac{\partial}{\partial s} \end{array}\right\} = \begin{bmatrix} \dfrac{\partial x}{\partial r} & \dfrac{\partial y}{\partial r} \\ \dfrac{\partial x}{\partial s} & \dfrac{\partial y}{\partial s} \end{bmatrix} \left\{\begin{array}{c} \dfrac{\partial}{\partial x} \\ \dfrac{\partial}{\partial y} \end{array}\right\} = [J] \left\{\begin{array}{c} \dfrac{\partial}{\partial x} \\ \dfrac{\partial}{\partial y} \end{array}\right\} \quad (9.27)$$

其中，$[J]$ 是与自然坐标系和整体坐标系中的导数有关的雅可比算子，为

$$[J] = \begin{bmatrix} \sum_{i=1}^{4} \dfrac{\partial N_i}{\partial r} x_i & \sum_{i=1}^{4} \dfrac{\partial N_i}{\partial r} y_i \\ \sum_{i=1}^{4} \dfrac{\partial N_i}{\partial s} x_i & \sum_{i=1}^{4} \dfrac{\partial N_i}{\partial s} y_i \end{bmatrix} \quad (9.28)$$

如果从自然坐标系到整体坐标系存在一一对应的映射关系，则这个矩阵的逆矩阵存在。这样便有

$$\left\{\begin{array}{c} \dfrac{\partial}{\partial x} \\ \dfrac{\partial}{\partial y} \end{array}\right\} = [J]^{-1} \left\{\begin{array}{c} \dfrac{\partial}{\partial r} \\ \dfrac{\partial}{\partial s} \end{array}\right\} \quad (9.29)$$

对于二维情况，式 (9.6a) 和式 (9.7) 可改写成

$$\{\varepsilon\} = \begin{bmatrix} \dfrac{\partial}{\partial x} & 0 \\ 0 & \dfrac{\partial}{\partial y} \\ \dfrac{\partial}{\partial y} & \dfrac{\partial}{\partial x} \end{bmatrix} \left\{\begin{array}{c} u \\ v \end{array}\right\} \quad (9.30)$$

由以上各式，可以得到该四节点单元的应变 – 位移矩阵，可写成自然坐标 r 和 s 的函数形式

$$[B] = [A][J_d][G] \quad (9.31)$$

其中

$$[A] = \begin{bmatrix} 1 & 0 & 0 & 0 \\ 0 & 0 & 0 & 1 \\ 0 & 1 & 1 & 0 \end{bmatrix}, \quad [J_d] = \begin{bmatrix} J^{-1} & 0 \\ 0 & J^{-1} \end{bmatrix} \quad (9.32)$$

和

$$[G] = \begin{bmatrix} \frac{\partial N_1}{\partial r} & 0 & \frac{\partial N_2}{\partial r} & 0 & \frac{\partial N_3}{\partial r} & 0 & \frac{\partial N_4}{\partial r} & 0 \\ \frac{\partial N_1}{\partial s} & 0 & \frac{\partial N_2}{\partial s} & 0 & \frac{\partial N_3}{\partial s} & 0 & \frac{\partial N_4}{\partial s} & 0 \\ 0 & \frac{\partial N_1}{\partial r} & 0 & \frac{\partial N_2}{\partial r} & 0 & \frac{\partial N_3}{\partial r} & 0 & \frac{\partial N_4}{\partial r} \\ 0 & \frac{\partial N_1}{\partial s} & 0 & \frac{\partial N_2}{\partial s} & 0 & \frac{\partial N_3}{\partial s} & 0 & \frac{\partial N_4}{\partial s} \end{bmatrix} \quad (9.33)$$

利用式（9.18b），也可以得到该单元刚度矩阵的表达式为

$$[K]_e = \int_{V_e} [B]^{\mathrm{T}} [C] [B] \mathrm{d}x \mathrm{d}y = \int_{-1}^{1} \int_{-1}^{1} [B]^{\mathrm{T}} [C] [B] |J| \mathrm{d}r \mathrm{d}s \quad (9.34)$$

鉴于上面这个积分中被积函数的复杂性，通常用数值法求解。

9.3 弹塑性问题中的有限元分析方法

在弹塑性分析中，因为应力 $\{\sigma\}$ 和应变 $\{\varepsilon\}$ 间的非线性关系，控制方程（9.16）是应变的一个非线性方程，因而也是节点位移 $\{U\}$ 的一个非线性方程。因此给定外力的条件下解这个方程，必须用迭代法。况且，因为变形历史取决于弹塑性本构关系，所以随着外力实际变化所进行的增量分析必须跟踪位移、应变和所施加的外力引起的应力。

在增量分析中，外力历史可表示为在确定的加载步内、外力增量的逐渐累积。在第 $(m+1)$ 步中，外力可表示为

$$^{m+1}\{R\} = {}^m\{R\} + \{\Delta R\} \quad (9.35)$$

其中，左上标 m 用来指第 m 个增量步，$\{\Delta R\}$ 是从第 m 步到第 $(m+1)$ 步的外力增量。假设第 m 步的解 $^m\{U\}$、$^m\{\sigma\}$、$^m\{\varepsilon\}$ 已知，则在第 $(m+1)$ 步，相应于荷载增量 $\{\Delta R\}$，有

$$^{m+1}\{U\} = {}^m\{U\} + \{\Delta U\} \quad (9.36a)$$

$$^{m+1}\{\sigma\} = {}^m\{\sigma\} + \{\Delta \sigma\} \quad (9.36b)$$

$$^{m+1}\{F\} = {}^{m+1}\{R\} \quad (9.37)$$

利用这些公式，式（9.16）可重新写成

$$^{m+1}\{F\} = \int_V [B]^{\mathrm{T}\, m+1}\{\sigma\} \mathrm{d}V \quad (9.38)$$

其中，$^{m+1}\{F\}$ 是作用于节点处的应力等效力。取代式（9.36b），有

$$\int_V [B]^{\mathrm{T}} \{\Delta \sigma\} \mathrm{d}V = {}^{m+1}\{R\} - \int_V [B]^{\mathrm{T}\, m}\{\sigma\} \mathrm{d}V \quad (9.39)$$

式（9.37）实际上反映了外力 $^{m+1}\{R\}$ 和内力 $^{m+1}\{F\}$ 的平衡。式（9.39）是有限元增量公式的控制方程。解这个方程以求位移增量 $\{\Delta U\}$ 和应力增量 $\{\Delta \sigma\}$ 涉及两种数值算法：一种算法是用于解式（9.37）或式（9.39）所导出的非线性联立方程组，以求出位移增量 $\{\Delta U\}$，这一算法将在下一节中论述；另一种算法是确定与应变增量 $\{\Delta \varepsilon\}$ 相应的应力增量 $\{\Delta \sigma\}$，这个应变增量 $\{\Delta \varepsilon\}$ 是在给定的应力状态和变形历史的条件下由 $\{\Delta U\}$ 算出，这种算法将在 9.5 节中论述。

【例 9.2】 二杆结构的弹-塑性分析。

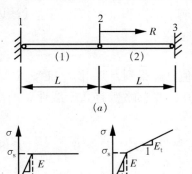

图 9.3 二杆结构

一个由两根平放的杆组成的简单结构如图 9.3 所示。杆（1）是由理想弹塑性材料做成，材料的应力-应变关系如图 9.3（b）所示；杆（2）是由弹性-线性加工强化材料做成，其应力-应变关系如图 9.3（c）所示。两种材料具有同样的屈服应力 σ_s 和杨氏模量 E。$E_t = 1/2E$ 是杆（2）的切线模量。一个水平外力 $R = 3A\sigma_s$ 作用在两杆的接头处，其中 A 是杆件横截面的面积。这次分析将用两个具有线性形状函数的一维杆单元。这种单元的形状函数的矩阵是

$$[N] = \left[\frac{1}{2}(1-r), \frac{1}{2}(1+r)\right] \quad (9.40)$$

其中，r 是坐标原点在杆单元中心的自然坐标。那么就可以得到杆单元的应变-位移矩阵

$$[B] = \frac{1}{L}[-1, 1] \quad (9.41)$$

两个杆单元的单元刚度矩阵分别为

$$[K_1] = \frac{AE_1}{L}\begin{bmatrix} 1 & -1 \\ -1 & 1 \end{bmatrix}, \quad [K_2] = \frac{AE_2}{L}\begin{bmatrix} 1 & -1 \\ -1 & 1 \end{bmatrix} \quad (9.42)$$

整体刚度矩阵为

$$[K] = \int_V [B]^T[C][B]dV = \frac{A}{L}\begin{bmatrix} E_1 & -E_1 & 0 \\ -E_1 & E_1+E_2 & -E_2 \\ 0 & -E_2 & E_2 \end{bmatrix} \quad (9.43)$$

采用控制方程（9.38）

$$\int_V [B]^T\{\sigma\}dV = \{F\} \quad (9.44)$$

和边界条件 $u_1 = u_3 = 0$，控制方程变成

$$f(u) = F(u) - R = 0 \quad (9.45)$$

其中，$u = u_2$ 是节点 2 的位移，$F(u)$ 是应力等效力，由下式确定

$$F(u) = A[\sigma_1(u) - \sigma_2(u)] \quad (9.46)$$

这是位移 $u = u_2$ 的非线性方程，一旦这个位移确定，就可以得到二杆的应力和应变，解这个方程的算法将在下一节中讨论。

9.4 求解非线性方程的算法

求解非线性方程（9.38）或（9.39）的算法已有许多种。在有限元分析中广泛应用的三种 Newton 迭代法将在本节中讲述。

在第 $(m+1)$ 个增量步中弹塑性有限元增量分析的控制方程，通常可以用位移 $\{U\}$ 的形式写成

$$\Psi(^{m+1}\{U\}) = {}^{m+1}\{F(^{m+1}\{U\})\} - {}^{m+1}\{R\} \tag{9.47}$$

这个方程表明了外力$^{m+1}\{R\}$和内力$^{m+1}\{F\}$之间的一种平衡。解方程（9.47）的迭代法因而被称为平衡迭代法。

9.4.1 Newton-Raphson 法

假设在（$m+1$）增量步中，位移的第（$i-1$）次近似值已经得到，并用$^{m+1}\{U\}^{(i-1)}$表示。用泰勒级数展开式将$\Psi(^{m+1}\{U\})$在$^{m+1}\{U\}^{(i-1)}$处展开，并忽略所有高于线性项的高次项，则可得到

$$\Psi(^{m+1}\{U\}^{(i-1)}) + \frac{\partial \Psi}{\partial \{U\}}\bigg|_{^{m+1}\{U\}^{(i-1)}} (^{m+1}\{U\} - {}^{(m+1)}\{U\}^{(i-1)}) = 0 \tag{9.48}$$

$$\frac{\partial F}{\partial \{U\}}\bigg|_{^{m+1}\{U\}^{(i-1)}} \{\Delta U\}^{(i)} + {}^{m+1}\{F\}^{(i-1)} - {}^{m+1}\{R\} = 0 \tag{9.49}$$

其中

$$\{\Delta U\}^{(i)} = {}^{m+1}\{U\} - {}^{m+1}\{U\}^{(i-1)} \tag{9.50}$$

$$^{m+1}\{F\}^{(i-1)} = {}^{m+1}\{F(^{m+1}\{U\}^{(i-1)})\} = \int_V [B]^{T\,m+1}\{\sigma\}^{(i-1)} dV \tag{9.51}$$

考虑到

$$^{m+1}[K]^{(i-1)} = \frac{\partial F}{\partial \{U\}}\bigg|_{^{m+1}\{U\}^{(i-1)}} = \int_V [B]^T [C^{ep}]\bigg|_{^{m+1}\{U\}^{(i-1)}} [B] dV \tag{9.52}$$

其中，$[C^{ep}]|_{^{m+1}\{U\}^{(i-1)}}$是与位移$^{m+1}\{U\}^{(i-1)}$相应的弹塑性矩阵，$^{m+1}[K]^{(i-1)}$是结构的切向刚度矩阵。Newton-Raphson 法的迭代方案可按如下获得

$$^{m+1}[K]^{(i-1)} \{\Delta U\}^{(i)} = {}^{m+1}\{R\} - {}^{m+1}\{F\}^{(i-1)} \tag{9.53a}$$

$$^{m+1}\{U\}^{(i)} = {}^{m+1}\{U\}^{(i-1)} + \{\Delta U\}^{(i)} \tag{9.53b}$$

$$^{m+1}\{U\}^{(0)} = {}^m\{U\},\ ^{m+1}[K]^{(0)} = {}^m[K],\ ^{m+1}\{F\}^{(0)} = {}^m\{F\}$$

$$(i = 1, 2, \cdots) \tag{9.53c}$$

整个迭代过程直到一个合适的收敛标准得到满足才停止。收敛标准将在 9.4.4 节讨论。一个自由度的非线性迭代过程可用图来说明，如图 9.4 所示。

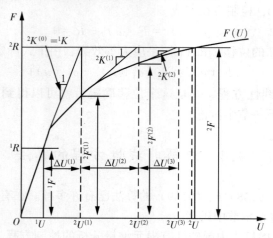

图 9.4 Newton-Raphson 法

Newton–Raphson算法有较高的二次收敛速率,但是必须注意,根据方程(9.53a),切向刚度矩阵$^{m+1}[K]^{(i-1)}$在每个迭代步中都要计算和分解。对于一个大系统来说,这将会使花费过分昂贵。而且,对于理想的塑性材料或应变软化材料,切向矩阵在迭代过程中可能变成奇异矩阵或病态矩阵。这可能造成解非线性方程组的困难。因此,必须用改进的Newton–Raphson法是需要的,将在下一节讨论。

【**例9.3**】用Newton–Raphson法求解二杆结构问题。

二杆结构的切向刚度矩阵可表示为

$$\frac{\partial F}{\partial u}\bigg|_{u^{(i)}} = K^{(i)} = \frac{A}{L}\left[E_1(u^{(i)}) + E_2(u^{(i)})\right] \tag{9.54}$$

其中

$$E_1 = \begin{cases} E & \varepsilon_1 < \varepsilon_s \\ 0 & \varepsilon_1 \geqslant \varepsilon_s \end{cases}, \quad E_2 = \begin{cases} E & \varepsilon_2 < \varepsilon_s \\ \dfrac{1}{2}E & \varepsilon_2 \geqslant \varepsilon_s \end{cases} \tag{9.55}$$

迭代的方案如下:

$$K^{(i)}\Delta u = R - F(u^{(i)}) = \Delta R$$
$$u^{(i)} = u^{(i-1)} + \Delta u, \quad u^{(0)} = 0, \quad (i = 1, 2, \cdots) \tag{9.56}$$

迭代在三个迭代步内收敛,迭代过程如表9.1所示。

Newton–Raphson法的迭代过程   表9.1

n	$\dfrac{E\Delta u}{\sigma_s L}$	$\dfrac{Eu}{\sigma_s L}$	$\dfrac{\sigma_1}{\sigma_s}$	$\dfrac{\sigma_2}{\sigma_s}$	$\dfrac{F}{A\sigma_s}$	$\dfrac{\Delta R}{A\sigma_s}$
0	1.5000	1.5000	0.0000	0.0000	0.0000	3.0000
1	1.5000	3.0000	1.0000	−1.2500	2.2500	0.7500
2	0.0000	3.0000	1.0000	−2.0000	3.0000	0.0000

9.4.2 改进的Newton–Raphson法

为了减少刚度矩阵计算和分解中花费昂贵的操作,Newton–Raphson法的一个改进方法,是在方程(9.53a)中用在第n个($n<m+1$)加载步时计算所得的刚度矩阵$^n[K]$替代切向刚度矩阵$^{m+1}[K]^{(i-1)}$。如果矩阵只是在第一个加载步的开始计算,则初始弹性矩阵$[K]_0$在所有加载步中都将使用,这种方法称为初应力法。通常,刚度矩阵是在每个加载步的开始计算的,或者对于第$(m+1)$步,其刚度矩阵可用

$$^n[K] = {^{m+1}[K]}^{(0)} = {^m[K]} \tag{9.57}$$

改进的Newton–Raphson法的迭代方案可表示为

$$^n[K]\{\Delta U\}^{(i)} = {^{m+1}\{R\}} - {^{m+1}\{F\}}^{(i-1)} \tag{9.58a}$$

$$^{m+1}\{U\}^{(i)} = {^{m+1}\{U\}}^{(i-1)} + \{\Delta U\}^{(i)} \tag{9.58b}$$

$$^{m+1}\{U\}^{(0)} = {^m\{U\}}, \quad ^{m+1}\{F\}^{(0)} = {^m\{F\}} \quad (i = 1, 2, \cdots) \tag{9.58c}$$

另外,这个迭代过程需要一直进行,直到一个合适的收敛标准得到满足,对一个自由度的非线性问题改进后的迭代过程可用图9.5来说明。

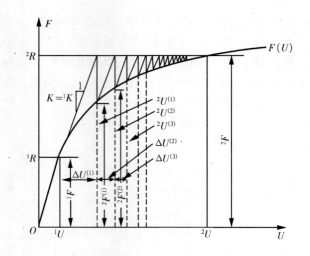

图 9.5 改进的 Newton–Raphson 法

改进的 Newton–Raphson 法比 Newton–Raphson 法包含较少的刚度矩阵计算和分解。对于一个大系统来说，这将大大减少一个迭代循环中的计算工作量。但是，改进法是线性收敛，通常比原来的算法收敛得更慢。这样，对于一个特殊的非线性问题，如果用改进的 Newton–Raphson 法，将需经更多的迭代才能达到收敛点。在某些情况下，比如在分析应变软化材料时，收敛将会过分地慢，这种算法的收敛速度在很大程度上依赖于刚度矩阵的更新次数。刚度矩阵更新越频繁，到达收敛点所需要的迭代次数就越少，此外，刚度矩阵可能变成奇异矩阵或病态矩阵的问题仍然存在。

另一个与改进的 Newton–Raphson 法有关的问题是，如果外力的改变导致要分析的结构卸载，比如，在结构的某个区域，应力状态从塑性状态卸载到弹性状态，这个算法可能得不到一个有收敛结果的迭代，除非每当卸载被检测出后，刚度矩阵就被重新计算。这个问题将增加改进的 Newton–Raphson 法应用时编制程序的复杂程度。

【例 9.4】 用改进的 Newton–Raphson 法解二杆结构问题。

用改进的 Newton–Raphson 法，切向刚度矩阵只需在第一个迭代步计算一次。

$$K_0 = \frac{\partial F}{\partial u}\bigg|_{u^{(0)}} = \frac{A}{L}\left[E_1(u^{(0)}) + E_2(u^{(0)})\right] = \frac{2AE}{L} \tag{9.59}$$

于是，迭代方案如下：

$$K_0 \Delta u = R - F(u^{(i)}) = \Delta R$$
$$u^{(i)} = u^{(i-1)} + \Delta u, \quad u^{(0)} = 0, \quad (i = 1, 2, \cdots) \tag{9.60}$$

用不平衡力的值或者外力 R 与应力等效力 F 的差值小于外力 R 的 1/1000 作为收敛准则，则迭代在第 25 步收敛，迭代过程如表 9.2 所示。图 9.6 反映了分别用 Newton 法和改进的 Newton 法时，应力等效作用力随迭代步 n 的变化，图 9.7 反映了杆（1）和杆（2）中单元应力随迭代步 n 的变化。从这些图中可以很明显地看到，迭代过程就是寻找一个外力和内力达到平衡状态的过程。

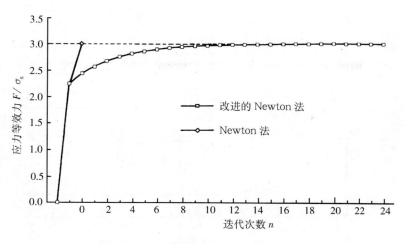

图 9.6　应力等效力随迭代步数 n 的变化

用改进的 Newton–Raphson 法的迭代过程　　　　　表 9.2

n	$\dfrac{E\Delta u}{\sigma_s L}$	$\dfrac{Eu}{\sigma_s L}$	$\dfrac{\sigma_1}{\sigma_s}$	$\dfrac{\sigma_2}{\sigma_s}$	$\dfrac{F}{A\sigma_s}$	$\dfrac{\Delta R}{A\sigma_s}$
0	1.5000	1.5000	0.0000	0.0000	0.0000	3.000
1	0.3750	1.8750	1.0000	−1.2500	2.2500	0.7500
2	0.2813	2.1563	1.0000	−1.4375	2.4375	0.5625
3	0.2109	2.3672	1.0000	−1.5781	2.5781	0.4219
4	0.1582	2.5254	1.0000	−1.6836	2.6836	0.3164
5	0.1187	2.6440	1.0000	−1.7627	2.7627	0.2373
6	0.0890	2.7330	1.0000	−1.8220	2.8220	0.1780
7	0.0667	2.7998	1.0000	−1.8665	2.8665	0.1335
8	0.0501	2.8498	1.0000	−1.8999	2.8999	0.1001
9	0.0375	2.8874	1.0000	−1.9249	2.9249	0.0751
10	0.0282	2.9155	1.0000	−1.9437	2.9437	0.0563
11	0.0211	2.9366	1.0000	−1.9578	2.9578	0.0422
12	0.0158	2.9525	1.0000	−1.9683	2.9683	0.0317
13	0.0119	2.9644	1.0000	−1.9762	2.9762	0.0238
14	0.0089	2.9733	1.0000	−1.9822	2.9822	0.0178
15	0.0067	2.9800	1.0000	−1.9866	2.9866	0.0134
16	0.0050	2.9850	1.0000	−1.9900	2.9900	0.0100
17	0.0038	2.9887	1.0000	−1.9925	2.9925	0.0075
18	0.0028	2.9915	1.0000	−1.9944	2.9944	0.0056
19	0.0021	2.9937	1.0000	−1.9958	2.9958	0.0042
20	0.0016	2.9952	1.0000	−1.9968	2.9968	0.0032
21	0.0012	2.9964	1.0000	−1.9976	2.9976	0.0024
22	0.0009	2.9973	1.0000	−1.9982	2.9982	0.0018
23	0.0007	2.9980	1.0000	−1.9987	2.9987	0.0013
24	0.0005	2.9985	1.0000	−1.9990	2.9990	0.0010
25	0.0004	2.9989	1.0000	−1.9992	2.9992	0.0008
26	0.0003	2.9992	1.0000	−1.9994	2.9994	0.0006

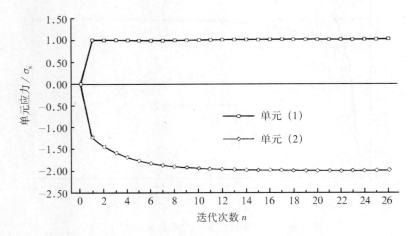

图 9.7 杆（1）和杆（2）中的单元应力随迭代次数 n 的变化

9.4.3 准 Newton 法

Newton – Raphson 法和改进的 Newton – Raphson 法间的一个折中方法是准 Newton 法。Newton – Raphson 法要求结构的刚度矩阵在每次迭代时都要计算和分解，这将导致较高的收敛速率，同时，需要大量的计算工作；另一方面，改进的 Newton – Raphson 法为了减少每次迭代循环中的计算工作量，而在多次迭代循环中保持了同一刚度矩阵，结果，造成了较低的收敛速率。与上述两种方法不同，准 Newton 法使用了低秩矩阵去更新刚度矩阵 $^{m+1}[K]^{(i-1)}$ 的逆矩阵，这将导致对刚度矩阵 $^{m+1}[K]^{(i)}$ 的割线逼近。准 Newton 法属于矩阵更新法一类的方法。Broyden – Fletcher – Goldfarb – Shanno（BFGS）2 阶法（Bathe,1982）是有限元分析中常用的准 Newton 法，将在本节中讨论。

定义位移增量 δ 如下：

$$\{\delta\}^{(i)} = {}^{m+1}\{U\}^{(i)} - {}^{m+1}\{U\}^{(i-1)} \tag{9.61}$$

定义不平衡力 $\{R\}$ 及其增量 $\{\gamma\}$ 如下：

$$\{R\}^{(i)} = {}^{m+1}\{R\} - {}^{m+1}\{F\}^{(i)} \tag{9.62}$$

$$\{\gamma\}^{(i)} = \{R\}^{(i-1)} - \{R\}^{(i)} \tag{9.63}$$

则更新的矩阵 $^{m+1}[K]^{(i)}$ 满足准 Newton 方程

$$^{m+1}[K]^{(i)}\{\delta\}^{(i)} = \{\gamma\}^{(i)} \tag{9.64}$$

对于一个正定的刚度矩阵，则可得其逆矩阵的递推公式

$$^{m+1}[K^{-1}]^{(i)} = [A]^{(i-1)T} {}^{m+1}[K^{-1}]^{(i-1)} [A]^{(i-1)} \tag{9.65}$$

$[A]$ 是变换矩阵，定义如下：

$$[A]^{(i-1)} = [I] + \{V\}^{(i-1)} \{W\}^{(i-1)T} \tag{9.66}$$

其中，$[I]$ 是与刚度矩阵 $[K]$ 维数相同的单位矩阵；$\{V\}$ 和 $\{W\}$ 是可以用 $\{\delta\}$、$\{R\}$ 和 $\{\gamma\}$ 表示的矢量。

任意一个迭代步 i（$i=1,2,\cdots$）的迭代过程可分为两步进行：

第 1 步 计算位移增量 $\{\Delta U\}$：

$$\{\Delta U\} = {}^{m+1}[K^{-1}]^{(i-1)} \{R\}^{(i-1)} \qquad (9.67a)$$

其中

$${}^{m+1}[K^{-1}]^{(i-1)} = [A]^{(i-1)T}\cdots[A]^{(1)T} \, {}^{n}[K^{-1}][A]^{(1)}\cdots[A]^{(i-1)}$$

和

$$\{\delta\}^{(i)} = \{\Delta U\} \qquad (9.67b)$$

$${}^{m+1}\{U\}^{(i)} = {}^{m+1}\{U\}^{(i-1)} + \{\Delta U\} \qquad (9.67c)$$

这一步中，实际计算包括矢量内积、矢量点积和求解含有已经分解因式的系数矩阵$^n[K]$的线性联立方程组。

第2步 计算下一个迭代步的修正矢量 $\{V\}^{(i)}$ 和 $\{W\}^{(i)}$：

$$\{V\}^{(i)} = -c^{(i)\,m+1}[K]^{(i-1)}\{\delta\}^{(i)} - \{\gamma\}^{(i)}$$
$$= \{R\}^{(i)} - (1+c^{(i)})\{R\}^{(i-1)} \qquad (9.68a)$$

$$\{W\}^{(i)} = \frac{\{\delta\}^{(i)}}{\{\delta\}^{(i)T}\{\gamma\}^{(i)}} = \frac{\{\delta\}^{(i)}}{G(0)-G(1)} \qquad (9.68b)$$

其中，$c^{(i)}$ 是修正矩阵 $[A]$ 的条件数。

$$c^{(i)} = \left(\frac{\{\delta\}^{(i)T}\{\gamma\}^{(i)}}{\{\delta\}^{(i)T\,m+1}[K]^{(i-1)}\{\gamma\}^{(i)}}\right)^{\frac{1}{2}} = \frac{G(0)-G(1)}{G(0)} \qquad (9.69)$$

为了避免数值更新上出现麻烦，更新将只在 $c^{(i)}$ 小于一次预先假定的公差，比如说 $c^{(i)}$ 小于 10^{-5} 时才执行。$G(x)$ 定义如下：

$$G(x) = G({}^{m+1}\{U\}^{(i-1)} + x\{\Delta U\})$$
$$= \{\Delta U\}^T[{}^{m+1}\{R\} - {}^{m+1}F({}^{m+1}\{U\}^{(i-1)} + x\{\Delta U\})] \qquad (9.70)$$

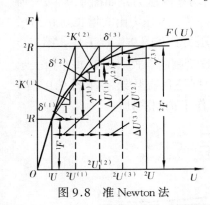

图 9.8 准 Newton 法

必须注意，在第二步中，与位移 $^{m+1}\{U\}^{(i)}$ 相对应的应力状态的等效力是要计算的。迭代将一直进行到满足一个合适的收敛标准为止。单自由度非线性问题的迭代过程图解如图 9.8 所示。

准 Newton 法中一个迭代步所需的计算工作量比改进的 Newton-Raphson 法要多，而比 Newton-Raphson 法要少多了。但是，这种方法有一个比改进的 Newton-Raphson 法好得多的收敛特性，其收敛速率介于线性收敛和二次收敛之间。而且，由于用了更新刚度矩阵的方法，在本算法中的刚度矩阵相对于另外两个利用矩阵更新法的算法来说显得不那么重要。实际上，一个结构的初始刚度矩阵甚至可以用于所有的增量步而不会有较大的影响。因此，这个方法可适用于表现为加工硬化、应变软化或理想塑性的弹塑性固体的分析。而且，卸载时不会引起任何麻烦。因此，这个方法为常规弹塑性材料的非线性联立方程组的求解提供了一个安全有效的方法，这是目前使用得最好的算法。

9.4.4 收敛准则

用来终止平衡迭代的合理收敛标准，是有效的增量求解策略中的一个基本部分。每次迭代结束，得到的解必须对照一个设定的允许值进行检查，看是否已经收敛。

有限元位移分析时，计算位移必须接近真实值。因为真实位移预先并不知道，所以迭

代的逼近值可表示为

$$\| \{\Delta U\}^{(i)} \|_2 \leqslant \varepsilon_D \| ^{m+1}\{U\}^{(i)} - {^m}\{U\} \|_2 \tag{9.71}$$

其中，$\{\Delta U\}^{(i)}$ 是第 i 步迭代得到的位移增量，$\| \ \|_2$ 表示矢量的欧几里德范数，ε_D 是为位移 $\{U\}$ 预设的允许值。这个标准因此被称为位移准则。

对于一次平衡迭代，要找到一个解 $\{U\}$，使平衡方程（9.37）在该点得到满足。为此，第二个收敛准则就要求不平衡力或内力与外力的差值 $^{m+1}\{R\} - {^{m+1}}\{F\}$ 变为零。在数值计算过程中，通常是不可能得到且不需要达到不平衡力为 0 的状态。因而，逼近值可表示为

$$\| ^{m+1}\{R\} - {^{m+1}}\{F\}^{(i)} \|_2 \leqslant \varepsilon_F \| ^{m+1}\{R\} - {^m}\{F\} \|_2 \tag{9.72}$$

其中，ε_F 是为不平衡力预设的允许值。这个标准被称为力准则。

第三个准则是度量位移和力分别与它们的平衡值的接近程度。这就是内能准则，并可表示为

$$\{\Delta U\}^{(i)T}(^{m+1}\{R\} - {^{m+1}}\{F\}^{(i)}) \leqslant \varepsilon_E \{\Delta U\}^{(1)T}(^{m+1}\{R\} - {^m}\{F\}) \tag{9.73}$$

其中，不等式左边代表不平衡力在位移增量上所做的功；右边是前述所做功的初始值；ε_E 是内能的预设允许值。

以上三种准则中的任何一个或者它们间的组合都可用来终止迭代。然而，允许值的选择必须小心，以免因允许值大而得到一个不精确的结果，同时也避免因采用允许值太严格而去追求不必要的精确所造成的计算工作量的浪费。

【例 9.5】迭代算法和收敛准则的比较。

一个典型的理想弹塑性问题为：一厚壁圆筒的内壁受到均布内压力，如图 9.9（a）所示，采用了上述三种算法。分别是用两个加载步进行的：第一步，内压力由 0 增长到 $0.5P_s$，在第二步，压力增长到 $0.99P_s$，这里 P_s 是圆筒的塑性极限压力。在图 9.9（b）中，第二步的累积位移增量的范数 $\| ^2\{U\}^{(i)} - {^1}\{U\} \|_2$，是根据迭代次数绘制的。式（9.72）左边表示不平衡力的范数，以及式（9.73）左边表示的内能分别根据迭代次数绘制在图 9.9（c）和 9.9（d）中。所有的曲线都是与它们各自相关的最大值作了正则法处理。

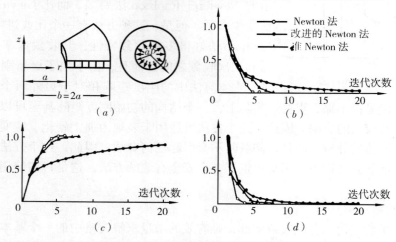

图 9.9　内壁受均布压力的厚壁圆筒

（a）厚壁圆筒及有限元网格；（b）位移准则；（c）力准则；（d）内能准则

可以看出，对所讨论的问题，最快的收敛是用 Newton – Raphson 算法。准 Newton 法比 Newton – Raphson 算法要多两次迭代。然而，在现有的计算机技术下，两种方法的计算机运行时间基本上相同。最慢的一种是用改进的 Newton – Raphson 算法，它需迭代 57 次才能得到一个收敛值，并且需使用两倍于另两种算法的运行时间。请注意，本例只是一个小问题，对于一个大规模系统问题，三种算法所需计算机运行时间比将大不相同。

9.5 弹塑性增量本构关系的应用

正如上一节所讲，在每一个迭代步中，与位移 $^{m+1}\{U\}^{(i)}$ 相对应的应力状态 $^{m+1}\{\sigma\}^{(i)}$ 是用弹塑性本构关系计算的，然后，通过对所分析的结构的每一个单元的应力进行积分，求出应力等效力 $^{m+1}\{F\}^{(i)}$。通常采用高斯数值积分法进行积分，因而，在每一个迭代步中，应力状态将在所有单元的所有高斯抽样点处进行积分计算。

在第八章中已讲过常规弹塑性材料的增量本构关系。这个关系使一个无穷小应力增量和一个无穷小应变增量在一个给定的应力状态和塑性变形历史条件下建立了联系。然而，在有限元分析中，因为在加载步中施加的荷载增量不是无穷小的，而是一个有限值，所以导致应力和应变的最终增量也是一个有限值。因而，在第八章讲的增量本构关系，必须进行数值积分，才能从有限的应变增量中去计算有限的应力增量。完成这个数值积分的算法起着很重要的作用，并且与解非线性联立方程组的算法一起，构成了弹塑性有限元分析的核心。一个不合适的算法，不仅会导致有误差的应力解，而且会影响平衡迭代的收敛，甚至会导致迭代的发散。因为应力的计算通常耗费整个计算时间的很大一部分，因此，算法的效率也是很重要的。

在这一节，我们将首先用矩阵形式重写常规弹塑性材料的增量本构关系，然后就算法的某些细节进一步讨论。最后，我们将介绍应力计算的一个完整过程。这里要讲的方法是非常通用的，它既不与某个特定的求解非线性联立方程组的算法有关，又不与某个特定的材料模型相关。事实上，该过程适用于理想塑性、强化塑性或应变软化材料。此外，为了简单和清晰起见，这里假设材料有光滑的屈服面和势能面，以及各向同性强化的特性。将这个过程推广到没有这些限制的情况并不困难。

9.5.1 概述

用矩阵形式，应力增量 $\{d\sigma\}$ 可通过弹性应变增量 $\{d\varepsilon^e\}$ 或全应变增量 $\{d\varepsilon\}$ 和塑性应变增量 $\{d\varepsilon^p\}$ 表达成

$$\{d\sigma\} = [C]\{d\varepsilon^e\} = [C](\{d\varepsilon\} - \{d\varepsilon^p\}) \quad (9.74a)$$

$$\{d\sigma\} = [C^{ep}]\{d\varepsilon\} \quad (9.74b)$$

其中，$[C]$ 是弹性矩阵；$[C^{ep}]$ 是弹塑性矩阵。塑性应变增量可用非关联流动法则表达为

$$\{d\varepsilon^p\} = d\lambda \left\{\frac{\partial g}{\partial \{\sigma_s\}}\right\} \quad (9.75)$$

其中，$g(\{\sigma\}, \kappa)$ 是塑性势能函数，κ 是塑性强化参数。标量 $d\lambda$ 可表达成

$$d\lambda = \frac{L}{H} \tag{9.76}$$

其中，L 是加载准则函数，定义如下

$$L = \left\{\frac{\partial f}{\partial \{\sigma\}}\right\}^T [C] \{d\varepsilon\} \tag{9.77}$$

$f(\{\sigma\}, \kappa)$ 是屈服函数，正的标量 H 可表示成

$$H = \left\{\frac{\partial f}{\partial \{\sigma\}}\right\}^T [C] \left\{\frac{\partial g}{\partial \{\sigma\}}\right\} - n\frac{\partial f}{\partial \kappa} \tag{9.78}$$

$$n = \frac{d\kappa}{d\varepsilon_p} [C] \sqrt{\left\{\frac{\partial g}{\partial \{\sigma\}}\right\}^T \left\{\frac{\partial g}{\partial \{\sigma\}}\right\}} \tag{9.79}$$

最后，矩阵 $[C^{ep}]$ 可表达成

$$[C^{ep}] = [C] - \frac{1}{H}[C]\left\{\frac{\partial g}{\partial \{\sigma\}}\right\}\left\{\frac{\partial f}{\partial \{\sigma\}}\right\}^T [C] \tag{9.80}$$

很明显，当使用非关联流动法则时，刚度矩阵 $[C^{ep}]$ 是不对称的。

应力的计算必须在所有的高斯抽样点处进行。下面将介绍在典型的高斯点的计算。在典型的加载步中，比如第 $(m+1)$ 步，应力状态 $^m\{\sigma\}$、应变状态 $^m\{\varepsilon\}$ 以及强化参数 $^m\kappa$，在平衡迭代已收敛的第 m 个加载步结束时已求出。对于典型迭代步，比如第 $(m+1)$ 步加载的第 i 次迭代，位移 $^{m+1}\{U\}^{(i)}$ 的第 i 个近似值已经求出。那么，在高斯点上，相应的应变和应变增量是

$$^{m+1}\{\varepsilon\}^{(i)} = [B]\, ^{m+1}\{U\}^{(i)} \tag{9.81a}$$

$$\{\Delta\varepsilon\} = \,^{m+1}\{\varepsilon\}^{(i)} - \,^m\{\varepsilon\} \tag{9.81b}$$

假设发生的是弹性变形，试算应力增量可用下式确定：

$$\{\Delta\sigma^e\} = [C]\{\Delta\varepsilon\} \tag{9.82}$$

假设在第 m 个加载步结束后，高斯点处的应力状态处于弹性状态，即 $f(^m\{\sigma\}, \,^m\kappa) < 0$，在第 $m+1$ 步应力状态进入弹塑性状态，即 $f(^m\{\sigma\} + \{\Delta\sigma^e\}, \,^m\kappa) > 0$。因而，存在一个比例因子 r，使得 $f(^m\{\sigma\} + r\{\Delta\sigma^e\}, \,^m\kappa) = 0$。应变增量因而被分成两部分，$r\{\Delta\varepsilon\}$ 和 $(1-r)\{\Delta\varepsilon\}$。前一部分导致纯弹性变形，第二部分导致弹塑性变形。因此，应力增量可积分成

$$\{\Delta\sigma\} = \int_{^m\{\varepsilon\}}^{^{m+1}\{\varepsilon\}^{(i)}} [C](\{d\varepsilon\} - \{d\varepsilon^p\})$$

$$= r\{\Delta\sigma^e\} + \int_{^m\{\varepsilon\}+r\{\Delta\varepsilon\}}^{^m\{\varepsilon\}+\{\Delta\varepsilon\}} [C](\{d\varepsilon\} - \{d\varepsilon^p\}) \tag{9.83a}$$

或

$$\{\Delta\sigma\} = r\{\Delta\sigma^e\} + \int_{^m\{\varepsilon\}+r\{\Delta\varepsilon\}}^{^m\{\varepsilon\}+\{\Delta\varepsilon\}} [C^{ep}]\{d\varepsilon\} \tag{9.83b}$$

最后可得 $^{m+1}\{U\}^{(i)}$ 处的应力状态如下：

$$^{m+1}\{\sigma\}^{(i)} = \,^m\{\sigma\} + \{\Delta\sigma\} \tag{9.84}$$

在下面几节中,我们将详细讨论比例因子 γ 的确定、荷载状态和完成积分的技巧。

9.5.2 载荷状态的确定

应力计算的第一步是对应于某个给定的应变增量的高斯点处,确定其应力状态的加载状态。亦即,确定是处于塑性加载状态、弹性加载状态,还是卸载状态。只有形成塑性加载状态的应变增量部分,弹塑性本构关系才被用来计算相应的应力增量。为此,将分开讨论两种的情况:一种是在第 m 加载步结束时高斯点处于弹性状态;另一种是在第 m 加载步结束时高斯点处于弹塑性状态。

如果高斯点在第 m 步结束时处于弹性状态,即 $f(^m\{\sigma\}, {}^m\kappa)<0$,那么由方程 (9.82) 所确定的试算应力增量 $\{\Delta\sigma^e\}$ 可被用来检查应变增量是否会导致弹塑性状态。如果 $f(^m\{\sigma\} + \{\Delta\sigma^e\}, {}^m\kappa) \leqslant 0$,高斯点在给定的应变增量下将保持弹性状态,由弹性应力-应变关系得知

$$\{\Delta\sigma\} = \{\Delta\sigma^e\} \tag{9.85}$$

如果 $f(^m\{\sigma\} + \{\Delta\sigma^e\}, {}^m\kappa)>0$,则高斯点在给定的应变增量下将进入弹塑性状态。因此,存在一个比例因子 r 使得

$$f(^m\{\sigma\} + r\{\Delta\sigma^e\}, {}^m\kappa) = 0 \tag{9.86}$$

这种情况的图解如图 9.10 所示。式 (9.86) 通常是因子 r 的非线性方程。如果屈服函数是用应力不变量简单形式表达的,则可求出因子 r 的解析解。

例如:von Mises 各向同性强化材料的屈服函数可表达为

$$f(\{\sigma\}, \kappa) = \frac{1}{2}\{s\}^T\{s\} - k^2(\kappa) = 0 \tag{9.87}$$

其中 $\{s\}^T = \{s_x, s_y, s_z, s_{yz}, s_{zx}, s_{xy}\}$ (9.88)

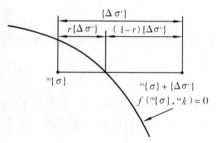

图 9.10 一个高斯点进入弹塑性状态的图解表示

是偏应力矢量,也可以定义偏应力增量矢量如下:

$$\{\Delta s\}^T = \{\Delta s_x, \Delta s_y, \Delta s_z, \Delta s_{yz}, \Delta s_{zx}, \Delta s_{xy}\} \tag{9.89}$$

在这种情况下,式 (9.86) 变成

$$f(^m\{\sigma\} + r\{\Delta\sigma^e\}, {}^m\kappa) = \frac{1}{2}(^m\{s\} + r\{\Delta s\})^T(^m\{s\} + r\{\Delta s\}) - k^2(\kappa) = 0 \tag{9.90a}$$

或

$$\frac{1}{2}r^2\{\Delta s\}^T(\Delta s) + r^m\{s\}^T\{\Delta s\} + \frac{1}{2}{}^m\{s\}^{Tm}\{s\} - {}^mk^2 = 0 \tag{9.90b}$$

由以上方程可求出比例因子 r。

式 (9.86) 一般将导致 r 的高次非线性方程,求解 r 必须用数值方法。最简单的方法是把式 (9.86) 展开成泰勒级数形式,并忽略所有的高于一次的项,则可得

$$f(^m\{\sigma\} + r\{\Delta\sigma^e\}, {}^m\kappa) = f(^m\{\sigma\}, {}^m\kappa) + \left\{\frac{\partial f}{\partial\{\sigma\}}\right\}^T\bigg|_{^m\{\sigma\}} r\{\Delta\sigma^e\} = 0 \tag{9.91}$$

于是,r 的近似值为

$$r = \frac{-f({}^m\{\sigma\}, {}^m\kappa)}{\left\{\dfrac{\partial f}{\partial\{\sigma\}}\right\}^T\bigg|_{{}^m\{\sigma\}}\{\Delta\sigma^e\}} \tag{9.92}$$

也可以保留泰勒展开式中的二次项，可得

$$f({}^m\{\sigma\} + r\{\Delta\sigma^e\}, {}^m\kappa) = f({}^m\{\sigma\}, {}^m\kappa) + \left\{\frac{\partial f}{\partial\{\sigma\}}\right\}^T\bigg|_{{}^m\{\sigma\}} r\{\Delta\sigma^e\} + r^2\{\Delta\sigma^e\}^T\left(\frac{\partial^2 f}{\partial\{\sigma\}^2}\right)\bigg|_{{}^m\{\sigma\}}\{\Delta\sigma^e\} = 0 \tag{9.93}$$

r 更精确的解可由上面的方程求得。

当高斯点在第 m 加载步结束时处于弹塑性状态时，即 $f({}^m\{\sigma\}, {}^m\kappa) = 0$，由式(9.77)定义的加载准则函数 L 应被用来确定荷载状态。假设小的加载步是成比例的，式(9.77)变成

$$L = \left\{\frac{\partial f}{\partial\{\sigma\}}\right\}^T [C]\{\Delta\varepsilon\} \tag{9.94}$$

正如上一章中所讨论的加载准则一样，如果 $L \leqslant 0$，则高斯点处于卸载状态或中性变载状态，这时就要用到弹性本构关系

$$\{\Delta\sigma\} = \{\Delta\sigma^e\} \tag{9.95}$$

如果 $L > 0$，高斯点处于塑性加载状态，则方程(9.83)的积分必须用数值方法计算并取 $r = 0$ 来求应力增量。这点将在下一节中讨论。

9.5.3 积分方法

用来计算方程(9.83)积分的算法可分成两类：显式算法和隐式算法。本书中只较为详细地讨论显式算法。为了获得更好的积分精度，构成弹塑性响应的应变增量通常可再分解成足够多的分量，比如说 m 个分增量 $\{\Delta\tilde{\varepsilon}\}$，

$$\{\Delta\tilde{\varepsilon}\} = (1 - r)\{\Delta\varepsilon\}/m \tag{9.96}$$

根据式(9.74)到(9.77)，增量本构关系可写成

$$\{d\sigma\} = [C](\{d\varepsilon\} - \{d\varepsilon^p\}) \tag{9.97}$$

及

$$\{d\varepsilon^p\} = [P]\{d\varepsilon\} \tag{9.98}$$

其中

$$[P] = P(\{\varepsilon\}, \{\varepsilon^p\}, \kappa) = \frac{1}{H}\left\{\frac{\partial g}{\partial\{\sigma\}}\right\}\left\{\frac{\partial f}{\partial\{\sigma\}}\right\}^T [C] \tag{9.99}$$

初始条件为

$$\{\varepsilon\} = {}^m\{\varepsilon\} + r\{\Delta\varepsilon\} \tag{9.100a}$$

$$\{\sigma\} = {}^m\{\sigma\} + r\{\Delta\sigma^e\} \tag{9.100b}$$

$$\{\varepsilon^p\} = {}^m\{\varepsilon^p\}, \quad \kappa = {}^m\kappa \tag{9.100c}$$

其中，r 是比例因子。

对于每一个应变子增量 $\{\Delta\tilde{\varepsilon}\}$，显式方法包含以下几步：

第1步 选用合适的算法，利用式(9.98)确定塑性子增量 $\{\Delta\tilde{\varepsilon}^p\}$ 和塑性内变量的增量 $\Delta\tilde{\kappa}$。

第2步 用式(9.74a)计算应力子增量 $\{\Delta\tilde{\sigma}\}$

$$\{\Delta\sigma\} = [C](\{\Delta\tilde{\varepsilon}\} - \{\Delta\tilde{\varepsilon}^{\mathrm{p}}\})$$

第 3 步 更新应力、应变和塑性内变量

$$\{\sigma\} \leftarrow \{\sigma\} + \{\Delta\tilde{\sigma}\}$$
$$\{\varepsilon\} \leftarrow \{\varepsilon\} + \{\Delta\tilde{\varepsilon}\}$$
$$\{\varepsilon^{\mathrm{p}}\} \leftarrow \{\varepsilon^{\mathrm{p}}\} + \{\Delta\tilde{\varepsilon}^{\mathrm{p}}\}, \quad \kappa \leftarrow \kappa + \Delta\tilde{\kappa}$$

在此方法中,计算得到的应力的精确程度主要取决于塑性应变子增量的计算精确程度。记为

$$[P_i] = P(\{\varepsilon\} + r_i\{\Delta\tilde{\varepsilon}\}, \{\varepsilon^{\mathrm{p}}\} + r_i\{\Delta\tilde{\varepsilon}^{\mathrm{p}}\}_{i-1}, \kappa + r_i\Delta\tilde{\kappa}_{i-1}) \tag{9.101}$$

其中,矩阵 $[P]$ 由式 (9.99) 确定。计算 $\{\Delta\tilde{\varepsilon}^{\mathrm{p}}\}$ 的三种算法表达如下:

欧拉前进法:

$$\{\Delta\tilde{\varepsilon}^{\mathrm{p}}\} = [P_1]\{\Delta\tilde{\varepsilon}\}, \quad r_1 = 0 \tag{9.102}$$

二阶 Runge-Kutta 法:

$$\{\Delta\tilde{\varepsilon}^{\mathrm{p}}\} = w_1\{\Delta\tilde{\varepsilon}_1^{\mathrm{p}}\} + w_2\{\Delta\tilde{\varepsilon}_2^{\mathrm{p}}\} \tag{9.103a}$$

$$\{\Delta\tilde{\varepsilon}_i^{\mathrm{p}}\} = [P_i]\{\Delta\tilde{\varepsilon}\} \tag{9.103b}$$

$$r_1 = 0, \quad r_2 = 1, \quad w_1 = w_2 = \frac{1}{2} \tag{9.103c}$$

四阶 Runge-Kutta 法:

$$\{\Delta\tilde{\varepsilon}^{\mathrm{p}}\} = w_1\{\Delta\tilde{\varepsilon}_1^{\mathrm{p}}\} + w_2\{\Delta\tilde{\varepsilon}_2^{\mathrm{p}}\} + w_3\{\Delta\tilde{\varepsilon}_3^{\mathrm{p}}\} + w_4\{\Delta\tilde{\varepsilon}_4^{\mathrm{p}}\} \tag{9.104a}$$

$$\{\Delta\tilde{\varepsilon}_i^{\mathrm{p}}\} = [P_i]\{\Delta\tilde{\varepsilon}\} \tag{9.104b}$$

$$r_1 = 0, \quad r_2 = r_3 = \frac{1}{2}, \quad r_4 = 1,$$

$$w_1 = w_4 = \frac{1}{6}, \quad w_2 = w_3 = \frac{1}{3} \tag{9.104c}$$

这里值得一提的是矩阵 $[P]$ 的符号,上述算法在实际应用时不需要计算矩阵 $[P]$。式 (9.75) 和式 (9.76) 可用来替代。

必须注意,对于上述三种算法,一个分增量所需的精度和计算量随它们所参与的阶次而增长。对于一个给定的问题,要得到同样的精度,用精确度较好的算法将需要较少数量的子增量。具体算法的选择和所需要的子增量的数目,须由所要分析的具体问题来决定。

还必须注意到,事实上,在计算应力子增量的过程中,式 (9.83a) 被用来替代式 (9.83b),式 (9.83b) 已被许多作者广泛使用。使用式 (9.83a) 的原因是可以较容易地用不同的算法表示,并且,对于一个加工硬化材料,塑性应变的计算是必须的一步。弹塑性矩阵 $[C^{\mathrm{ep}}]$ 没有包含在该应力计算的过程中,它只是在计算整个结构的刚度矩阵时才被计算。

9.5.4 执行一致性条件

在前面几章中,我们曾经讨论过在塑性加载过程中必须满足一致性条件 $\mathrm{d}f = 0$。然而,因为在增量本构关系的数值应用中采取了许多近似手法,所以经常违背一致性条件。在已知应力状态下施加一应变增量,可导致

$$f(\{\sigma\}, \kappa) \neq 0 \tag{9.105}$$

或者换句话说,应力状态将不再保持在后继屈服面上。这种后继屈服面上应力的改变是可以累积的,并可能在求解弹塑性边值问题时导致非常明显的误差。进行一次应力矢量的修正以满足一致性条件是必须的。该修正经常只需在屈服面的法线方向给应力矢量加一个修

正矢量即可

$$\{\delta\sigma\} = a\left\{\frac{\partial f}{\partial\{\sigma\}}\right\} \quad (9.106)$$

其中，a 是一个待确定的小比例系数，它使屈服条件在已修正的应力状态下得到满足

$$f(\{\sigma\}+\{\delta\sigma\},\kappa) = f\left(\{\sigma\}+a\left\{\frac{\partial f}{\partial\{\sigma\}}\right\},\kappa\right) = 0 \quad (9.107)$$

式 (9.107) 是比例 a 的非线性方程。这里，同求比例 r 一样，a 可以由这个方程求出解析解或数值解。如果用泰勒展开式，并将所有高于一次线性项的高次项忽略，则可得到标量 a。

$$a = \frac{-f(\{\sigma\},\kappa)}{\left\{\frac{\partial f}{\partial\{\sigma\}}\right\}^T\left\{\frac{\partial f}{\partial\{\sigma\}}\right\}} \quad (9.108)$$

修正矢量有如下结构

$$\{\delta\sigma\} = \frac{-f(\{\sigma\},\kappa)}{\left\{\frac{\partial f}{\partial\{\sigma\}}\right\}^T\left\{\frac{\partial f}{\partial\{\sigma\}}\right\}}\left\{\frac{\partial f}{\partial\{\sigma\}}\right\} \quad (9.109)$$

最后，修正应力矢量可获得

$$\{\sigma\} \leftarrow \{\sigma\} + a\left\{\frac{\partial f}{\partial\{\sigma\}}\right\} \quad (9.110)$$

9.5.5 应力计算的一般过程

应力计算的一般过程如下所述。在这个过程中，符号 EPF 被用来表示要考虑的高斯点的应力状态。EPF=0 表示弹性状态，EPF=1 表示弹塑性状态。

第1步 假设发生弹性变形，计算应变增量 $\{\Delta\varepsilon\}$ 和试算应力增量 $\{\Delta\sigma^e\}$

$$\{\Delta\varepsilon\} = {}^{m+1}\{\varepsilon\}^{(i)} - {}^m\{\varepsilon\}$$

$$\{\Delta\sigma^e\} = [C]\{\Delta\varepsilon\}$$

第2步 确定加载状态

如果 EPF=1，则高斯点在先前加载步中处于弹塑性状态。

计算由式 (9.77) 所确定的加载准则函数 L。

如果 $L>0$，令 $r \leftarrow 0$，为塑性加载；

如果 $L \leqslant 0$，令 $r \leftarrow 1$，EPF$\leftarrow 0$，为卸载或中性变载；

如果 EPF=0，则高斯点在先前加载步中处于弹性状态。

当试算应力增量加上后，计算屈服函数

$$f \leftarrow f({}^m\{\sigma\} + \{\Delta\sigma^e\}, \kappa) \quad (9.111)$$

如果 $f \leqslant 0$，令 $r \leftarrow 1$，则该点仍保持弹性状态。转到第5步；

如果 $f>0$，令 EPF$\leftarrow 1$，则该点进入弹塑性状态。

确定 r，使得 $f({}^m\{\sigma\}+r\{\Delta\sigma^e\}, {}^m\kappa) = 0$，并令

$$\{\sigma\} \leftarrow {}^m\{\sigma\} + r\{\Delta\sigma\}$$

第3步 计算应变子增量

$$\{\Delta\tilde{\varepsilon}\} = \frac{(1-r)}{m}\{\Delta\varepsilon\} \quad (9.112)$$

第4步 数值法积分，积分循环从 1 到 m。

确定塑性应变子增量 $\{\Delta\tilde{\varepsilon}^p\}$ 和 $\Delta\tilde{\kappa}$，然后

$$\{\Delta\tilde{\sigma}\} = [C](\{\Delta\tilde{\varepsilon}\} - \{\Delta\tilde{\varepsilon}^p\}), \quad \{\sigma\} \leftarrow \{\sigma\} + \{\Delta\tilde{\sigma}\}$$

$$\{\varepsilon^p\} \leftarrow \{\varepsilon^p\} + \{\Delta\tilde{\varepsilon}^p\}, \quad \kappa \leftarrow \kappa + \Delta\tilde{\kappa}$$

检查后继屈服条件，

如果 $|f(\{\sigma\}, \kappa)| > \varepsilon_f$，其中 ε_f 是屈服函数的预设允许值，确定修正应力矢量 $\{\delta\sigma\}$，并令 $\{\sigma\} \leftarrow \{\sigma\} + \{\delta\sigma\}$。

第5步 令

$$^{m+1}\{\sigma\}^{(i)} \leftarrow \{\sigma\}$$

如果需要，还要计算弹塑性矩阵 $[C^{ep}]$。

【例 9.6】 积分方法的比较。

考虑在前面第七章 7.12.3 节中提到的同一个例题（例 7.17）。已知有的双向应变状态 $(\varepsilon_x, \varepsilon_y) = (0.001, 0.001)$，现又额外施加应变增量 $(\Delta\varepsilon_x, \Delta\varepsilon_y) = (0.0018, -0.002)$，用（a）欧拉前进法和（b）四阶 Runge–Kutta 法计算应力状态和有效塑性应变。

在这个例题中，可以更明确表达方程（9.98）如下：

$$\{\Delta\varepsilon^p\} = \frac{L}{H}\begin{Bmatrix} s_x \\ s_y \\ s_z \end{Bmatrix}, \quad \Delta\varepsilon_p = \frac{2}{3}\sigma_e \frac{L}{H}$$

其中，L 和 H 由式（9.77）和式（9.78）确定，并有如下形式：

$$L = \frac{E}{1+\nu}(s_x\Delta\varepsilon_x + s_y\Delta\varepsilon_y + s_z\Delta\varepsilon_z)$$

$$H = \frac{2}{3}\sigma_e^2\left(\frac{2}{3}\frac{d\sigma_e}{d\varepsilon_p} + \frac{E}{1+\nu}\right) \tag{9.113}$$

有效应力和有效塑性应变之间关系为

$$\varepsilon_p = \left(\frac{\sigma_e - 100}{1000}\right)^2 - 0.01 \tag{9.114}$$

由欧拉法和 Runge–Kutta 法得到的数值结果概括在表 9.3 和表 9.4 中。

应力和有效塑性应变（欧拉法） 表 9.3

子增量数	σ_x (MPa)	σ_y (MPa)	σ_z (MPa)	ε_p (10^{-4})	误差（%）
1	657	395	388	6.6	70
2	623	417	400	7.9	11
5	617	428	395	8.2	2.6
10	615	431	394	8.3	1.3
100	614	434	393	8.3	0.1
1000	614	434	392	8.3	0.01
10000	614	434	392	8.3	0.001

应力和有效塑性应变（Runge-Kutta 法） 表 9.4

子增量数	σ_x (MPa)	σ_y (MPa)	σ_z (MPa)	ε_p (10^{-4})	误差（%）
1	601	439	400	8.6	18
2	613	434	393	8.4	1.2
5	614	434	392	8.3	0.02
10	614	434	392	8.3	0.001
100	614	434	392	8.3	0
1000	614	434	392	8.3	0

所计算的应力点总处于屈服面上。对于目前的材料来说，由 σ_{ij} 计算的 $\sqrt{J_2}$ 值必须等于 k、k 是 ε_p 的函数。然而，正如 9.5.4 节中所讨论的，因为数值误差而不符合这个条件。为了了解偏离程度，上表中的误差项由下式计算：

$$\text{误差} = \frac{\sqrt{J_2} - k}{k} \times 100 \quad (\%) \tag{9.115}$$

9.6 习 题

9.1 例如 9.2 中所示的二杆结构问题。设杆（1）由理想弹塑性材料做成，杆（2）由弹性并具有线性加工强化的材料做成，其切向模量 $E_t = (1/4E)$。求该问题的数值解，用

(a) Newton-Raphson 法；

(b) 改进的 Newton 法。

9.2 如例 9.2 中所示二杆结构问题。设杆（1）由理想弹塑性材料做成，杆（2）由弹性材料做成。求该问题的数值解，用

(a) Newton-Raphson 法；

(b) 改进的 Newton 法。

9.3 找出一个方程，使之可以求解方程（9.93）中的弹性比例因子 r，并对 von Mises 和 Drucker-Prager 准则都能适用。

9.4 求解式（9.109）中的应力修正矢量，并对 von Mises 和 Drucker-Prager 准则都能适用。

9.7 参 考 文 献

1 Bathe k J. Finite Element Procedures in Engineering Analysis, Englewood Cliffs Prentice-Hall, NJ, 1982.

2 Chen W F, Han D J. Plasticity for Structural Engineers. New York: Springer-Verlag, 1988.

3 Chen W F, Zhang H. Structural Plasticity: Theory, Problems and CAE Software. New York: Spring-Verlag, 1991.

4 Oden J T. Finite Elements of Nonlinear Continua. New York: McGraw Hill Book Company, NY, 1972.

5 Owen D J R, Hinton E. Finite Element In Plasticity: Theory and Practice. Swansea, Pineridge Press, UK, 1980.
6 Matthies H, Strang G. The Solution of Nonlinear Finite Element Equations. International Journal for Numerical Methods in Engineering, 1979 (14): 1613~1626
7 Zienkiewicz O C. The Finite Element Method. 3rd edition, New York: McGraw-Hill, 1977.

部分习题答案

第 一 章

1.1 (a) $\delta_{ij}\delta_{ij} = \delta_{ij}$（$\delta_{ij}$ 是替换算子）$= 3$。

(b) 将 $u_i = v_i = A_i$ 代入式（1.52），于是，由于行列式的第二和第三行相同，所以行列式为零。

(c) $\varepsilon_{psr}\varepsilon_{qst} = (-\varepsilon_{spr})(-\varepsilon_{sqt})$ 交换奇数次 $= \delta_{pq}\delta_{rt} - \delta_{pt}\delta_{rq}$ 由式（1.56）并注意到 $\delta_{qr} = \delta_{rq}$。

1.2 (a) $\nabla \cdot (\nabla \times \mathbf{A}) = \dfrac{\partial}{\partial x_i}\left(\varepsilon_{ijk}\dfrac{\partial}{\partial x_j}A_k\right) = \varepsilon_{ijk}\dfrac{\partial}{\partial x_i}\left(\dfrac{\partial A_k}{\partial x_j}\right)$

$\qquad = \dfrac{\partial}{\partial x_1}\left(\dfrac{\partial A_3}{\partial x_2} - \dfrac{\partial A_2}{\partial x_3}\right) + \dfrac{\partial}{\partial x_2}\left(-\dfrac{\partial A_3}{\partial x_1} + \dfrac{\partial A_1}{\partial x_3}\right)$

$\qquad + \dfrac{\partial}{\partial x_3}\left(\dfrac{\partial A_2}{\partial x_1} - \dfrac{\partial A_1}{\partial x_2}\right)$

（因为对每个 $i = 0$，$k \neq i$ 时，对 j 的项都是非零项）

(b) $\nabla \cdot (\phi\mathbf{A}) = \dfrac{\partial}{\partial x_i}(\phi A_i)$

$\qquad = \dfrac{\partial \phi}{\partial x_i}A_i + \phi\dfrac{\partial A_i}{\partial x_i}$

$\qquad = (\nabla\phi) \cdot \mathbf{A} + \phi(\nabla \cdot \mathbf{A})$

(c) $\nabla \cdot (\mathbf{A} \times \mathbf{B}) = \dfrac{\partial}{\partial x_i}(\varepsilon_{ijk}A_jB_k)$

$\qquad = \varepsilon_{jik}\dfrac{\partial}{\partial x_i}(A_jB_k)$

$\qquad = \varepsilon_{ijk}\left(B_k\dfrac{\partial A_j}{\partial x_i} + A_j\dfrac{\partial B_k}{\partial x_i}\right)$

$\qquad = B_k\varepsilon_{kij}\dfrac{\partial}{\partial x_i}A_j - A_j\varepsilon_{jik}\dfrac{\partial}{\partial x_i}B_k$（因为 $\varepsilon_{ijk} = \varepsilon_{kij} = -\varepsilon_{jik}$）

$\qquad = \mathbf{B} \cdot (\nabla \times \mathbf{A}) - \mathbf{A} \cdot (\nabla \times \mathbf{B})$

1.6 (a) $Q_1 = \varepsilon_{ijk}\varepsilon_{ijm}\sigma_{km}$

$\qquad = (\delta_{jj}\delta_{km} - \delta_{jm}\delta_{kj})\sigma_{km}$（由式（1.56））

$\qquad = (3\delta_{km} - \delta_{km})\sigma_{km}$

$\qquad = 2\sigma_{kk} = 2P_1$

(b) $Q_2 = \varepsilon_{ijk}\varepsilon_{imn}\sigma_{jm}\sigma_{kn}$

$\qquad = (\delta_{jm}\delta_{kn} - \delta_{jn}\delta_{km})\sigma_{jm}\sigma_{kn}$（由式（1.56））

$\qquad = \sigma_{jj}\sigma_{kk} - \sigma_{mn}\sigma_{mn}$

$$= P_1^2 - P_2$$

1.7 （a）对给出 σ_{ij} 的第一式进行缩并得

$$\sigma_{mm} = s_{mm} + \frac{1}{3}\sigma_{kk}\delta_{mm}$$

或，因为 $\delta_{mm} = 3$,

$$s_{mm} = \sigma_{mm} - \frac{1}{3}(3)\sigma_{mm} = 0$$

（b） $\dfrac{\partial J_2}{\partial \sigma_{ij}} = \dfrac{\partial}{\partial \sigma_{ij}}\left(\dfrac{1}{2}s_{mn}s_{mn}\right) = s_{mn}\dfrac{\partial s_{mn}}{\partial \sigma_{ij}}$

$$= s_{mn}\frac{\partial}{\partial \sigma_{ij}}\left(\sigma_{mn} - \frac{1}{3}\sigma_{kk}\delta_{mn}\right)$$

$$= s_{mn}\left(\delta_{im}\delta_{jn} - \frac{1}{3}\delta_{ij}\delta_{mn}\right)$$

$$= s_{ij} - \frac{1}{3}\delta_{ij}s_{mm}$$

$$= s_{ij} \quad [\text{因为由 (a) 有 } s_{mm}=0]$$

1.9 （a） $\int_S (\boldsymbol{\nabla}\times\boldsymbol{A})\cdot\boldsymbol{n}\,\mathrm{d}S = \int_S \left(\varepsilon_{ijk}\dfrac{\partial}{\partial x_j}A_k\right)n_i\,\mathrm{d}S$

$$= \int_V (\varepsilon_{ijk}A_{k,j})_{,i}\,\mathrm{d}V$$

$$= \int_V \varepsilon_{ijk}\frac{\partial}{\partial x_i}(A_{k,j})\,\mathrm{d}V$$

上面积分式中的被积函数和习题 1.2（a）的式子相同，所以等于零。

（b） $\int_V \boldsymbol{\nabla}\cdot\boldsymbol{n}\,\mathrm{d}V = \int_V n_{i,i}\,\mathrm{d}V$

$$= \int_S n_i n_i\,\mathrm{d}S$$

$$= \int_S \mathrm{d}S = S \qquad \text{（因为对于单位矢量 }\boldsymbol{n}, n_i n_i = 1\text{）}$$

1.13 证明 C_{ij} 是一个二阶张量，对任意矢量 u_i 考虑乘积 $C_{ij}u_j$, $C_{ij}u_j = (u_2A_3 - u_3A_2,\ u_3A_1 - u_1A_3,\ u_1A_2 - u_2A_1)$。即对于任意矢量 u_i, $C_{ij}u_j = B_i$ [注意由式（1.14），由矢量 u_i 和矢量 A_i 的矢量积得 B_i 是一矢量]。这样，有 1.15 节的商定律，C_{ij} 是一二阶张量。交替后，C_{ij} 可以写成 $C_{ij} = \varepsilon_{ijk}A_k$。于是 C_{ij} 是一个二阶张量（仅有二个自由指标）。同样地，因为 $C_{ij} = -C_{ji}$，是一斜对称张量。

第 二 章

2.1 （a） $\left|\overset{n}{\boldsymbol{T}}\right| = 314.626$

（b）（c） $\sigma_1 = 400,\ \sigma_2 = \sigma_3 = 0$

$n_i^{(1)} = (0,\ \pm 0.866,\ \pm 0.5)$

$n_i^{(2)} = (0,\ \mp 0.5,\ \pm 0.866)$

$n_i^{(3)} = (\pm 1,\ 0,\ 0)$

注意主方向 2 和 3 不是惟一的（$\sigma_2 = \sigma_3 = 0$），可以选用与轴 1 正交的任何两个互相垂直的轴。选用上述方向作为轴 1 和轴 2 的方向是基于 Mohr 圆的构造，而使主轴 2 位于 y—z 平面内（如同轴 1）且垂直于方向 1，而主轴 3 是取 x 轴的方向。

(d) $\sigma_{oct} = 133.33$，$\tau_{oct} = 188.56$

(e) $\tau_{max} = 200$

2.2 $\sigma_1 = 4$，$\sigma_2 = 2$，$\sigma_3 = 1$

$$n_i^{(1)} = \left(0, \mp\frac{1}{\sqrt{2}}, \pm\frac{1}{\sqrt{2}}\right)$$

$$n_i^{(2)} = \left(\pm\frac{1}{\sqrt{2}}, \mp\frac{1}{2}, \mp\frac{1}{2}\right)$$

$$n_i^{(3)} = \left(\pm\frac{1}{\sqrt{2}}, \pm\frac{1}{2}, \pm\frac{1}{2}\right)$$

(a) $I_1 = 7$，$I_2 = 14$，$I_3 = 8$

(c) $J_1 = 0$，$J_2 = 2.333$，$J_3 = 0.741$

(d) $\sigma_{oct} = 2.333$，$\tau_{oct} = 1.247$

2.3 交错方法

(i) 主应力 主应力也可以直接用 σ_{oct}，J_2 和 θ 计算如下：

$$\begin{Bmatrix}\sigma_1 \\ \sigma_2 \\ \sigma_3\end{Bmatrix} = \begin{Bmatrix}\sigma_{oct} \\ \sigma_{oct} \\ \sigma_{oct}\end{Bmatrix} + \frac{2}{\sqrt{3}}\sqrt{J_2}\begin{Bmatrix}\cos\theta \\ \cos\left(\theta - \dfrac{2\pi}{3}\right) \\ \cos\left(\theta + \dfrac{2\pi}{3}\right)\end{Bmatrix}$$

其中，θ 是在 $0 \leqslant \theta \leqslant \pi/3$ 范围内式（2.175）的第一个根。利用这个关系，这里可以校核已给出的应力张量的主应力值。

(ii) 主方向 研究式（2.43）中关于主应力方向的三个联立方程。

我们可以将这些方程写成矩阵形式

$$[A]\{n\} = 0$$

其中，$[A] = [\sigma_{ij}] - \sigma[I]$；$[\sigma_{ij}]$ 是式（2.24）的 3×3 应力矩阵；$[I]$ 是 3×3 单位矩阵；σ 是主应力值；$\{n\}$ 是与主应力 σ 相伴的主应力方向上的单位矢量。$[A]$ 的逆阵可以写成

$$[A]^{-1} = \frac{[A^a]}{|A|}$$

其中，$[A^a]$ 是 $[A]$ 的相伴矩阵（即矩阵 3×3 的转置，它的元素是 $[A]$ 的元素的余子式），$|A|$ 是 $[A]$ 的行列式。现在考虑乘积 $[A][A]^{-1} = [I]$，有

$$[A][A]^{-1} = \frac{[A][A^a]}{|A|} = [I]$$

或

$$[A][A^a] = 0$$

因为对式（2.42）的任何解都有 $|A| = 0$ [参看式（2.42）和（2.44）]。将 $[A^a]$ 分割成三个列矢量 $\{A_1^a\}$，$\{A_2^a\}$ 和 $\{A_3^a\}$。可写成

$$[A][\{A_1^a\} | \{A_2^a\} | \{A_3^a\}] = 0$$

或
$$[A]\{A_1^a\} = 0; \quad [A]\{A_2^a\} = 0; \quad [A]\{A_3^a\} = 0$$

正好和 $[A]\{n\} = 0$ 的形式相同。于是，三个矢量 $\{A_1^a\}$, $\{A_2^a\}$ 和 $\{A_3^a\}$ 中每个矢量的元素和主方向 $\{n\}$ 的分量 n_1, n_2 和 n_3 成正比。例如，$\{A_1^a\}$ 的元素记为 $a_1 a_2$ 和 a_3，则主方向 $\{n\}$ 的分量 $n_1 n_2$ 和 n_3 可直接得到为

$$n_1 = \pm \frac{a_1}{h}, \quad n_2 = \pm \frac{a_2}{h}, \quad n_3 = \pm \frac{a_3}{h}$$

其中
$$h = (a_1^2 + a_2^2 + a_3^2)^{1/2}$$

利用这些结果，我们可以校核这里给出的应力张量的主方向。

(iii) 综评 以上叙述的推演过程和公式，提供了分别确定主应力和相应的主应力方向的一种非常方便的替代方法。特别是用于计算机编程。作为练习，利用这些交替演算办法验证习题 2.1、2.2 和 2.4 中给出的应力状态的主应力及其相应的主方向。

2.4 (b) $\sigma_1 = 5$, $\sigma_2 = 1$, $\sigma_3 = 0$

σ_1 作用在与 x 轴成 30°角（反时针）的方向；

σ_2 作用在与 x 轴成 120°角（反时针）的方向；

σ_3 作用沿 z 轴方向。

(c) $\tau_{\max} = 2.5$ 作用在通过主方向 2 的两个平面上。它们的法线平分主方向 1 与 z 轴的夹角。

2.6 参照在习题 2.2 中确定的主轴方向 n_i，由 $n_i = (-0.1465, -0.25, 0.9571)$ 给定。
$$\sigma_n = 1.13, \quad S_n = 0.49$$

2.8 利用式 (2.26) 的 Cauchy 公式，表明 $\overset{n}{T}_i$ 是关于任意矢量 n_i 的一个矢量，并用类似 1.15 节中的商定律的证明方法。

2.10 关于主应力轴，任意平面上 S_n 是用 σ_1, σ_2 和 σ_3 由式 (2.80) 给出。现假设静水应力状态 (σ, σ, σ) 是被叠加上去，得到一组主应力 $\sigma_1 + \sigma$, $\sigma_2 + \sigma$, $\sigma_3 + \sigma$。对于这一新的应力状态，在任意斜截面 n_i 上的剪应力分量由下式得出

$$S_n = [(\sigma_1+\sigma)^2 n_1^2 + (\sigma_2+\sigma)^2 n_2^2 + (\sigma_3+\sigma)^2 n_3^2]$$
$$-[(\sigma_1+\sigma)n_1^2 + (\sigma_2+\sigma)n_2^2 + (\sigma_3+\sigma)n_3^2]^2$$

利用恒等式 $n_i n_i = 1$ 将上式展开并化简，将导得与式 (2.80) 相同的表达式。

2.12 参照 σ_{ij}（即 $i \neq j$ 时，$\sigma_{ij} = 0$）的主轴，对于不同值 i, $k = 1 \sim 3$ 展开给定的关系式，例如

$$\sigma_1 t_{12} = t_{12} \sigma_2 \quad 对于 \quad i = 1, k = 2$$
$$\sigma_1 t_{13} = t_{13} \sigma_3 \quad 对于 \quad i = 1, k = 3$$

对于 $\sigma_1 > \sigma_2 > \sigma_3$，$t_{12} = 0$ 和 $t_{13} = 0$。一般地，$i \neq j$ 时 $t_{ij} = 0$；于是 t_{ij} 的主方向与 σ_{ij} 的主方向重合。

2.13 按照例题 2.3 中证明的类似过程，任意面元内的应力矢量平行于两个无应力面元的交线，这样的应力状态叫做线性应力状态。应力状态是线性的必要与充分条件是两

个主应力为零。例如，对于单轴应力状态 $\sigma_x = \sigma$（所有其他的 $\sigma_{ij}=0$）。很容易从 Mohr 圆的结构中看出，在任何 n_i 平面内的应力矢量 $\overset{n}{T}_i$ 是与 x 轴平行的。

2.17 (c) 情况（i）$\sigma_2 = \sigma_3$：$\theta = 0°$，$\psi = -30°$

情况（ii）$\sigma_2 = \sigma_1$：$\theta = 60°$，$\psi = 30°$

情况（iii）$\sigma_2 = \dfrac{1}{2}(\sigma_1 + \sigma_3)$：$\theta = 30°$，$\psi = 0°$

第 三 章

3.2 (a) $\varepsilon_{ij} = \begin{bmatrix} 0.1 & 0 & 0 \\ 0 & 0.25 & 0.075 \\ 0 & 0.075 & 0.3 \end{bmatrix}$

(b) $\omega_{ij} = \begin{bmatrix} 0 & +0.2 & -0.4 \\ -0.2 & 0 & -0.225 \\ 0.4 & 0.225 & 0 \end{bmatrix}$

(c) $\varepsilon_1 = 0.354$，$\varepsilon_2 = 0.196$，$\varepsilon_3 = 0.10$

$n_i^{(1)} = (0, \pm 0.5847, \pm 0.8113)$

$n_i^{(2)} = (0, \pm 0.8113, \mp 0.5847)$

$n_i^{(3)} = (\pm 1, 0, 0)$

(d) $\overset{n}{\boldsymbol{\delta}} = (0.05, 0.178, 0.2496)$

$\overset{n}{\boldsymbol{\Omega}} = (0.183, 0.259, -0.3125)$

$\overset{n}{\boldsymbol{\delta}}' = (0.233, 0.437, -0.0629)$

3.3 (a) $\varepsilon_1 = 0.0332$，$\varepsilon_2 = 0.01558$，$\varepsilon_3 = -0.00378$

$n_i^{(1)} = (\pm 0.8077, \mp 0.5608, \mp 0.1821)$

$n_i^{(2)} = (\pm 0.3715, \pm 0.2426, \pm 0.8962)$

$n_i^{(3)} = (\pm 0.4584, \pm 0.7913, \mp 0.4046)$

(b) $\gamma_{\max} = 0.03698$

(c) $\varepsilon_{\text{oct}} = 0.015$，$\gamma_{\text{oct}} = 0.0302$

(d) $\varepsilon_n = 0.0155$，$\theta_n = 0.00687$

(e) $J_2' = 342 \times 10^{-6}$，$J_3' = -200 \times 10^{-9}$

3.5 $\varepsilon_1 = 5.064 \times 10^{-4}$，$\varepsilon_2 = 0$，$\varepsilon_3 = -3.814 \times 10^{-4}$

主应变方向 1 与 x 轴成 4.86°（顺时针）

$\gamma_{\max} = 8.878 \times 10^{-4}$，$\varepsilon_n = -2.21 \times 10^{-4}$，$\gamma_{ns} = -6.83 \times 10^{-4}$

3.6 对于大变形

$\varepsilon_{ij} = \begin{bmatrix} 64.5 & 21 & 0 \\ 21 & 8.5 & 0 \\ 0 & 0 & 24 \end{bmatrix}$，$\omega_{ij} = \begin{bmatrix} -54.5 & -18 & 0 \\ -18 & -6.5 & 0 \\ 0 & 0 & -18 \end{bmatrix}$

$\varepsilon_1 = 71.5$，$\varepsilon_2 = 24$，$\varepsilon_3 = 1.5$

3.7 要满足式（3.82）中的协调条件，必须有
$$a_1 + b_1 - 2c_2 = 0, \quad c_1 = 4$$

第 四 章

4.2 (a) $e_{ij} = 10^{-4} \times \begin{bmatrix} 0.867 & 0.433 & -3.466 \\ 0.433 & -6.066 & 2.6 \\ -3.466 & 2.6 & 5.2 \end{bmatrix}$

(b) $W = \Omega = 0.131 \text{lin. K/in}^3$

(c) $\varepsilon_1 = 8.51 \times 10^{-4}$, $\varepsilon_2 = 0.46 \times 10^{-4}$, $\varepsilon_3 = -5.77 \times 10^{-4}$

4.7 这类的正交异性模型的详细讨论参看 6.9 节。

4.8 (a) $\varepsilon_x = 4.70 \times 10^{-4}$, $\varepsilon_y = 6.80 \times 10^{-4}$,
$\varepsilon_z = -13.48 \times 10^{-4}$
$\gamma_{xy} = -11.19 \times 10^{-4}$, $\gamma_{yz} = 32.38 \times 10^{-4}$,
$\gamma_{zx} = 4.02 \times 10^{-4}$

(b) $\sigma_1 = 5619.3 \text{kN/m}^2$, $\sigma_2 = 800.7 \text{kN/m}^2$,
$\sigma_3 = -1729.7 \text{kN/m}^2$
$\varepsilon_1 = 17.06 \times 10^{-4}$, $\varepsilon_2 = 4.13 \times 10^{-4}$,
$\varepsilon_3 = -23.17 \times 10^{-4}$

(c) $W = 4.21 \times 10^3 \text{N} \cdot \text{m/m}^3$

4.9 (a) $\varepsilon = 43.12 \times 10^{-3}$, $\gamma = -42.336 \times 10^{-3}$

(b) 在路径 1 的末端：$\gamma (= \gamma_{xy}) = 2.352 \times 10^{-3}$，所有其他的分量 $= 0$
在路径 2 的末端：$\varepsilon (= \varepsilon_x) = 43.12 \times 10^{-3}$,
$\varepsilon_y = -20.38 \times 10^{-3}$, $\varepsilon_z = -22.74 \times 10^{-3}$,
$\gamma (= \gamma_{xy}) = 42.336 \times 10^{-3}$, $\gamma_{yz} = \gamma_{zx} = 0$

(e) 在主应力空间 (σ_1, σ_2)，路径 1 是从 $(0, 0)$ 到 $(68965.5, -68965.5) \text{kN/m}^2$
在这条路径的末端：
$$\varepsilon_1 = 1.176 \times 10^{-3}, \quad \varepsilon_2 = -1.176 \times 10^{-3}$$

(f) 路径 1, 3 和 4

4.10 (a) $\sigma_{ij} = \begin{bmatrix} -58538 & 24041 & 0 \\ 24041 & -76572 & 0 \\ 0 & 0 & -16476 \end{bmatrix} (\text{kN/m}^2)$

4.13 $\varepsilon_1 = 4.836 \times 10^{-3}$, $\varepsilon_2 = \varepsilon_3 = 0.64 \times 10^{-3}$（压应变）

4.15 (f) $\sigma = (b_1 + b_3) \varepsilon + \left(\frac{1}{2} b_2 + \frac{3}{2} b_4 + b_6\right) \varepsilon^2$